苏州大学、南京工业大学、郑州大学、山东建筑大学、合肥工业大学

2022年全国高校城乡规划专业五校联合毕业设计

LAOJIE XINSHENG 老街新生

苏州陆慕老街片区城市更新

雷诚　编著

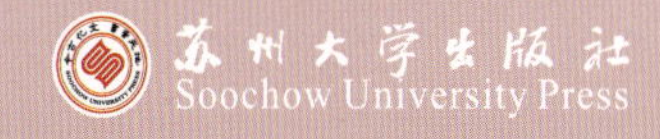

图书在版编目(CIP)数据

老街新生：苏州陆慕老街片区城市更新：2022 年全国高校城乡规划专业五校联合毕业设计 / 雷诚编著. -- 苏州：苏州大学出版社,2022.12
ISBN 978-7-5672-4201-2

Ⅰ.①老… Ⅱ.①雷… Ⅲ.①城市 — 居住区 — 旧房改造 — 研究 — 苏州 Ⅳ.①TU984.12

中国版本图书馆 CIP 数据核字(2022)第 246009 号

书　　名：老街新生：苏州陆慕老街片区城市更新：
2022 年全国高校城乡规划专业五校联合毕业设计

编　　著：雷　诚
策划编辑：刘　海
责任编辑：刘　海
装帧设计：吴　钰

出版发行：苏州大学出版社(Soochow University Press)
出 品 人：盛惠良
社　　址：苏州市十梓街 1 号　**邮编**：215006
印　　刷：苏州工业园区美柯乐制版印务有限责任公司
E-mail：Liuwang@suda.edu.cn　　QQ：64826224
邮购热线：0512-67480030
销售热线：0512-67481020

开　　本：890 mm×1 240 mm　1/16　**印张**：12.75　**字数**：268 千
版　　次：2022 年 12 月第 1 版
印　　次：2022 年 12 月第 1 次印刷
书　　号：ISBN 978-7-5672-4201-2
定　　价：108.00 元

序 言

全国高校城乡规划专业五校联合毕业设计（以下简作“五校联合毕业设计”）活动自 2016 年正式启动，至今已历时七载。我非常荣幸作为活动的发起者和召集人，多年来亲历了各校精彩的教学实践，见证了五校师生的辛勤奉献，建立了兄弟院校间的友谊纽带。2022 年，苏州大学金螳螂建筑学院再次承办了五校联合毕业设计，回首七春，感慨颇多，撷取一二为序！

我们坚持不忘初心，持续探索校际联动教学新模式。苏州大学、南京工业大学、郑州大学、山东建筑大学、合肥工业大学五校开创联合毕业设计的宗旨是持续推进教学改革的创新与实践，共同探索打破传统设计教学的围城，尝试从传统单一学校的教学相长模式转换为校际协同育人模式，在高层次的交流和切磋中不断提高师生教与学的水平。

我们坚持围绕“城市更新”主题，持续探索地域化城市更新新路径。从 2016 年第一届五校联合毕业设计活动开始，我就综合城乡发展趋向判断，明确了联合毕业设计的核心命题就是“城市更新”。多年来各校结合所在城市发展特点，科学选择规划设计场地，在保护中探索发展，在传承中思考创新，将空间转型思考融合在联合教与学的指导中，不断探索符合地域发展特色的城市更新新思路。

我们坚持将成果结集出版，持续探索联合教学传播与交流新途径。出版成果强调以实景式、过程化的方式反映联合设计教学的特点，通过“开题报告”“中期汇报”“终期答辩”这三个教学环节的成果展示，充分反映学生对于课题的理解及方案深化过程。本次联合毕业设计没有炫目的指导光环和庞大的教师团队，其出版成果既是各具特色的师生交流记录，也是不同设计教学理念碰撞的实时再现，更是成长尝试的一个历史见证。

本次联合毕业设计的选题和组织由我负责。确定选题时我反复斟酌，并充分结合地域文化特色和城市更新热点、焦点问题展开比选，最终选取苏州市相城区陆慕老街片区作为基地，并确定以“老街新生”为题，强调通过“转换、融合与建构”的更新探索来弥补功能缺失、再塑城市品牌。

本次联合毕业设计面对疫情常态化管控挑战，全程采取校际线上交流与分组线下指导相结合的方式。由于各地疫情反复，开题答疑、中期交流和答辩评选全过程均在线上开展，开题之际期待的线下相聚一直到答辩结束都未能实现。记得我在开题报告中用《二月花开》这首小诗表达了期盼——“斗室无人花始开，泥炉茗香品自在；初红又识白衣客，何时相约燕归来”。然而未能与各位“教友”把酒言欢，实乃大憾。在排版和校对过程中，囿于经费，不得不割舍掉了五分之二多的设计图纸，深感愧对各校师生所托，这是本书出版的缺憾之二。

本次联合毕业设计活动的举办和成果的出版得到了各校院领导的高度重视，以及各校指导老师和学生的大力支持，我的研究生王文强、于子博、肖雪纯、梁硕、陈赟、王京晶、范雨涵为本书的编辑出版做了大量工作，本书的出版也得到了苏州大学出版社刘海编辑的帮助，在此一并致谢！

苏州大学金螳螂建筑学院教授、博士生导师
江苏省高校“青蓝工程”中青年学术带头人
中国城市规划学会城市更新学术委员会委员
中国城市规划学会小城镇规划学术委员会委员

2022 年 11 月于苏州工业园区

目录

五校联合毕业设计七年回顾

发起召集人：雷　诚

南京工业大学　郑州大学　山东建筑大学　合肥工业大学

自 2016 年开始，由苏州大学作为召集单位，郑州大学、南京工业大学、山东建筑大学（2017 年加入）和合肥工业大学（2018 年加入）共同参与的**五校城乡规划专业联合毕业设计活动**已开展了七届。**联合毕业设计活动旨在持续推进教学改革的创新实践，共同探索打破传统设计教学的围城，尝试从传统单一学校的教学相长模式转换为校际协同育人模式。**

部分指导教师与学生合影

七年来，从三校联盟到五校联盟，各校精诚合作、切磋交流，通过分组协同调研、头脑风暴，更好地培养了学生的实地调研能力、创新思维能力、规划设计能力和综合表达能力，取得了丰硕的联合教学设计成果。

七年来，联合毕业设计得到了各院校领导的关心和大力支持，得到了各省市城乡规划协会学会、规划设计管理部门、规划设计单位的无私帮助，为这一活动的顺利开展奠定了坚实的基础。

七年来，各校始终围绕“**城市更新**”主题，结合自身教学特点，科学选择规划设计场地，合理组织连续教学过程与环节，形成了“开题报告”“中期汇报”“终期答辩”等教学环节的成果展示。

七年来，近二十名指导教师和两百多名同学共同努力，细化教学环节，强化关键节点，优化工作程序，顺利完成了联合教学任务。最终成果均结集正式出版，往年多达三百多页的厚实作品集，以实景式、过程化的方式反映出各校的培养特色和联合设计教学的特点，为城乡规划学科的发展和规划教育提供了新思路。

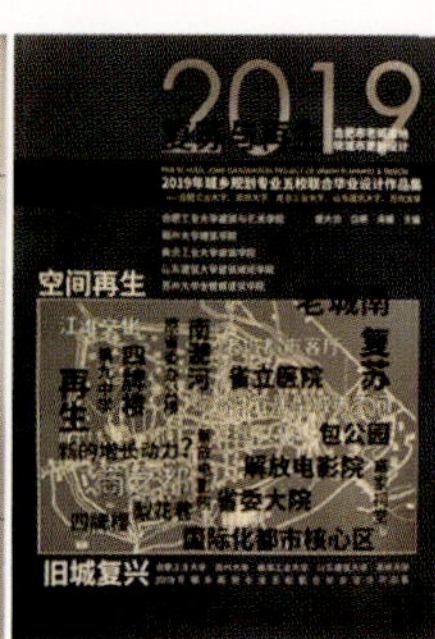

历年联合毕业设计作品集

2016 年　苏州大学命题

设计主题：古城复兴——苏州平江历史街区东南地块发展研究与规划设计。

规划设计范围：基地位于苏州平江历史文化街区东南隅，研究范围北至大新桥巷，南至干将路，东至护城河，西至平江路。具体开展详细设计的基地共分三个地块，西侧为历史街区内的传统民居，东侧紧邻相门城墙，北临世界文化遗产耦园，南临干将路，规划总面积约为 14 公顷。

设计要求：从分析平江历史文化街区的历史、区位、文化等特点入手，对建筑格局现状、经营业态、景观环境、交通组织、配套设施等方面展开深入调研，结合苏州古城区整体发展要求，合理确定基地发展定位。

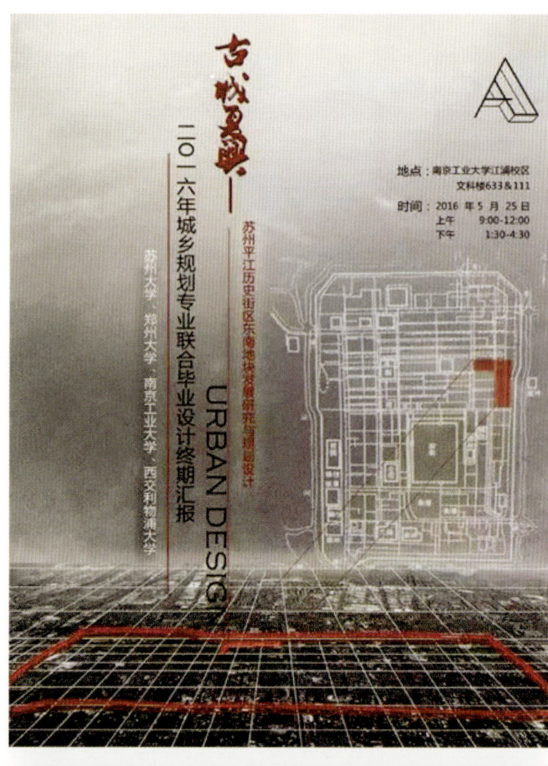

毕业设计过程记录

地形区位图及设计成果展示

2017 年　南京工业大学命题

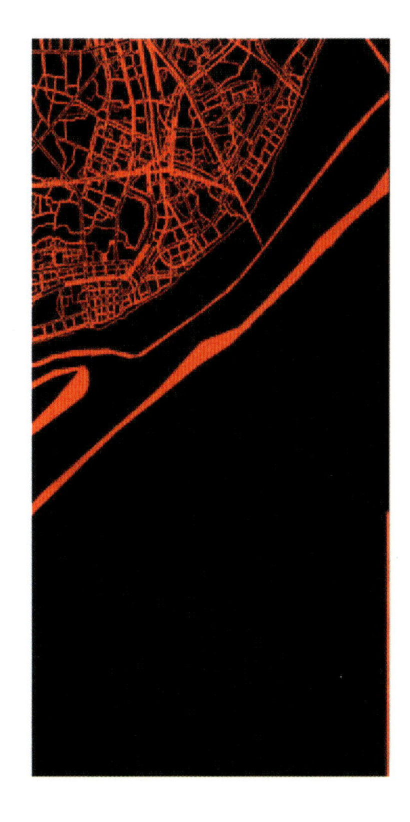

二〇一七年城乡规划专业四校联合毕业设计

南京工业大学、郑州大学、山东建筑大学、苏州大学

工業史新

设计主题：工业更新——南京浦镇车辆厂历史风貌区规划设计。

规划设计范围：基地位于浦口区顶山街道南门地区，规划范围东至津浦铁路，西至玉泉河，南至朱家山河，北至规划浦厂路，用地面积约为 39.8 公顷。本次设计对象为浦镇车辆厂的主厂区部分。

规划目标：

（1）上位规划定位：全国机车车辆生产基地，南京重要的近代工业遗存，生产工艺流程别致、具有较高可塑性的百年制造业园区。

（2）梳理现有厂区历史资源，彰显传统特色，提升历史风貌区整体形象。

（3）完善各类公共设施和市政设施，美化厂区环境，塑造和谐的产业空间。

（4）鼓励产业置换，探讨改造更新模式，增加厂区及周边地区的活力。

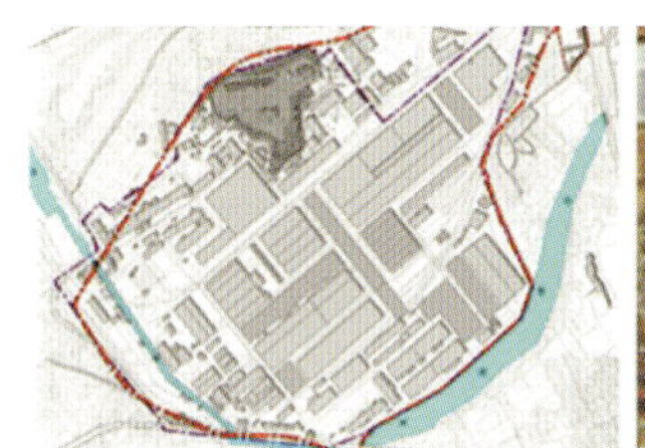

项目背景：南京是国务院 1982 年公布的第一批国家历史文化名城，其绵延 2 500 余年的建城史和累计 450 年的建都史积淀了丰富的历史文化遗产，形成了独特的人文景观。在当今城市全球化的宏观背景下，文化内涵成为城市竞争力的重要因素。南京根据自身的资源优势和独特的历史个性，在以经济为导向的条件下慎重对待和城市息息相关的历史风貌区的保护与更新。

2010 年，《南京历史文化名城保护规划（2010—2020）》划定了 9 片历史文化街区、22 片历史风貌区及 10 片一般历史地段。这些历史文化街区、历史风貌区和历史地段是南京在特定时期社会生活的缩影，也是历史留下的记忆。因此，保护这些片区和地段就是保护南京的历史风貌与传统文化。

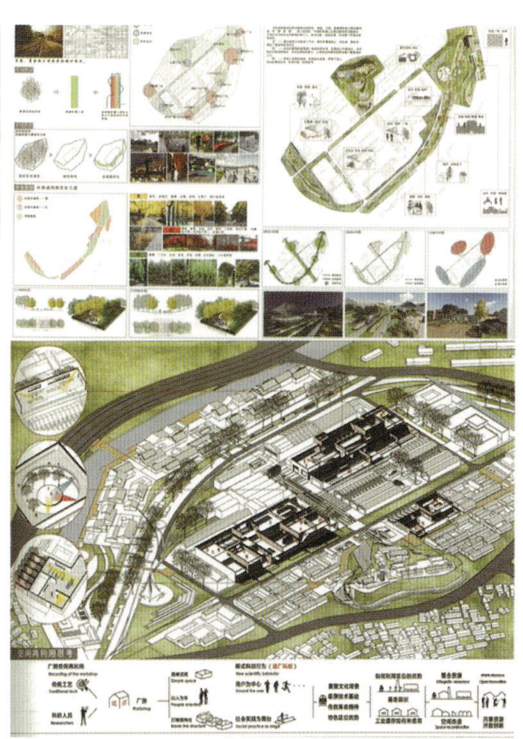

地形区位图及设计成果展示

2018 年　郑州大学命题

设计主题：古镇新生——郑州荥阳故城“汉文化特色小镇”规划设计。

规划设计范围：基地位于荥阳故城外西南角，北临纪信庙，南临索须河，基地西为城市快速路西四环（80 米红线 +50 米绿带），北为城市次干道故城路（30 米红线），南为城市主干道开明路（45 米红线 +15 米绿带），东为规划水系，基地被规划城市支路（20 米红线）划分为 A、B 两个地块，A 地块用地面积为 7.52 公顷，B 地块用地面积为 9.72 公顷，总规划面积为 17.24 公顷。

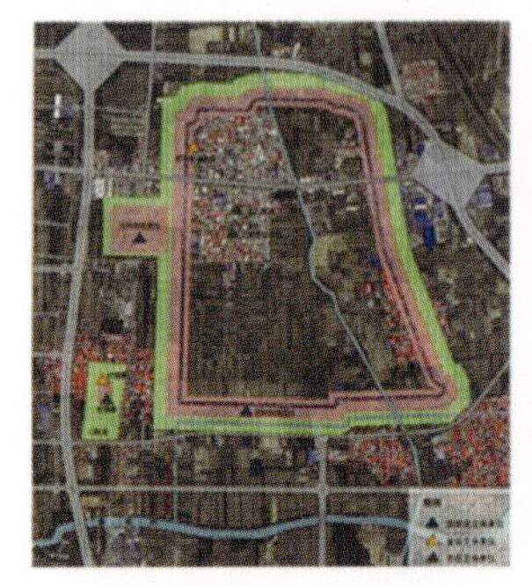

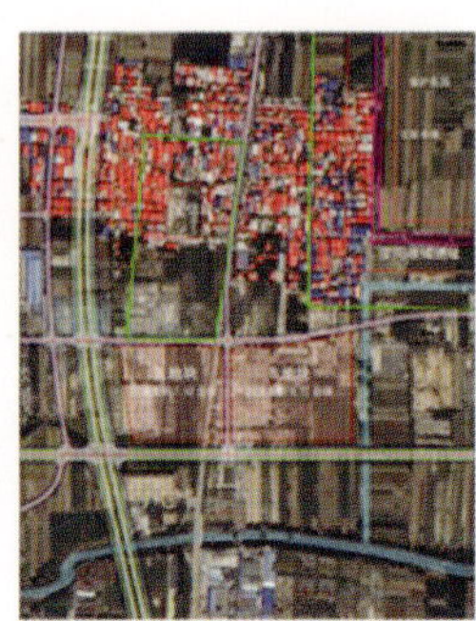

项目背景：古荥镇是国家级历史文化名镇，位于郑州市区西北部，黄河中下游分界点南岸，紧邻郑州市区。古荥镇境内有黄河、济水、鸿沟、荥泽、枯河和索须河等多条水系。鸿沟历史悠久，公元前 203 年，楚与汉相约中分天下，割鸿沟以西为汉、以东为楚，中国象棋中的“楚汉相争，鸿沟为界”即由此而来。索须河位于古荥镇南部，因索河和须水河在古荥镇岔河村汇流而得名，是贾鲁河（古鸿沟）的主要支流。

设计要求：在相关规划的基础上，系统研究荥阳故城的历史要素，突出历史文化保护和展示功能，发挥其对城市功能升级的积极带动作用，结合特色小镇规划设计要素和要求，注入文化展示、旅游观光、休闲服务、生态涵养等功能，形成充满人文气息和活力的城市空间。

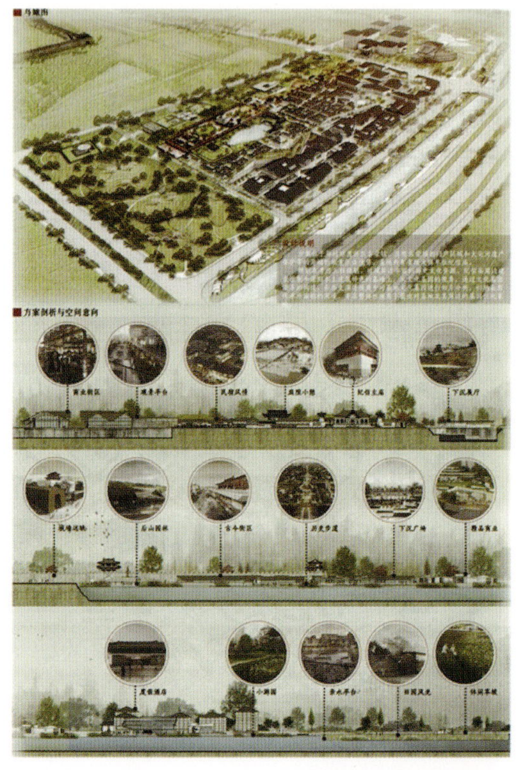

地形区位图及设计成果展示

2019 年　合肥工业大学命题

设计主题：复苏与再生——合肥市老城南地块城市更新设计。

规划设计范围：规划范围北至长江路，南抵环城南路，西倚徽州大道，东靠环城东路，总规划用地面积约为 55 公顷。主要包括中共安徽省委原办公区、生活区，安徽省立医院，合肥市第九中学，安徽省图书馆，以及多个省直单位生活区。

规划目标：通过有机更新，将规划区打造成为老城区的综合性宜居型城市空间。通过此规划区域的更新设计，带动和促进老城区的整体转型。

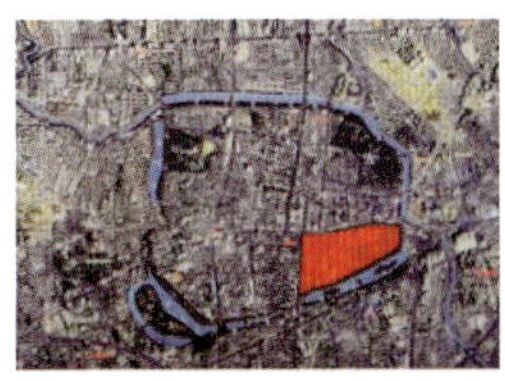

项目背景：合肥市有着两千多年的建城史，一环以内特别是环城公园以内的老城区域是合肥城市建设历史发展的积淀与载体。如何进行老城区的有机更新和合理修补，是我们当前必须面对和思考的问题，只有更好地谋划老城区的未来，才能避免老城区在未来的衰落。

设计要求：

功能定位与发展策略——思考规划区域的发展定位与策略，研究规划区域的功能布局、空间形象、城市特色和交通组织，协调与周边区域的整体关系。

用地布局与开发强度——综合考虑机动车系统、公交系统、慢行系统等系统的构建，研究和确定适宜的地上与地下一体化的交通模式。

历史文化遗产保护——贯彻有机更新的基本理念，实现规划区域活力复兴与再生中的历史文化遗产保护和传承，并将历史文化遗产作为城市发展的内生动力。

城市设计与景观风貌塑造——结合更新策略与途径，提出富有创意的城市设计方案，控制和引导规划区域建设，塑造独具魅力的城市景观。

地形区位图及设计成果展示

2020 年　南京工业大学命题

设计主题：汇智金陵 重塑中心——南京江宁凤凰港工业片区更新规划设计。

设计范围：基地位于南京市江宁区百家湖凤凰港工业片区，具体规划范围北起池田路，南至天元东路，西至双龙大道，东至秦淮河，总面积约为 70 公顷。

规划目标：作为东山城市副中心的“硬核”，落实城市职能的空间载体；作为秦淮河与百家湖沿岸重要城市功能板块，打造产业和城市协同升级的标杆；作为南京城市更新最紧迫、最重要的先行区，承担探索、示范、输出的重要使命。

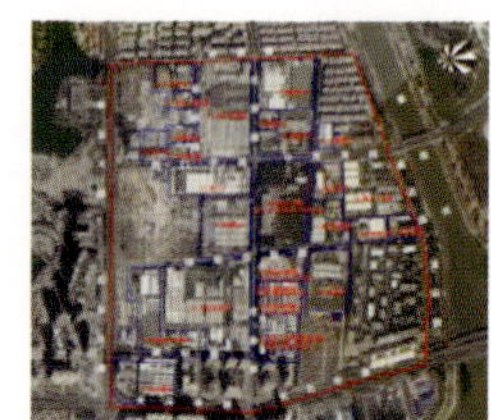

项目背景：江宁区位于南京市中南部，是南京江南主城的重要组成部分。2000 年 12 月，经济发展总量和工业规模在南京区县中均遥遥领先的江宁县，正式宣布撤县设区。经过 20 年的发展，目前，凤凰港片区形成了双龙大道以西为商务区、双龙大道以东为工业区的格局。新一轮的市区总规均将凤凰港片区未来功能定位为南京江南主城的副中心，因而凤凰港工业片区亟待更新改造。

基地概况：基地位于江宁区百家湖凤凰港工业片区，具体规划范围北起池田路，南至天元东路，西至双龙大道，东至秦淮河，总面积约为 70 公顷。基地交通条件便捷，双龙大道和天元东路为城市快速路，地铁 1 号线的百家湖站和小龙湾站分别在基地的西北部与东南部，基地中部的西门子路为规划预留的城市景观轴线。

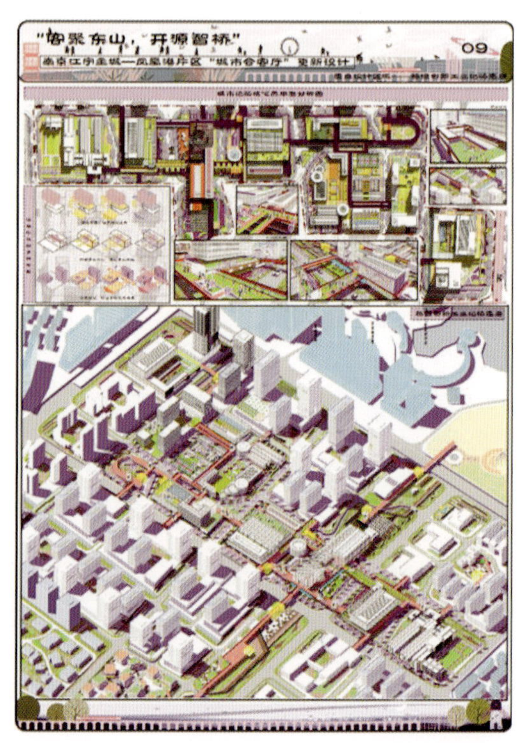

地形区位图及设计成果展示

2021 年　山东建筑大学命题

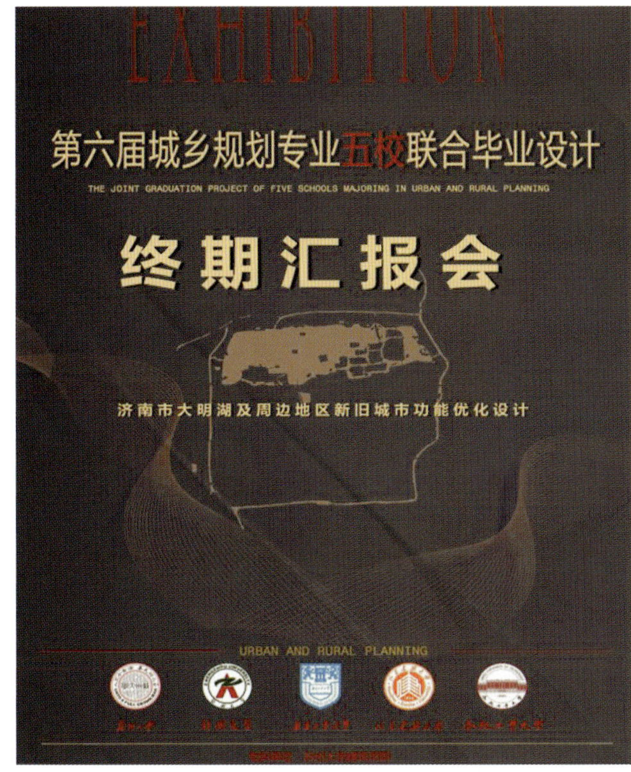

设计主题：济南市大明湖及周边地区新旧城市功能优化设计。

设计范围：基地位于济南中心城旧城片区圩子壕保护区内，紧邻济南古城。具体规划范围北起少年路，南至泺源大街，西至顺河街（顺河高架路），东跨护城河至趵突泉北路，总面积约为 120 公顷。基地内有趵突泉公园、五龙潭公园两处城市公园，与大明湖风景区遥相呼应，是济南市著名的旅游目的地。

规划目标：

(1) 根据用地权属、建设现状和综合评估，结合国内外类似地段的经验方法，统筹制定更新思路、发展框架和实施路径。

(2) 落实城市“中优”战略、新旧功能转换的新思路，疏解城市功能，改造老旧小区，打造健康、宜居、持续活力的城市核心。

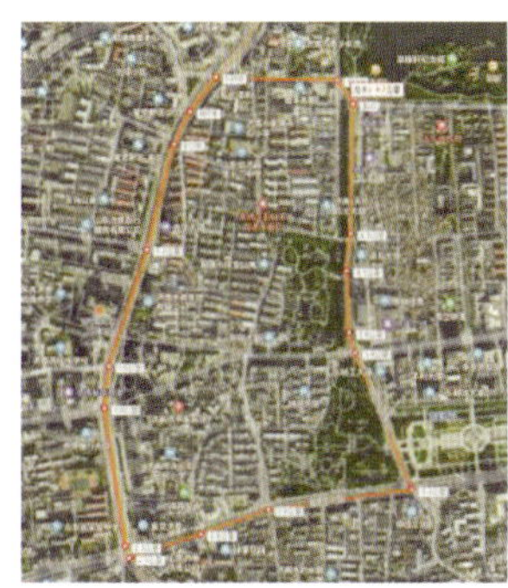
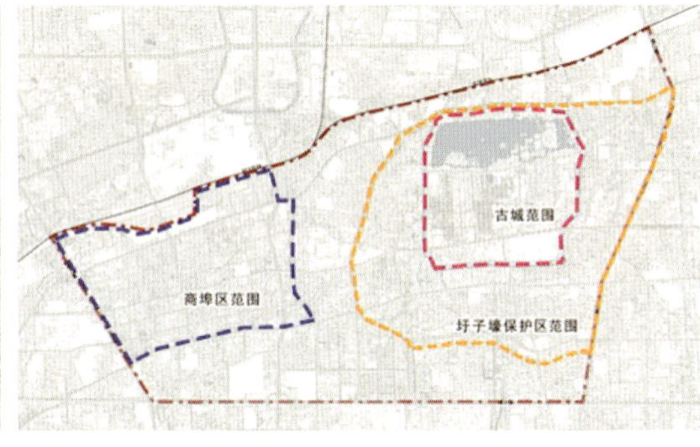

项目背景：济南是山东省省会，国家历史文化名城，环渤海地区南翼的中心城市。基地位于济南旧城片区，是泉城历史文化遗产保护体系的重要内容，是市域“山水融城”特色格局的重点要素，是总规中重点打造的市级文化中心。

地形区位图及设计成果展示

2022 年五校联合毕业设计命题

出题人：雷　诚

一、选题背景

陆慕，原名“陆墓”，因唐代宰相陆贽的墓在此而得名，是苏州古代漕运第一站。陆慕老街是紧邻苏州古城齐门的千年古街，自古便是达官贵人、文人墨客、巨商富贾流连忘返之地。元和塘贯穿老街缓缓流淌，见证了陆慕的古今变幻，也见证了苏州相城千百年来的兴衰。

曾经的陆慕，千年古镇风光无限，老街幽长、集市繁华，金砖码头、酒坊米行、茶馆书场，处处散发着最美江南的人间烟火气，流传着伍子胥象天法地的传说。陆慕老街孕育了御窑金砖、缂丝技艺这两大国家级非物质文化遗产，经受着苏州古城千年文脉的滋养，走出了“兵圣”孙武、“商圣”范蠡、“明四家”之一的文徵明等贤士。

如今的老街，昔日辉煌已不复存在，物质空间大多已被拆除，原本浜对浜、桥对桥、弄对弄、庙对庙的特殊格局消失在凌乱的废墟中，只留下苏州御窑金砖博物馆里一张张小桥流水、瓦屋鳞比的模糊影像。千年历史的积淀，透过斑驳墙面、断瓦残垣，仿佛在无声地呐喊要把这份文化记忆珍藏。

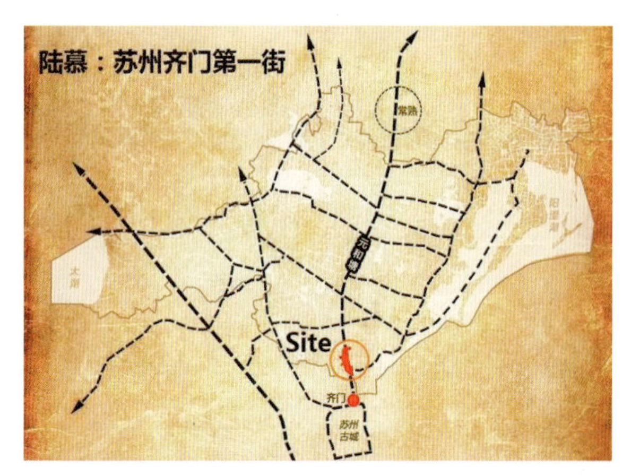

基地区位示意图

陆慕是相城区未来城市发展和城市更新试点的重要片区。陆慕老街的重塑，不仅寄托着苏州相城人民的文化乡愁，也承载着弥补周边区域功能缺失、激活土地价值、塑造城市品牌的重要使命。应该如何激活这张历史缩影而成的文化名片？在传统底蕴如此深厚且从来不缺老街的苏州，面向文化多元的新时代，陆慕老街的前世今生应该如何转换与融合，建构何等空间格局、植入何种业态，才能寻回传统记忆、集聚人气？

二、基地简介

陆慕老街片区位于苏州相城区。相城因春秋时期吴国大臣伍子胥在阳澄湖畔“相土尝水，象天法地”“相其地，欲筑城于斯”而得名。目前相城区正领衔打造天虹文教科技研发社区、活力健康研发社区、蠡口智慧家居社区、元和塘科技文化创意社区等一批产业载体，进一步推动区域产城融合战略。

陆慕老街片区地处苏州元和塘文化产业园区，位于苏州文化产业黄金三角区的核心位置，目前该区域正在创建国家级文化产业示范园区。更新片区距离苏州火车站仅 5 公里车程，距离苏州北站枢纽约 8 公里车程，是新一轮城市发展重点进行更新升级的商业区域。

本次片区城市更新范围包括陆慕老街、元和塘及周边城市区域地块，规划面积约为 180 公顷，其中初步确定的拟保留建成区用地面积约为 50 公顷，各类河塘水面面积约为 30 公顷；拟更新设计用地面积为 70 公顷，规划绿地面积约为 30 公顷。

基地呈现出水网、绿网和不同时期建成区相互交织、破碎化的整体形态。西侧的新开河和中部的元和塘为基地主要水系，西侧紧邻新开河的是展示国家非物质文化遗产的苏州御窑金砖博物馆。基地中间有若干成规模的新建住宅区，东侧为城中村、已拆迁空地和旧建成区。

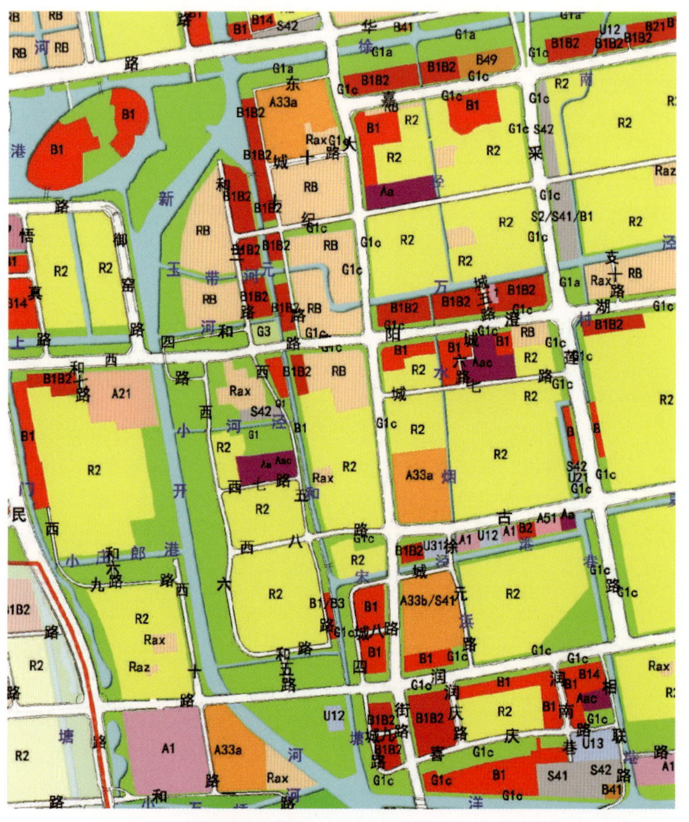

相城区中心城区控规（局部）

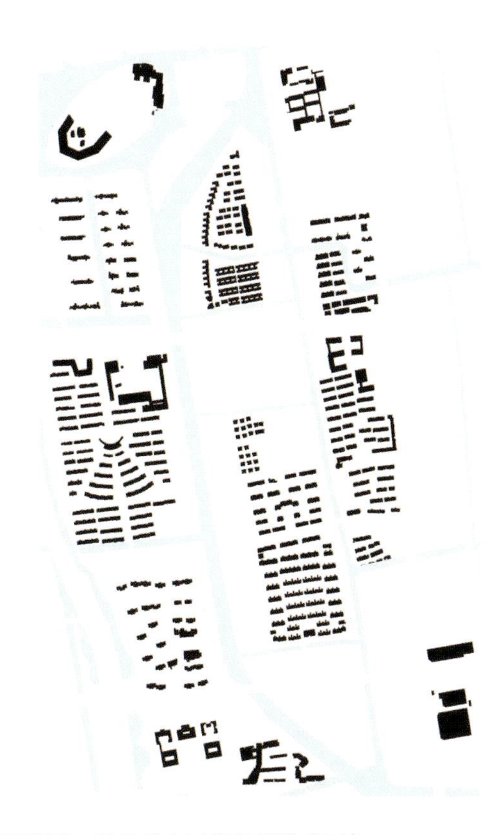

规划范围用地现状和建筑肌理图（红色线表示规划范围，绿色线表示拟保留建成区）

规划范围用地现状航拍图

三、规划目标

1. 以“老街新生”为整体设定，统筹制定更新思路、发展框架和实施路径。充分兼顾产业更新、商业消费、智慧社区这三大支撑，优化提升周边街区、水岸公共区域的功能业态，打造相城区最具创新活力的城市片区，实现历史活力的当代再生。

2. 从人的需求、服务品质、业态构成、体验模式等角度，综合考虑更新片区中的商业、产业、消费、文化等丰富要素，合理分析不同人群的需求，强调与苏州其他老街的差异，打造“陆慕老街”的独特形象和文化IP，激发适应新时代发展环境的片区活力。

3. 参考相城中心城区控制性详细规划，在都市风貌层面进行明确的城市设计和引导，保障高品质的空间规划和建筑形态，营造具有独特地域性的景观场景，并提出深化、优化控制性详细规划的可能方向。

四、规划内容

（一）城市更新设计层面

1. 在发展定位上，分析区域创新发展条件及城市功能转型提升要求，结合项目特征进行国内外类似案例的研究、政策解读和借鉴，从企业、政府、市场等不同角度综合评判，提出本区域发展面临的问题，以及在更新改造过程中关于更新模式、功能置换、开发强度、城市配套、环境品质等的设想和策略。

2. 在规划格局上，做到创新式地解读苏州历史，传承千年江南文化，在此基础上整合空间资源，融合当代生活。在局部适当保护和保留历史景点与文化建筑的同时，积极突破原有的小体量的空间尺度，形成具有新时代气息的空间格局。在规划层面，设计须加强地块交通流线研究，可考虑红线外地块的地下空间开发。

3. 在业态策划上，参考控规用地性质、功能布局、容积率、建筑层数、建筑密度、建筑高度、绿地率等指标，并对公共服务设施配套、出入口方位、建筑退让、建筑风格及色彩、建筑形式、室外地坪标高、室外场地铺装等提出城市设计控制导则，合理规划基地内的公共服务设施、地下空间、市政设施等。

4. 在交通体系上，梳理基地内外的交通体系，优化路网结构和设计，加强慢行交通组织，合理布局交通设施，兼顾消防应急要求。

5. 在开发分期上，初步拟定阳澄湖中路北侧为一期，南侧为二期。

（二）建筑形态设计层面

1. 从完善城市功能、建构开放空间体系、优化公共服务体系、塑造城市形象等角度，加强相关视廊和视野景观分析，注意历史要素的保护、展示与创新利用，注重历史保护与现代生活的关系。拟保留或提升若干节点建筑，包括白衣庵、河泾寺、古桥及老窑（皆为现存建筑）。对这些建筑，必须考虑到历史形态与当代传承的风貌保护问题，提出相应的活化策略。

2. 对于新建部分商业和产业建筑，必须提出明确的、富有时代气息的建筑风貌设计。确定基地建筑肌理、高度、体量、色彩、密度、风格等要素的形态分区及空间组合关系，提出具体的建筑形态设计概念。

3. 对新开河、陆慕老街等重点空间特征点，提出相应的设计构想、表述、形态设计导则等。其中，新开河区域应妥善处理滨河开敞空间的形态，并合理融入现代艺术元素，创造出特色鲜明的建筑形态格局。深入挖掘陆慕老街区域的文化资源，创造宜人的空间尺度，打造鲜明的城市和建筑辨识度。

（三）景观场景设计层面

1. 加强基地滨水风貌带的衔接，结合水系网络、城市公园、街道、绿地、广场等要素组织开敞空间系统，充分考虑人的活动需求和路径，营造适宜的城市中心景观环境。

2. 重点研究的景观设计范畴包括滨水岸线的景观设计、街区消费场景的景观设计、室外重要公共活动节点的景观设计，必须充分挖掘已有公共绿化空间潜力，提升环境品质。同时，应充分考虑河流、桥梁及建筑的融合度。可适当对空间节点的城市公共艺术装置提出设想和引导。

五、成果内容及图纸表达要求

（一）图纸表达要求

每人应完成不少于6张A1标准图纸（图纸内容要求图文并茂，竖版，文字大小要满足出版的要求）。图纸内容宜包括区位分析图、上位规划分析图、基地现状分析图、设计构思分析图、规划结构分析图、城市设计总平面图、道路交通系统分析图、绿化景观分析图、其他各项综合分析图、节点意向设计图、城市天际线、总体鸟瞰及局部透视效果图、城市设计导则等。

（二）规划文本表达要求

文本内容包括文字说明（包括前期研究、更新策划、功能定位、设计构思、功能分区、空间组织、总体布局、交通组织、环境设计、建筑意向、经济技术指标控制等内容）、图纸（包含至少能满足图纸表达要求的内容）。

（三）PPT汇报文件制作要求

中期PPT汇报时间不超过15分钟，毕业答辩PPT汇报时间不超过20分钟，汇报内容至少包括区位及上位规划解读、基地现状分析、综合研究、更新策略、功能定位、规划方案等内容，汇报必须简明扼要、突出重点。

（四）毕业设计时间安排表

请各校在制订联合毕业设计教学计划时遵照执行。

2022 年五校城乡规划专业联合毕业设计时间安排表

阶段	时间	地点	内容	形式
第一阶段：开题及调研	第 1 周（2 月 24—27 日）	苏州大学建筑学院	采取混编 4 ~ 6 人组的形式，以大组为单位对基地进行综合调研	联合工作坊（视疫情防控要求采取线上或线下方式）
调研汇报	第 2 周（2 月 28 日）	苏州大学建筑学院	汇报内容包括基本概况、现状分析、初步设想等	以混编大组为单位汇报交流（PPT 汇报）
第二阶段：城市设计初步方案阶段	第 3~7 周（3 月 1 日—4 月 3 日）	各自学校	方案包括背景研究、区位分析、现状研究、案例借鉴、定位研究、方案设计等内容	每个学校自定
中期检查	第 8 周（4 月 4—5 日）	苏州大学建筑学院	汇报内容包括综合研究、功能定位、用地布局、道路交通、绿地景观、空间形态、容量指标、城市设计等内容	以设计小组为单位汇报交流，PPT 汇报时间控制在 15 分钟以内
第三阶段：城市设计成果表达阶段	第 9 ~ 12 周（4 月 6 日—5 月 15 日）	各自学校	调整优化方案，并加入节点设计、建筑意向、鸟瞰图、透视图及城市设计导则等内容	每个学校自定
成果答辩	第 14 周（5 月 16—17 日）	南京工业大学建筑学院	汇报 PPT、 A1 标准图纸和 1 套规划文本，其中图纸包括区位分析、基地现状分析、设计构思分析、规划结构分析、城市设计总平面、道路交通分析、绿化景观分析及其他各项综合分析图，节点意向设计图，总体鸟瞰及局部透视效果图等	以设计小组为单位进行答辩（文本图册部分可图文并茂混排也可图文分排，打印装订格式各校自定。汇报时间控制在 20 分钟内，每名成员均须汇报）

说明：中期检查中的城市设计总平面图建议采用扫描的电脑线框手绘图，其他内容应为电脑制图。

六、参考文献

[1] 王建国 . 现代城市设计理论和方法 [M].2 版 . 南京：东南大学出版社，2001.
[2] 段进 . 城市空间发展论 [M].2 版 . 南京：江苏科学技术出版社，2006.
[3]（美）沃特森，布拉特斯，谢卜利 . 城市设计手册 [M]. 刘海龙，等译 . 北京：中国建筑工业出版社，2006.
[4]（美）凯文 · 林奇 . 城市的印象 [M]. 项秉仁，译 . 北京：中国建筑工业出版社，1990.
[5]（美）阿摩斯 · 拉普卜特 . 建成环境的意义：非言语表达方法 [M]. 黄兰谷，等译，张良皋，校 . 北京：中国建筑工业出版社，1992.
[6]（日）芦原义信 . 街道的美学 [M]. 尹培桐，译 . 武汉：华中理工大学出版社，1989.
[7]（美）E.D 培根等 . 城市设计 [M]. 黄富厢，朱琪，编译 . 北京：中国建筑工业出版社，1989.
[8] 王建国 . 城市设计 [M]. 3 版 . 南京：东南大学出版社，2010.
[9] 金广君 . 图解城市设计 [M]. 哈尔滨：黑龙江科学技术出版社，1999.
[10] 徐思淑，周文华 . 城市设计导论 [M]. 北京：中国建筑工业出版社，1991.
[11] 夏祖华，黄伟康 . 城市空间设计 [M]. 2 版 . 南京：东南大学出版社，1992.
[12] 罗杰 · 特兰西克 . 找寻失落的空间：都市设计理论 [M]. 谢庆达，译 . 台北：创兴出版社有限公司，1989.
[13] 阳建强，等 . 城市更新与可持续发展 [M]. 南京：东南大学出版社，2020.

开题报告解答

报告人：雷　诚

一、现状与区位分析

（一）宏观区位

陆慕老街所在的元和街道，位于相城区中心主城区，地处长江三角洲中心，是长三角地区具有交通资源优势的街道。京沪铁路、沪宁高速公路横贯东西；苏嘉杭高速公路纵贯南北，邻近苏州高铁新城，驾车 30 分钟到达苏南硕放国际机场、50 分钟到达上海虹桥国际机场。

（二）中观区位

陆慕老街片区地处苏州元和塘文化产业园区，位于苏州文化产业黄金三角区的核心位置，该区域正在创建国家级文化产业示范园区。更新片区距离苏州火车站仅 5 公里车程，距离苏州北站枢纽约 8 公里车程，是新一轮城市发展重点进行更新升级的商业区域。

（三）微观区位

陆慕老街位于相城区南部，陆慕中央商务核心区的东南部，是元和塘文化产业园区的“南大门”，苏州古城文化向北扩展的“极点”。

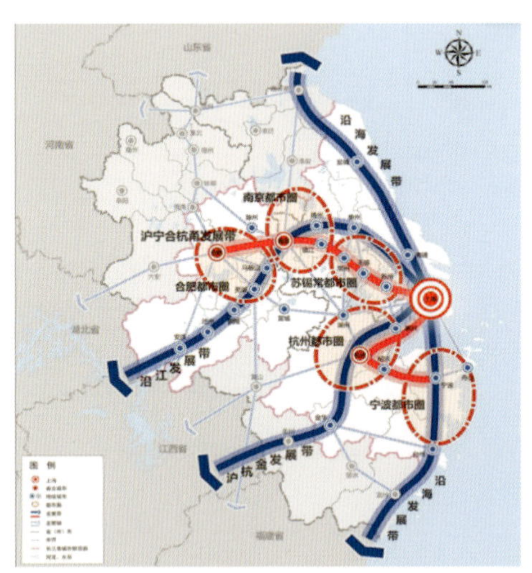

长三角城市群空间格局示意图

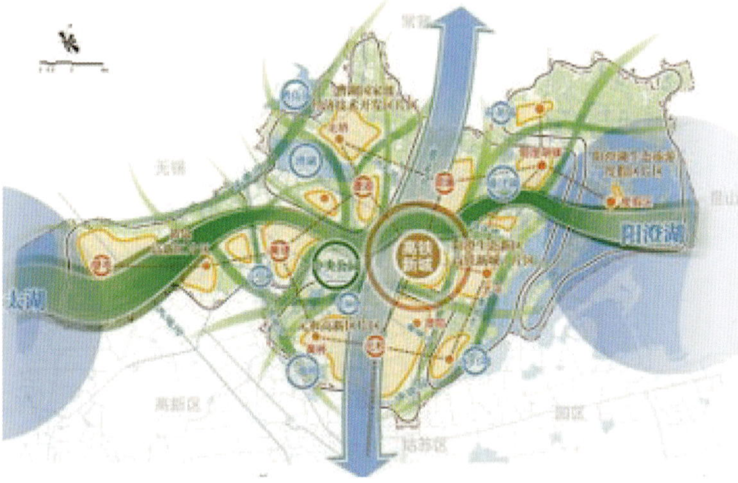

苏州元和塘文化产业园区区位示意图

相城区区位示意图

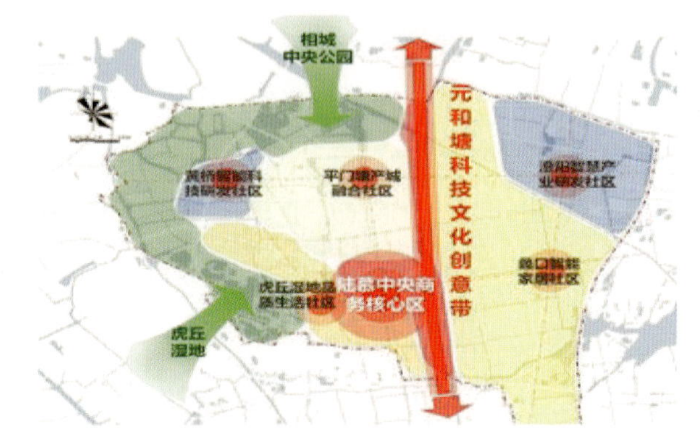

场地区位示意图

二、上位规划缘起

（一）宏观视角

从《苏州市相城区中心城区控制性详细规划》中可以看出，该地区形成了“一核、双十字轴、多区”的布局结构。

“一核”：位于规划区中部的综合服务中心区。

“双十字轴”：利用元和塘及两侧较宽绿带规划相城区南北向绿色开敞空间轴；沿徐图港形成相城区东西向绿色开敞空间轴；沿相城大道、人民路形成南北向公共服务设施发展轴。

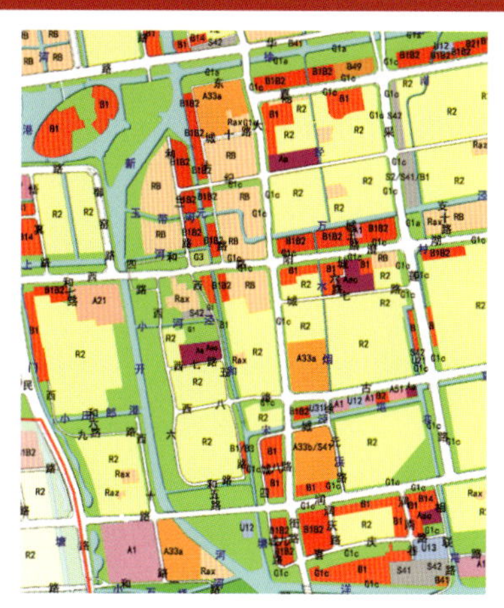

苏州元和塘文化产业园区结构图

（二）中观视角

苏州元和塘文化产业园区规划结构图显示，基地重点依托元和塘、活力岛水系，重点开发陆慕老街、活力环等项目，提供沉浸式文旅消费体验。

数字文化片区打造以元和塘文化科技研发社区为核心的数字内容生产集群。

创意设计片区打造以小外滩、御窑设计研发街区等为核心的时尚设计、文创商品设计产业集群。

（三）微观视角

城市更新范围包括陆慕老街、元和塘及周边城市区域地块，规划面积约为 180 公顷，各类河塘水面面积约为 30 公顷。

规划片区以商业、居住功能为主，周边配套文化设施与教育设施，西侧的新开河和中部的元和塘为基地主要水系，西侧紧邻新开河的展示国家级非物质文化遗产的苏州御窑金砖博物馆。基地中间有若干成规模的新建住宅区，东侧为城中村、已拆迁空地和旧建成区。

三、历史渊源

（一）文化基因

1. 水运文化

元和塘，既是苏州城与常熟间的重要水路，又具有灌溉和泄水作用，更是相城区的一个有着千年历史的文化活坐标。城镇因航运而兴，商业因航运而起。

2. 市井文化

陆慕商业业态丰富，市井生活多彩。地方土特产、茶馆、酒坊、南北货交汇于此。

3. 名人文化

陆慕人才辈出，周有孙武、范蠡，唐有陆贽、李素，明有沈周、冯梦龙、文徵明，清有马如飞。

4. 匠人文化

陆慕手工艺有四宝：金砖、缂丝、蟋蟀盆和砖雕。

此外，按要素类型分，陆慕老街地块内有遗址遗迹、井亭街巷、古宅园林、河湖塘桥、名人墓葬、寺院庵堂、工业遗存等多个显性文化要素，见证了明清和近现代两个历史时期的陆慕兴衰。此外，还有御窑金砖和缂丝两项非遗等隐性文化要素。

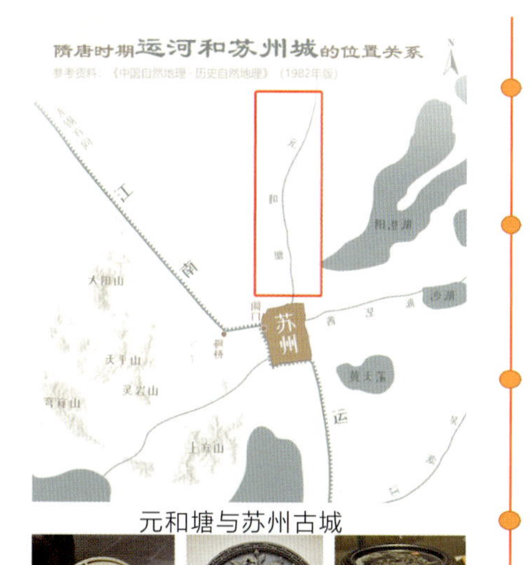

元和塘与苏州古城

缂丝　　砖雕　　蟋蟀盆

陆慕由来

周秦时，今陆慕一带尚未形成集镇，传说当时仅为一条古马道。唐顺宗永贞元年(805)，因宰相陆贽墓葬在塔莲桥北堍，才有“陆墓”之称

因水而兴

唐代后，元和塘两岸逐渐形成了集市

宋朝时，皇室内擅长生产缂丝的能工因战乱返回家乡，繁衍传承至今

此外，陆慕盛产能工巧匠，诞生了御窑金砖、缂丝、砖雕、蟋蟀盆等相城特产

商贾繁华

陆慕御窑村烧制金砖始自 1413 年，至今已逾 600 年。明、清两朝，窑里烧出的砖一直是皇家专用

清代当地居民多烧窑、织汗巾，当时商业繁荣，沿元和塘两岸，陶器店林立，尤以出售花盆、蟋蟀盆为盛

繁华湮灭

陆慕老街昔日的繁华已不复存在，变成了一条纯民居的街巷，商铺也仅剩街头的一两家杂货铺和小饭店

御窑金砖

（二）空间基因

御窑遗址

陆宣公墓（待调查）

小河泾寺（待调查）

消失的记忆
尚存的记忆

陆慕老街文化要素（资料来源：高浥尘）
文化导向的街区空间营造路径探索——以苏州市相城区陆慕老街为例

1. 水系

陆慕曾经是苏州古代漕运第一站，元和塘正好位于相城区的中轴线上，上游接纳常熟来水，下游汇入西塘河后流入苏州中心城区，两岸连接南雪泾、冶长泾、渭泾塘、黄埭荡、蠡塘河等河道，形成了方格网状蓝绿格局。

2. 街巷

明清时期商业发展，街道桥多、庙多，桥梁不下 7 座，连接两岸及新老镇区，并且呈现出桥对桥、浜对浜、弄对弄、庙对庙的特殊景致。

3. 构筑物

陆慕老街沿元和塘两岸，除居住老宅与商业建筑外，尚有桥、庙、寺、墓、烧窑等历史遗存。

4. 建筑空间

明清时期，元和塘两岸呈现建筑临水、建筑临街、建筑围合等建筑空间布局。

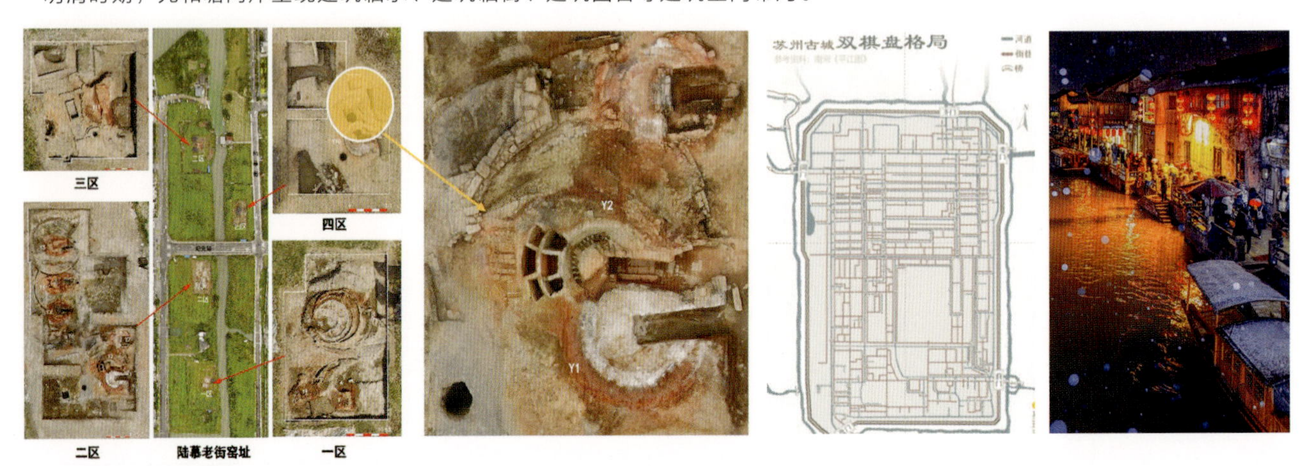

（三）陆慕遗址

2020 年，为配合相城区元和街道元和塘两侧陆慕老街商住项目地块的建设，苏州市考古研究所联合南京大学组织考古勘探队伍进行考古勘探，发现陆慕老街北段存在多处金砖烧窑、灰坑、墙址、井、沟等遗址，并出土明清金砖文物 50 余件。

（四）苏州古城与水街

苏州古城中河道横平竖直，有如棋盘，街道纵横交错，亦有如棋盘，二者交叠下，水陆相邻、河街并行，构成了极具特色的双棋盘式格局，经历朝历代传承至今。

古城中的“水街”格局丰富多样，有“一河两街”“有河无街”“一河一街”等形式，方便客货运输。

（五）民居建筑

苏州的民居建筑大多为 1 ~ 2 层，高 3 ~ 7 米。它们多以院落的形式，在横河、横街之间组团分布，是为“弄”；院落房屋之间紧紧相靠，仅留出狭窄的通道供人们通行，是为“巷”。

四、现状交通分析

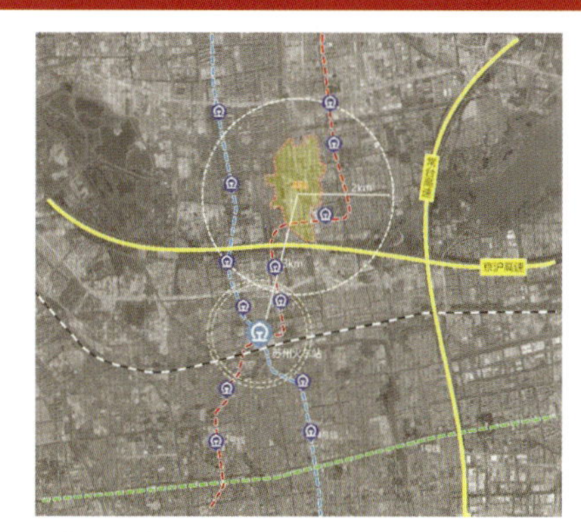

（一）周边交通——铁路（高速）及公共交通

1. 铁路及高速

苏州火车站距离基地 5 公里；京沪高速、常台高速分别经过基地南侧和东侧。

2. 公共交通

地铁 2 号线穿过基地；地铁 4 号线距离基地较近；基地周边公交线路非常丰富，通达性较高；基地周边共享单车桩点较多；基地内部公共交通资源稍有欠缺，且分布不均匀。

（二）基地交通——道路等级及静态交通

1. 道路分级

高速——基地南侧有京沪高速；主要道路——相城大道、人民路、华元路；次要道路——齐门北大街；支路——纪元路、宣公路。

2. 静态交通

基地内部停车较为零散，多为地面停车，占地面积大且影响城市风貌形象；停车分布较不均匀；路边停车较多，影响市容市貌。

（三）道路横断面

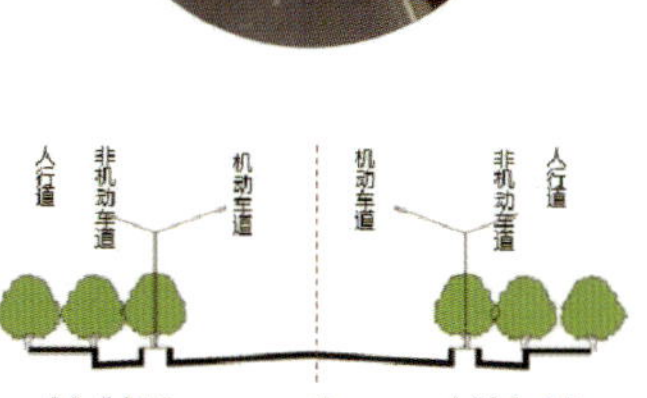

阳澄湖西路道路断面

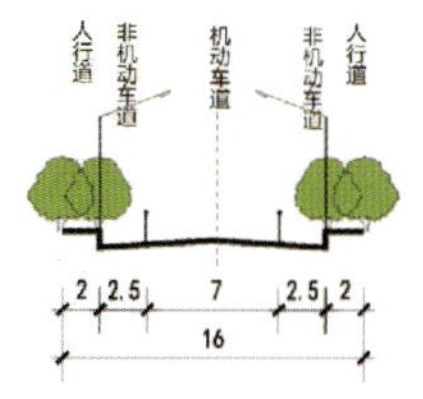

齐门北大街/纪元路/顾恺之街断面

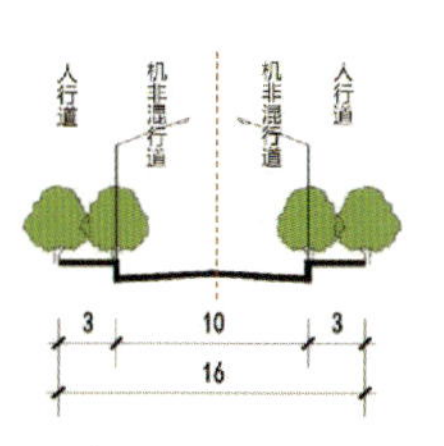

陆慕街/陆慕下塘街断面

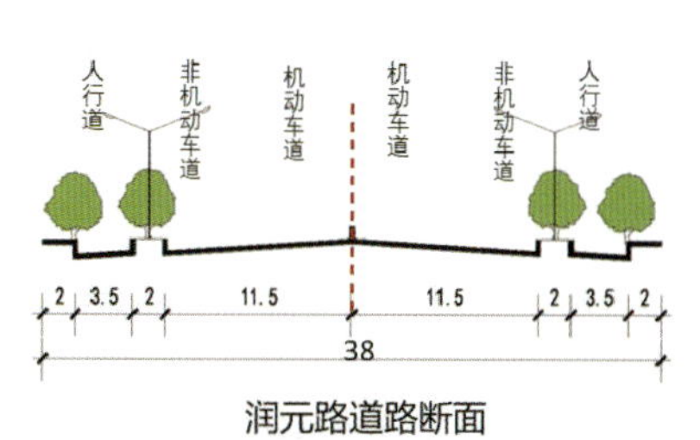

润元路道路断面

五、用地现状分析

村庄建设用地:
以底层坡屋顶民房为主

其他非建设用地:
以露天停车为主

居住用地:
以多层、高层、别墅为主

文化设施用地:
苏州御窑金砖博物馆

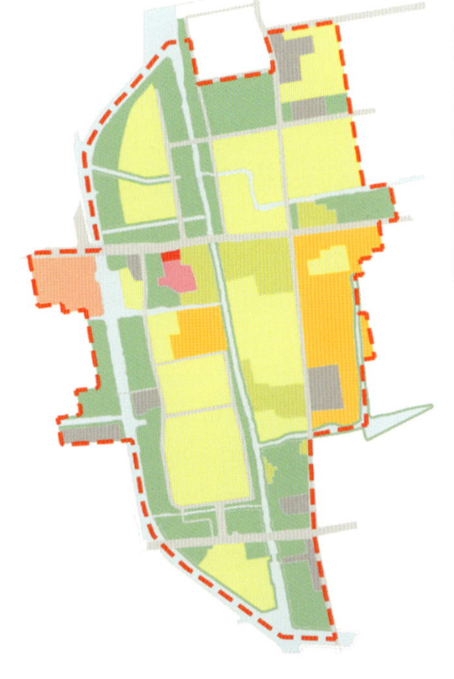

用地性质	面积 / 公顷	占比 /%
村庄建设用地	9.97	5.54
居住用地	53.20	29.56
水域	23.23	12.9
绿地	47.77	26.54
其他非建设用地	8.11	4.5
公路用地	17.65	9.81
幼儿园用地	1.13	0.63
商业用地	0.23	0.31
商住混合	14.43	8.02
文化设施用地	4.28	2.38

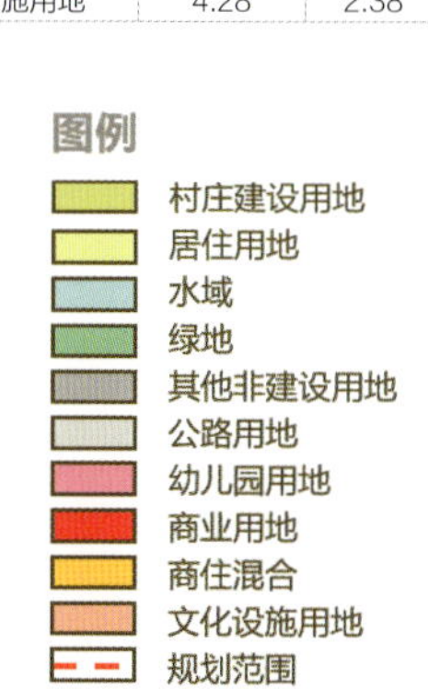

六、建筑现状分析

（一）风貌混乱、建设失调

建筑新旧混杂，陆慕传统的灰白砖墙民居与现代红黄涂料外墙建筑在建筑形式和建筑色彩方面形成割裂感，亟须协调。

（二）内涵消褪、特色流失

陆慕依托水运文化形成的院落围合街坊的传统居住空间和曲折错落的街巷商业空间维护不当，原本浜对浜、桥对桥、弄对弄、庙对庙的特殊格局逐渐消失。外来的商业氛围冲击本土。旅游特色不明显，历史风貌和韵味不足。

（三）发展受限、活力不足

陆慕老街文化旅游如今仍属于传统的文化观光型，旅游市场缺乏创新。由于苏州同质化古街旅游市场趋近饱和，陆慕出现了居住区与商圈并存的转型趋势，传承与发展、创新与维护的矛盾突显，寻求新的发展机遇迫在眉睫。

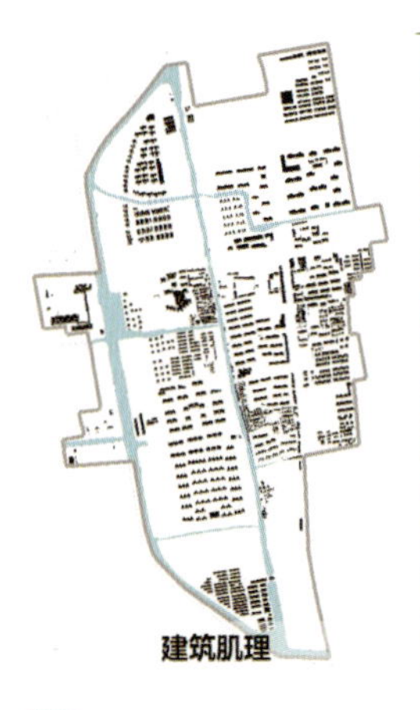
建筑肌理

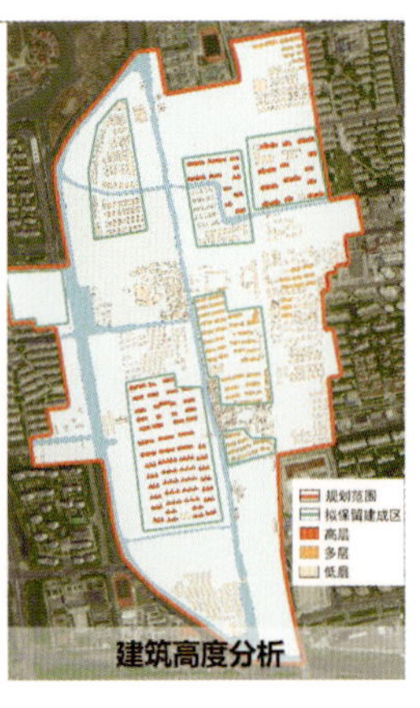

建筑高度分析

建筑质量分析

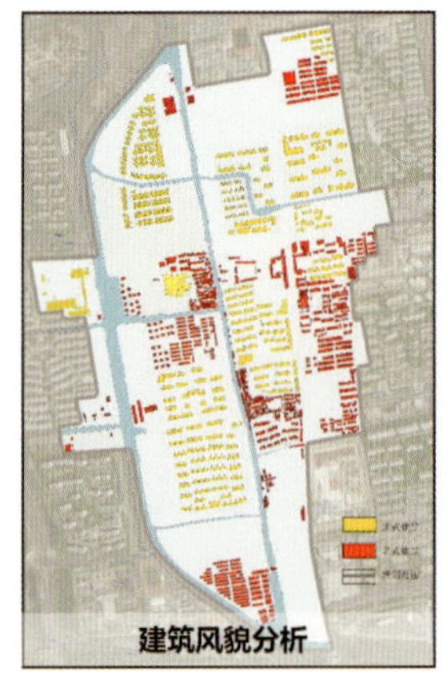
建筑风貌分析

七、服务设施现状分析

（一）公园与绿地

1. 内部与周边公园

在元和塘环绕中的设计地块拥有丰富的公园与绿地等休闲资源，主要集中于地块西部，如孙武纪念园、苏州御窑金砖博物馆、规模良好的社区公园等。元和塘也带来了苏州婉约和谐的河岸景观。设计地块南北侧分别是高速沿线绿化带与苏州小外滩。

2. 宏观绿地格局

设计地块西侧的虎丘湿地公园与阳澄西湖风貌区将基地环抱其中，提供了湿地风光、果园游览、高尔夫球场等多种休闲活动。同时，密集而丰富的河流湖荡带来了良好的生态环境。

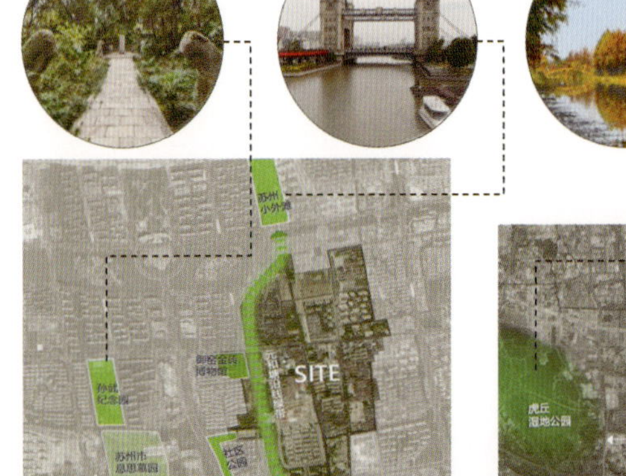

基地及周边2公里范围内的业态情况（数量/家）

业态	数量
餐饮服务	1539
购物服务	2152
生活服务	1938
体育休闲服务	280
医疗保健服务	243
住宿服务	241
金融保险服务	101

饼图：餐饮服务 24%；购物服务 33%；生活服务 30%；体育休闲服务 4.3%；医疗保健服务 3.7%；住宿服务 3.7%；金融保险服务 1.6%

（二）商业

1. 业态布局

对基地及周边业态分布进行图示化密度分析，可观察出业态主要分布在相城大道、采莲路、化元路附近区域。其中餐饮服务类、购物服务类、生活服务类商业分布较多，且类型主要为微小型商业，如早餐店、服装店等，大型商业主要集中在大型商场。其余类型的业态占比较小，但考虑到实际使用需求，当前基本能满足区域需要。

2. 公共服务设施评价

通过对基地内部及周边商业业态（餐饮、娱乐、零售）及教育、医疗卫生、行政办公、绿地广场、卫生间等公共设施分布进行相应的总结分析发现，除了医疗设施外，项目地块的其他公共服务设施配套条件均较好。考虑到基地位于苏州古城区附近，十五分钟生活圈以外的医疗服务设施配套较为充足，所以项目地块整体上的公共服务设施不存在重大缺失的问题，能够满足居民的日常需求。

中期汇报成果

苏州大学

现状分析

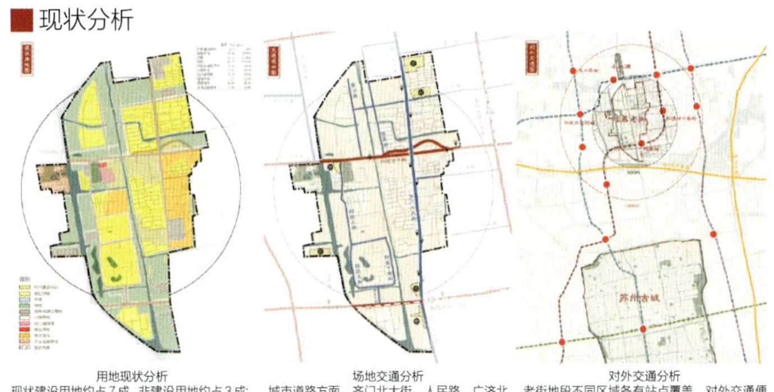

用地现状分析
现状建设用地约占7成，非建设用地约占3成；其中以居住用地为最，占所有用地的40%，其余以空地和绿地为主

场地交通分析
城市道路方面，齐门北大街、人民路、广济北路、相城大道等干道大大增强了陆慕与苏州市区的契合度

对外交通分析
老街地段不同区域各有站点覆盖，对外交通便捷程度较高，极大地方便了对外交通和人民生活

空间节点分析
对于许多保留下来的文化场所，我们应该识别出其文化特色，并发掘相对应的符合时代文化的特色空间基因

空间片区分析
场地作为待开发片区，除了居住区外，其他的配套设施没有跟上，还存在大量的平房和空地，特别是沿新开河与元和塘两岸，杂草丛生

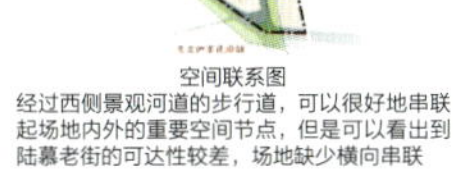

空间联系图
经过西侧景观河道的步行道，可以很好地串联起场地内外的重要空间节点，但是可以看出到陆慕老街的可达性较差，场地缺少横向串联

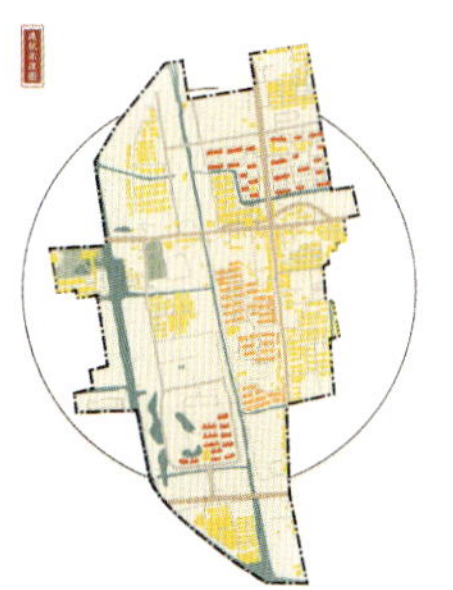

建筑高度分析
为保证景观充分渗透，现有建筑大多沿河低层设置，远离新开河明显有更多的高层居住区，但目前的建筑空间关系没有成系统

建筑质量分析
陆慕依托水运文化形成的院落围合街坊的传统居住空间和曲折错落的街巷商业空间维护不当

建筑风貌分析
建筑新旧混杂，陆慕传统的灰白砖墙民居与现代红黄涂料外墙建筑在建筑形式和建筑色彩方面形成割裂感，亟须协调

方案生成分析图

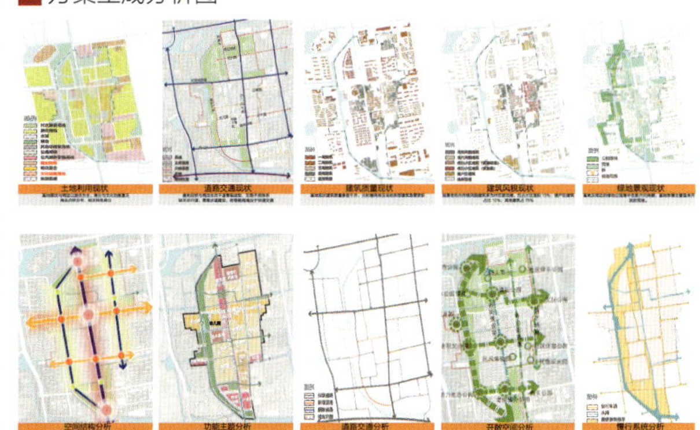

团队草图

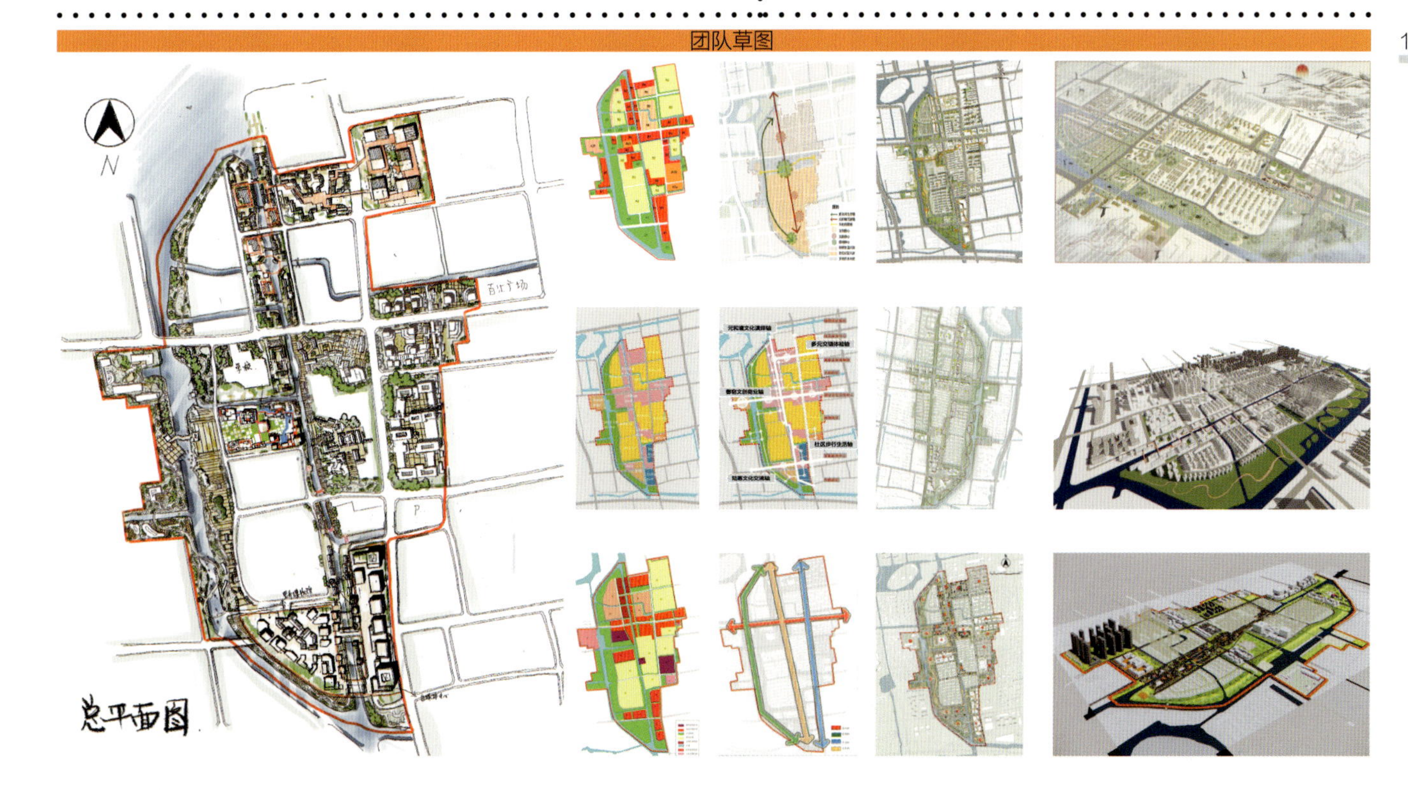

南京工业大学

交通调整

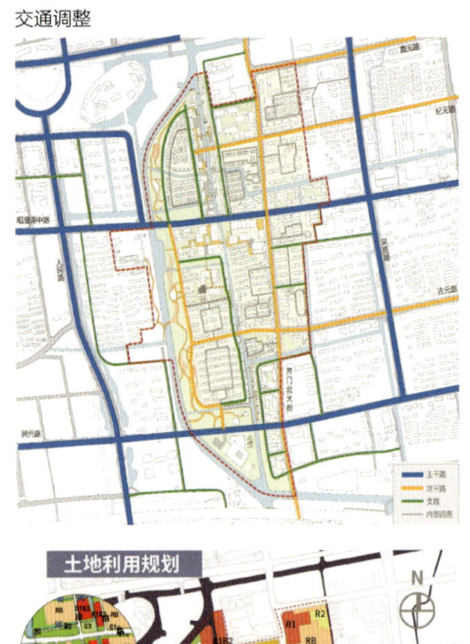

土地利用规划

R2 二类居住用地
RB 商住混合用地
Ra 其他居住用地
Rax 幼托用地
Aa 社区公共服务设施用地
A21 文化设施用地
A33a 小学用地
A41 体育场馆用地
A9 宗教用地
B1 商业用地
B1B2 商业办公混合用地
U12 供电用地
G1c 街旁绿地

窑址节点塑造

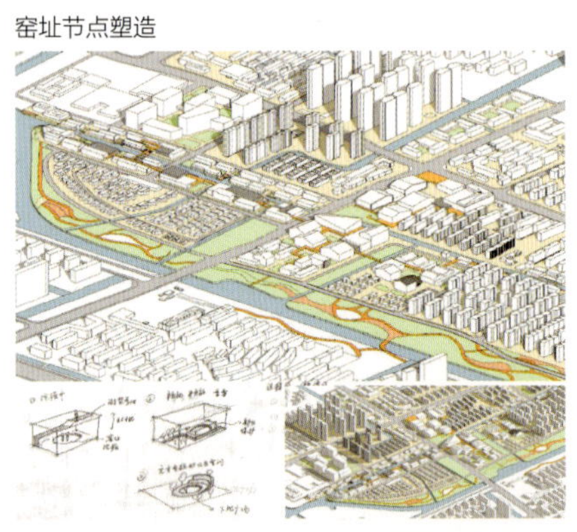

规划结构分析

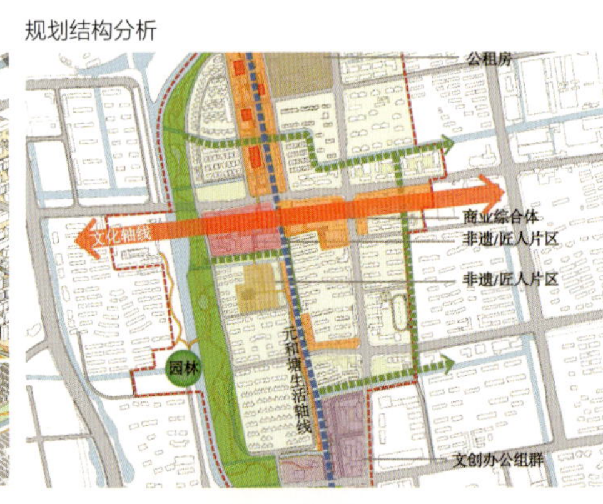

团队过程草图

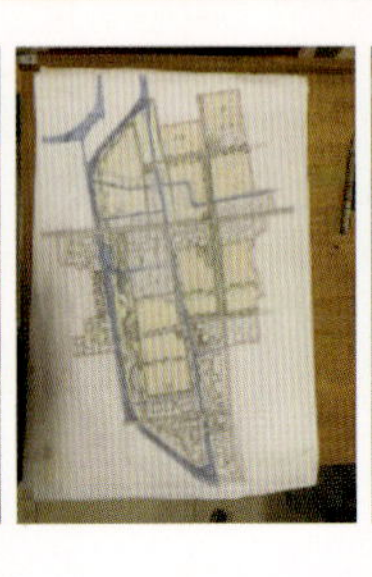
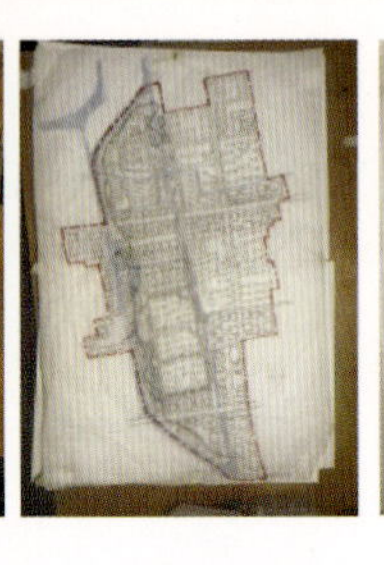
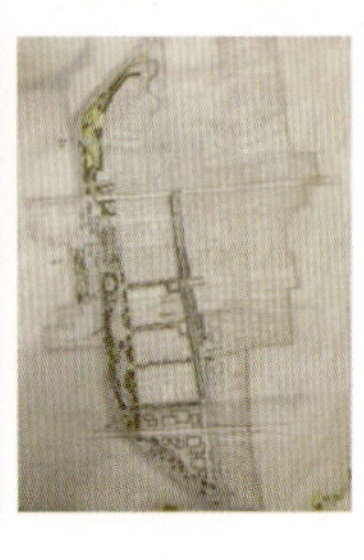
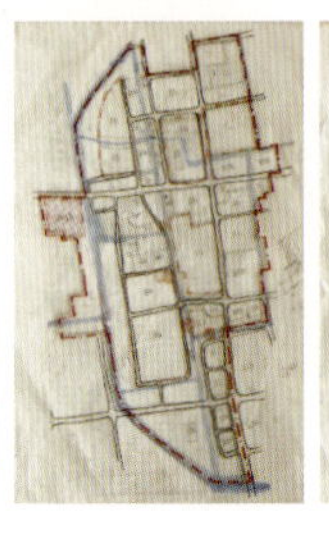
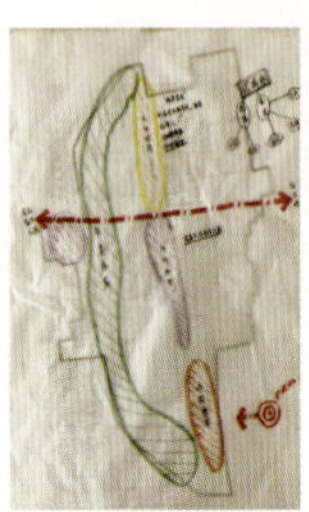
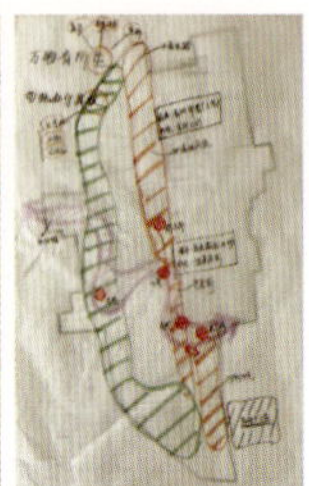
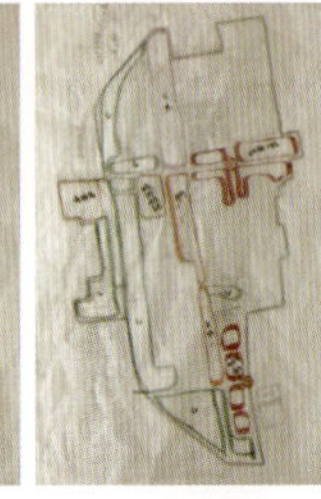

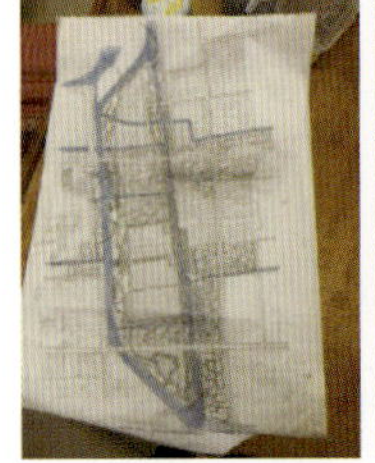
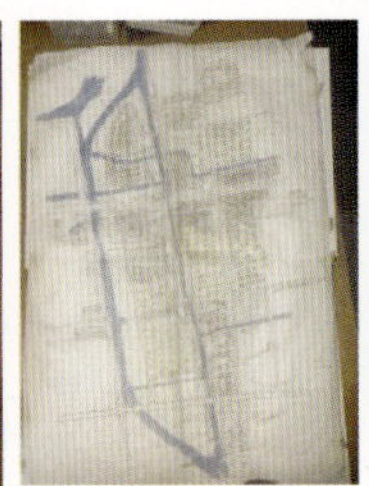
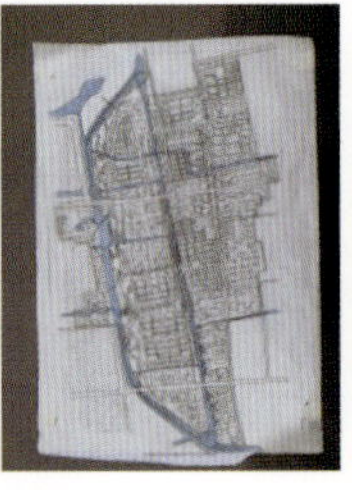
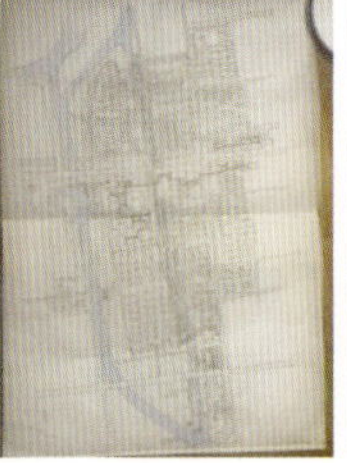
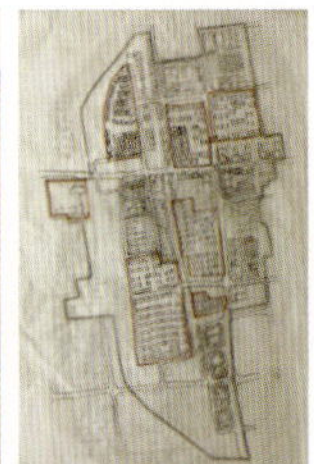
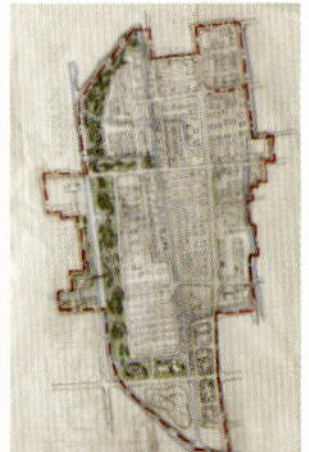

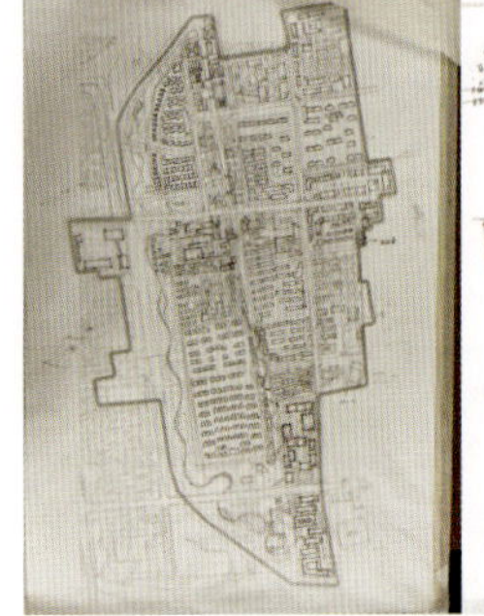
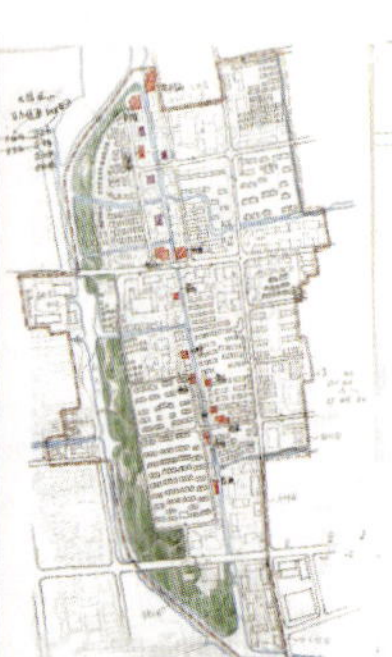

郑州大学

空间结构　　功能分区

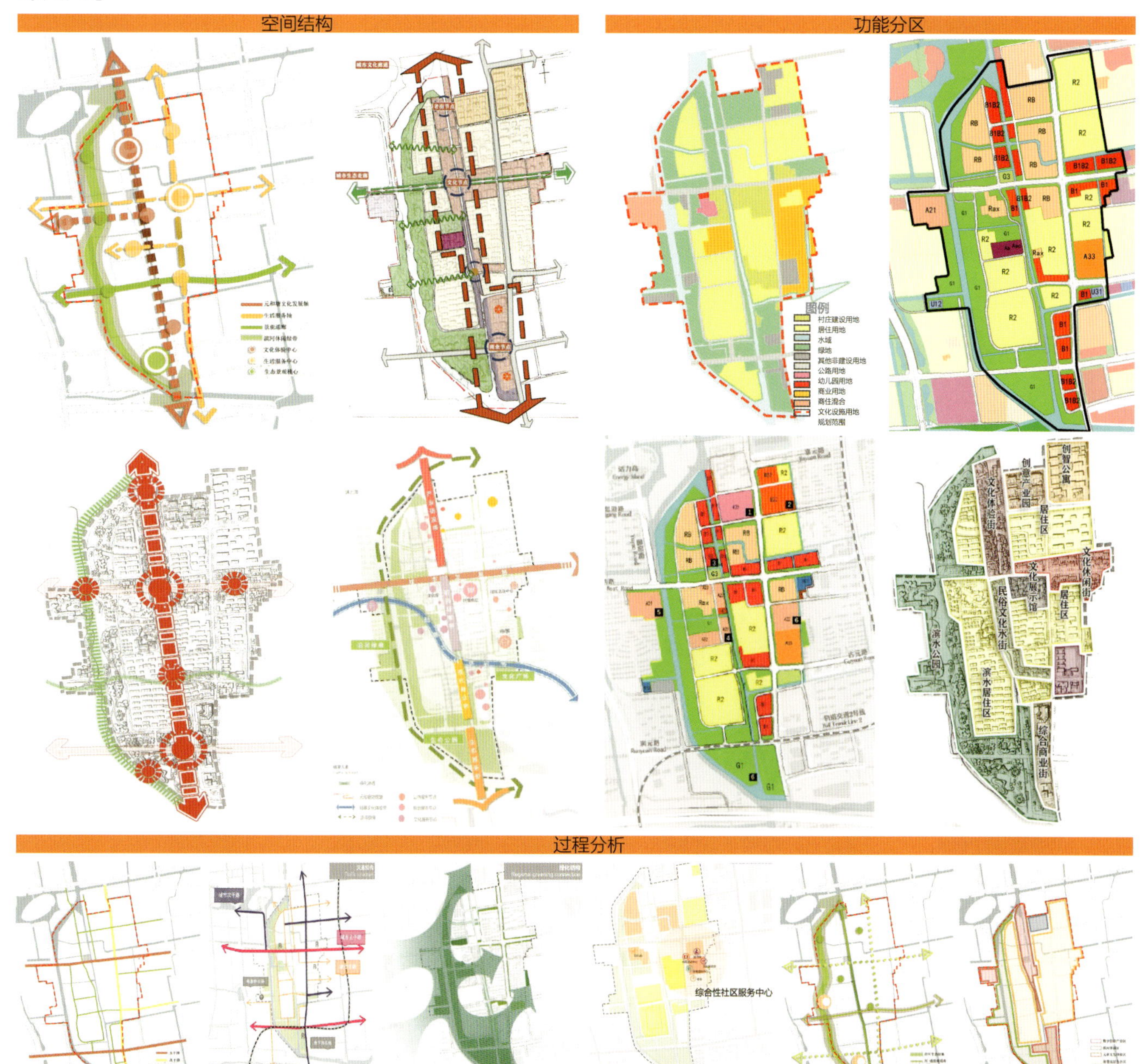

过程分析

综合性社区服务中心

■团队草图

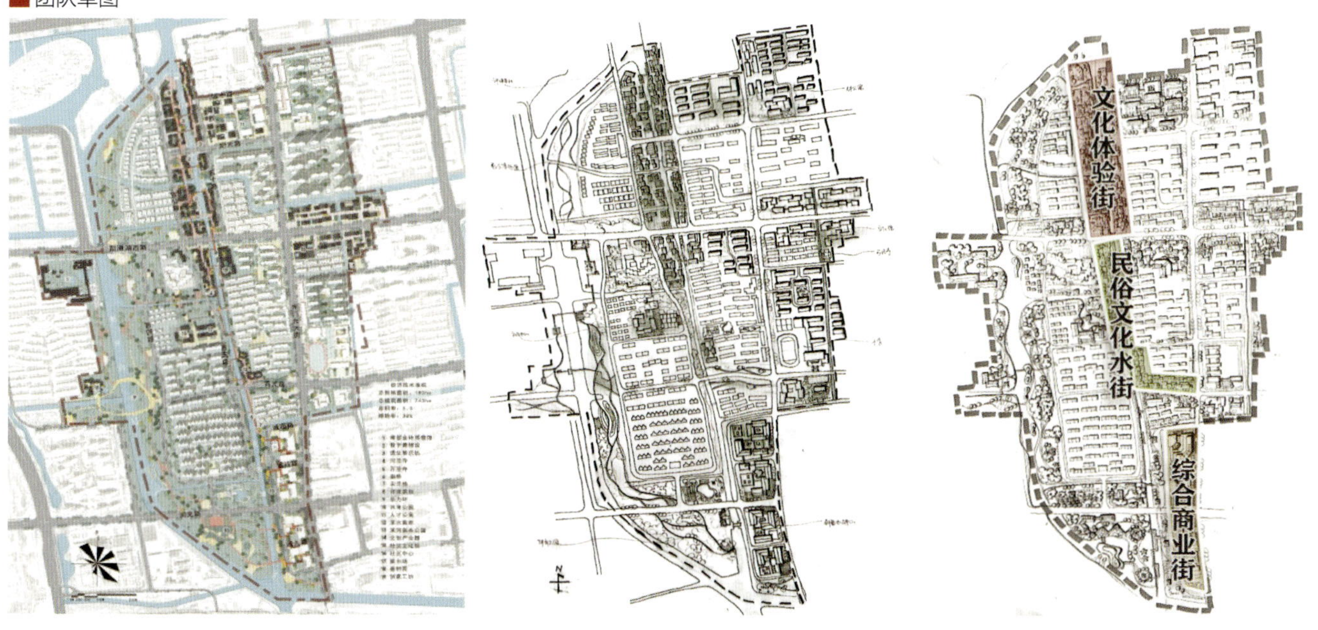

山东建筑大学

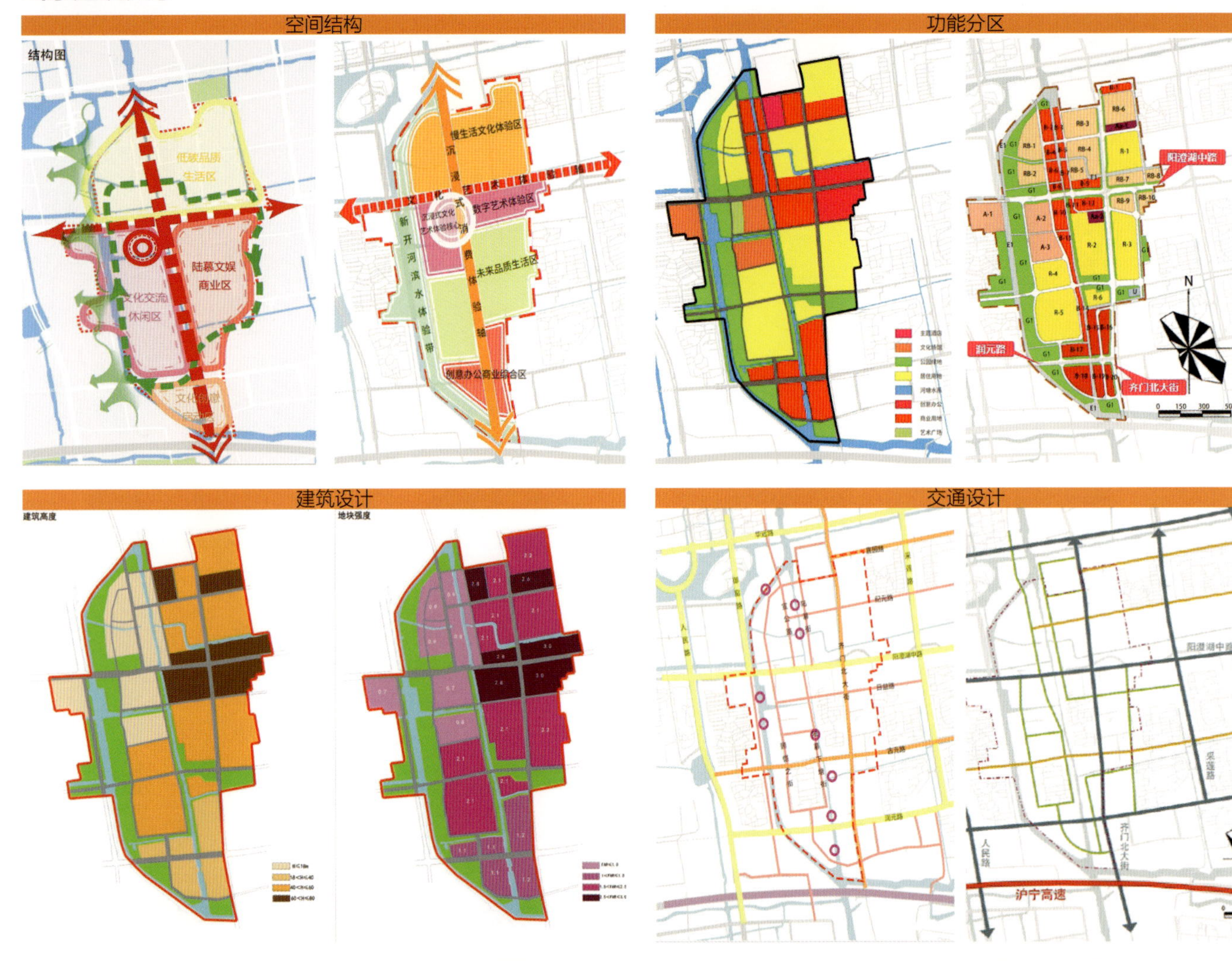
空间结构
功能分区
结构图
低端品质生活区
陆慕文娱商业区
文化交流休闲区
慢生活文化体验区
数字艺术体验区
未来品质生活区
创意办公商业综合区
新开河滨水体验带
阳澄湖中路
润元路
齐门北大街
建筑设计
交通设计
建筑高度
地块强度
沪宁高速
人民路

过程分析
高程分析图
坡度分析图
陆慕地铁站(在建)

团队草图

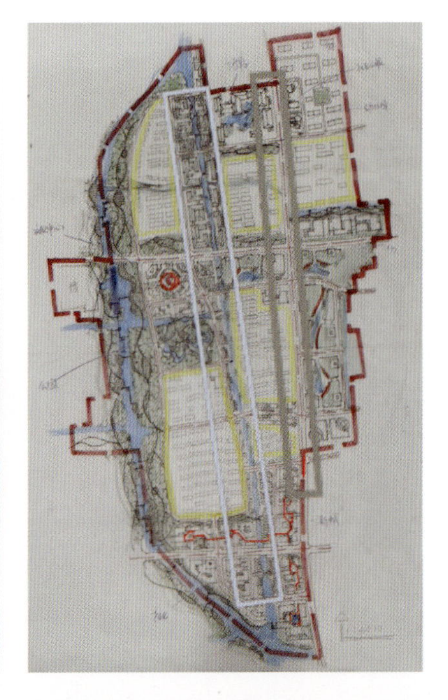

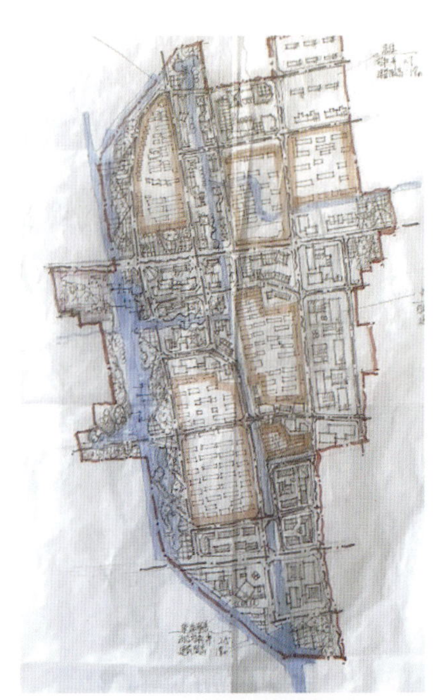

合肥工业大学

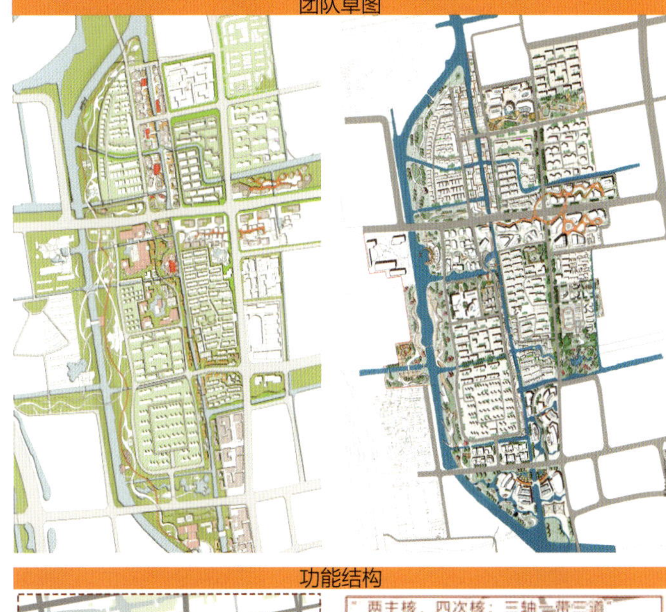
团队草图

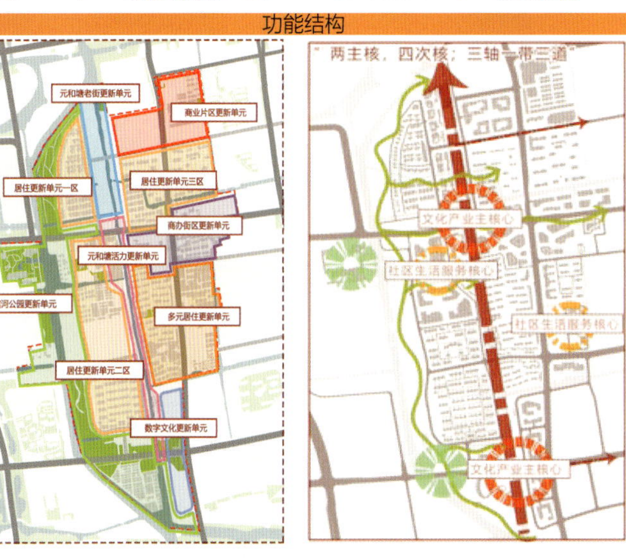
功能结构
元和塘老街更新单元
商业片区更新单元
居住更新单元一区
居住更新单元三区
商办街区更新单元
元和塘活力更新单元
滨河公园更新单元
多元居住更新单元
居住更新单元二区
数字文化更新单元
"两主核，四次核，三轴一带三道"
文化产业主核心
社区生活服务核心
社区生活服务核心
文化产业主核心

规划构思

元和塘创意文化走廊
创想住宅
水文化体验带

道路交通现状——机动车

道路交通现状——步行体系

现状开敞空间

道路交通现状——机动车

道路交通现状——机动车

道路系统分析

慢行系统分析

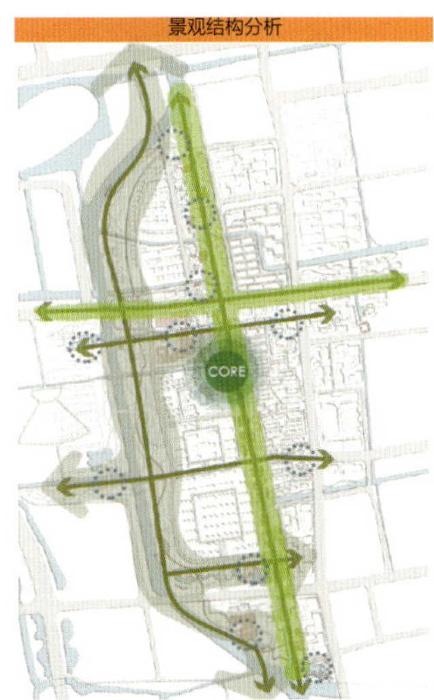
景观结构分析
CORE

绿地系统分析

终期答辩成果

苏州大学 Soochow University

指导老师 雷诚 周国艳 陈月

『病』树前头万木『春』
小组成员 王泽民 陈晨

千年窑火，异世传承
小组成员 周炫汀 吴彤

寻脉陆慕，智联元和
小组成员 李明哲 李旻璐

时空编织·锦瑟陆慕
小组成员 王诗睿 易苗

织水再游商
小组成员 李军达 陆奕光

河坊『慧』古今，陆慕『焕』新生
小组成员 陈秀秀 吴帅利

“病”树前头万木“春”

苏州大学
Soochow University

小组成员：王泽民 陈晨
指导老师：雷诚

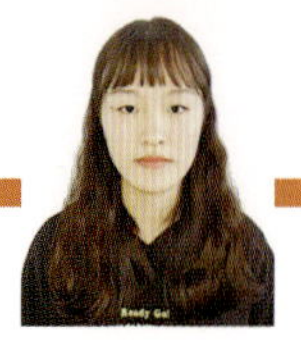

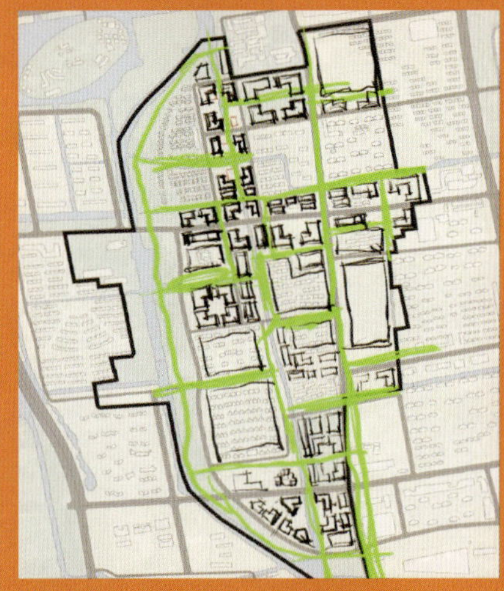
第一阶段 构思图

第二阶段 草图

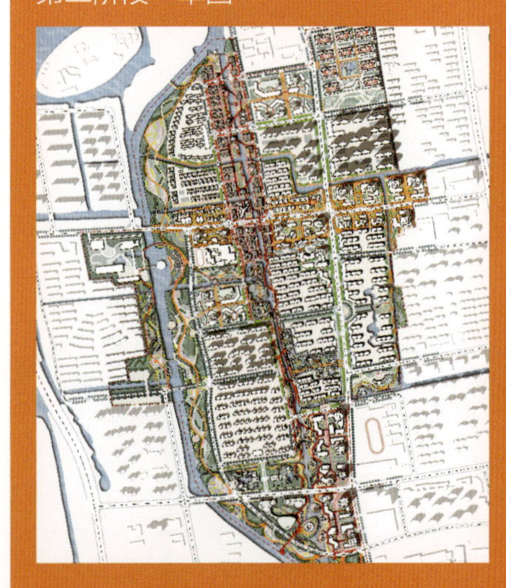

设计说明

规划以“老街新生”为整体设定，统筹制定更新思路、发展框架和实施路径，充分兼顾产业更新、商业消费，优化提升周边街区、水岸公共区域的功能业态，打造相城区最具创新活力的城市片区，实现历史活力的当代再生。从人的需求、服务品质、业态构成、体验模式等角度出发，综合考虑更新片区中的商业、产业、消费、文化等丰富要素，合理分析不同人群的需求，强调与苏州其他老街的差异化，打造“陆慕老街”的独特形象和文化 IP，激发适应新时代发展环境的片区活力。

设计以元和塘为出发点，打造元和塘景观文化轴，轴线由北到南，依次展现过去、现在和未来，打造陆慕文化 IP，激发传统文化与新兴力量间的碰撞，兼顾窑址保护和产业商业的平衡性，通过丰富且连贯的廊架连桥，展现江南水乡的魅力，丰富行人的游玩体验，打造高矮疏密错落有序的空间体验，串联不同文化之间的沟通与联系，提升老街的整体优势与可识别性，从而实现老街的焕发新生。

在总体构架中，设计提出“两轴、两纵、三带、多心”的空间结构。梳理基地的空间要素，将原有的元和塘两岸商业功能进行保留，对其中部建筑进行更新，北部结合御窑遗址新增商业建筑，形成南北“商旅轴”；利用场地西侧已形成文化效益的苏州御窑金砖博物馆，向东打造展示空间、商业空间与办公空间，形成东西“文创轴”。“两纵”为沿新开河打造创意南北景观轴，沿齐门北大街打造特色街道绿轴。“三带”为连接新开河、元和塘景观与齐门北大街并承担组织、集散人流功能的东西带状轴线。“多心”指各轴线与水网景观之间组织人流的节点。

规划通过修剪南北次干路中的丁字路口和断头路，增加东西向支路，形成完整连续的车行道路系统；规划将慢性体系分为两种：参考乾唐公园的流线系统组织蜿蜒的新开河景观步道、利用水埠码头的空间形式组织折线形的元和塘水岸步道。前者线性街道与面状景观交错交织，衬托“郊野”氛围；后者水街相依、建筑有序退界，打造适宜 D/H 的水路感受。

容积率的控制与引导：元和塘两岸定位以商业为主，低层建筑满足游客商业活动需求而不至于浪费土地资源；阳澄湖西路、齐门北大街定位以商务办公为主，需要高层建筑。因此，元和塘两岸容积率低，阳澄湖西路、齐门北大街容积率高。

建筑高度的控制与引导：元和塘两岸 D/H 定位于 2—3，为游客文旅活动提供舒适的视觉空间环境，同时，为商业街周边的高层居民楼提供优质景观风貌。因此，场地及其周边环境整体呈现东西高、中部低的“凹”字形结构。

现廊道的控制与引导：规划将场地水网整体打通，串联景观，并控制沿河两侧的建筑高度，使沿河建筑给人以层层升高的视觉感受。

设计感悟

随着城市的不断发展，陆慕老街由车水马龙的繁华商业水街变成砖瓦遍地的拆迁地，再摇身变为高楼林立的现代化小区，经历了几代人好几轮的推倒重建。陆慕由原始村落变成江南水乡再变成如今的模样，它的发展不是一蹴而就的，而是经历了千年的积淀。今天的陆慕像是一个有机的生命体，又像一张网，联系着方方面面，形成了丰富的社会生活网络和有趣的城市空间肌理。城市更新更应尊重历史，不仅是有着千年文化底蕴的苏式园林需要保护，经历了几十年的发展而形成的村落也需要保护，其长期形成的自我组织机制和丰富有趣的生活空间网络一定拥有许多隐形的价值，等待着我们去挖掘、去丰富。

城市更新是多重空间价值的更新，应充分挖掘、认识、尊重、保护好空间演化历史，并优化和延续空间文脉，助力老街“新”生。

从文脉延续方面看，分析城市更新的对象应尽可能全面地收集素材，包括现状与古图描绘等，确保规划有理有据；同时也要根据场地特有环境提取有代表性的要素。

从建筑空间形态创新方面看，城市设计应当脱离传统思维的束缚，善于抽象建筑的点、线、面、体，结合现代化的功能需求，重新定义建筑的形状、尺寸、色彩和第五立面。

从空间落实方面看，城市更新不仅是建筑功能置换与空间更新，更需要构建区域结构，创造一个不间断的城市空间，使区域内的建筑空间与开放空间，乃至经济等虚体空间巧妙地串联在一起。

在快速城市化的进程中，延续城市文化的城市更新，不仅是解决城市具体空间问题和矛盾的方法，更是构建美好城市空间、实现可持续发展的重要手段。

沉舟侧畔千帆过，病树前头万木春

——新生事物锐不可当、时代在发展，城市发展要紧跟时代步伐、不断进步

设计说明： 规划以“老街新生”为整体设定，统筹制定更新思路、发展框架和实施路径。充分兼顾产业更新、商业消费，优化提升周边街区、水岸公共区域的功能业态，打造相城区最具创新活力的城市片区，实现历史活力的当代再生。从人的需求、服务品质、业态构成、体验模式等角度，综合考虑更新片区中商业、产业、消费、文化等丰富要素，合理分析不同人群的需求，强调与苏州其他老街的差异化，打造“陆慕老街”的独特形象和文化 IP，激发适应新时代发展环境的片区活力。

2022 年全国城乡规划专业五校联合毕业设计
The Rebirth of Old Street - Urban Renewal Design of Lumu Old Street Area in Suzhou City
参加院校：苏州大学、南京工业大学、郑州大学、山东建筑大学、合肥工业大学　　承办单位：苏州大学

小组成员：王泽民　陈晨
指导老师：雷诚

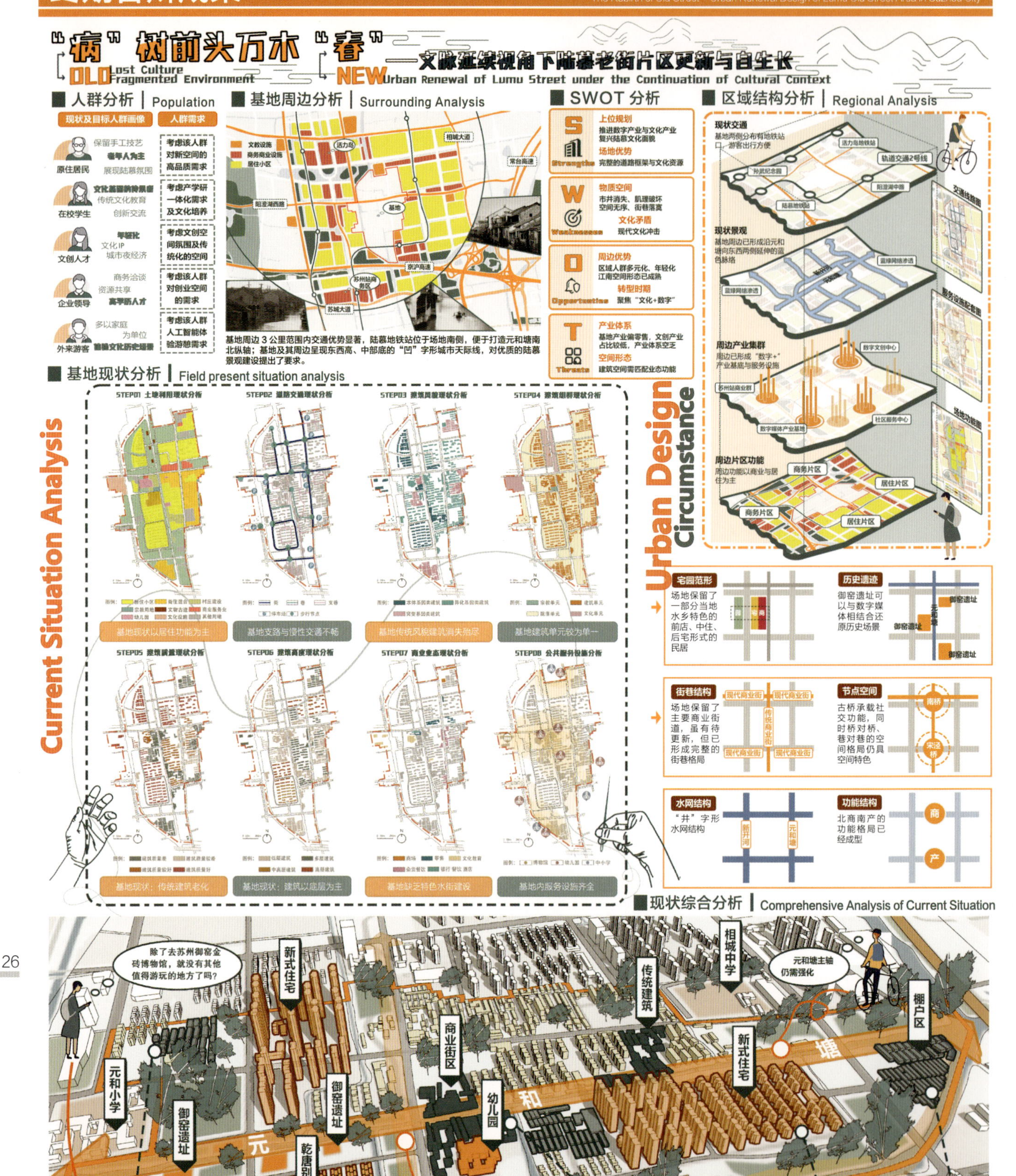

小组成员：王泽民　陈晨
指导老师：雷诚

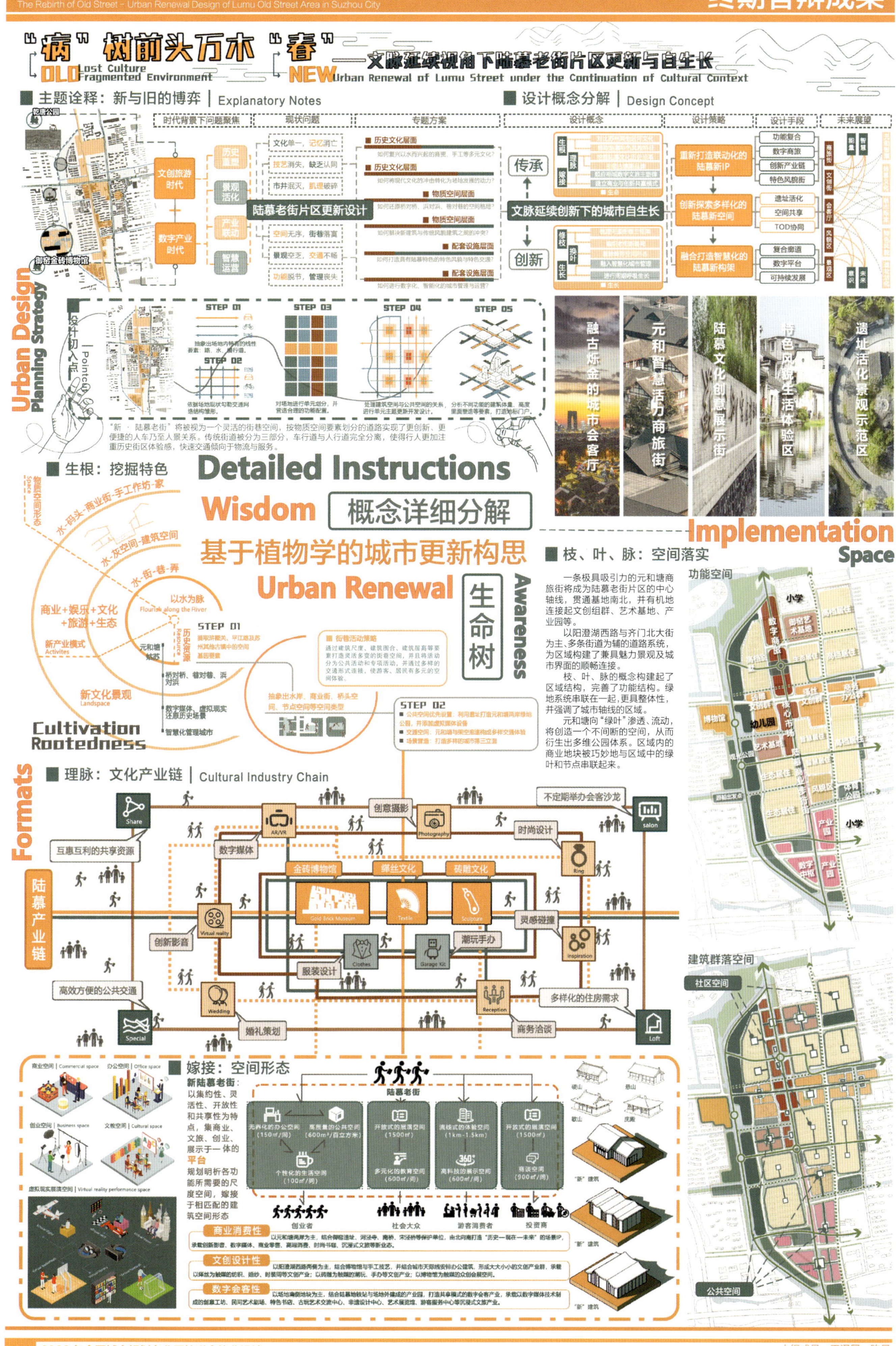
“病”树前头万木“春”——文脉延续视角下陆慕老街片区更新与自生长
OLD Lost Culture Fragmented Environment
NEW Urban Renewal of Lumu Street under the Continuation of Cultural Context
主题诠释：新与旧的博弈 | Explanatory Notes
设计概念分解 | Design Concept
时代背景下问题聚焦
现状问题
专题方案
设计概念
设计策略
设计手段
未来展望
文创旅游时代
数字产业时代
陆慕老街片区更新设计
文脉延续创新下的城市自生长
传承
创新
重新打造联动化的陆慕新IP
创新探索多样化的陆慕新空间
融合打造智慧化的陆慕新构架
Urban Design Planning Strategy
融古烁金的城市会客厅
元和智慧活力商旅街
陆慕文化创意展示街
特色风貌生活体验区
遗址活化景观示范区
“新 · 陆慕老街”将被视为一个灵活的街巷空间，按物质空间要素划分的道路实现了更创新、更便捷的人车乃至人景关系。传统街道被分为三部分，车行道与人行道完全分离，使得行人更加注重历史街区体验感，快速交通倾向于物流与服务。
生根：挖掘特色
Detailed Instructions
Wisdom 概念详细分解
基于植物学的城市更新构思
Urban Renewal
生命树
Awareness
Cultivation Rootedness
Implementation Space
枝、叶、脉：空间落实
一条极具吸引力的元和塘商旅街将成为陆慕老街片区的中心轴线，贯通基地南北，并有机地连接起文创组群、艺术基地、产业园等。
以阳澄湖西路与齐门北大街为主、多条街道为辅的道路系统，为区域构建了兼具魅力景观及城市界面的顺畅连接。
枝、叶、脉的概念构建起了区域结构，完善了功能结构。绿地系统串联在一起，更具整体性，并强调了城市轴线的区域。
元和塘向“绿叶”渗透、流动，将创造出一个不间断的空间，从而衍生出多维公园体系。区域内的商业地块被巧妙地与区域中的绿叶和节点串联起来。
功能空间
建筑群落空间
社区空间
公共空间
理脉：文化产业链 | Cultural Industry Chain
Formats
陆慕产业链
互惠互利的共享资源
高效方便的公共交通
不定期举办会客沙龙
多样化的住房需求
金砖博物馆
缂丝文化
砖雕文化
数字媒体
创意摄影
时尚设计
灵感碰撞
潮玩手办
服装设计
创新影音
婚礼策划
商务洽谈
嫁接：空间形态
新陆慕老街：以集约性、灵活性、开放性和共享性为特点，集商业、文旅、创业、展示于一体的平台
规划明晰各功能所需要的尺度空间，嫁接于相匹配的建筑空间形态
商业消费性
文创设计性
数字会客性

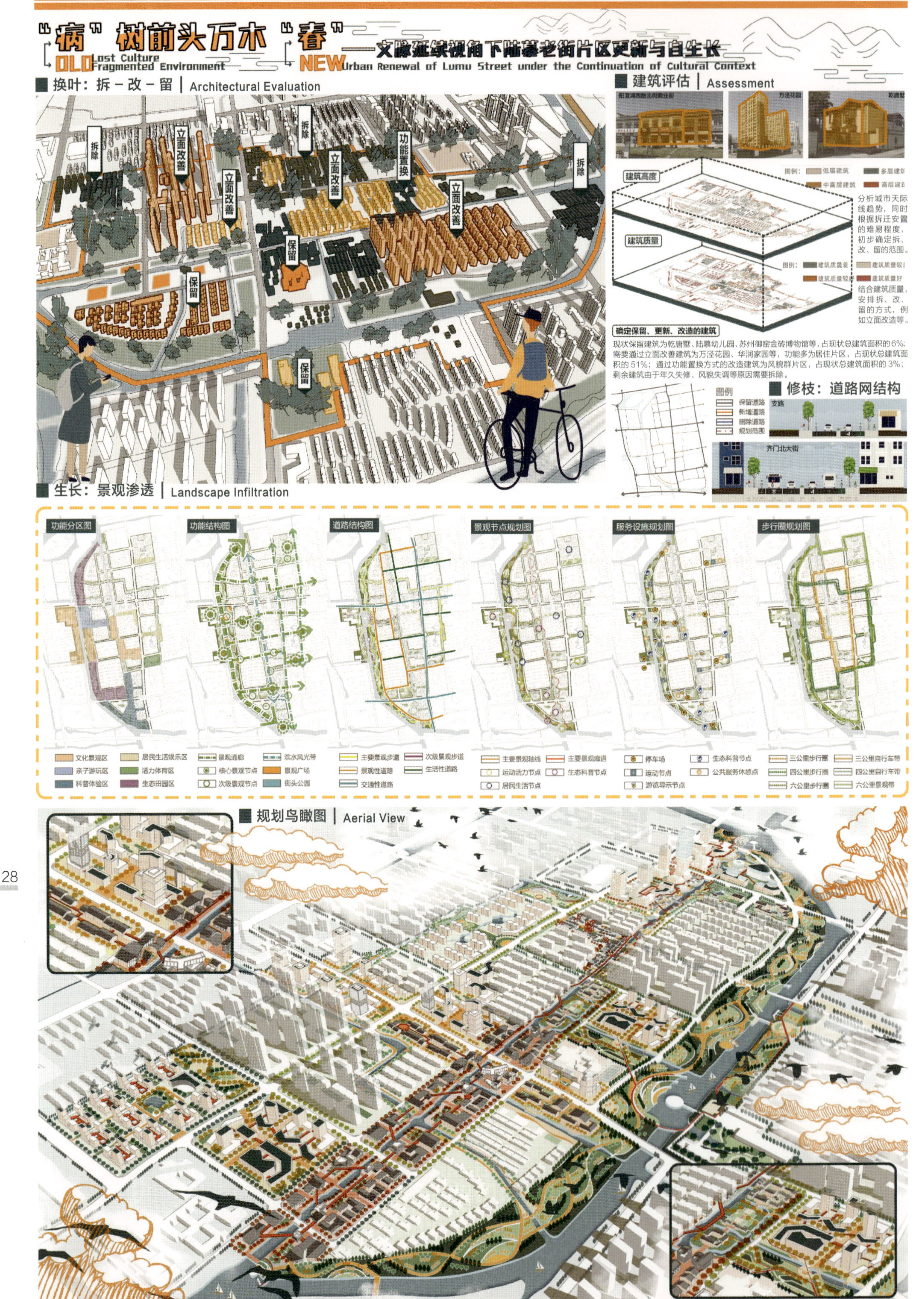

小组成员：王泽民 陈晨
指导老师：雷诚

“病”树前头万木“春”

——文脉延续视角下陆慕老街片区更新与自生长

OLD Lost Culture Fragmented Environment

NEW Urban Renewal of Lumu Street under the Continuation of Cultural Context

总平面图 | General layout

技术经济指标

	数值	单位
基地面积	179.97	公顷
总建筑面积	3.176×10^{6}	万平方米
容积率	1.76	/
建筑密度	28.6	%
绿化率	24.1	%
水域面积	20.67	公顷
地面停车位	6800	位
地上停车位	1200	位

01. 码头广场 Dock Square
02. 北桥 North Bridge
03. VR 影院 VR Theater
04. 遗址公园 Heritage Park
05. 文教艺术基地 Education Center
06. 未来社区 Future Community
07. 文创小镇 Creative Town
08. 服务中心 Service Center
09. 商业集市 Commercial Market
10. 文化中心 Cultural Center
11. 时尚设计产业群 Fashion Design Group
12. 婚庆策划产业群 Wedding Planning Group
13. 潮玩产业群 Tide Play Group
14. 休闲水吧 Leisure Bar
15. 陆慕幼儿园 Nursery School
16. 河泾寺 Temple
17. 禅意园林 Zen Garden
18. 禅文化体验园 Zen culture Experience Park
19. 城中村 Village in the City
20. 共享租赁街 Shared Rental Street
21. 综合办公 Comprehensive Office
22. 园林式酒店 Garden Hotel
23. 数字产业园 Digital Industrial Park
24. 会议会展 Conference and Exhibition
25. 水上剧场 Water Theatre
26. 水上码头 Water Wharf
27. 文化景观廊 Cultural Landscape Gallery
28. 御窑遗址园 Imperial Kiln Ruins Park
29. 水之广场 Water Square
30. 体育公园 Sports Park

小组成员：王泽民 陈晨
指导老师：雷诚

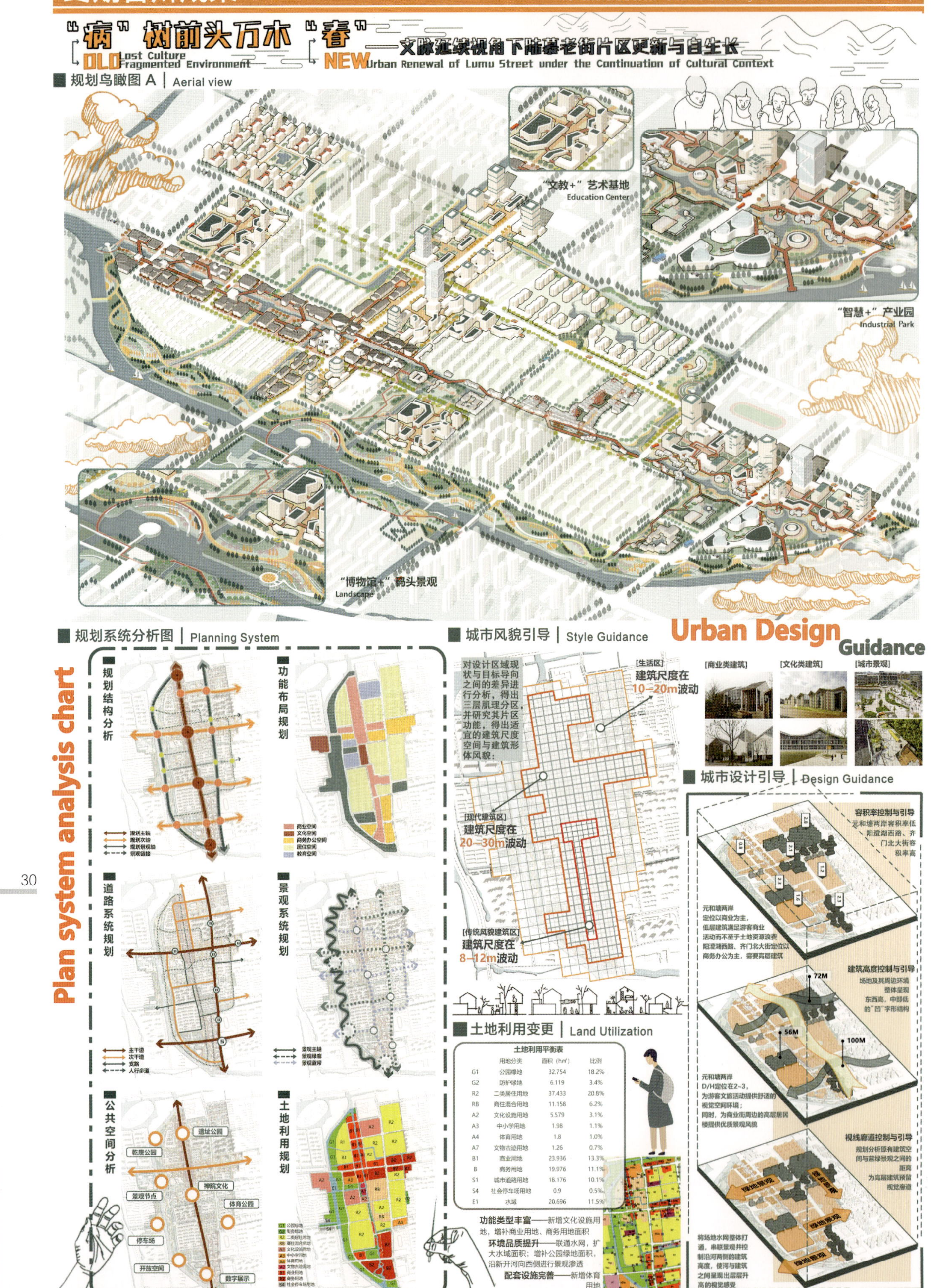

土地利用平衡表

	用地分类	面积（hm²）	比例
G1	公园绿地	32.754	18.2%
G2	防护绿地	6.119	3.4%
R2	二类居住用地	37.433	20.8%
RB	商住混合用地	11.158	6.2%
A2	文化设施用地	5.579	3.1%
A3	中小学用地	1.98	1.1%
A4	体育用地	1.8	1.0%
A7	文物古迹用地	1.26	0.7%
B1	商业用地	23.936	13.3%
B	商务用地	19.976	11.1%
S1	城市道路用地	18.176	10.1%
S4	社会停车场用地	0.9	0.5%
E1	水域	20.696	11.5%

小组成员：王泽民 陈晨
指导老师：雷诚
参加院校：苏州大学、南京工业大学、郑州大学、山东建筑大学、合肥工业大学 承办单位：苏州大学

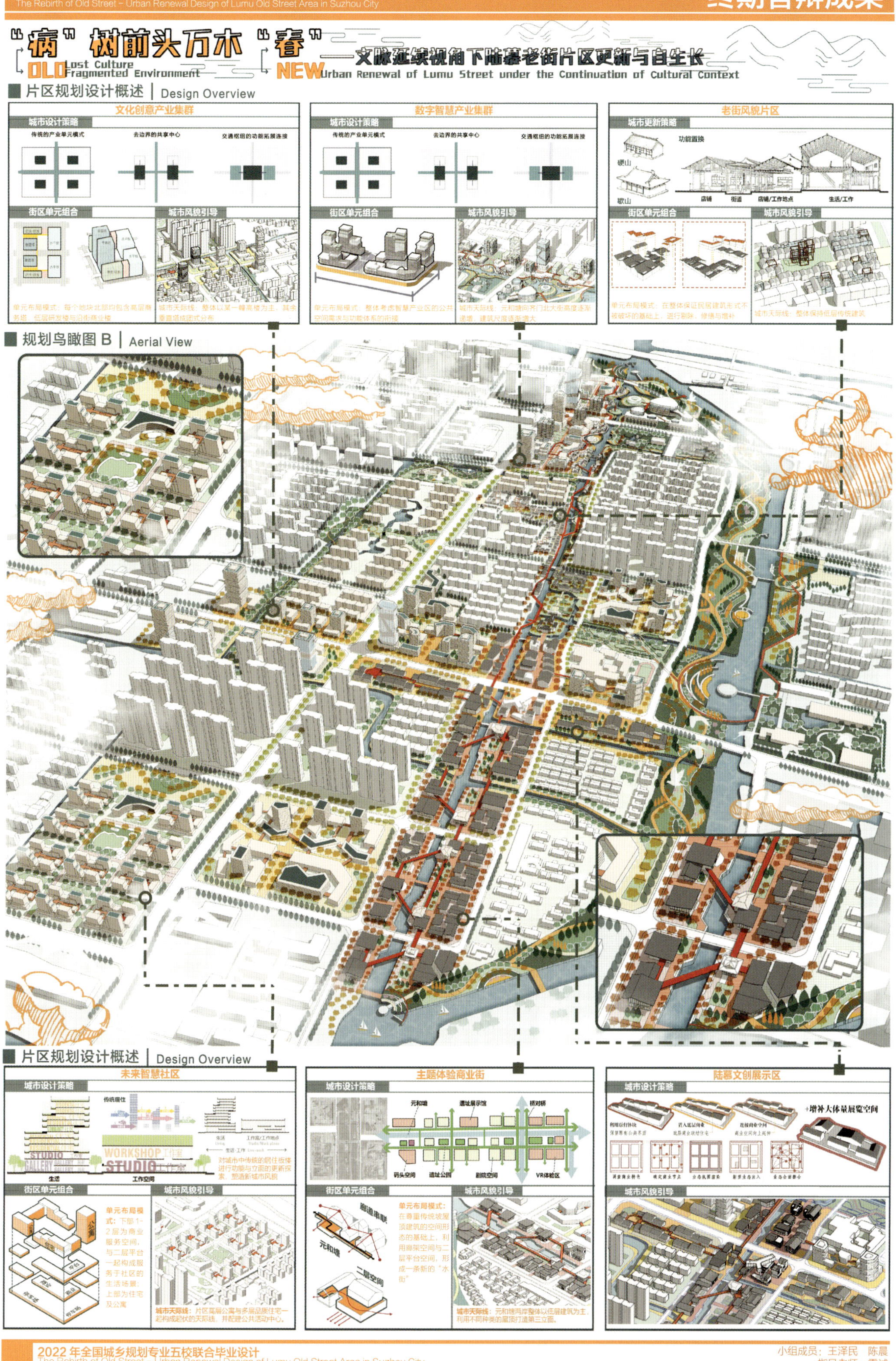

老街新生：苏州陆慕老街片区城市更新
The Rebirth of Old Street - Urban Renewal Design of Lumu Old Street Area in Suzhou City
终期答辩成果
"病"树前头万木"春"
OLD Lost Culture
Fragmented Environment
NEW
——文脉延续视角下陆慕老街片区更新与自生长
Urban Renewal of Lumu Street under the Continuation of Cultural Context
片区规划设计概述 | Design Overview
文化创意产业集群
城市设计策略
传统的产业单元模式
去边界的共享中心
交通枢纽的功能拓展连接
街区单元组合
城市风貌引导
单元布局模式：每个地块北部均包含高层商务塔，低层研发楼与沿街商业楼
城市天际线：整体以某一幢高楼为主，其余垂直塔成团式分布
数字智慧产业集群
城市设计策略
传统的产业单元模式
去边界的共享中心
交通枢纽的功能拓展连接
街区单元组合
城市风貌引导
单元布局模式：整体考虑智慧产业区的公共空间需求与功能体系的衔接
城市天际线：元和塘向齐门北大街高度逐渐递增，建筑尺度逐渐增大
老街风貌片区
城市更新策略
功能置换
硬山
歇山
店铺
街道
店铺/工作地点
生活/工作
街区单元组合
城市风貌引导
单元布局模式：在整体保证民居建筑形式不被破坏的基础上，进行剔除、修缮与增补
城市天际线：整体保持低层传统建筑
规划鸟瞰图 B | Aerial View
片区规划设计概述 | Design Overview
未来智慧社区
城市设计策略
传统居住
STUDIO
GALLERY
WORKSHOP 工作室
STUDIO 工作室
生活
工作空间
生活
工作室/工作地点
生活·工作
对城市中传统的居住板楼进行功能与立面的更新探索，塑造新城市风貌
街区单元组合
城市风貌引导
单元布局模式：下部1-2层为商业服务空间，与二层平台一起构成服务于社区的生活场景；上部为住宅及公寓
公寓
住宅
平台
商业
商业
停车场
停车场
城市天际线：片区高层公寓与多层品质住宅一起构成起伏的天际线，并配建公共活动中心。
主题体验商业街
城市设计策略
元和塘
遗址展示馆
桥对桥
码头空间
遗址公园
剧院空间
VR体验区
街区单元组合
城市风貌引导
廊道串联
元和塘
二层空间
单元布局模式：在尊重传统坡屋顶建筑的空间形态的基础上，利用廊架空间与二层平台空间，形成一条新的"水街"
城市天际线：元和塘两岸整体以低层建筑为主，利用不同种类的屋顶打造第三立面。
陆慕文创展示区
城市设计策略
利用原有体块
置入底层商业
连接商业空间
+增补大体量展览空间
城市风貌引导
2022年全国城乡规划专业五校联合毕业设计
The Rebirth of Old Street - Urban Renewal Design of Lumu Old Street Area in Suzhou City
小组成员：王泽民　陈晨
指导老师：雷诚
参加院校：苏州大学、南京工业大学、郑州大学、山东建筑大学、合肥工业大学
承办单位：苏州大学

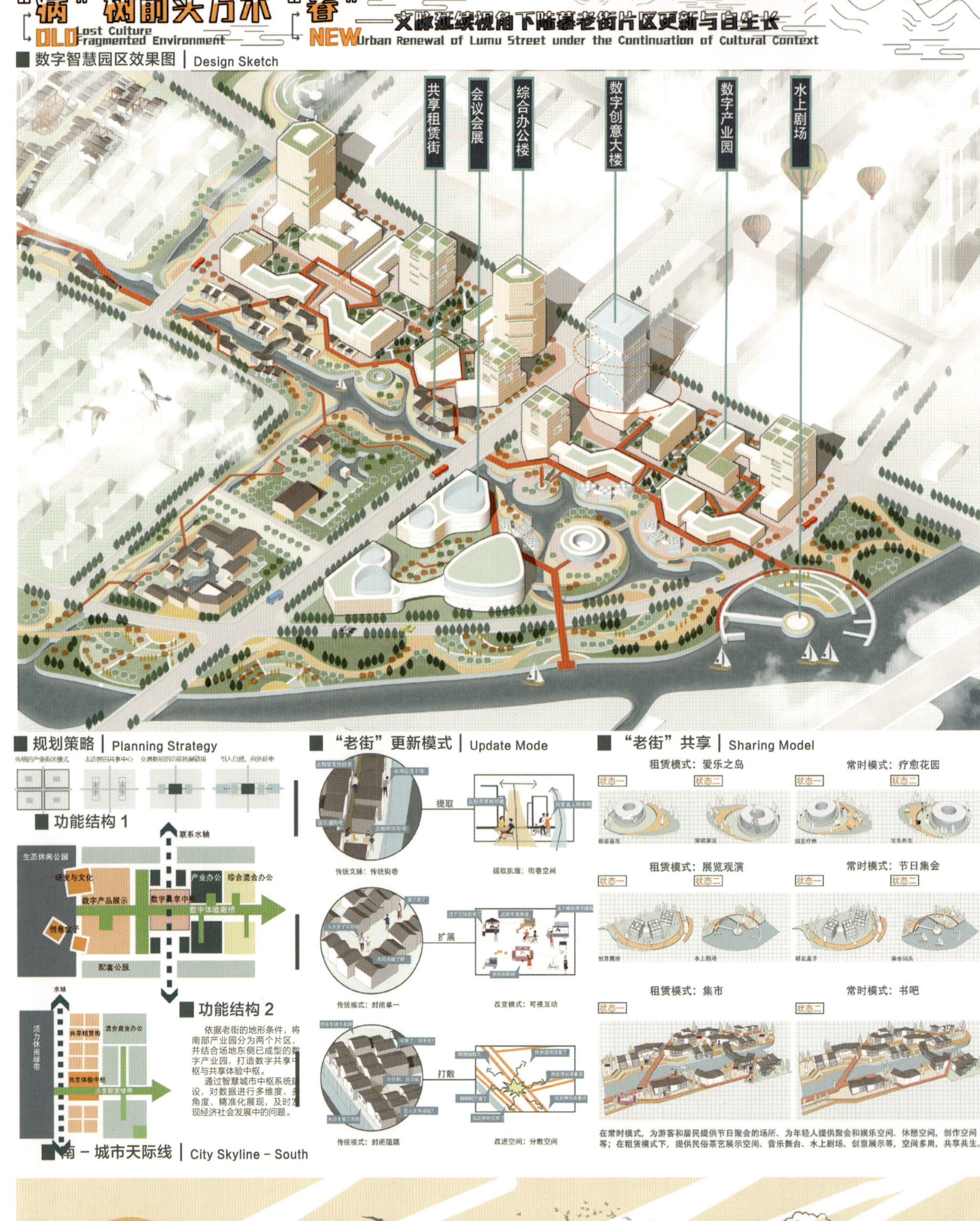

小组成员：王泽民　陈晨
指导老师：雷诚

"病"树前头万木"春"——文脉延续视角下陆慕老街片区更新与自生长

OLD Lost Culture Fragmented Environment
NEW Urban Renewal of Lumu Street under the Continuation of Cultural Context

苏州大学建筑学院
指导教师：雷诚
小组成员：王泽民 陈晨

老街风貌片区效果图 | Design Sketch

老街风貌片区更新策略 | Update Strategy

第一步：
梳理脉络，去除多余建筑

第二步：
理清流线，打通尽端

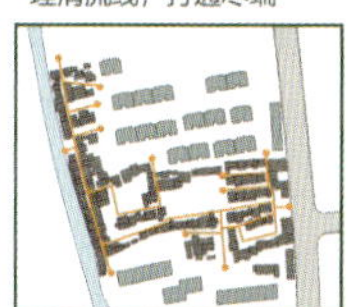

第三步：
确定主轴，打造节点

第四步：
引入绿化，功能置入

第五步：
建筑改造，标志物置入

老街风貌片区设计语言 | Design Symbol

街巷空间营造

街巷空间从院落、街道、公共空间三个层级提出策略，营造场所记忆中的空间氛围。

院落组织

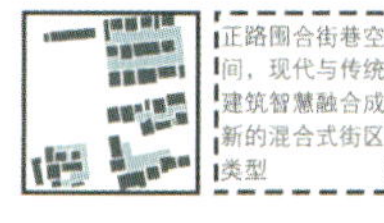

较快的城市化进程导致原有街区建筑类型杂乱，街巷参差不齐，空间关系不清晰

正路围合街巷空间，现代与传统建筑智慧融合成新的混合式街区类型

流线与虚实

公共空间

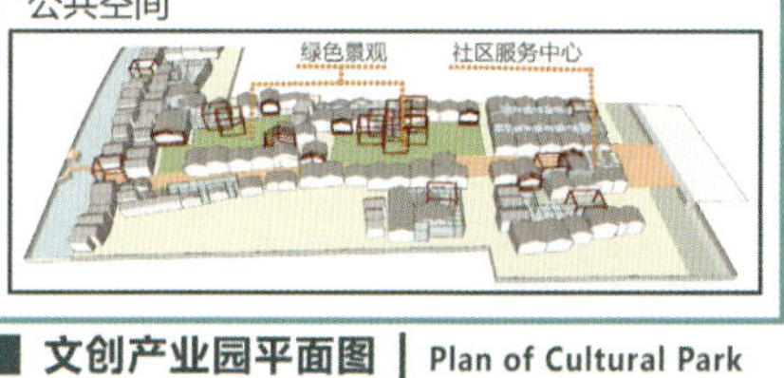

坡屋顶改造

基地现存丰富的传统坡屋顶建筑，方案传承；同时，结合现代技术理念适当升华。

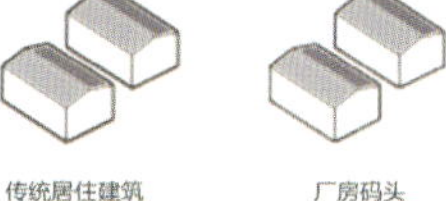

传统居住建筑　厂房码头　文化建筑

增加建筑单位灰空间，促进廊下活动，置入阳光盒子，提供屋顶活动场所

保留建筑单位内的结构，跨度可以营造展览展示空间

屋顶形成单坡，营造更大尺度的建筑空间

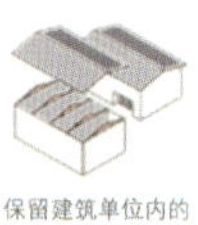
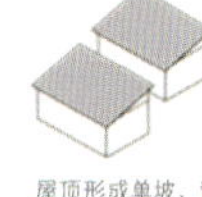

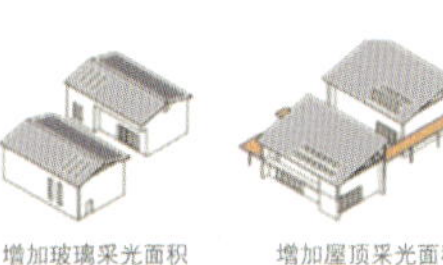

打通平坡屋顶，增加玻璃采光面积

增加玻璃采光面积

增加屋顶采光面积，户外廊道串联，增加灰空间

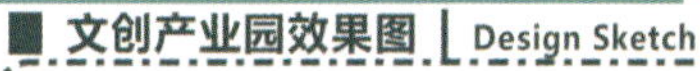

廊道构建

基地内廊道构建包括视线廊道和步行廊道，即虚与实的类型构建。视线通廊是为了复构山水城空间联系，引元和塘风光进入场地，优化局部风光环境。

步行廊道

在文化区、商业区利用错落的廊道增加行走的乐趣，呼应场地高差。

标志物　视线通廊

登高望远　交流互通

文创产业园平面图 | Plan of Cultural Park

文创产业园效果图 | Design Sketch

Urban Renewal
Design Sketch

小组成员：王泽民　陈晨
指导老师：雷诚

千年窑火，异世传承

苏州大学
Soochow University

小组成员：周炫汀　吴彤
指导老师：陈月

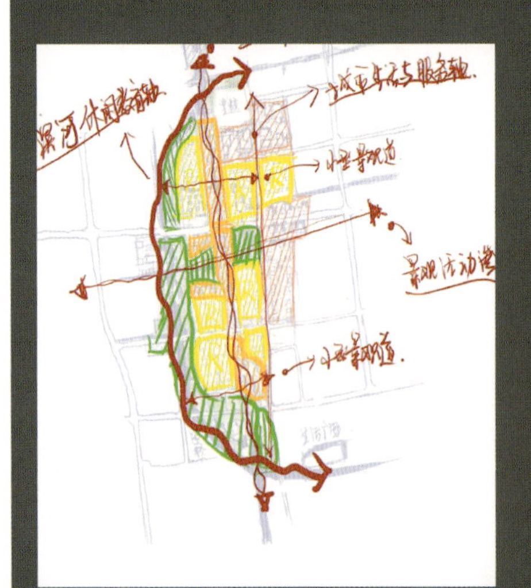

第一阶段　构思图

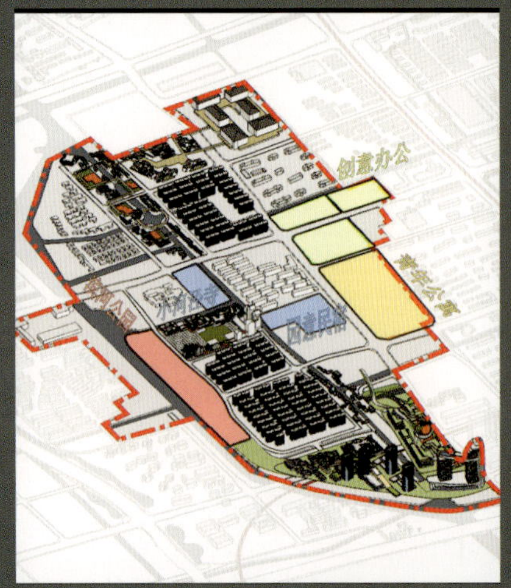

第二阶段　草图

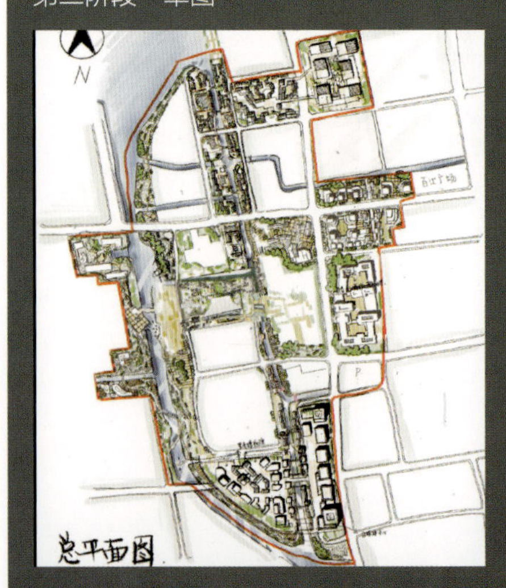

第三阶段　定稿图

设计说明

本次规划场地位于苏州市相城区陆慕老街片区。陆慕老街是苏州古城北齐门外的第一街，元和塘从中穿流而过，促成了陆慕老街数百年的辉煌。片区的特色人文和灿烂历史亟待挖掘，也是此次规划最为重要的机遇与挑战。

苏州陆慕老街以御窑金砖闻名，却鲜有人知晓御窑金砖的悠久渊源和制作工艺，纵然已建成了苏州御窑金砖博物馆，其功能更多的也是对感兴趣的人进行答疑解惑，而无法吸引更多的“新鲜血液”。我们综合分析了陆慕老街的现状，理清了它面临的主要困境，综合提出了我们对场地方案的设想。

一、困境——认识异世矛盾

老街饱经“新”和“老”的矛盾冲突，我们将其总结为三对异世矛盾，具体如下：

古今异世，新老人群承载着不同的空间记忆，新旧空间也有着不同的空间基因。

代际异世，陆慕承载着姑苏区、相城区两种年龄结构叠加的共同影响。

虚实异世，虚拟空间并不能增强现实的体验性，现实的真实性也未能很好地与虚拟空间融合。

二、调研——剖析异世矛盾

我们通过异世需求调研，找到人们需求的痛点，等比例地结合先进科技配置场地功能。再通过已有的和建立好的人群功能点进行模拟人流实验，为我们下一步的场地正式活动策划和功能组织配比做出指引。

三、设计——破解异世矛盾

总平面生成的总体结构为三轴三片区，北部片区的一条历史走廊贯通三个功能区，穿过水街、产业园及手工坊；中部片区汇集园意民俗、潮汐市集、非遗体验场所，是非遗传承的文化社区；南部片区是交通枢纽，四通八达，换乘方便，顶上是绿色空中花园，顶下是教育服务、商业等，是集生活、生态于一体的惠民社区。

设计感悟

在毕业设计的过程中，我们小组虽然已经在场地建筑与空间的推敲方面花费了足够多的时间，但仍缺乏对城市设计层面乃至城市更新层面的思考，真正好的城市设计是要为生活在场地中的人谋福利，为场地实际存在的问题找对策，因此我们总结了此次设计中的不足之处。

首先，缺少“以形定量”来平衡多方利益对高建设强度的追求。城市设计是城市规划的重要手段，可以通过城市形态模型的方式来直观地判断建筑高度、开敞空间、天际线、建筑形态等要素，从而确定建设量是否合宜。城市设计为城市更新提供了一种新的视角，即以策划的角度和形象化的空间表象，最大限度地凝聚地方政府、开发运营商和本地居民的意愿，并以市场化的手段解决地段内社会、经济和文化等方面的问题。

其次，缺少与控规的协调，难以进行规划管理。城市设计作为精细化管控城市风貌、塑造城市特色的有力手段，在城市规划管理中发挥着非常重要的作用。而在城市更新过程中，可以通过城市设计的手法在纷繁的利益主体诉求之中守住底线，维持城市公共空间的和谐风貌。因此，可以通过城市设计来建立城市更新与控规的和谐关系。城市设计导则的引入则可以拉近控规的宏观指标与建筑的微观设计之间的逻辑联系，使城市管理的整套系统更为细致完善。设计导则作为具有创造性的调控手段，逐渐得到国内外城市管理者的重视并被付诸实践。

最后，缺少对公共设施、公共环境的关注。现在我们做的城市更新多以增量建设为主，因此更多关注的是复建建筑和新建建筑的总量。城市修补在一定程度上是对城市更新方向的纠偏和功能的弥补，其中增加了对城市公共设施和公共环境的关注。而城市修补更加倚重城市设计，而城市设计的本质就是从公共空间领域的角度出发，以倡导传统文化传承与创新为目标。

千年窑火，异世传承

——实现场所记忆延续的陆慕老街片区城市更新设计

Urban Renewal Design of Lumu Old Street Area to Realize the Continuation of Place Memory

1 文化陆慕——上位用地规划

2 文化陆慕：上位用地规划

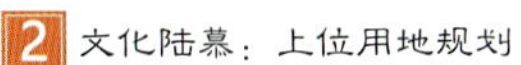

3 相城创新经济脉：周边产业布局

4 秀丽水乡纵轴：周边蓝绿格局

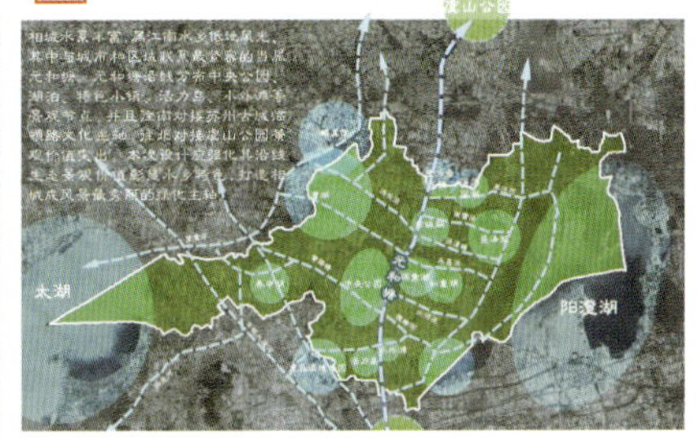

5 异世基因识别：古今、代际、虚实差异

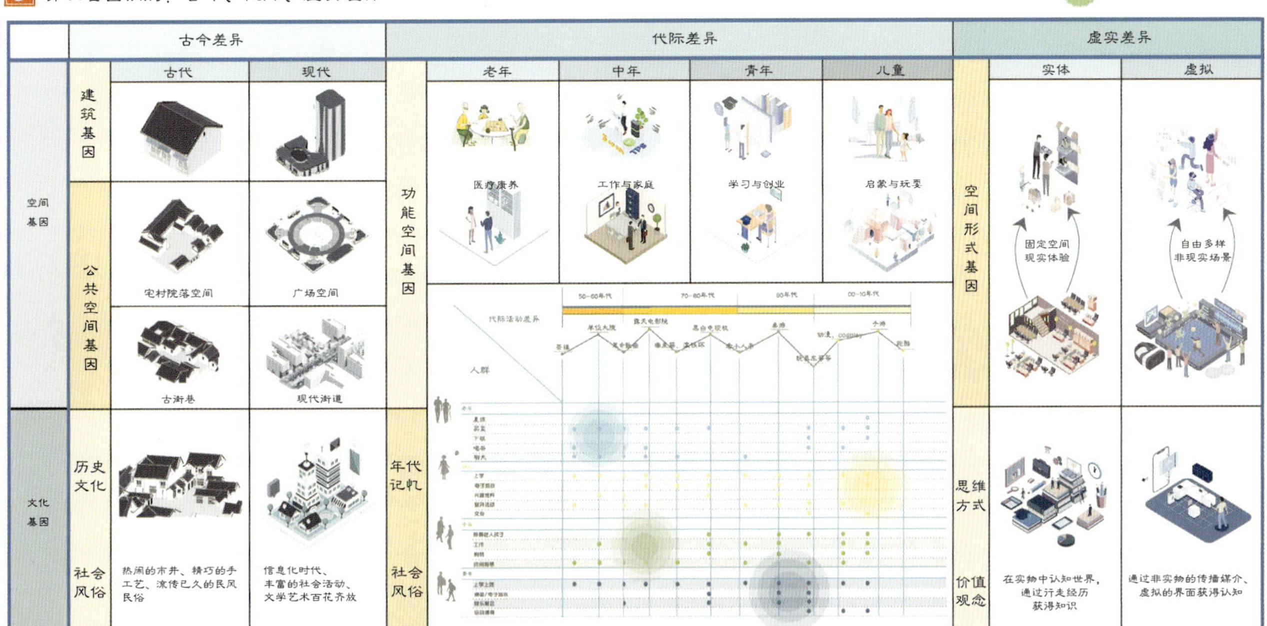

6 方案逻辑推演

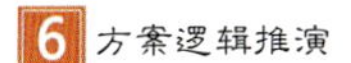

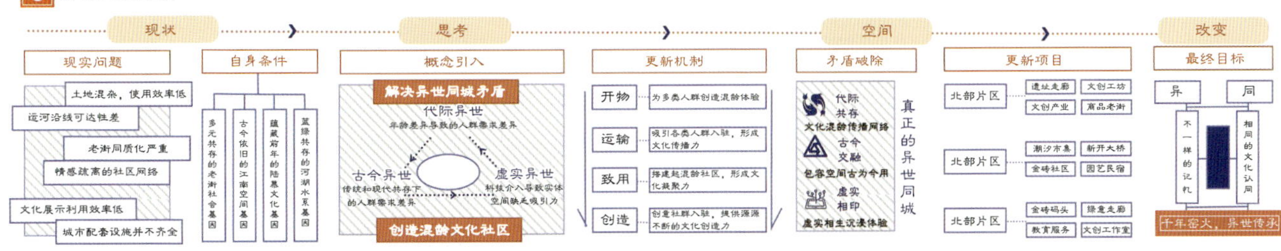

2022年全国城乡规划专业五校联合毕业设计
The Rebirth of Old Street - Urban Renewal Design of Lumu Old Street Area in Suzhou City
参加院校：苏州大学、南京工业大学、郑州大学、山东建筑大学、合肥工业大学　承办单位：苏州大学

小组成员：周炫汀　吴彤
指导老师：陈月

终期答辩成果

老街新生：苏州陆慕老街片区城市更新

The Rebirth of Old Street – Urban Renewal Design of Lumu Old Street Area in Suzhou City

千年窑火，异世传承

实现场所记忆延续的陆慕老街片区城市更新设计

Urban Renewal Design of Lumu Old Street Area to Realize the Continuation of Place Memory

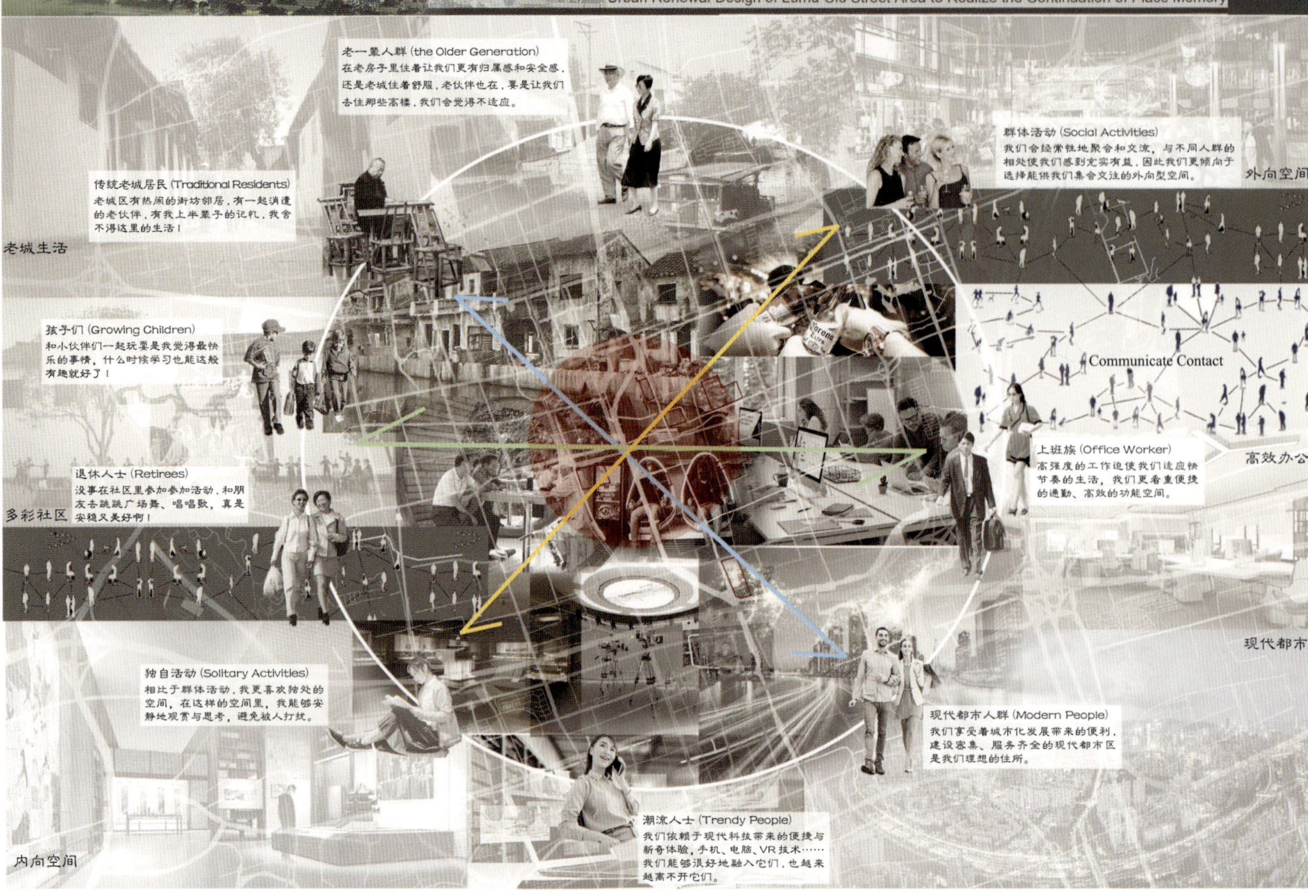

2 各年龄段人群需求调研

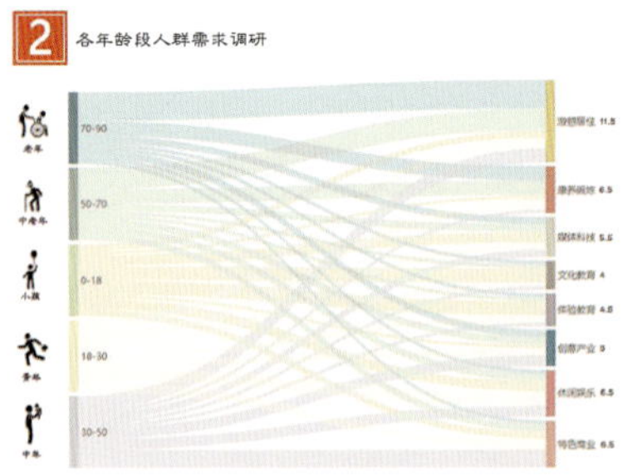

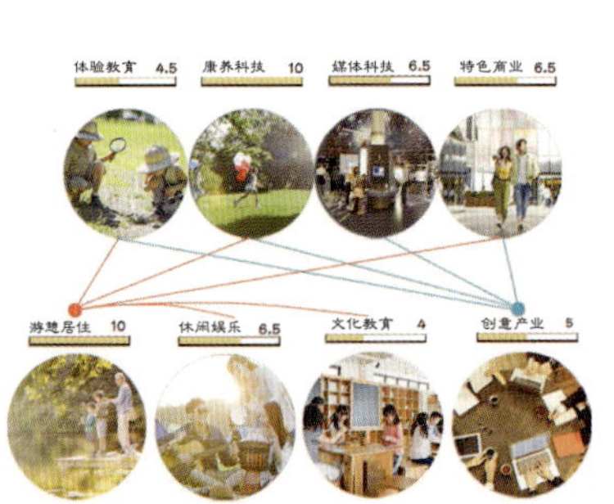

3 场地目标与空间矛盾

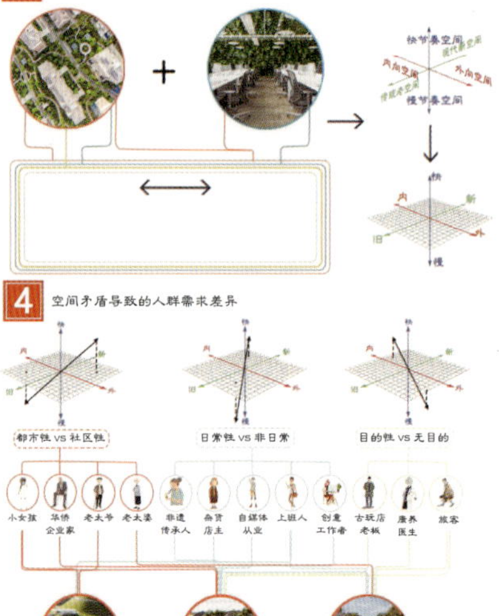

4 空间矛盾导致的人群需求差异

5 不同时间下的人群活动分析

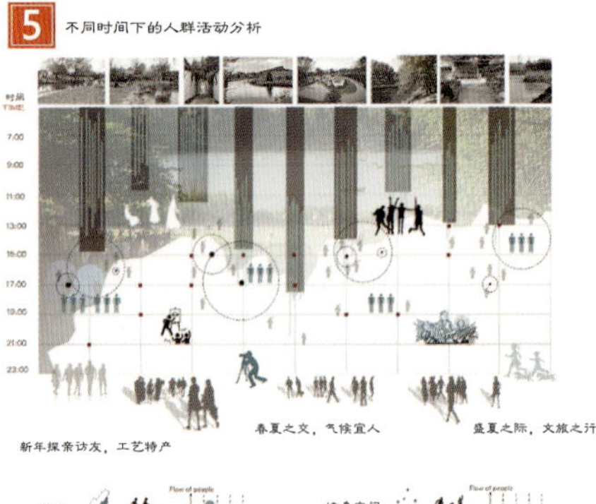

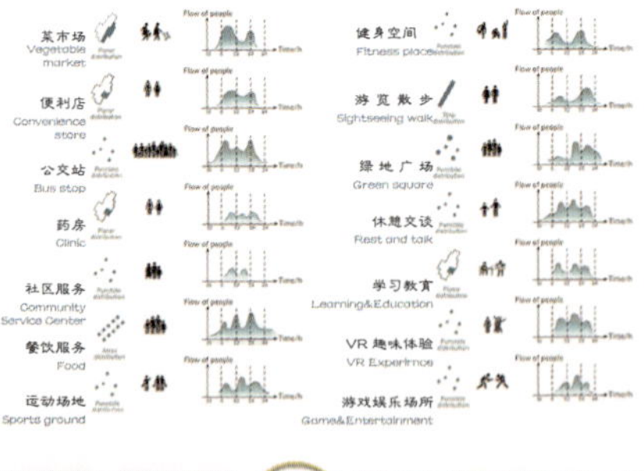

6 场地现状分析综合研判

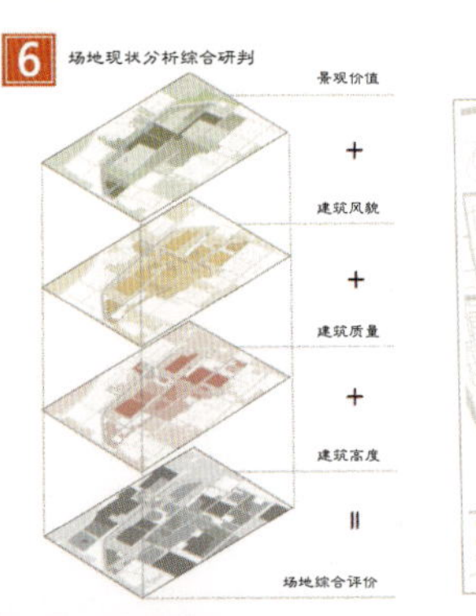

7 集中开发片区综合评价

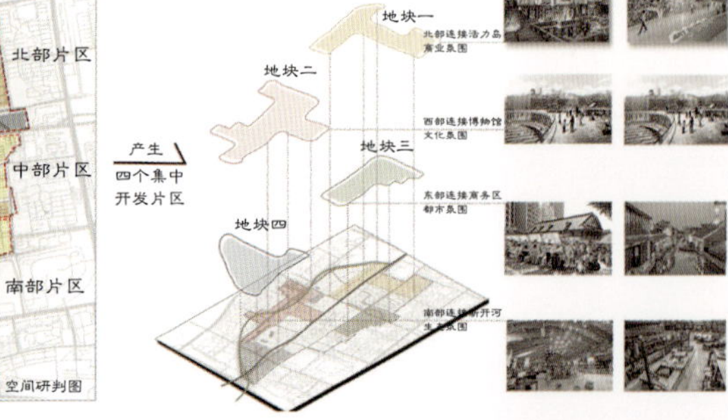

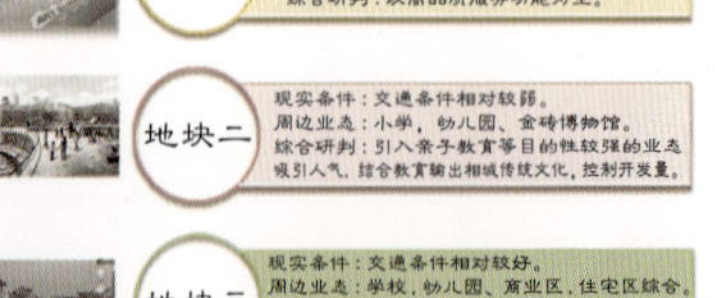

2022年全国城乡规划专业五校联合毕业设计
The Rebirth of Old Street – Urban Renewal Design of Lumu Old Street Area in Suzhou City
参加院校：苏州大学、南京工业大学、郑州大学、山东建筑大学、合肥工业大学　　承办单位：苏州大学
小组成员：周炫汀　吴彤
指导老师：陈月

千年窑火，异世传承

——实现场所记忆延续的陆慕老街片区城市更新设计

Urban Renewal Design of Lumu Old Street Area to Realize the Continuation of Place Memory

1 平面图

2 历史文化轴

3 生态景观轴

4 城市服务轴

5 混龄活力轴

6 文通规划结构

7 北部片区——历史走廊，贯通古今

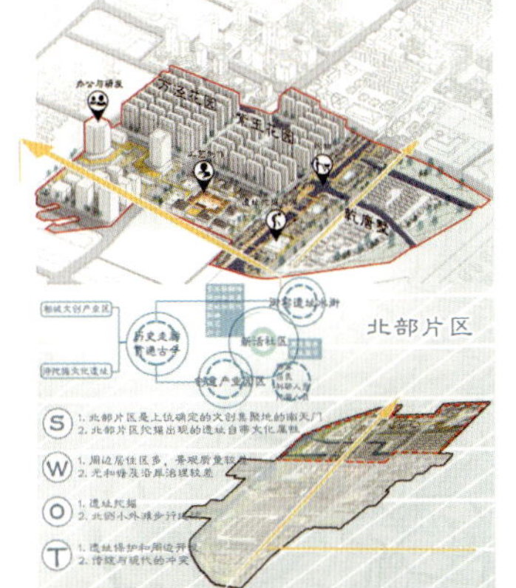

8 中部片区——非遗传承，四世共处

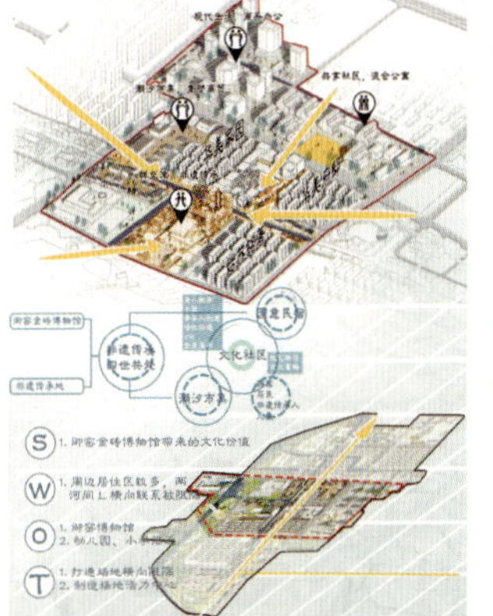

9 南部片区——交通枢纽，四通八达

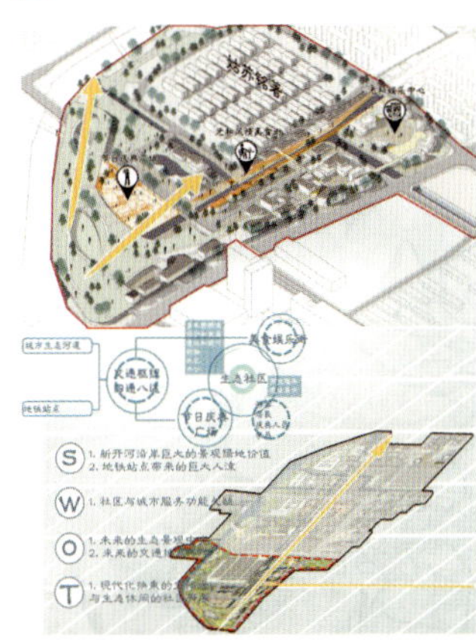

终期答辩成果

老街新生：苏州陆慕老街片区城市更新

The Rebirth of Old Street - Urban Renewal Design of Lumu Old Street Area in Suzhou City

千年窑火，异世传承

——实现场所记忆延续的陆慕老街片区城市更新设计

Urban Renewal Design of Lumu Old Street Area to Realize the Continuation of Place Memor

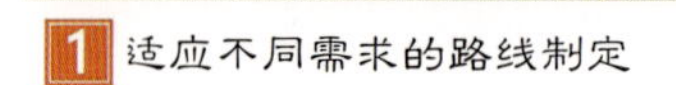

1 适应不同需求的路线制定

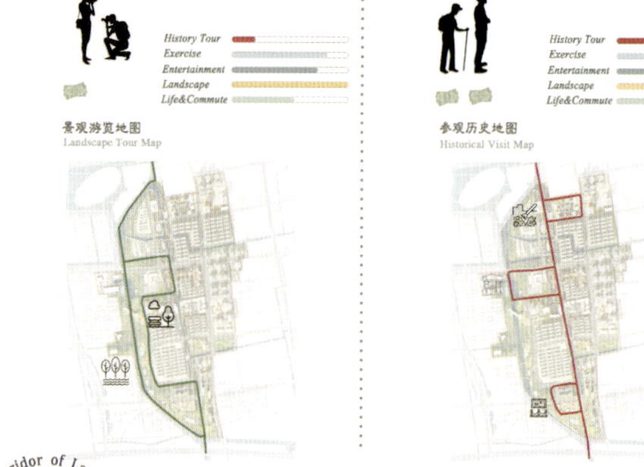

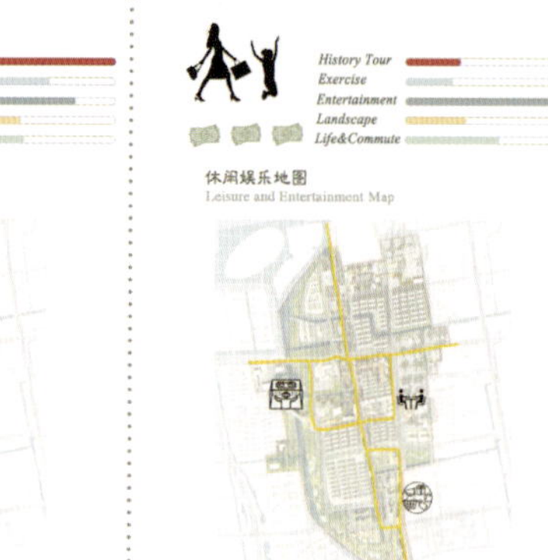

2 分区节点透视

3 场地鸟瞰图

2022 年全国城乡规划专业五校联合毕业设计

The Rebirth of Old Street - Urban Renewal Design of Lumu Old Street Area in Suzhou City

小组成员：周炫汀　吴彤

指导老师：陈月

参加院校：苏州大学、南京工业大学、郑州大学、山东建筑大学、合肥工业大学　　承办单位：苏州大学

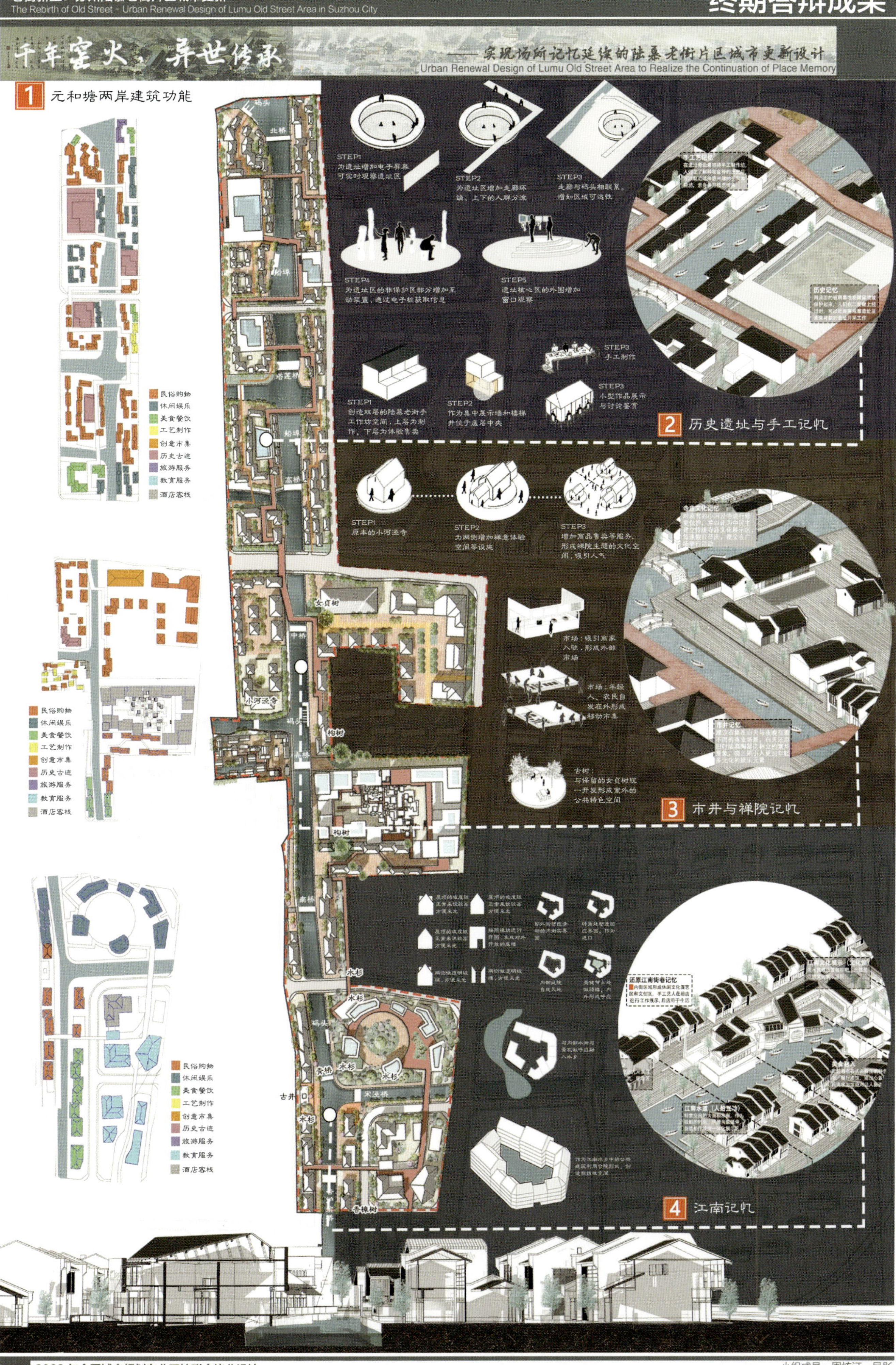

小组成员：周炫汀　吴彤
指导老师：陈月
参加院校：苏州大学、南京工业大学、郑州大学、山东建筑大学、合肥工业大学　　承办单位：苏州大学

千年窑火，异世传承

——实现场所记忆延续的陆慕老街片区城市更新设计

Urban Renewal Design of Lumu Old Street Area to Realize the Continuation of Place Memory

2 遗址挖掘与展示（全民科普）

3 非遗工艺传承（老人与小孩）

4 创意活动（青年与小孩）

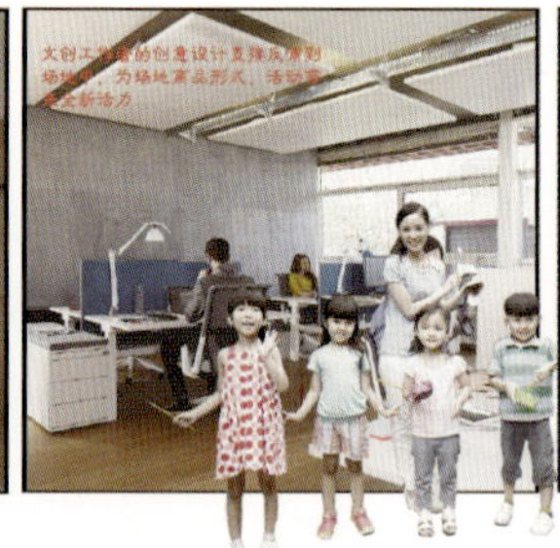

5 元和塘游船体验

6 北部片区平面图

7 规划系统与策略、空间设计

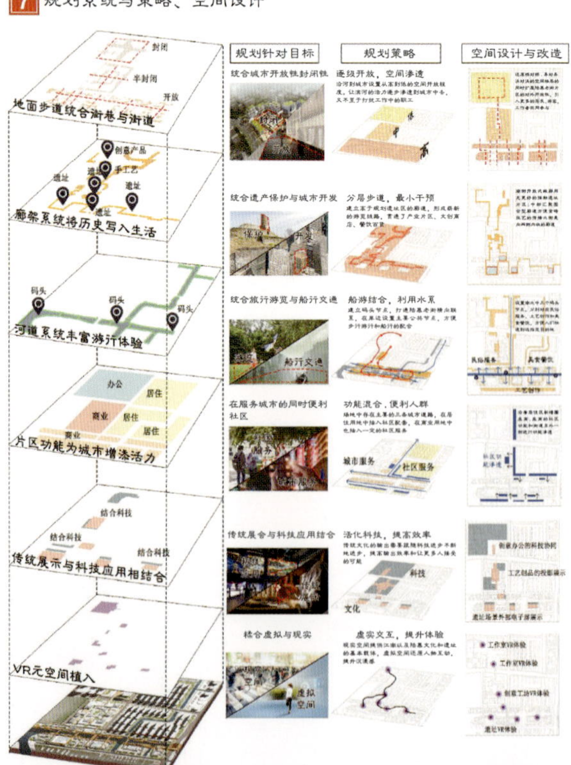

小组成员：周炫汀　吴彤
指导老师：陈月

千年窑火，异世传承

——实现场所记忆延续的陆慕老街片区城市更新设计

Urban Renewal Design of Lumu Old Street Area to Realize the Continuation of Place Memory

1 核心区——非遗文化的延续与传承

2 功能系统图

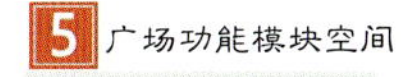

3 主题分区

1 未来广场 承载不同声音的开放容器

2 砖乐园 寓教于乐的砖文化课堂

3 匠心走廊 展示体验一体化的传承工坊

4 时光旅人 还原非遗发展历程的说书人

5 造梦云台 为非遗工作者打造的品牌孵化基地

6 金砖之舟 将非遗传承与现代技术结合的实验地

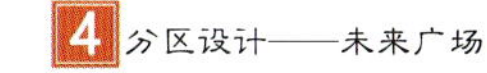

4 分区设计——未来广场

5 广场功能模块空间

棋牌室 Chess and Card Room

自媒体空间 We Media Space

VR体验空间 VR Experience Space

文谈空间 Conversation Space

休闲小吃 Leisure Snacks

医疗康养 Medical Rehabilitation

景观游憩 Landscape Recreation

休憩空间 Rest Space

娱乐空间 Entertainment Space

工作冥想 Work and Meditation

运动场 Playing Field

室外球场 Outdoor Court

健身空间 Fitness Space

自由活动 Free Activities

餐饮空间 Dining Space

8m×8m 功能模块迸发无限可能的创意活动空间

未来广场位于场地入口处，为场地中不同的主体区块提供了开放共享的自由活动空间。广场由 8m×8m 的开放空间模块组成，为场地及周边人群提供社区服务、文化活动场地、益智娱乐场地及VR体验空间等，不同年龄的人群汇聚于此。不同主题的非遗文化活动在这里举行。结合对自媒体活动空间的支持，这里将成为活动交织与思想碰撞的集合点，产生无限的趣味与可能

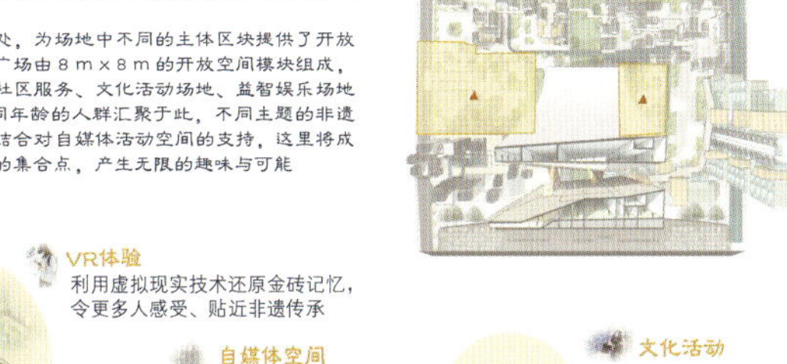

VR体验
利用虚拟现实技术还原金砖记忆，令更多人感受、贴近非遗传承

自媒体空间
为当下流行的直播、旅拍等自媒体活动提供素材与活动空间；鼓励更多的新兴力量参与非遗传承

文化活动
为金砖之舟体验馆不定期举办的非遗文化交流与展示活动提供便捷的室外场地

社区服务
为场地周边的人群提供活动中心及医疗康养、餐饮休闲等服务

景观游憩
营造良好的绿地景观，在美化环境的同时，丰富游人的行走体验，提供休憩的空间

小组成员：周炫汀 吴彤
指导老师：陈月

千年窑火，异世传承

——实现场所记忆延续的陆慕老街片区城市更新设计

Urban Renewal Design of Lumu Old Street Area to Realize the Continuation of Place Memory

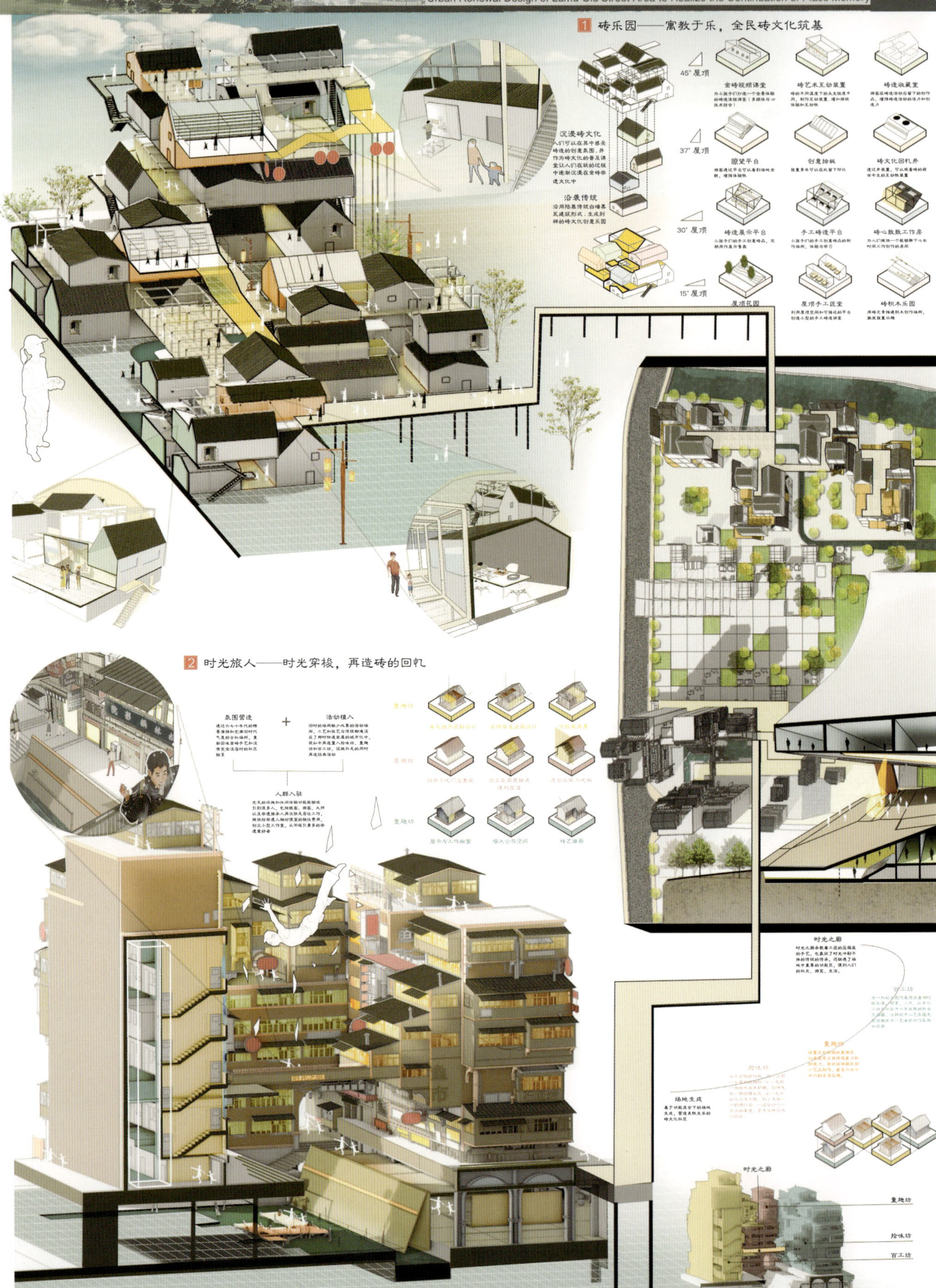

寻脉陆慕，智联元和

苏州大学
Soochow University

小组成员：李明哲 李昊璐
指导老师：陈月

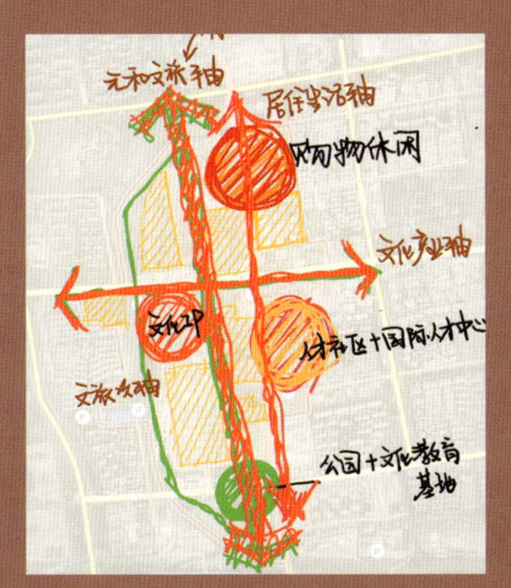

第一阶段 构思图

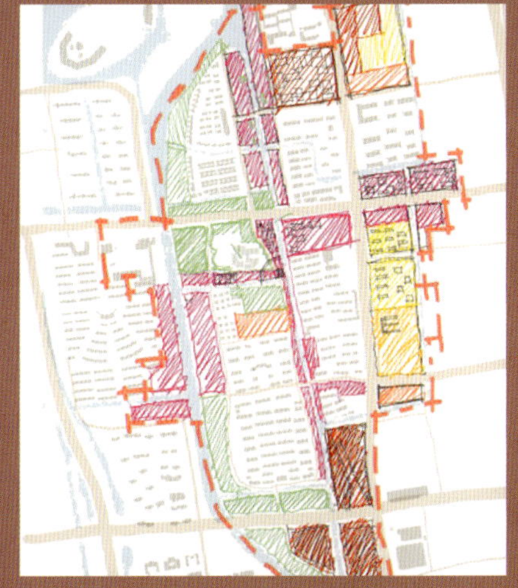
第二阶段 草图

第三阶段 定稿图

设计说明

首先，本案以陆慕老街片区为设计基地，对陆慕老街及其周边地区进行有机更新设计，利用水系和驳岸打造滨水景观界面，打通城市视廊，构建生长式步行系统，创造出宜人的室外活动空间。同时，借助元和塘老街肌理，植入商业功能业态，丰富老街活力，将传统民间技艺与现代数字艺术结合，以街坊为肌理，以老建筑为载体，创造出穿越千年的文化体验博物馆，充分发扬陆慕老街在地文化，为游客和居民带来不一样的体验。

其次，在方案的设计过程中，对近年来国内步行商业街的业态布局状况进行分析，总结归纳各个步行商业街的业态分布比例与数量，从而对陆慕老街片区的商业功能与居住功能进行调整和升级，使陆慕老街片区能够更好地服务于周围居民及上班族、游客等人群。

最后，对陆慕老街进行全方位的现状分析，分析陆慕老街所存在的交通不便、文化失活、活力不足等现实问题，分析陆慕老街历史地段的业态布局和特点，探究构建合理的步行交通系统和业态设施布局，从而改善陆慕老街的现状。

通过将步行街以网络状分布并进行模块化处理，建立行人视角下的元胞自动机仿真模型，从而计算出不同时间段的人流密度、人群饱和度、空间场所使用率等要素，并以此为依据进行历史地段业态布局研究。

针对模型计算结果，对陆慕老街历史地段片区内的建筑布局进行重塑，根据人流密度、人群饱和度、空间场所使用率等要素，分别确定单一影响因素对业态布局的影响度，并在确定主要人群流线方向的基础上，对公共空间、大型活动场所等进行重点设计。

此外，根据步行交通仿真的模拟结果，对陆慕老街片区的业态布局进行优化与调整。（1）对新开河沿岸进行调整，增加绿地空间面积，形成南北贯穿的大型滨河绿带，并在其他地方布置带状绿地空间和点状绿地空间，对建筑空间进行渗透，将场地整体绿化率调整为38%。（2）将北侧商住混合用地调整为商业用地，增加北部小区的组团感，将中心地区的绿色空间转换为商业空间，作为步行系统中的人群疏散中心，吸引和吞吐整个场地中各个方向上的人群。这样还能提高东西向步行路径的使用效率，在一定程度上缓解南北向步行系统的交通压力。（3）对其余用地的布局进行细化，加强建筑空间、绿地空间、河流之间的呼应关系。利用苏州御窑金砖博物馆、河泾寺、陆宣公墓等现存文化景点，将之作为人群兴趣点，在保留整体步行规划系统的基础上，增加步行路径的支线，倡导步行交通，构建以陆慕老街为中心的超级步行街区。

通过交通影响分析和业态布局重塑，建立一个舒适、自由、安全的历史地段步行空间，对历史地段的步行交通系统提出一定的优化策略和管理措施，为今后陆慕老街片区的规划提供指导性建议，提高老街整体环境质量，增强人群舒适度，促进该历史地段片区的整体发展。

设计感悟

首先，历史街区及城市步行商业街的设计不能太呆板、僵硬，要讲究因地制宜。设计不是划分土地，给不同的地块赋予不同的职能，而是通过设计手法将各个地块进行串联，从而促进城市各个空间的融合。这种融合是多种思考方式的交汇，是多方面设计的融合。因此，我们需要思考并建立三维的思考模式。

其次，城市设计源自自上而下的约束，资源决定特点。土地资源影响了城市设计的范围，上位规划中的土地利用性质也影响着城市设计的方式。例如，此次我们在进行陆慕老街城市更新设计的过程中，就花了较多的时间研究全国其他地区步行商业街的业态分布，以及陆慕老街城市片区的上位规划要求，从而综合分析得出了最终的设计成果。当然，除了确定用地功能之外，更重要的还是对城市空间的设计。我们应充分考虑空间中各个功能的交织、混合，包括时间、人群等层面，在有限的空间实现资源利用最大化，满足更多种类人群的个性化需求。这就要求我们必须具有更宏观的视野，更周全的思考。

最后，城市设计应该有相应的导则规范，不能凭空设计。不同的场地有着不同的历史、环境、空间功能特殊性，有依次形成的导则，我们的城市设计必须围绕这个导则展开。在今后的设计中，我们应具有更敏锐的眼光、更立体的思考和更适当的批判精神，使我们的设计更加实用、更加现代，更加能够为我们的生活增添美的气息，让城市变得更加美好。

寻脉陆慕 智联元和
"老街新生"苏州陆慕老街城市更新设计
现状轴测
Status Quo of Axonometric
历史遗存
现代建筑
河泾寺遗存
居住区
元和塘
陆慕中心幼儿园
苏州御窑金砖博物馆
地铁站
陆宣公墓
河泾寺
陆慕中心幼儿园
苏州御窑金砖博物馆
新开河
地铁站
宋泾桥
南桥
元和塘
绿地
水域
居住用地
道路用地
商住混合
商业用地
文化设施用地
教育科研用地
老街古建筑
规划范围
历史沿革
Historical Evolution
唐代（618—907）
明代（1368—1644）
清代（1636—1912）
现代（1949年至今）
①古墓·得名
②浚塘·建街
③兴业·辉煌
④兵燹·断裂
⑤重建·再生
⑥撤并·机遇
⑦衰退·待兴
800年
808年
1400年
1860年
1902年
1949年
2001年
匠人文化
御窑文化
名人文化
艺术文化
市井文化
漕运文化
塘浦文化
雷城文化
公共服务设施
Public Service Facilities
场地分局分析
Site Layout Analysis
交通要素布局
场地内及周围南北向机动车道路主要有人民路、采莲路和齐门北大街，东西向机动车道路主要有阳澄湖西路、润元路、华元路等。
此外，区域内部共有10个公交站点，并且周边有轨道交通2号线陆慕站，以及规划建设中的轨道交通8号线陆慕老街站。
生活圈布局
根据场地内的居住区现状，以及不同年龄段居住人群的日常需求，对场地进行了5分钟、10分钟、15分钟生活圈的布局情况调研。
根据小区分布，场地内有5个5分钟生活圈，4个10分钟生活圈、3个15分钟生活圈。可以观察到，人群分布较为密集。
建筑规划布局
综合对现状建筑进行分析的结果，对设计基地内的建筑进行评估。根据情况，对建筑进行拆除、保护、修缮、保留、整治改造等5项规划设计策略，以保证基地内部整体建筑风貌和肌理。
用地现状布局
对基地内部用地现状进行分析后发现，基地以居住用地和绿地为主，其中居住用地为新建成的居住小区，主要由高层住宅和别墅组成；商业用地占比较少，仅有几处集中商业用地；文化用地是指苏州御窑金砖博物馆。

寻脉陆慕 智联元和 “老街新生”苏州陆慕老街城市更新设计

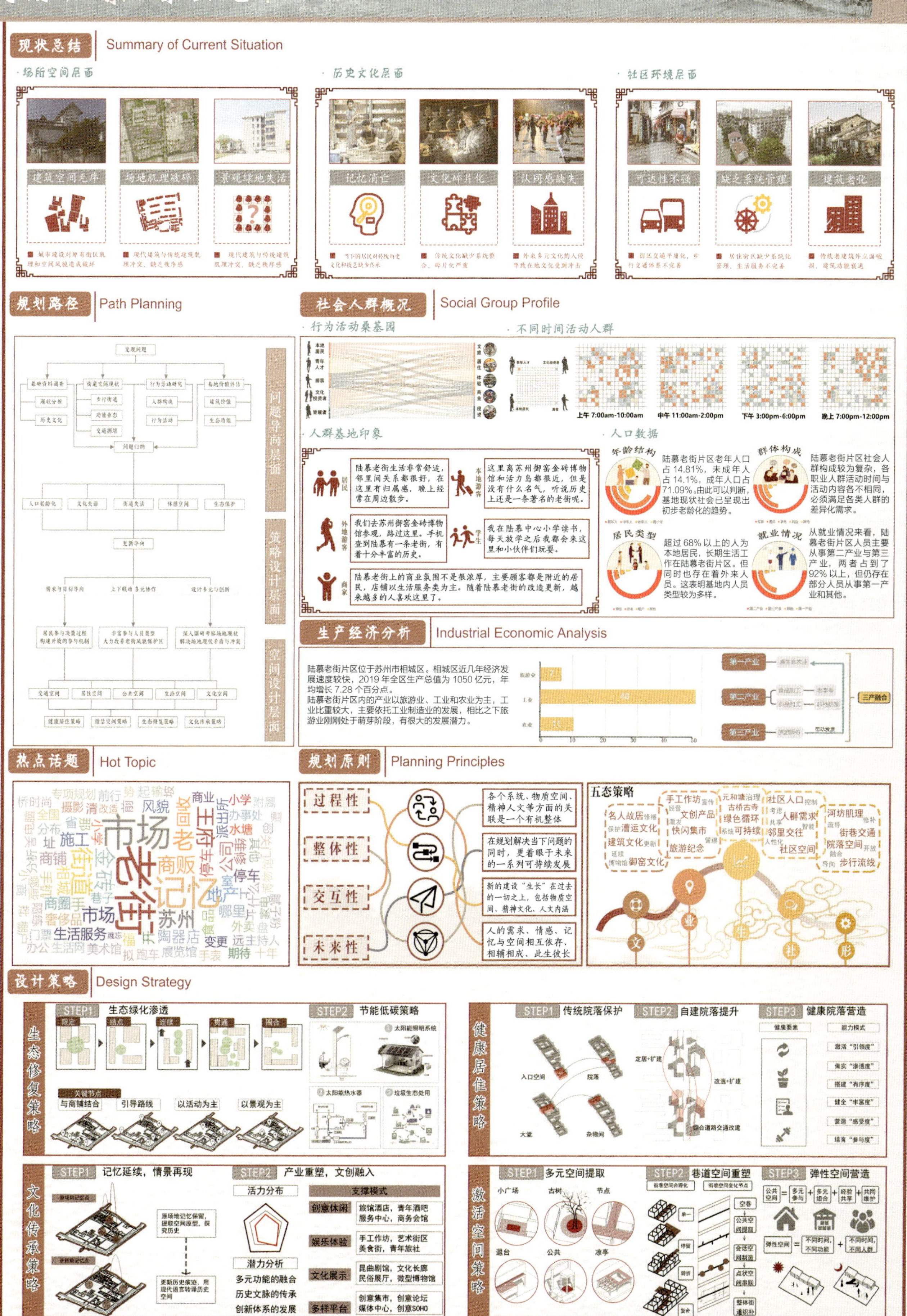

2022年全国城乡规划专业五校联合毕业设计
The Rebirth of Old Street - Urban Renewal Design of Lumu Old Street Area in Suzhou City
小组成员：李明哲 李旻璐
指导老师：陈月
参加院校：苏州大学、南京工业大学、郑州大学、山东建筑大学、合肥工业大学 承办单位：苏州大学

寻脉陆慕 智联元和 “老街新生”苏州陆慕老街城市更新设计

功能策划技术路线 Technical Route

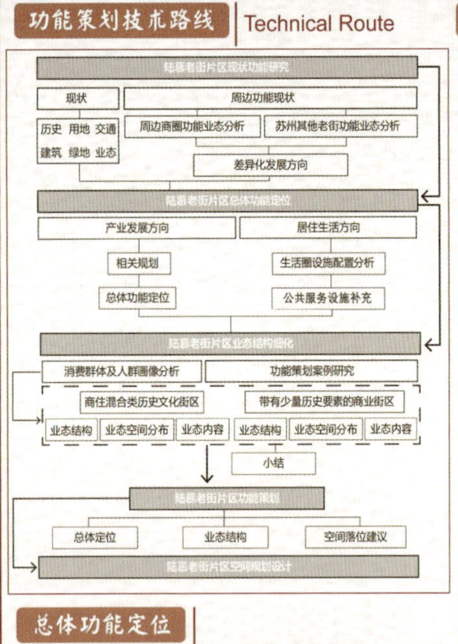

总体功能定位

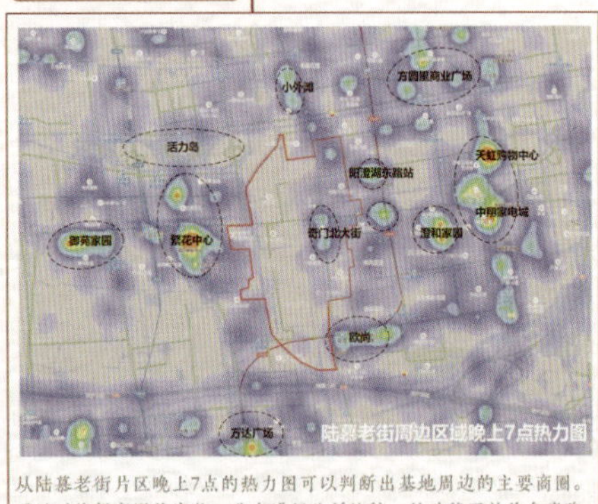

从陆慕老街片区晚上7点的热力图可以判断出基地周边的主要商圈。通过对热门商圈的定位、业态进行分析比较，从功能互补的角度确定陆慕老街的功能业态。

陆慕老街周边热点区域信息

名称	规模	业态类型	体验模式
繁花中心	用地面积总计 6.9 万平方米，总建筑面积将超过 32 万平方米	大型超市、影院、游乐场、商铺、高端写字楼、星级酒店、酒店式公寓	中级
方圆里商业广场	商业面积 13 万平方米	酒楼、美食、KTV、游艺游乐、美容护理、金融	初级
天虹购物中心	商业面积 12 万平方米	超市、服装、儿童培训及娱乐、健身、餐饮	初级
中翔家电城	商业面积 3.5 万平方米	家电	初级
欧尚	商业面积 4 万平方米	大型超市、儿童娱乐、家电、体育用品、餐饮、零售	初级
小外滩	占地面积 9.75 万平方米	婚纱摄影、时尚发布、文化旅游、休闲消费	初级
万达广场	商业面积 25 万平方米	影院、餐饮、零售、儿童培训及娱乐等街区型商业、公寓、写字楼、酒店式公寓	初级
活力岛		创意办公、精品酒店、书院、茶苑、艺术展示	中级

初级体验模式	中级体验模式	高级体验模式
业态组合（购物+餐饮+娱乐）	加强建筑形态和内部装饰特色	主题化

通过对周边商圈的比较分析，陆慕老街可以从中高端体验模式的文化商业角度弥补周边功能。

老街区名称	占地面积和长度	老街区域建筑面积	开发模式	业态类型	业态比例	特色
李公堤	7.08 万平方米 约 250m*400m	26 万平方米	现代手法传统元素 国际风情水街、水巷邻里、Street Mall	主题酒吧、特色餐饮、迪吧、咖啡吧高档餐饮、spa 生活馆、商务会所、休闲酒店	餐饮：48.15% 购物：8.17% 休闲：12.96% 酒吧：11.6% 文化：16.35%	高端国际范
平江路	32.46 万平方米 1400m	5 万平方米	以原味保护为主 租金市场化与业态培育相结合，物业化管理和商会自治相结合	精品商店、特色美食、酒店、娱乐	文化事业：8% 文化产业：14% 一般商业：68% 其他设施：10%	清新文艺范
斜塘老街	16 万平方米 约 150m*1000m	7 万平方米	仿古、重建 万有集市	餐饮、零售、休闲、酒店	特色餐饮：35% 特色零售：28% 休闲娱乐：35% 酒店住宿：2%	精致时尚
山塘街	5.8 万平方米 360m	90 余栋建筑（其中 28%为新建）	“修旧如旧”，保护更新	精品商店、特色美食、表演、手工艺传承	餐饮：19% 工艺品：40% 服饰：16% 文化服务：25%	市井商业范
观前街	58.3 万平方米 约 700m*800m	5 万平方米	规范业态、引入优质商户、整治街道景观	品牌连锁、珠宝服饰、商贸、大众餐饮	餐饮：37.53% 购物：55.76% 休闲娱乐：6.49% 文化服务：0.22%	大众化、商业化
十全街	180 万平方米 2004m		以商养文、以文兴商	鲸菜、咖啡、酒吧、餐饮	餐饮：37.87% 购物：56.23% 休闲娱乐：5.70% 文化服务：0.20%	旅游品特色街

通过苏州市老街现状特色等方面的比较，陆慕老街可以在沉浸式体验、古今交融的科创文化街区等方面与其他老街形成差异。

消费群体定位 Consumer Group

· 人群画像

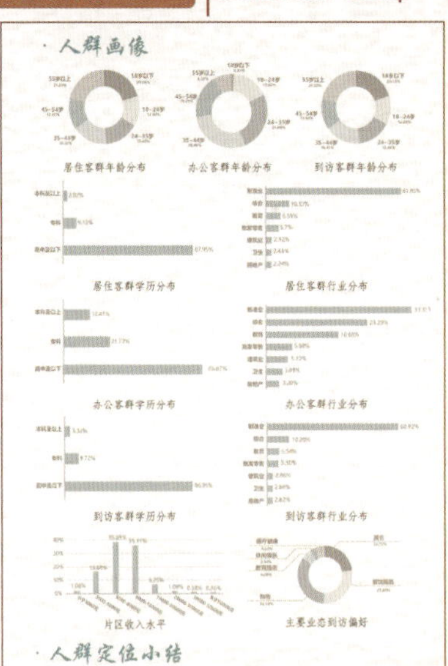

· 人群定位小结

人群		需求	占比（%）
本地	老人	文化体验/社区活动/餐饮/休闲娱乐/购物/医疗康养	15
	小孩	文化体验/教育培训/休闲娱乐	20
	文艺爱好者	陆慕文化体验/购物/游览	25
	文创工作者	文化创意产业工作	10
	一般上班族	购物/餐饮/休闲娱乐	15
外地	游客	陆慕文化体验/购物/游览	15

· 业态内容研究

名称	面积	商业及公共服务在街区中的比例	业态类型
颐和路历史文化街区	37.95 公顷	10%~30%	国际交流、文史博览、艺术创意、商业配套（创意餐饮、商业休闲服务、国际公寓与精品酒店）
南捕厅历史文化街区	30.05 公顷	10%~30%	旅游、传统特色商业（餐饮娱乐、精品零售）
姑苏区平江历史文化街区	116.5 公顷	30%~50%	特色商业（精品商店、特色美食、酒店、娱乐购物、餐饮）
阊门历史文化街区	56.62 公顷	30%~50%	特色零售、特色餐饮、文化娱乐、其它配套服务
山塘历史文化街区	56.53 公顷	50%~70%	休闲商业（精品商店、特色美食、表演、手工艺传承）
清名桥沿河历史文化街区	18.78 公顷	50%	文史博览、旅游休闲、特色文创（餐饮、零售、休闲娱乐）
寺街历史文化街区	11.61 公顷	30%~50%	文化体验、文化展览、手工艺体验、艺术创意及体验、宗教文化、休闲娱乐、健康服务、休闲养生、商业、旅游服务、教育培训、特色餐饮、酒店服务
西南营历史文化街区	6.67 公顷	50%	科研、金融办公、休闲体验、游憩展示、儿童教育培训、休闲体验、服饰设计、特色零售、中医养生、休闲娱乐、文化展览、教育培训、创意办公、宗教文化
青果巷历史文化街区	8.7 公顷	30%~50%	文史博览、旅游休闲、特色商业（餐饮、零售、休闲娱乐）
南市河历史文化街区	2.1 公顷	70%	文史博览、零售、文创
葛楠聚居地历史文化街区	15.67 公顷	50%~70%	文史博览、旅游休闲、商业配套、创意产业

街区名称	研究范围（平方千米）	定位及特色	目标人群	业态类型
新天地	0.04	历史建筑风貌和现代生活方式	成功人士、白领阶级、外籍人士、游客	休闲餐饮、生活休闲、生活娱乐、时尚购物
田子坊	0.07	国际创意文化社区	居民、游客、艺术家、商人	创意工艺品、首饰、服装等创意产业，配以少量酒吧和特色餐饮
太古里	0.14	街区体验式特色购物中心	项目周边居住及办公客群、时尚年轻客群、外来旅游客群、目的性消费客群	奢侈品、时尚零售；美食小吃、特色餐饮及异国料理；成人青年娱乐
宽窄巷子	0.07	历史文化商业步行街区、院落式情景消费体验区、深度旅游的人文游憩中心	宽巷子-怀旧休闲客群 窄巷子-主题精品消费的目的性消费客群 井巷子-都市年轻人客群	文化零售、文化正餐、社交型正餐、文化展示、娱乐、文化住宿
夫子庙	0.35	集历史文化于一体的老字号商圈	周边家庭、居民、旅游人群、交通枢纽路过人群	文博展览、体验旅游、文创购物、特色餐饮、休闲娱乐、老字号店铺、主题酒店等

精态结构细化 Business Structure

· 案例研究——商住混合类历史文化街区

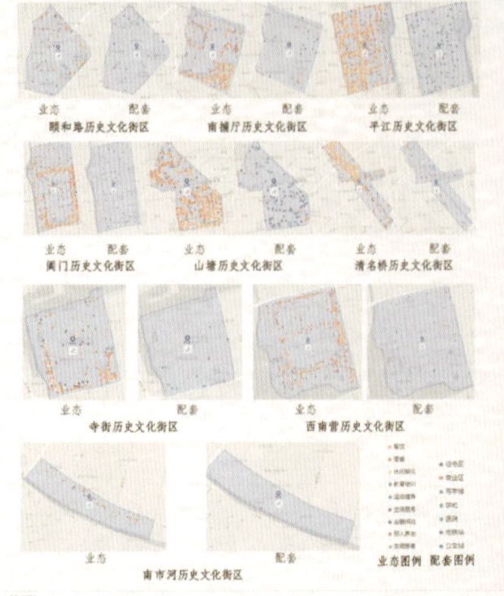

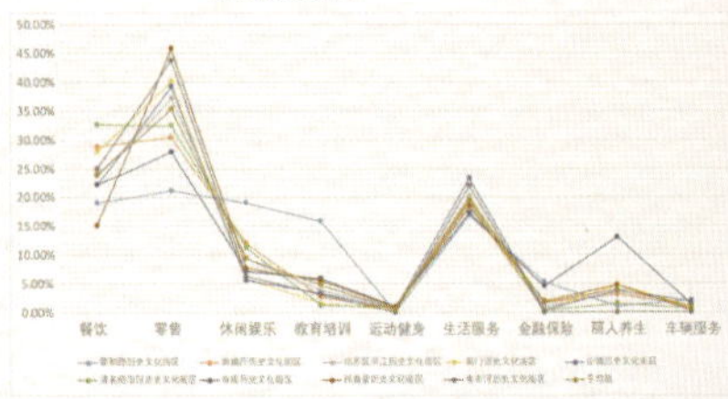

· 案例研究——经典商业街区

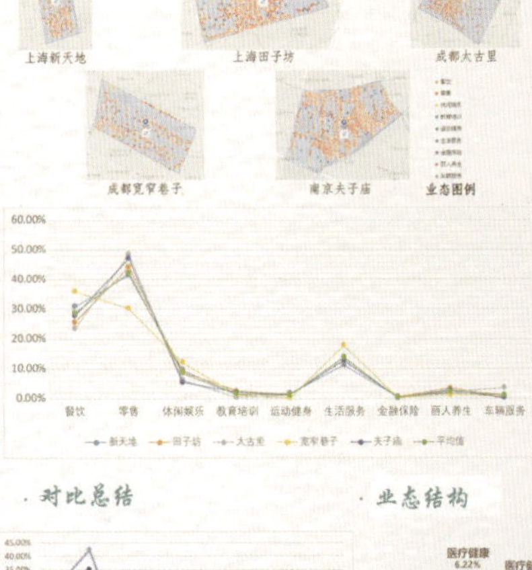

· 对比总结　　· 业态结构

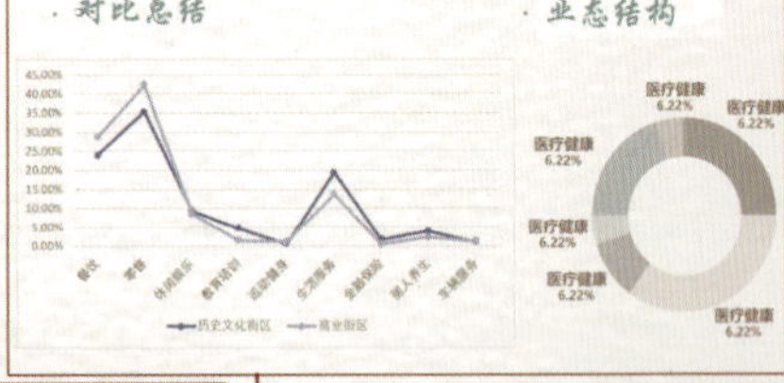

公服设施配置 Configuration

指标	项目	达标
养老	老年养护院	√
卫生	卫生服务中心	√
	门诊部	√
交通	公交车站	√
	轨交站点	√
教育	幼儿园	√
	小学	√
	中学	√
	市场化培训	√
文体	文化活动中心	×
	老年/青少年活动中心	√
	运动场馆	√
商业	菜场	√
	邻里中心	×
	商场	√
	餐饮设施	√

通过分析发现，老街可补充邻里中心和文化活动中心。

业态落位指引 Position Guidelines

小组成员：李明哲　李旻璐
指导老师：陈月

小组成员：李明哲 李旻璐
指导老师：陈月

寻脉陆慕 智联元和 “老街新生”苏州陆慕老街城市更新设计

基地鸟瞰 Base Overview

城市设计要素 Urban Design Elements

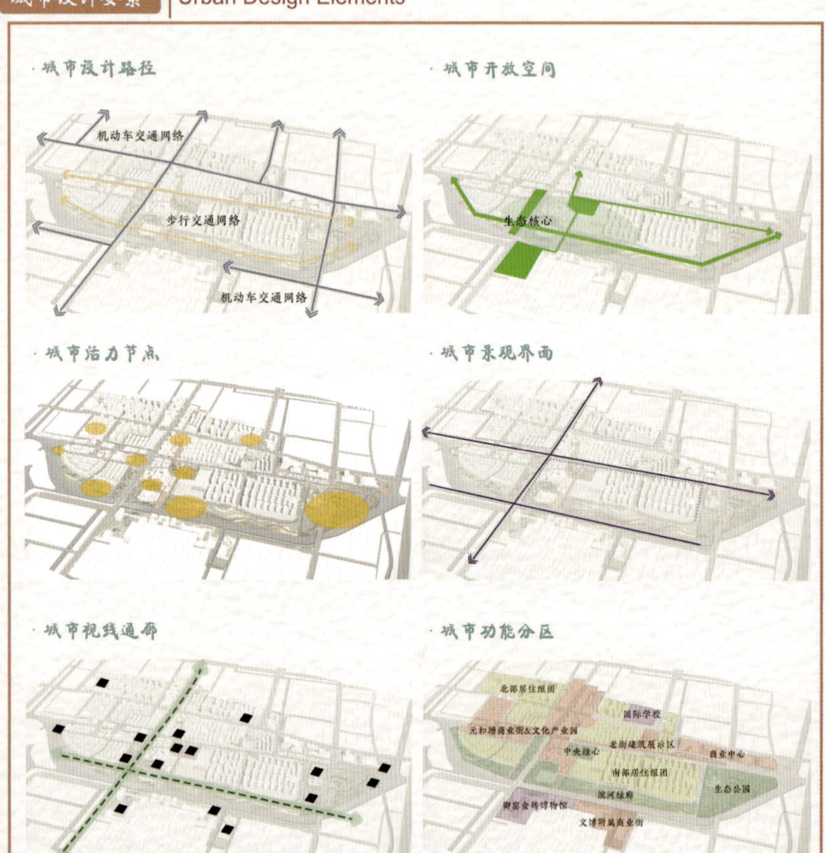

城市基础设施 Infrastructure

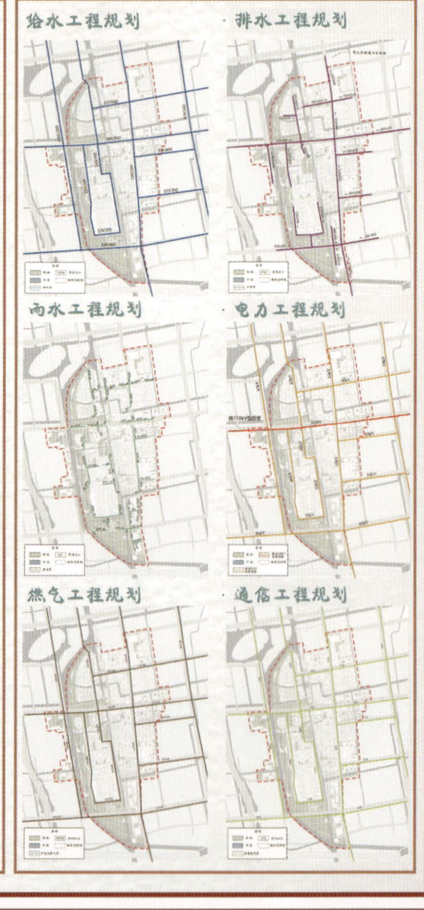

小组成员：李明哲 李旻璐
指导老师：陈月

寻脉陆慕 智联元和 "老街新生"苏州陆慕老街城市更新设计

老街改造策略 Old Street Reconstruction Strategy

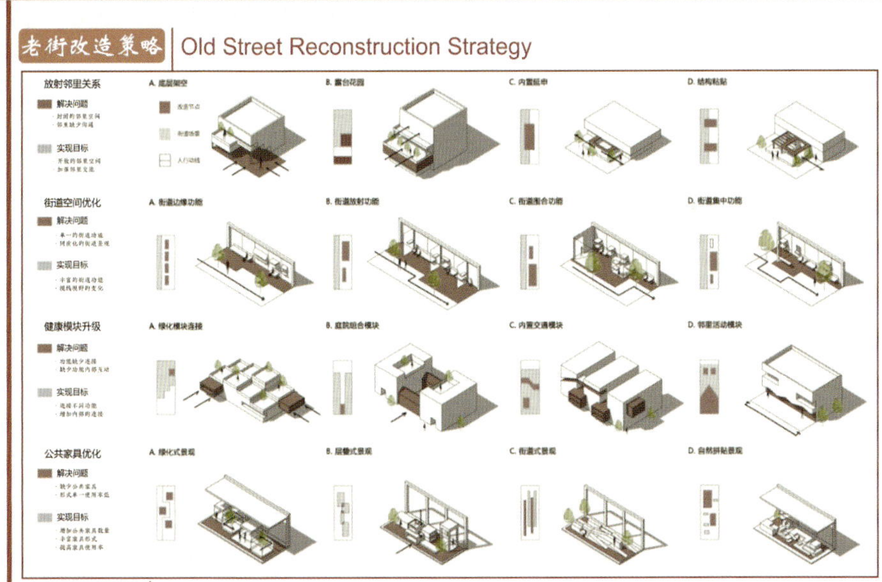

节点效果 Design Sketch

模块化设计 Modular Design

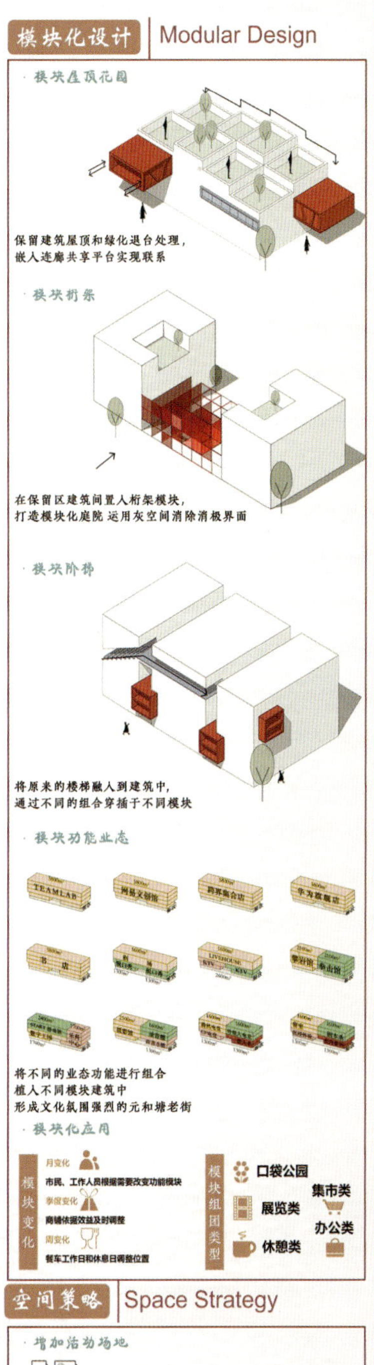

空间策略 Space Strategy

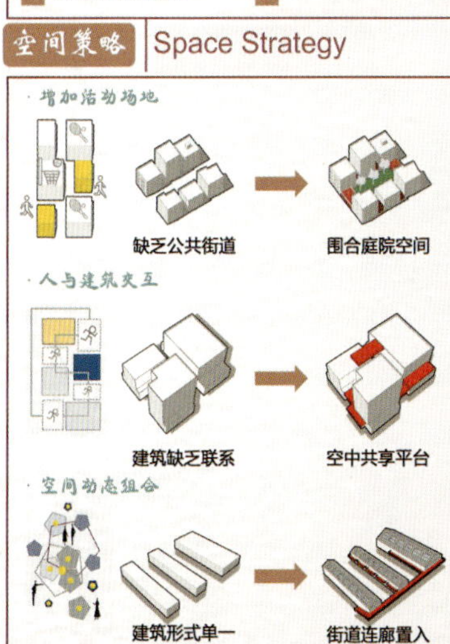

小组成员：李明哲 李旻璐
指导老师：陈月

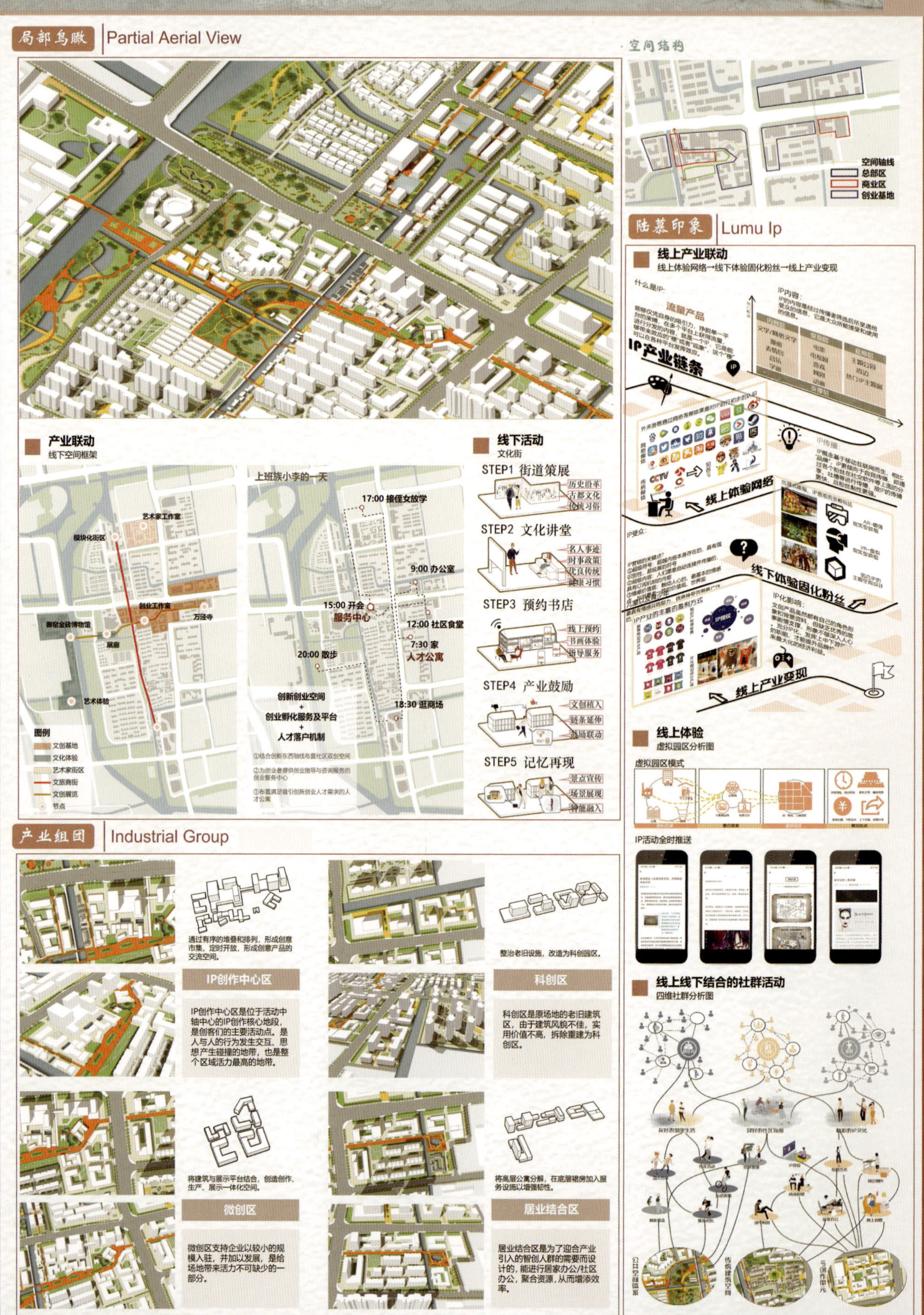

小组成员：李明哲　李旻璐
指导老师：陈月

时空编织·锦瑟陆慕

苏州大学
Soochow University

小组成员：王诗睿 易苗
指导老师：周国艳

第一阶段 构思图

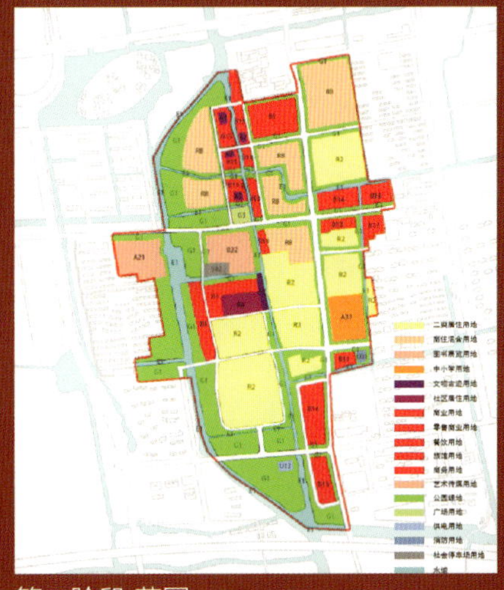

第二阶段 草图

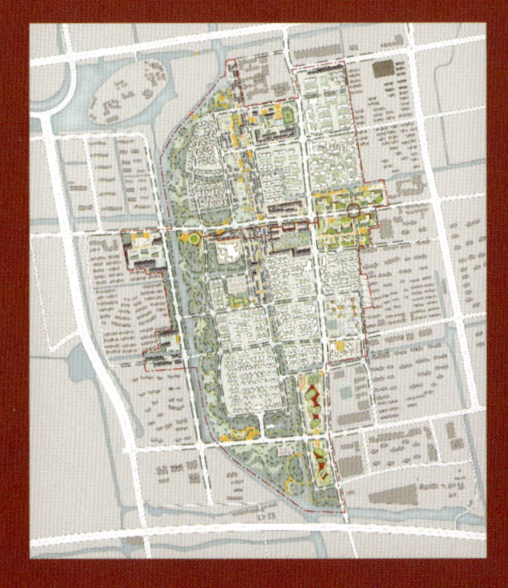

设计说明

古街概况：陆慕老街，原名“陆墓老街”，相传因唐代宰相陆贽之墓在此而得名。它既是苏州古代漕运第一站，也是紧邻苏州古城齐门的千年古街，元和塘贯穿其中，见证着陆慕老街的古今变幻，百年兴衰。

区位介绍：陆慕老街位于苏州市相城区元和塘文化产业园区南部的陆慕中央商务区内。从宏观角度分析，基地所在地苏州市位于我国经济实力最强的地区之一——长江三角洲核心区中部，在长三角城市群中位于苏锡常都市圈内、沪宁合杭甬发展带上；从中观角度分析，苏州相城区位于苏州中心城区，是苏州重要的北部交通门户，也是长三角地区的交通要地；从微观角度分析，基地陆慕老街片区位于相城核心区域元和塘文化产业园区南部的陆慕中央商务区，是苏州文化产业黄金三角区的核心位置，城市更新范围包括陆慕老街、元和塘及周边城市区域地块。基地呈现出水网、绿网和不同时期建成区相互交织、破碎化的整体形态。规划面积约为 180 公顷，其中初步确定的拟保留建成区用地面积约为 50 公顷，各类河塘水面面积约为 30 公顷；拟更新设计用地约为 70 公顷，规划绿地约为 30 公顷。

作品简介：作品概念为“时空编织·锦瑟陆慕”。在对地块进行 SWOT 等分析的基础上，我们决定从古街历史文化的保护与更新入手，以文化活力提升与产业优化为关键词，探索古街的保护利用路径，采用文化更新策略，将文化活力、产业优化与城市更新相结合，实现文化保护与古街更新相互促进、协调共赢。所谓时空编织就是将时间和空间进行串联，具体表现为在建筑形态的选择上选用不同风格的建筑，由古及今，同时在立面和屋顶的处理上将苏式粉墙黛瓦的建筑形态与现代商业的玻璃幕顶结合，营造出穿越古今、虚实相接的空间氛围，唤醒陆慕老街的活力，重现陆慕曾经有活力的青春岁月与锦瑟年华。

结构介绍：本次规划的空间总体结构为“一轴、三次轴、三带、多点”。“一轴”为元和塘溯古念今记忆轴，即依托航运水道元和塘布置规划主轴，联系基地南北，以水乡文创街为主，注入陆慕文化内涵，从北至南分别布置从古至今不同文化内容的街道，象征回溯陆慕历史，寻觅文化乡愁，找回传统记忆，进而融合陆慕的前世今生，创造崭新的属于现在和未来的记忆。“三次轴”指金砖古今商业发展轴、绿色生态观光轴、特色居住服务轴，即主轴的衍生轴；西侧绿色生态观光轴连通南北，给游客一个完整的体验；东侧特色居住服务轴承载了地块的居住服务功能；东西向的金砖古今商业发展轴由古及今，将旅游资源、服务配套、商务办公串联，通过完善的步行系统实现交通的可达性。“三带”为三条东西向绿色渗透带，从西侧绿色生态观光带向东延伸，以改善基地生态环境和丰富基地景观。“多点”则主要分为文化、商业、居住、生态等四种功能。其中文化“点”主要包括苏州御窑金砖博物馆、陆慕文化数字体验馆和文化遗址公园等，作为基地的文化源头，为基地提供源源不断的文化活力；商业“点”主要包括国际会展中心、核心创意市集、国际会议中心等，为基地的经济发展注入新活力；居住“点”包括几处居住绿心等；生态“点”主要包括几处位于绿色生态观光带上的滨水广场等。

设计感悟

如今，全球化的脚步匆匆，城市的发展不仅需要承担调整物质空间结构和提升经济社会环境的任务，更需要承担塑造城市特色文化景观、保护和延续城市历史文脉的使命。城市需要克服“千城一面”的问题，一座城市的生活质量、形象和人文作为非常重要的资源，已经成为解决这个问题的最重要的影响因素。

因此，本次设计以古街历史文化保护与更新相结合为核心，探索古街的保护利用路径，采用文化更新策略，将文化活力、产业优化与城市更新相结合，实现文化保护与老街更新相互促进、协调共赢，继而得到规划切入点，即以“文化”“商业”为关键词，侧重文化活力的提升和业态置入更新，深刻体会在城市更新过程中，延续更新地区历史文脉、维护更新地区环境特征、保留城市生活社会网络的重要性和必要性。

同时，在规划中采用“背景研究—现状研究—专题综合研究—案例分析—方案构思”的研究思路，依据从大到小的原则，按照从区域到片区到地块的分析，结合本研究的重点问题进行定位，进而对基地进行整体更新设计，最终根据总体更新设计思路，详细针对重要节点、街巷进行保护或者更新改造的设计。

本次毕业设计是我们对于本科阶段学习和实践的总结，在此，首先要感谢我们的指导老师周国艳老师，非常感谢周老师提供的大量资料和对论文的精心指导，周老师在实际项目中认真执着的专业精神也令我们非常钦佩。老师的鼓励和信任是我们完成设计最重要的前提，在这里我们向周老师表示最衷心的感谢和最深切的敬意。我们还要感谢在这次毕业设计中给过我们指导和帮助的所有老师、同学和朋友，也要感谢在这五年里将知识传授给我们的辛勤耕耘的所有老师，因为你们的帮助，我们在这次毕业设计中才能拥有比较充分的知识储备，克服设计中遇到的各种困难，非常感谢！

时空编织·锦瑟陆慕

——苏州陆慕老街片区城市更新设计

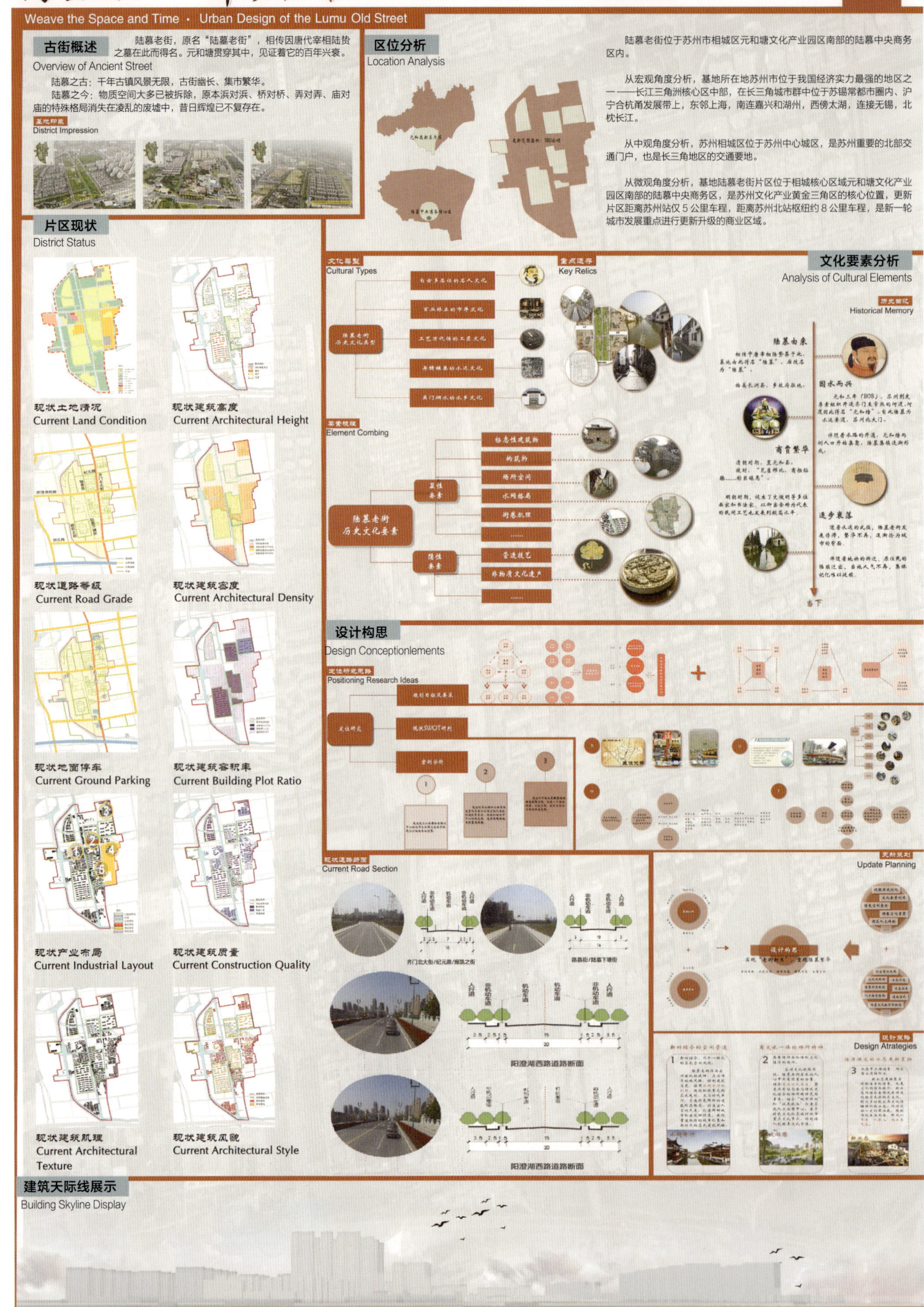

2022年全国城乡规划专业五校联合毕业设计
The Rebirth of Old Street - Urban Renewal Design of Lumu Old Street Area in Suzhou City
参加院校：苏州大学、南京工业大学、郑州大学、山东建筑大学、合肥工业大学　承办单位：苏州大学

小组成员：王诗睿　易苗
指导老师：周国艳

小组成员：王诗睿　易苗
指导老师：周国艳

时空编织·锦瑟陆慕

——苏州陆慕老街片区城市更新设计

北侧活力岛
休闲游憩码头
新建文化遗址公园
创意水乡文化街
保留居住区
御窑会议展示中心
苏州御窑金砖博物馆
元和青年公寓
服务邻里中心
保留居住区
苏州缂丝博物馆
公园生态步道
滨水公园广场
生态游船码头

保留街边商业
新建智慧居住
新建智慧居住
保留居住区
滨水活力平台
产业孵化中心
新建商业居住
新建元和小学
公共停车场
时尚购物中心
购物广场
休闲娱乐中心
生态休闲公园

0 150 300

总平面图
General Layout

建筑优化
Optimizing Building

景观优化
Optimizing Landscape

道路打通
Through the Road

水系梳理
Combing Drainage

方案生成
Scheme Generation

各分区人群活动行为倾向

The Activity Behavior Tendency of Each Dictrict Crowd

国际交流：考古交流论坛、学术报告厅、会议厅、水运文化展示
休憩体验：十景数字体验、中医馆、阅读吧、散步公园
文娱休闲：创意书店、戏院、滨水健身、生态智慧邻里
特色产业：金砖展示工艺街、缂丝工艺体验、传统水运体验码头、休闲养生观景
学习教学：书社、老年学校、生态社区、亲子教育
科研办公：工作室、研发中心、产业孵化、产品研发

2022 年全国城乡规划专业五校联合毕业设计
The Rebirth of Old Street – Urban Renewal Design of Lumu Old Street Area in Suzhou City

小组成员：王诗睿　易苗
指导老师：周国艳

参加院校：苏州大学、南京工业大学、郑州大学、山东建筑大学、合肥工业大学　承办单位：苏州大学

2022 年全国城乡规划专业五校联合毕业设计
The Rebirth of Old Street - Urban Renewal Design of Lumu Old Street Area in Suzhou City

小组成员：王诗睿　易苗
指导老师：周国艳

参加院校：苏州大学、南京工业大学、郑州大学、山东建筑大学、合肥工业大学　　承办单位：苏州大学

织水再游商

苏州大学
Soochow University

小组成员：李军达 陆奕光
指导老师：雷诚

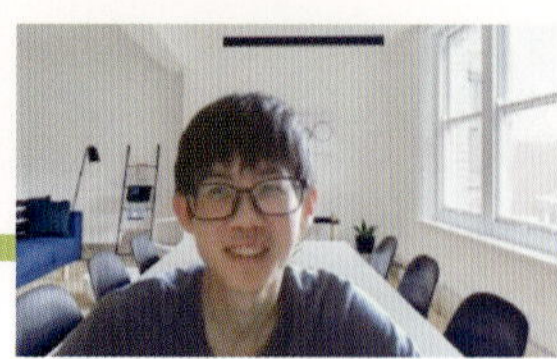

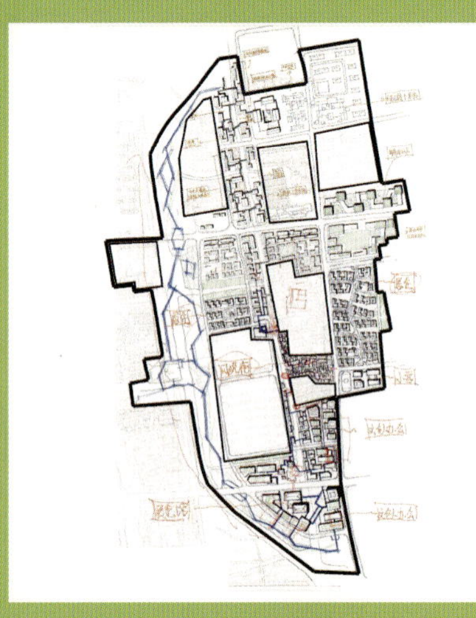

第一阶段 构思图

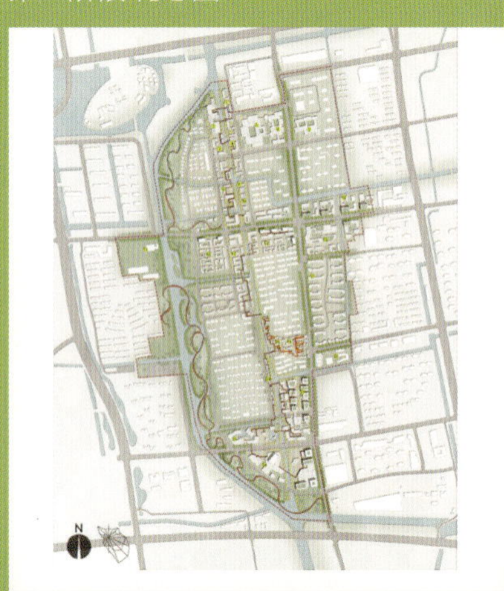

第二阶段 草图

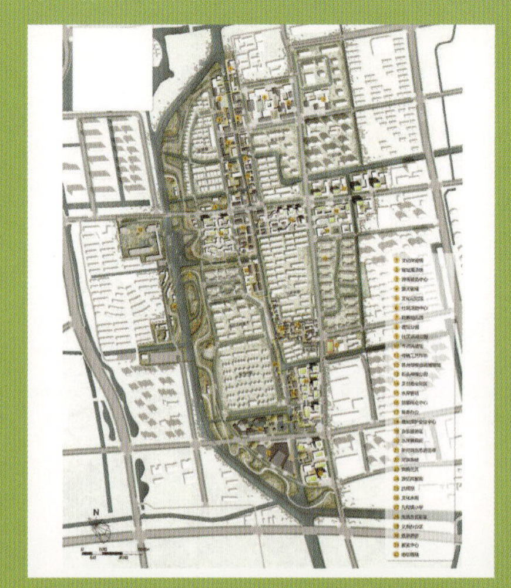

第三阶段 定稿图

设计说明

陆慕老街片区地处苏州元和塘文化产业园区，是元和塘文化产业园区的“南大门”，苏州古城文化北拓的重要节点。基地呈现出水网、绿网和不同时期建成区相互交织、破碎化的整体形态。如今的陆慕老街繁华不再，古迹大多消亡，仅剩下苏州御窑金砖博物馆、新发现窑址、古井、宋泾桥、南桥等文保遗址，原本桥对桥、弄对弄、庙对庙的特殊景致也很难看到了。

陆慕老街承载着明清时期苏州的繁华，也承载着老一辈苏州人的记忆。城市更新的目的建立在人民最真实的生活需求之上，结合陆慕老街独有的文化底蕴与空间肌理，我们采用场景串联的手法，将不同尺度的城市空间进行有机整合，描绘全新的姑苏繁华图景。通过现代科学与技术的升华，在人居友好理念的加持下，打造织水游商的社区家园，在复现陆慕风韵的同时向来访者展示御窑秘技的文化内涵、老艺人的素质修养和陆慕老街精致的生活场景。这里有最纯粹的生活和根植于文化的诗意灵魂。

织水再游商

Renewal Design of Lumu Old Street Area Based on Scene Series

基于场景串联的苏州陆慕老街片区城市更新设计

区位分析 Location Analysis

基地区位：陆慕老街片区地处苏州元和塘文化产业园区，位于相城区中心主城区，该区域为苏州文化产业黄金三角区的核心位置，目前正在创建国家级文化产业示范园区。更新片区距离苏州站仅5公里车程，距离苏州北站枢纽约8公里车程，是新一轮城市发展重点进行更新升级的商业区域。基地呈现出水网、绿网和不同时期建成区相互交织、破碎化的整体形态。
陆慕老街位于相城区南部，陆慕中央商务区的东南部，是元和塘文化产业园区的"南大门"，苏州古城文化北拓的重要节点。

项目解读 Project Interpretation

上位及相关规划

《相城区控制性详细规划》：形成"一核、双十字轴、多区"的布局结构。

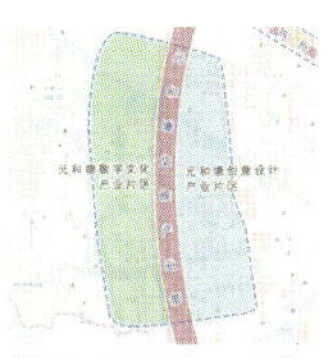

《苏州元和塘文化产业园区规划》：依托元和塘、活力岛水系，提供沉浸式文旅消费体验。

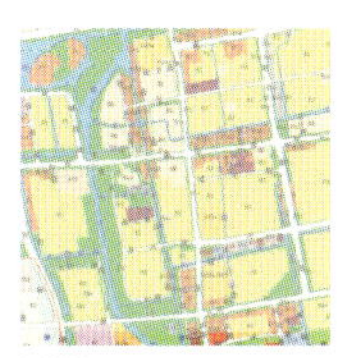

规划地块：片区以商业、居住功能为主，并沿元和塘和阳澄湖西路配套商业、文化设施等。

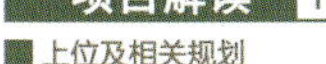

项目规划背景

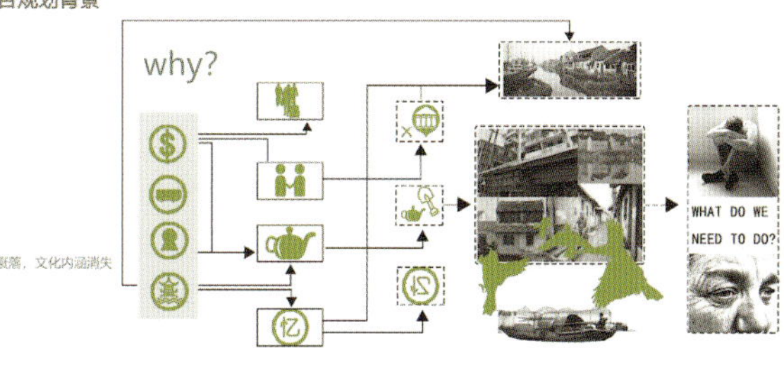

公服设施分析 Facility Analysis

基地及周边业态分布

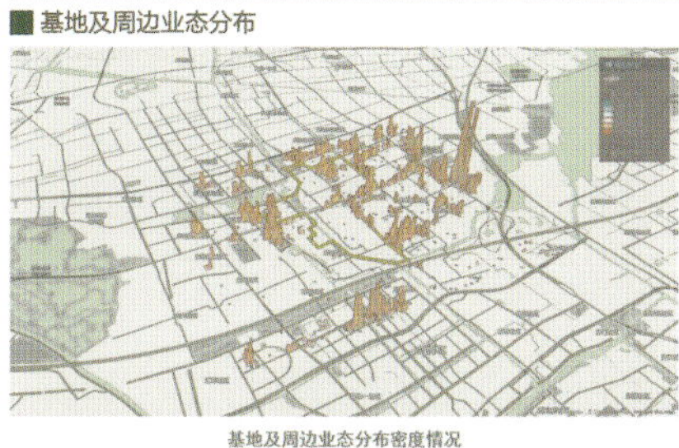

基地及周边业态分布密度情况

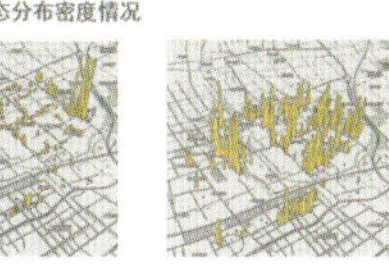

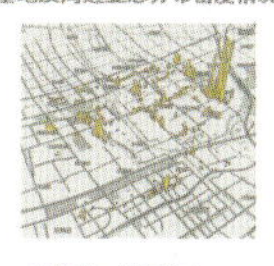

餐饮类：多极核分布　购物类：区域集中　服务类：均质分布

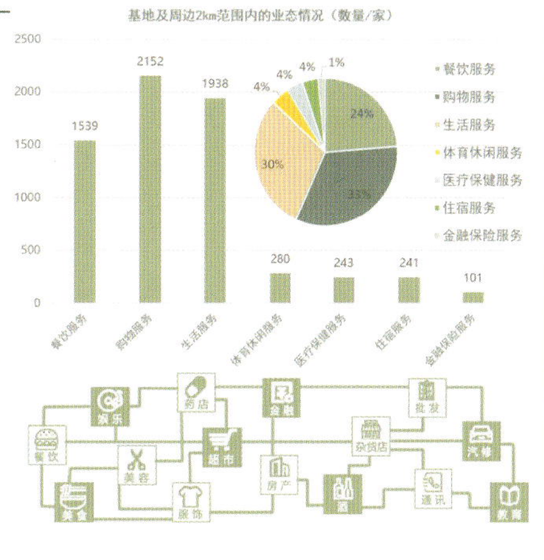

公共服务设施评价

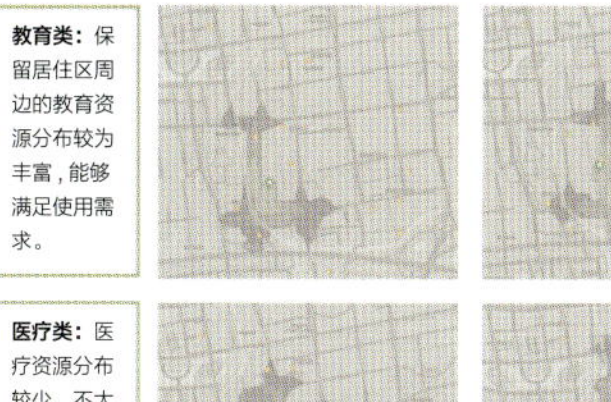

教育类：保留居住区周边的教育资源分布较为丰富，能够满足使用需求。

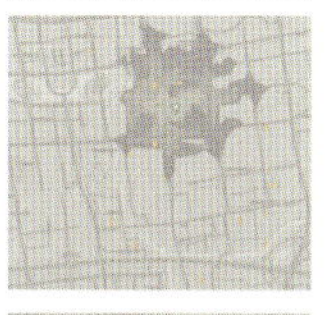

医疗类：医疗资源分布较少，不太能够满足地区居民的就医需求。

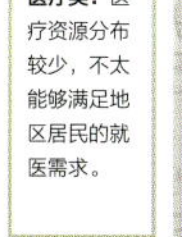

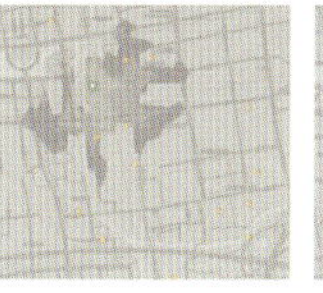

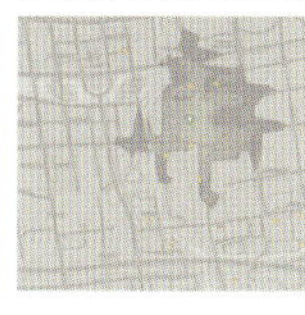

行政办公：集中在10分钟生活圈内，5分钟生活圈内均没有行政办公设施。

SWOT分析 SWOT Analysis

空间要素需求分析

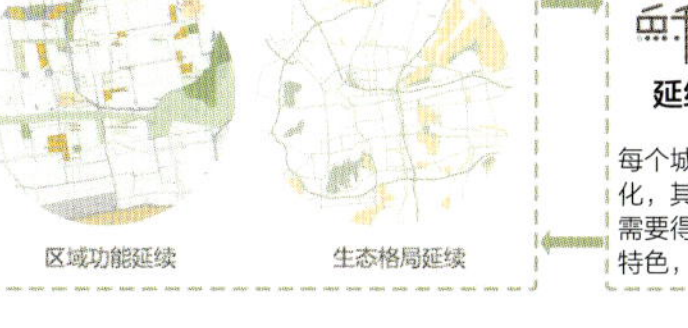

延续城市不变要素

每个城市都有自己独特的文化，其生态格局与城市肌理需要得到维护，以保证城市特色，避免千城一面。

人群需求分析

SWOT分析

优势S

1. 地处苏州古城区周边，能够起到接纳古城区外溢游客的作用。
2. 场地文化底蕴深厚，且拥有区域较为知名的苏州御窑金砖博物馆的吸引度加持。
3. 交通便捷，且位于相城区区域副中心，四通八达。
4. 新开河生态景观条件良好。

劣势W

1. 现状建筑风貌较差，大多数地块的建筑较为破败。
2. 基地及周边住区较多，规划条件受限。
3. 原河道水网消失或不全，难以还原原址原本风貌；

机遇O

1. 场地新发现古墓遗址，对游客具有较大的吸引力。
2. 地块位于苏州元和塘文化产业园核心处，能够融入区域发展战略路线。
3. 作为古城区边缘的一条老街，能够打造不同于传统老街的建筑风貌，新中式建筑具有强大的生命力。
4. 位于相城区生活轴附近，具有广阔的发展前景。

挑战T

1. 砖窑文化还未被大众所普遍了解，人群吸引力有待加强。
2. 场地遗址较多，开发与保护难以两全。
3. 原住民大多搬迁，原场地建筑破败，文化内涵缺失。
4. 周边功能混杂，人群需求不同，如何规划打造多元化社区有待研究。

小组成员：王泽民　陈震
指导老师：雷诚

织水再游商

Renewal Design of Lumu Old Street Area Based on Scene Series
基于场景串联的苏州陆慕老街片区城市更新设计

现状空间格局 Current Spatial Pattern

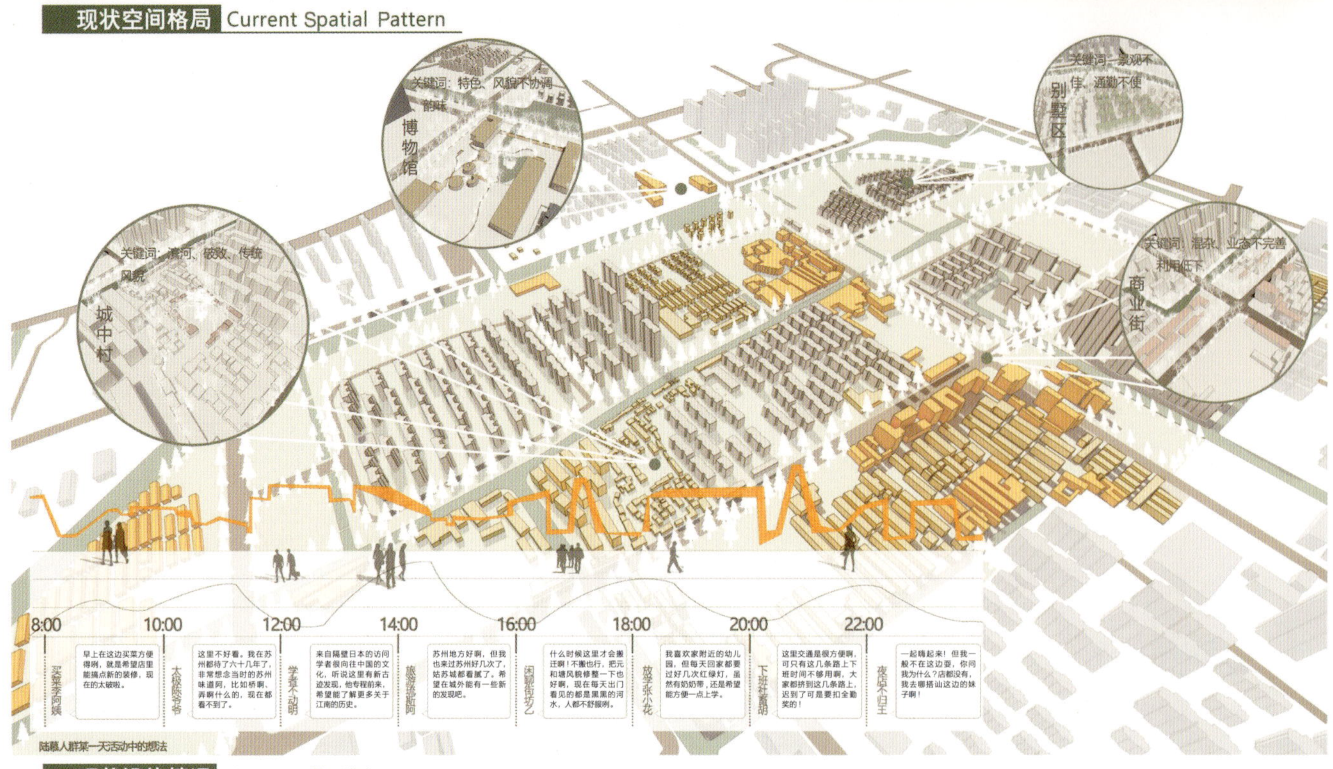

现状设施情况 Current Facilities

现状交通布局

现状景观格局

历史遗迹及当地文化情况

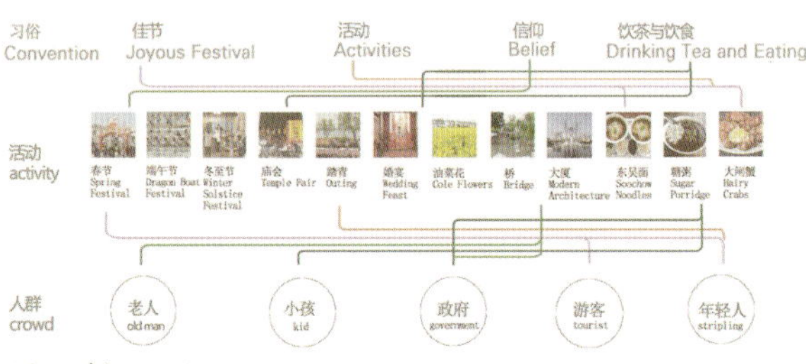

现状交通设施布局

现状用地布局 Current Land Layout

土地利用现状

用地性质	面积(公顷)	占比
村庄建设用地	9.97	5.54%
居住用地	53.20	29.56%
水域	23.23	12.90%
绿地	47.77	26.54%
其他非建设用地	8.11	4.50%
公路用地	17.65	9.81%
幼儿园用地	1.13	0.63%
商业用地	0.23	0.13%
商住混合	14.43	8.02%
文化设施用地	4.28	2.38%

现状建设用地大多为居住用地和绿地，居住建筑上以近十几年新建的高层住宅为主。整体上功能较为混杂，比例不协调，缺少商业类建筑，功能上有待规划的进一步优化。

图例

村庄建设用地
居住用地
水域
绿地
其他非建设用地
公路用地
幼儿园用地
商业用地
商住混合
文化设施用地
规划范围

建设空间现状

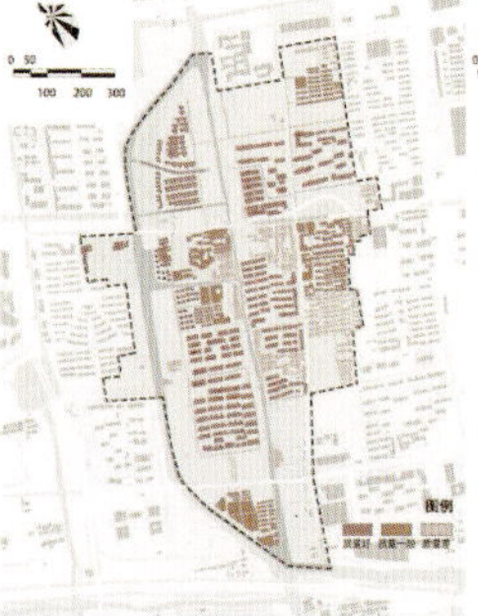

建筑质量： 场地内的建筑大多为 20 世纪所建，较为破败，新建的居住区质量较好，其他地块的建筑质量有待提升。

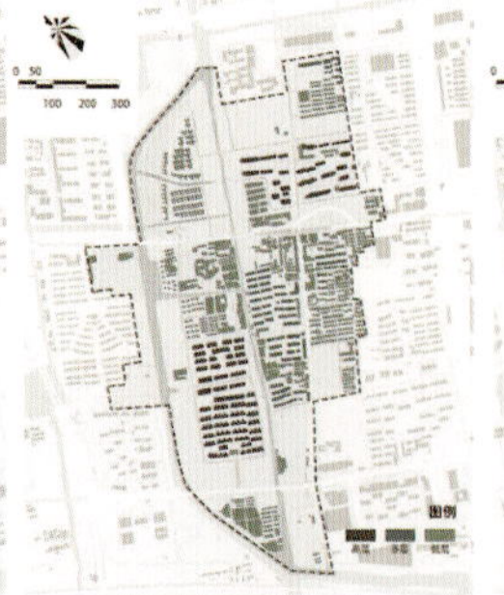

建筑高度： 用地范围内的建筑高度参差不一，新建居住区高达百米，与传统民居建筑极为不协调。大多数建筑为多层，低层建筑主要集中在城中村部分。

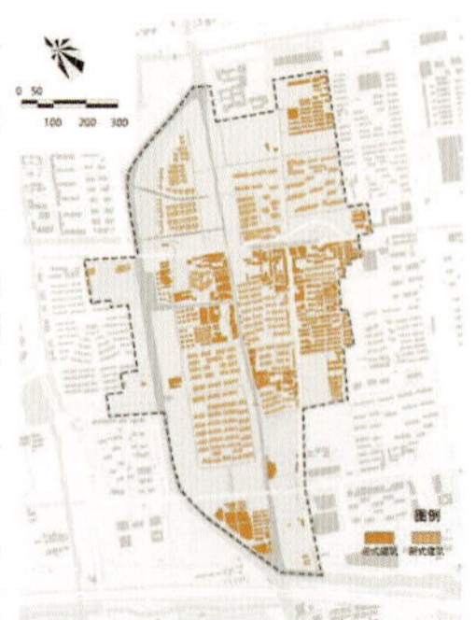

建筑风貌： 建筑风貌上较为混杂，有新建的居住区建筑，也有保存了几十甚至几百年的历史建筑，两者在风貌上也不甚协调，有待进行风貌上的统一。

小组成员：王泽民　陈晨
指导老师：雷诚

参加院校：苏州大学、南京工业大学、郑州大学、山东建筑大学、合肥工业大学　承办单位：苏州大学

织水再游商

Renewal Design of Lumu Old Street Area Based on Scene Series
基于场景串联的苏州陆慕老街片区城市更新设计

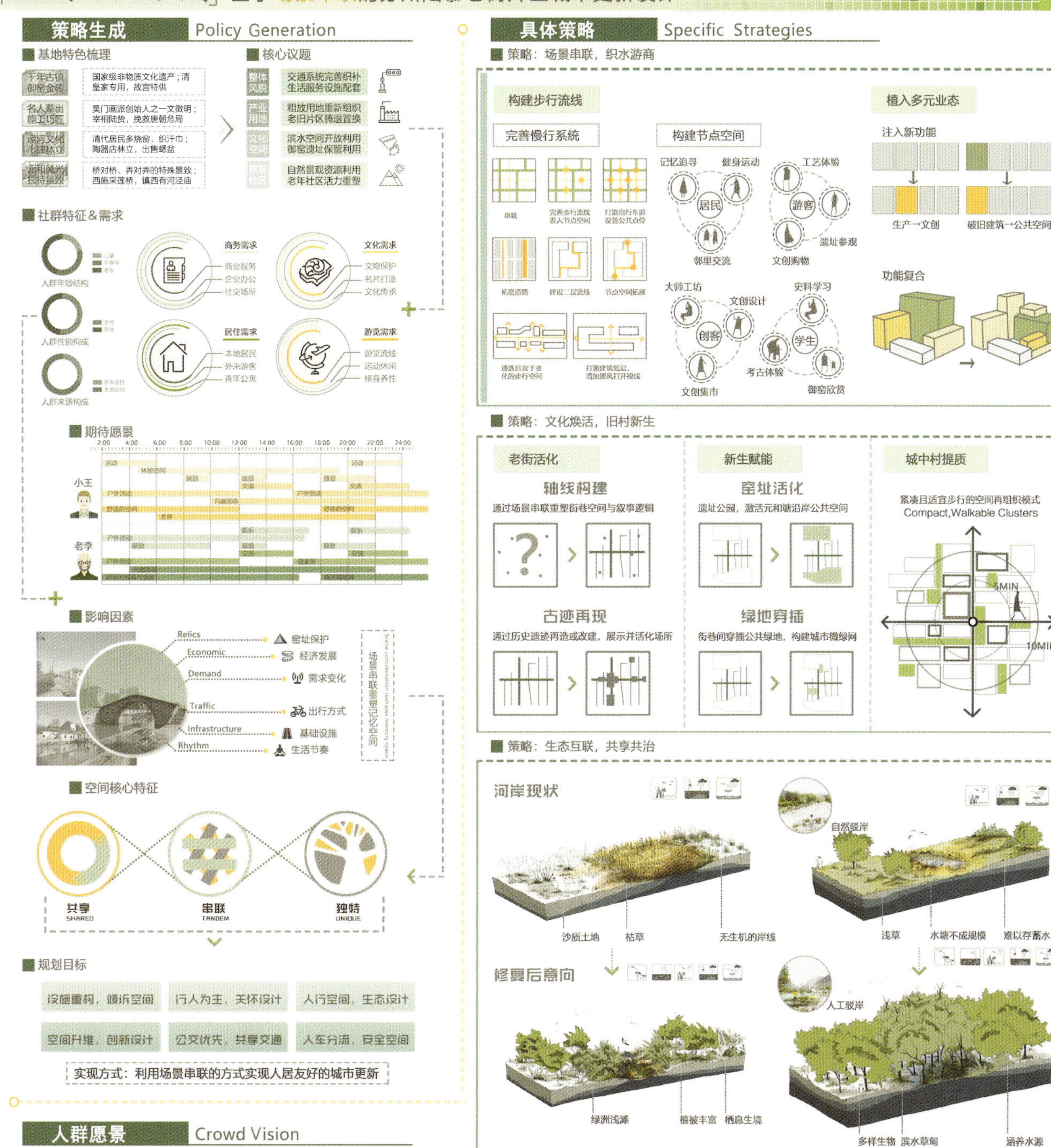

小组成员：王泽民　陈晨
指导老师：雷诚

织水再游商

Renewal Design of Lumu Old Street Area Based on Scene Series
基于场景串联的苏州陆慕老街片区城市更新设计

空间愿景 Spatial Vision

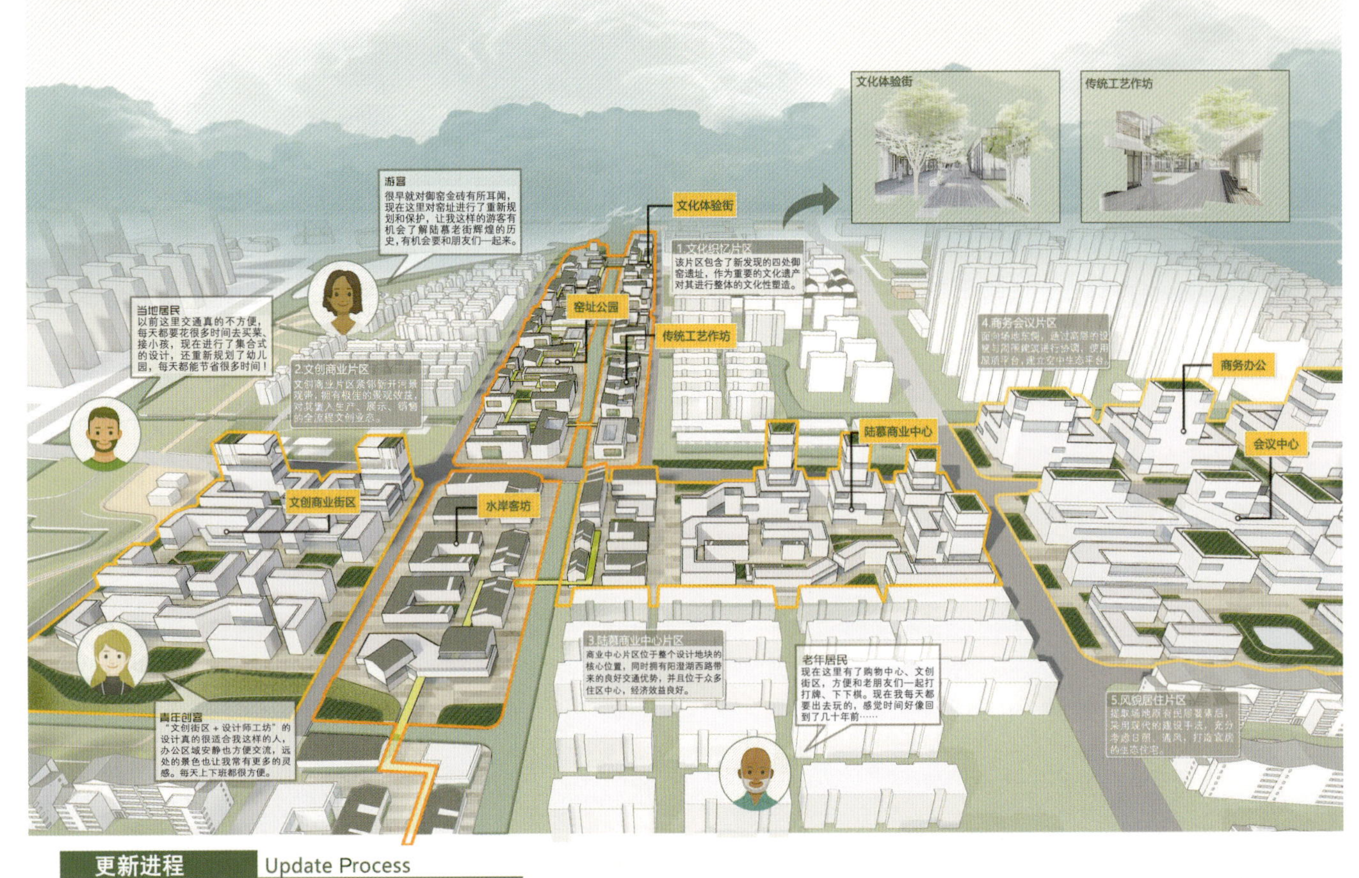

更新进程 Update Process

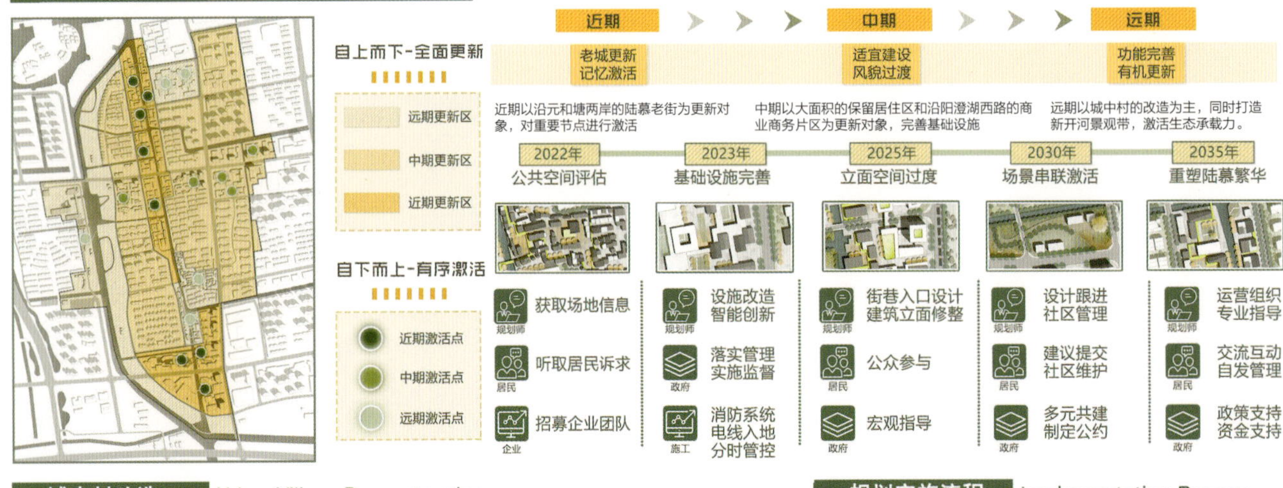

城中村改造 Urban Village Reconstruction

规划实施流程 Implementation Process

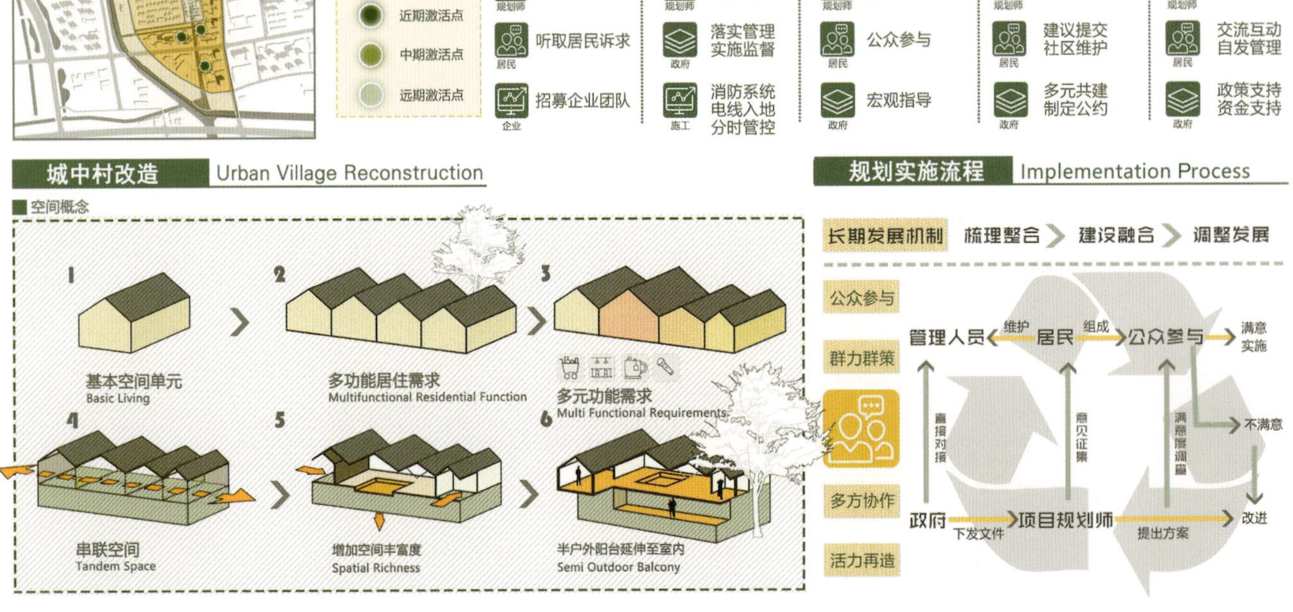

小组成员：王泽民　陈晨
指导老师：雷诚

织水再游商

Renewal Design of Lumu Old Street Area Based on Scene Series

基于场景串联的苏州陆慕老街片区城市更新设计

总平面图 Site-plan

■设计说明

诞生于苏州相城区的陆慕老街承载着明清时期苏州的繁华，也承载着老一辈苏州人的记忆，城市更新的目的建立在人民最真实的生活需求之上，结合陆慕老街独有的文化底蕴与空间肌理，我们采用场景串联的手法，将不同尺度的城市空间有机整合，描绘全新的姑苏繁华图景。通过现代科学与技术的升华，在人居友好理念的加持下，打造织水游商的社区家园，在复现陆慕风韵的同时向来访者展示御窑秘技的文化内涵、老艺人的素质修养和陆慕老街精致的生活场景。这里有最纯粹的生活和根植于文化的诗意灵魂。

小组成员：王泽民 陈晨
指导老师：雷诚

织水再游商

Renewal Design of Lumu Old Street Area Based on Scene Series
基于场景串联的苏州陆慕老街片区城市更新设计

空间效果 I Spatial Representation I

小组成员：王泽民　陈晨
指导老师：雷诚

织水再游商

Renewal Design of Lumu Old Street Area Based on Scene Series
基于场景串联的苏州陆慕老街片区城市更新设计

空间效果 II Spatial Representation II

产业办公——楼立屹浮生

会展酒店——半园纳四方

旧村改造——织廊串万家

小组成员：王泽民 陈晨
指导老师：雷诚

Renewal Design of Lumu Old Street Area Based on Scene Series

基于场景串联的苏州陆慕老街片区城市更新设计

空间肌理生成 Spatial Texture Generation

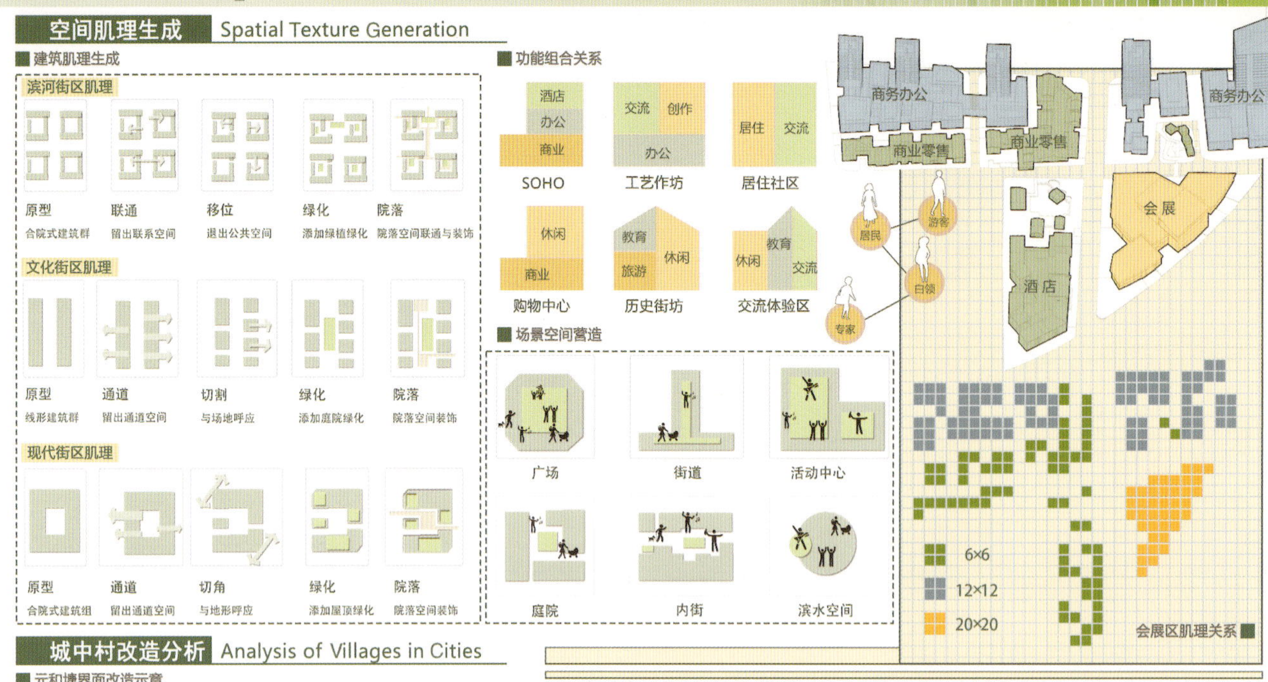

城中村改造分析 Analysis of Villages in Cities

■ 元和塘界面改造示意

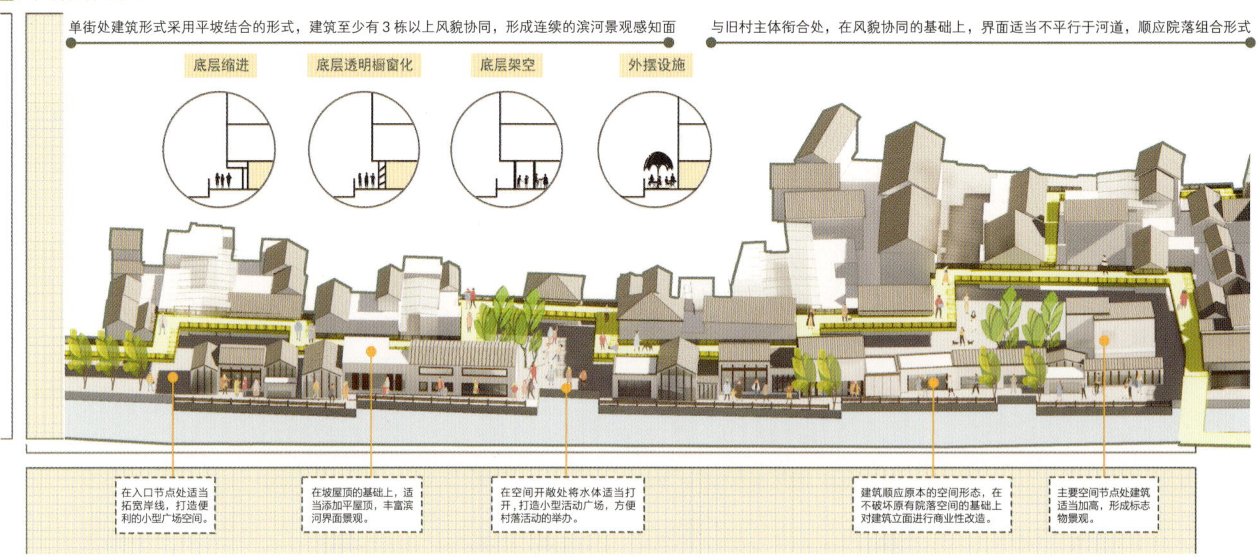

■ 总体空间改造示意

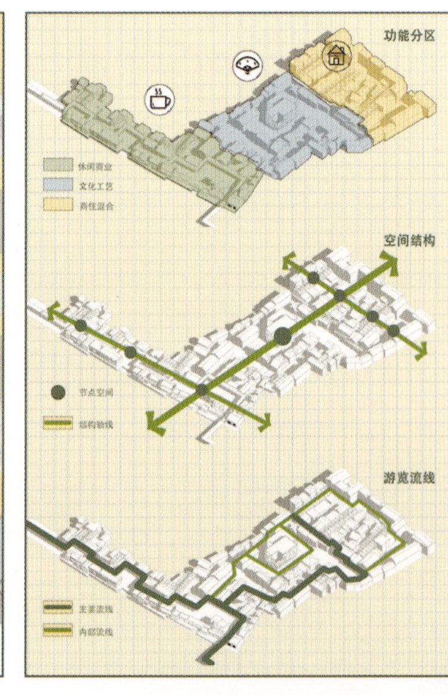

小组成员：王泽民　陈晨
指导老师：雷诚

织水再游商

Renewal Design of Lumu Old Street Area Based on Scene Series
基于场景串联的苏州陆慕老街片区城市更新设计

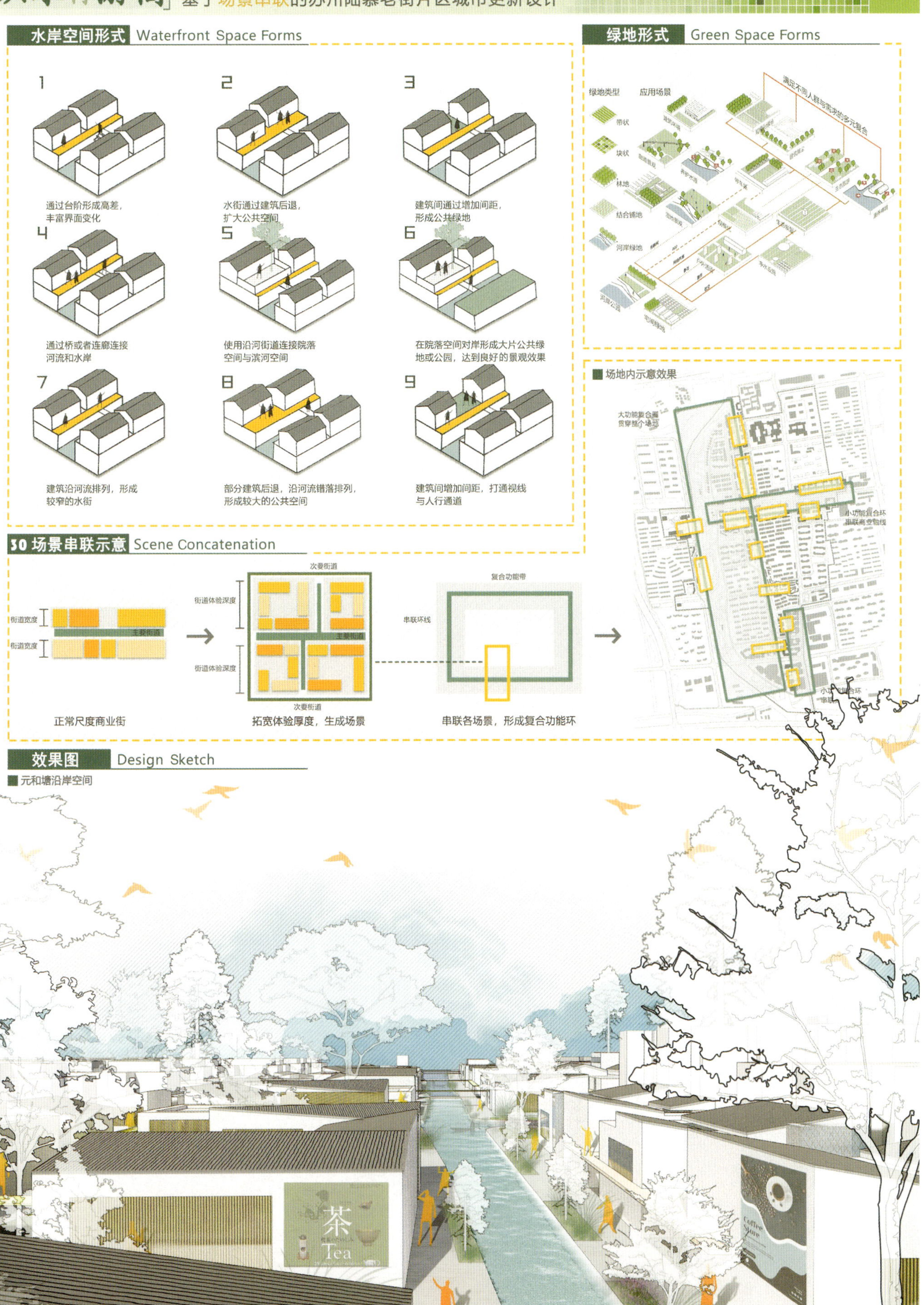

小组成员：王泽民 陈晨
指导老师：雷诚

河坊“慧”古今
陆慕“焕”新生

苏州大学
Soochow University

小组成员：陈秀秀　吴帅利
指导老师：雷诚

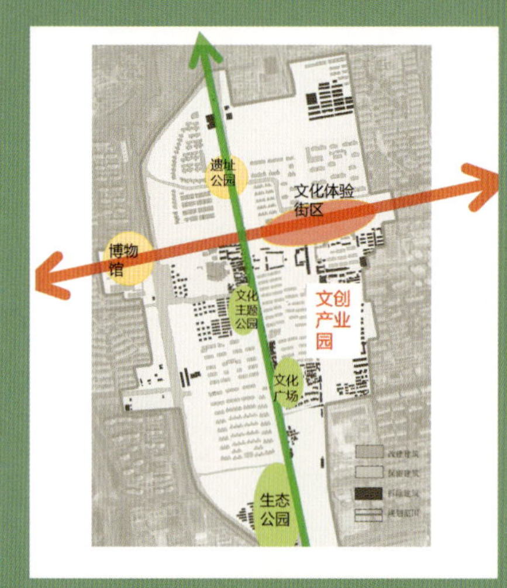

第一阶段 构思图

第二阶段 草图

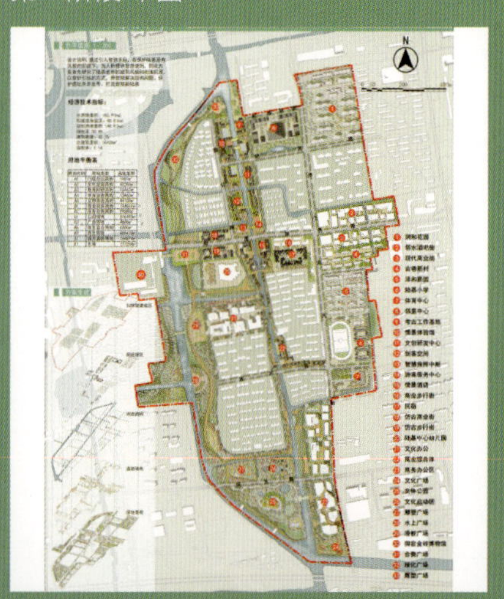

第三阶段 定稿图

设计说明

本次规划的场地为陆慕老街片区，其所在的元和街道位于相城区中心城区。陆慕老街地处长江三角洲掌心，是长三角地区极具交通资源优势的街区。陆慕老街位于相城区南部，陆慕中央商务区的东南部，是元和塘文化产业园区的“南大门”，苏州古城文化向北扩展的“极点”。本次城市更新范围包括陆慕老街、元和塘及周边城市区域地块，规划面积约为180公顷，各类河塘水面面积约为30公顷。

在整体规划结构方面，基地西侧为大片的公园绿地，是场地的景观轴，供居民休闲游玩之用。北侧为居住组团，东侧为商业街区，东南侧为教育组团，主要是小学和体育馆。南侧为商务组团，供商务办公之用。中心沿元和塘地区为文化体验区，展现陆慕当地特色建筑、文化、民俗等。

方案采用“四轴八点”的方式划分场地。“四轴”：沿元和塘设置的景观轴，沿新开河规划的文化轴，沿齐门北大街布置的生活轴，沿阳澄湖西路布置的商业轴。“八点”：博物馆，文化体验，邻里中心，商业街区，民宿，创意文化中心，中心景观，商务办公。

通过提取场地传统文化要素，完善历史文化体系，增加场地内的文化空间，结合现代技术手段对场地历史文化记忆进行文化内涵的提升，塑造全新的老街。

通过减少不佳风貌，拆除危险民居，提升历史保护的重视度，增加文化展览，使用福利政策，促进产业升级，最终优化街区风貌，植入文创活动，打造文化品牌。对留存的古建筑则尽量保留原始的建筑结构和格局，增加故事串联、沉浸体验、文化焕活、交流互动相关的业态，配合大数据的出行引导，在传承历史风貌、保护历史传统格局的同时，尽力还原旧时陆慕的风貌。

道路方面则选择增加润和路等多条交通支路，建造形成新的交通网络，解决场地中原有的人车混行和内部交通路网密度不够的问题，打通场地死角，形成完整的网格状路网，提高场地的通达性。

方案对场地内丰富的蓝绿资源也进行了系统的整合，形成了以元和塘为主轴，以新开河沿岸为次轴的蓝绿生态环，由外向内进行整个场地的辐射和渗透，丰富场地内各地块的景观。

重新设计规划新开河沿岸水街和阳澄湖西路沿路的现代商业街。西段参考葑门横街、斜塘老街等苏州传统商业街区进行设计。

我们想要打造一个反映陆慕当地特色、传承陆慕千年文化的以居住功能为主、以商业及旅游功能为辅的文化新陆慕、宜居新社区，使其成为历史文化的核心展示区，服务完善的居旅共融区，市井百态的特色体验地，品质生活的活力宜居区。

设计感悟

城市规划具有前瞻性，且必须考虑当地的发展，必须追求公共利益，在结构上具有科学性和逻辑的自洽性，同时也是基于城市或区域现状条件与未来发展潜力，对经济、社会、自然、生态等各方面进行协调的过程。规划设计，首先要以人为本，创造以人的居住行为为核心的内外部空间环境，因地制宜，有效利用土地资源，提高土地开发的综合效益。其次，规划要与单体设计相结合。再次，还应具有超前意识，依靠科技进步，加大科技含量，考虑地方气候与习俗等特点，力求建筑风格的创新与整体结构的和谐统一。最后，还要考虑量力而行、分步实施的可能性，将近期开发和远期发展相结合，综合考虑整个规划区范围和周边环境，采用组团式布局，以利于滚动开发，分期建设。

河坊"慧"古今，陆慕"焕"新生

苏州陆慕老街片区城市更新设计
URBAN RENEWAL DESIGN OF LUMU OLD STREET AREA IN SUZHOU

区域分析

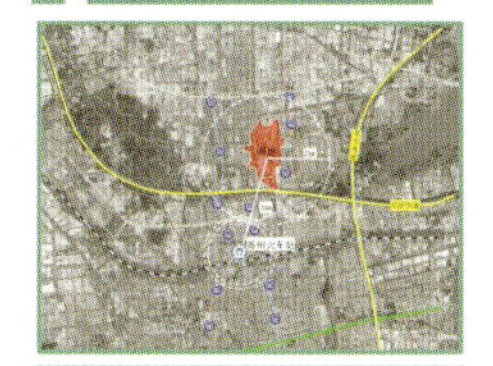

交通分析
苏州火车站距离基地5公里车程，京沪高速、常台高速较近。地铁2号线穿过基地，基地的通达性较高。

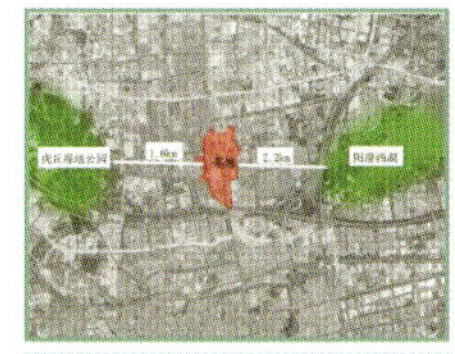

绿地分析
虎丘湿地公园与阳澄西湖风貌区将基地环抱其中，河流湖荡给基地带来了良好的生态环境。

景观分析
设计地块南侧的苏州古城，风景优美，古迹众多，有山塘街、狮子林等多个景点。

现状交通分析

道路分析
高速：京沪高速。主路：相城大道、人民路、华元路。次路：齐门北大街。支路：纪元路、宜公路。

交通总结
对外交通联系方便，公共交通覆盖面广，对内交通不能满足需求。

现状景观分析

绿地系统
主要集中于地块西部，有慢行步道、公园，东部多为荒地，应该完善场地的绿地系统。

现状公共服务分析

医疗设施　教育设施

1. 医疗设施
周边的医疗资源分布较少，较为大型的医疗设施仅有一座相城人民医院，不太能够满足地区居民的就医需求。

2. 教育设施
教育资源分布较为丰富，大多为幼儿园和小学。

行政办公设施　商业设施

3. 行政办公设施
行政办公设施大部分集中在10分钟行程内，基本上能够满足需求。

4. 公共服务设施
地块内公服、商圈、广场众多，公共服务设施比较完善，总体上能够满足使用需求。

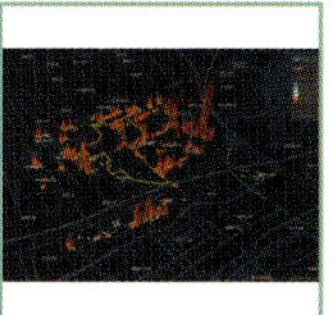

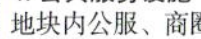

5. 商业设施
业态主要分布在相城大道、采莲路、华元路附近。商业服务质量不足，需要对其进行整改，以提高商业服务质量。

现状建筑分析

建筑色彩
色彩以白、灰、黄、红为主，建筑的色彩搭配较好，但整体分布过于杂乱。

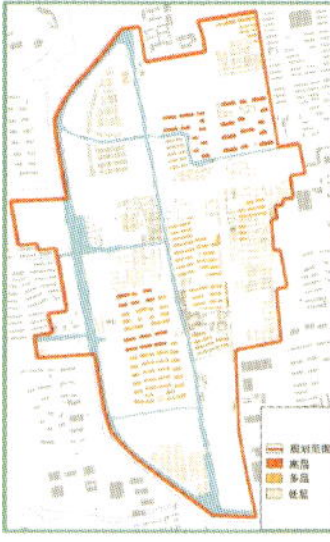

建筑高度
呈现"西南—东北"线高、"西北—东南"线低的趋势，以1～3层为主。

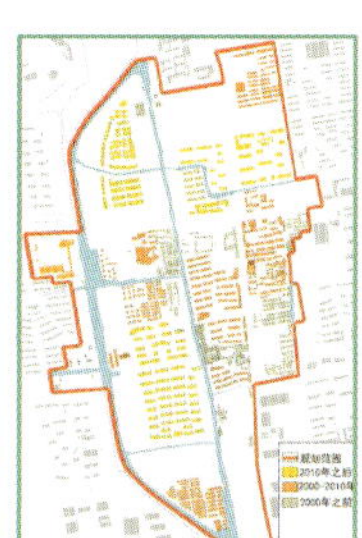

建筑质量
场地内建筑整体质量偏中等以上，较高质量建筑为2000年之后的建筑。

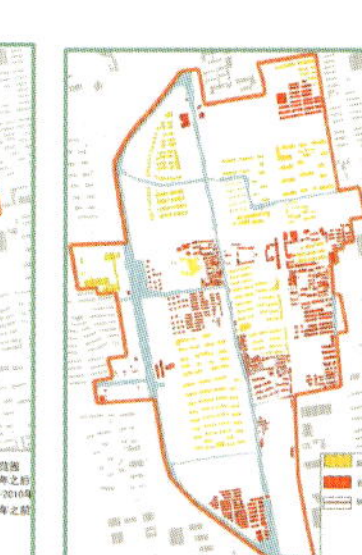

建筑年代
场地内大多数建筑为2000年之后建造，建筑质量较好，建筑风貌较好。

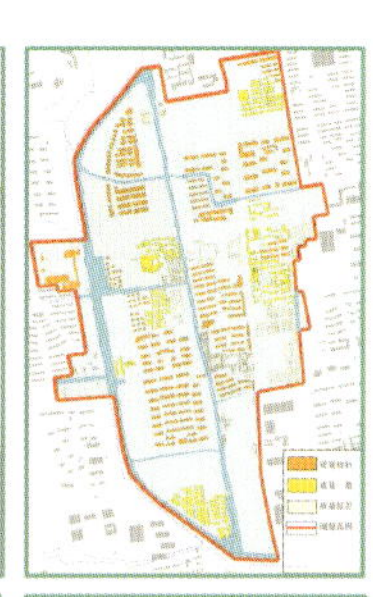

建筑风格
新式建筑和老式建筑数量相差不大，建筑风格不统一，影响了场地的整体感。

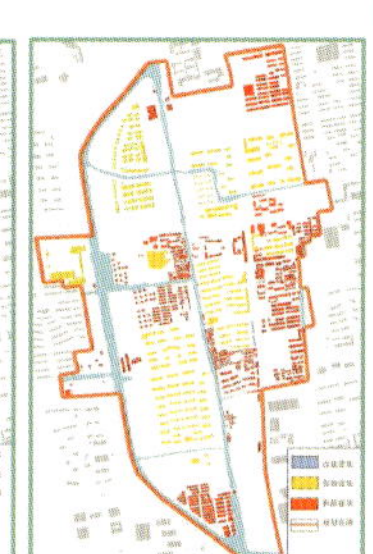

建筑保留
对于场地内建筑进行拆改建，以提高场地的整体形象。

现状用地分类分析

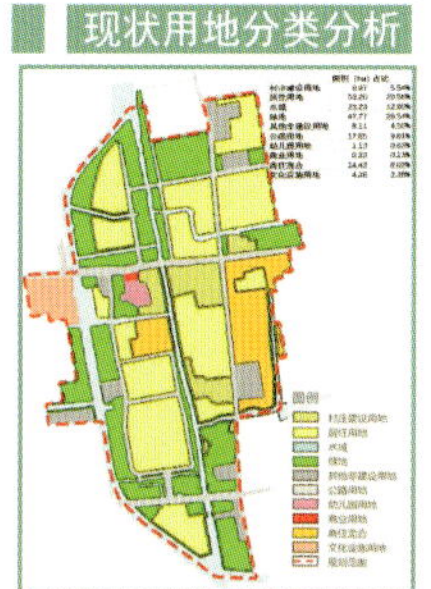

场地以居住用地为主，公共服务设施用地、商业用地等较少，绿地差别较大，完善场地用地，满足场地对于功能业态的需求。

优势与挑战

区位优势

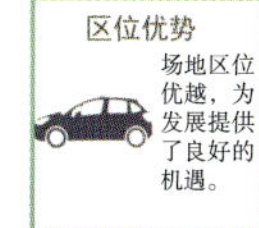

场地区位优越，为发展提供了良好的机遇。

文化丰富

传统的手工艺和独特的建筑格局带来丰厚的文化底蕴。

资源集聚

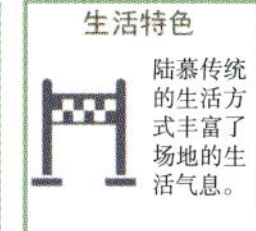

陆慕的特色文化、民俗人文提供了丰富的旅游资源。

生活特色

陆慕传统的生活方式丰富了场地的生活气息。

交通不畅

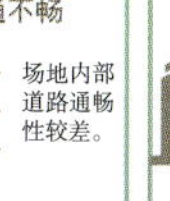

场地内部道路通畅性较差。

配套不全

服务配套设施不完备，急需加强。

风貌衰败

景观系统较差，建筑风貌较差。

活力缺少

场地活力缺乏，急需加强。

人群分析

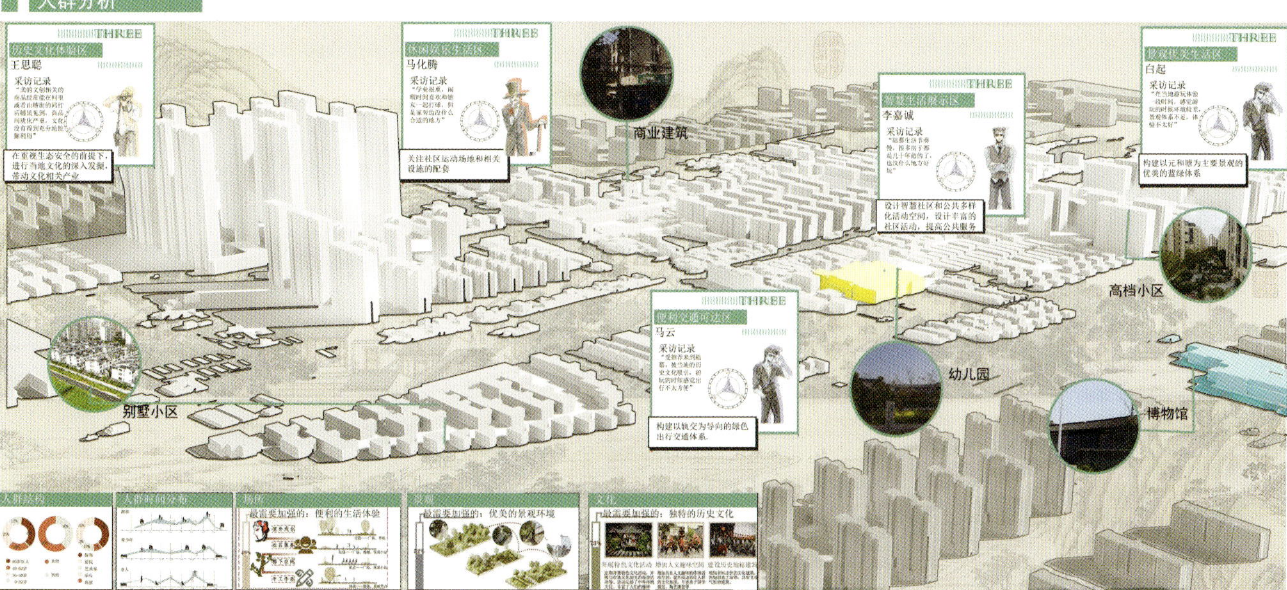

小组成员：陈秀秀　吴帅利
指导老师：雷诚

终期答辩成果

老街新生：苏州陆慕老街片区城市更新

The Rebirth of Old Street – Urban Renewal Design of Lumu Old Street Area in Suzhou City

河坊"慧"古今，陆慕"焕"新生

苏州陆慕老街片区城市更新设计

URBAN RENEWAL DESIGN OF LUMU OLD STREET AREA IN SUZHOU

问题分析

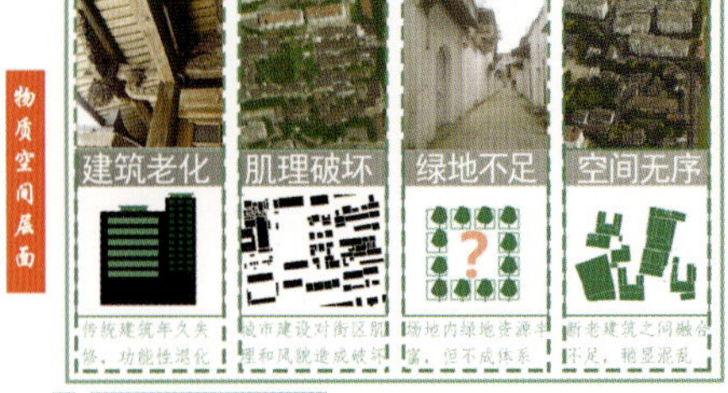

规划路径

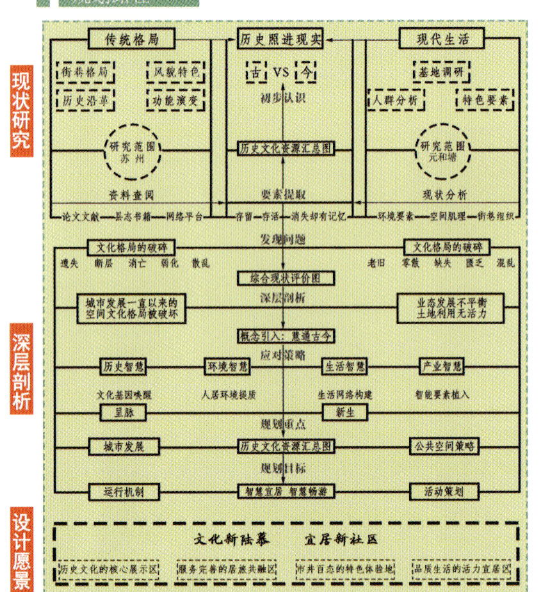

概念引入

概念介绍

规划原则

规划目标

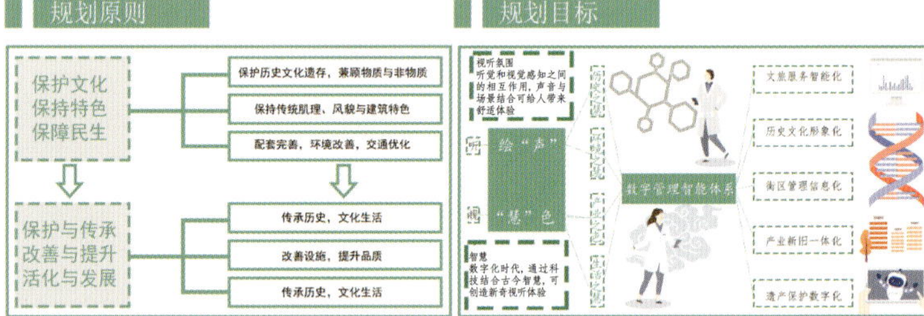

承脉延境

延续遗址文化，更新活化街区

声临其境

重塑街区结构，形成开放网络

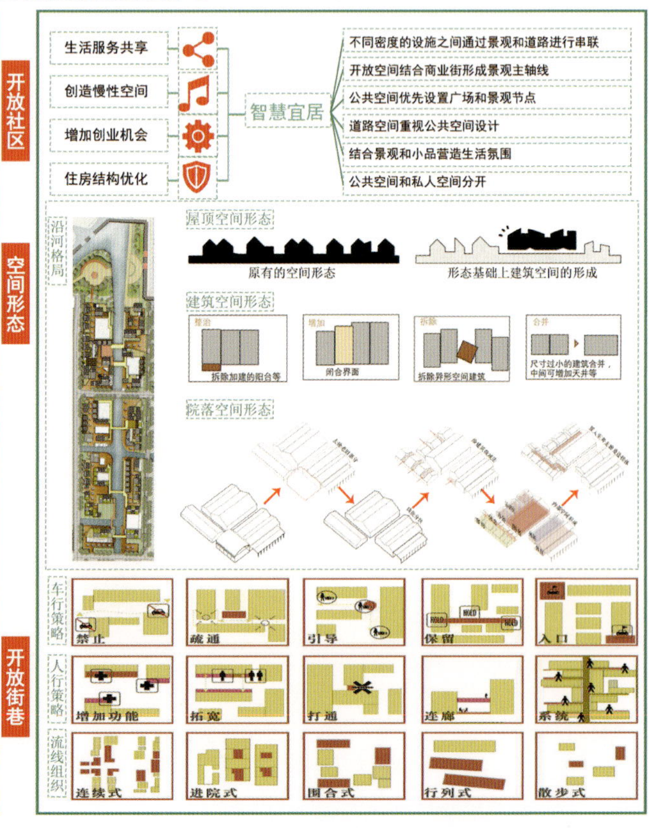

小组成员：陈秀秀　吴帅利
指导老师：雷诚

河坊"慧"古今，陆慕"焕"新生

"慧"文化

文化底蕴

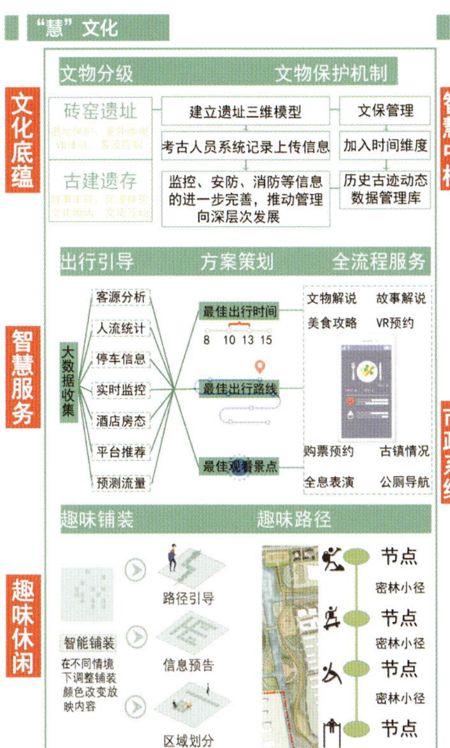

智慧服务

趣味休闲

"慧"畅游

智慧中枢

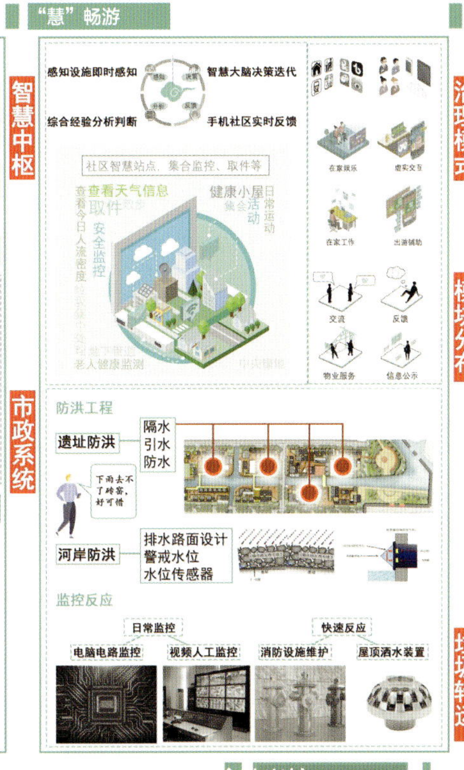

市政系统

"慧"社区

治理模式

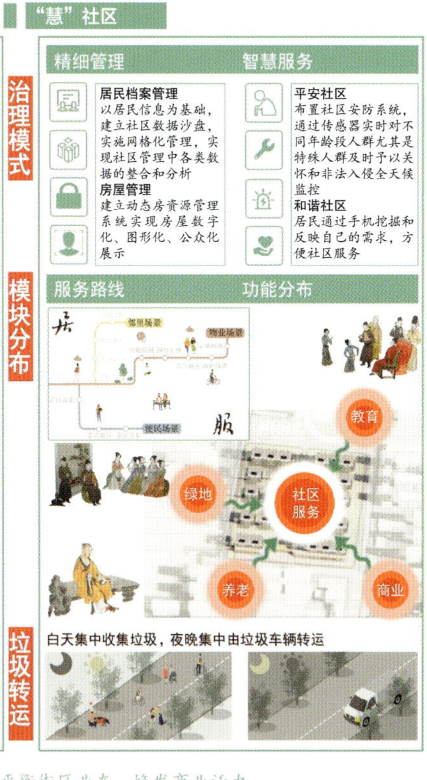

模块分布

垃圾转运

白天集中收集垃圾，夜晚集中由垃圾车辆转运

生态持续

搭建蓝绿系统，完善街区生态

生态理念

自然生态的严肃，人文生态的共生

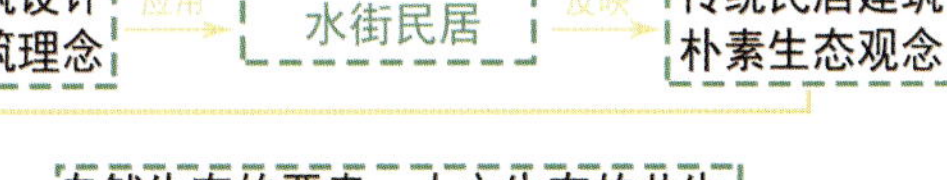

蓝绿景观系统

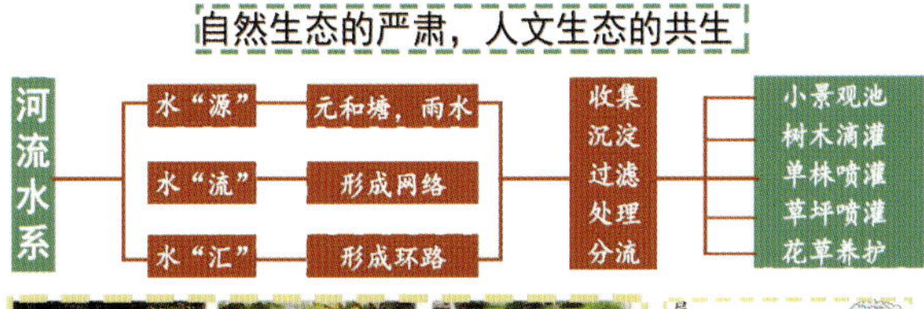

透水性路面设计　高效滴灌系统　屋顶绿化　屋顶雨水处理

自然通风　自然采光　高隔热性能建筑外墙　屋顶花园构造

雨水回收　景观水体　中水系统　道路雨水收集

景观布置

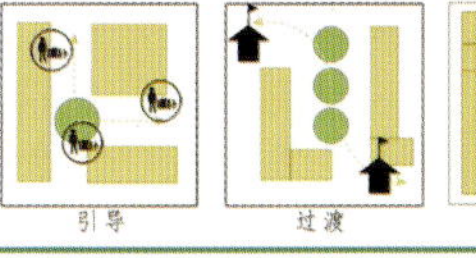

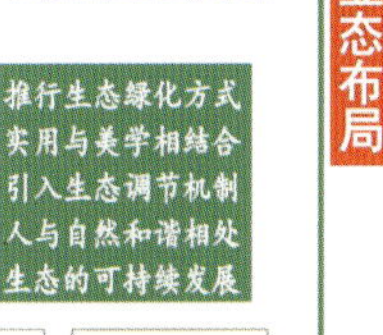

限定　引导　过渡　渗透　隔景

众业兴坊

平衡街区业态，焕发商业活力

业态组成

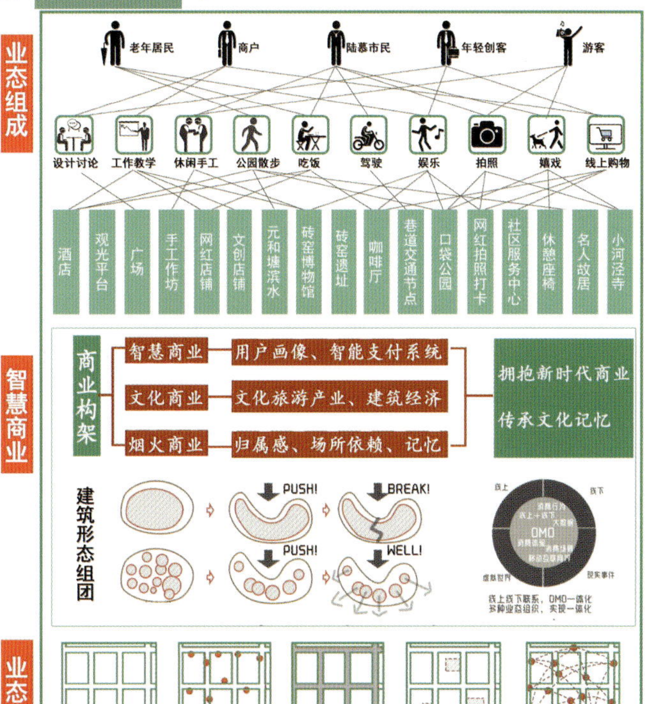

智慧商业

业态布局

小组成员：陈秀秀　吴帅利
指导老师：雷诚

用地代码	用地类型	占地面积
A1	行政办公用地	1901m²
A2	文化设施用地	47284m²
A3	教育科研用地	72447m²
A4	体育设施用地	12463m²
A6	文物古迹用地	44100m²
B1	商业设施用地	194561m²
B2	商务设施用地	99580m²
G1	公园绿地	376183m²
G3	广场用地	4800m²
Rb	商住混合用地	6300m²
R2	居住用地	605433m²
S1	城市道路用地	166894m²
E1	水域	177054m²

小组成员：陈秀秀　吴帅利
指导老师：雷诚

河坊"慧"古今，
陆慕"焕"新生

苏州陆慕老街片区城市更新设计

URBAN RENEWAL DESIGN OF LUMU OLD STREET AREA IN SUZHOU

鸟瞰图

小组成员：陈秀秀　吴帅利
指导老师：雷诚

河坊"慧"古今，陆慕"焕"新生

苏州陆慕老街片区城市更新设计
URBAN RENEWAL DESIGN OF LUMU OLD STREET AREA IN SUZHOU

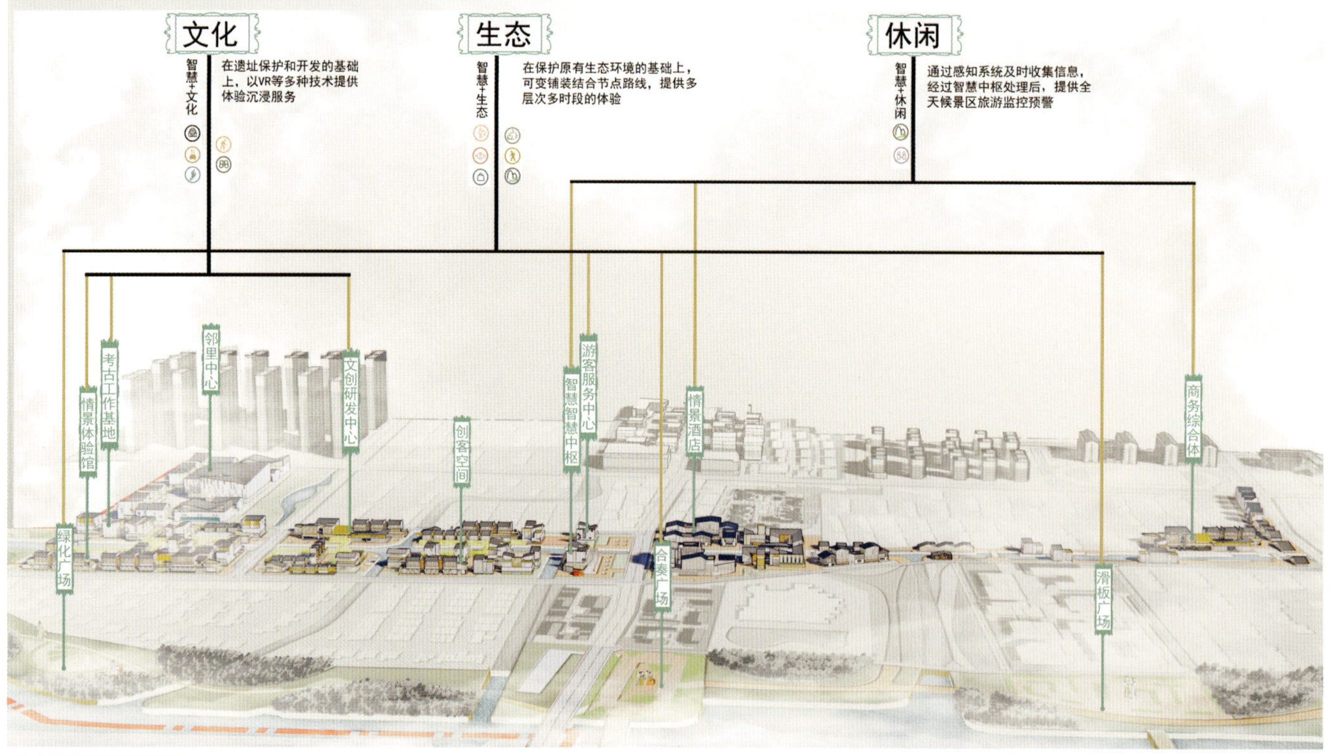

智慧维度

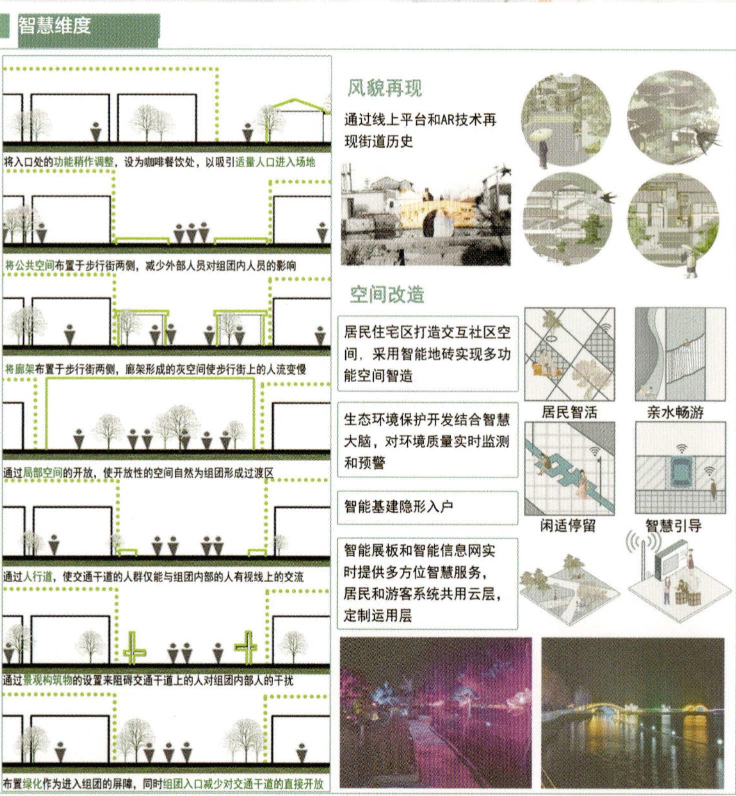

智慧互联

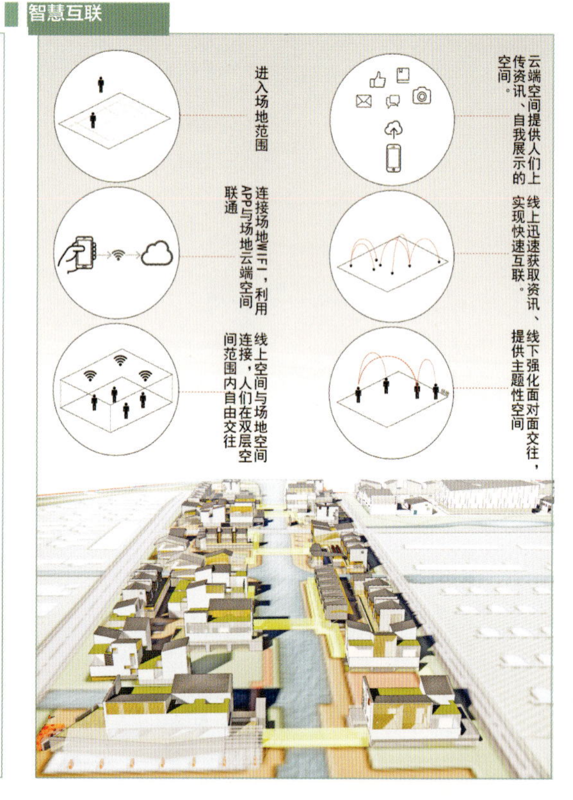

城市天际线

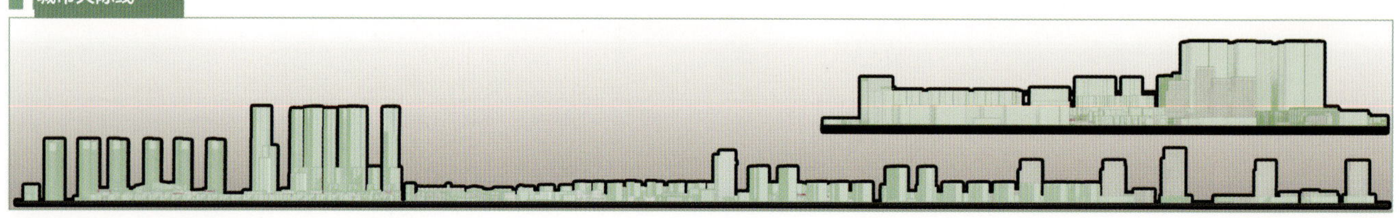

小组成员：陈秀秀　吴帅利
指导老师：雷诚

河坊"慧"古今，陆慕"焕"新生

苏州陆慕老街片区城市更新设计

URBAN RENEWAL DESIGN OF LUMU OLD STREET AREA IN SUZHOU

节点分析

城市设计导则分析

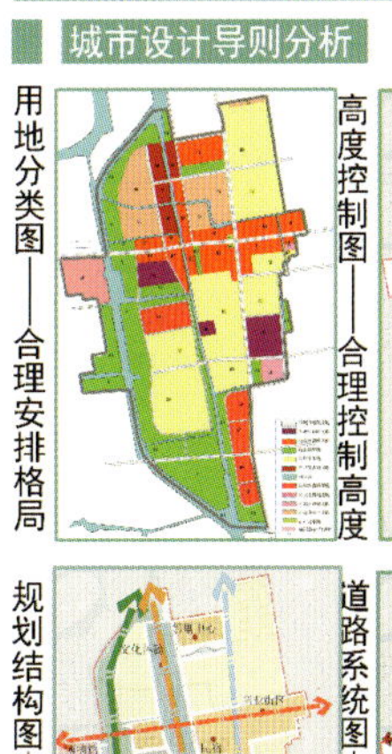
用地分类图——合理安排格局

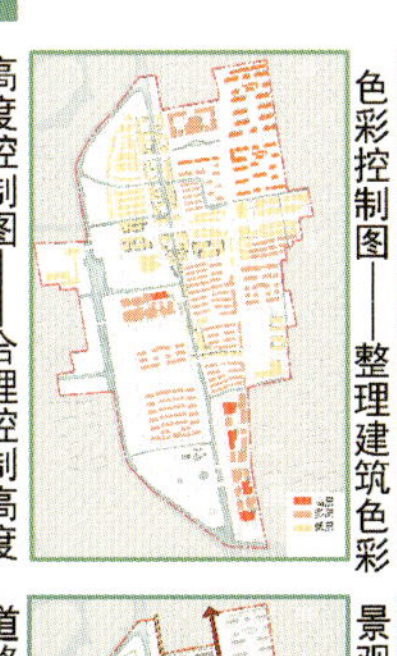
高度控制图——合理控制高度

色彩控制图——整理建筑色彩

规划结构图——四轴八点多区

道路系统图——整理脉络

景观系统图——多线织网

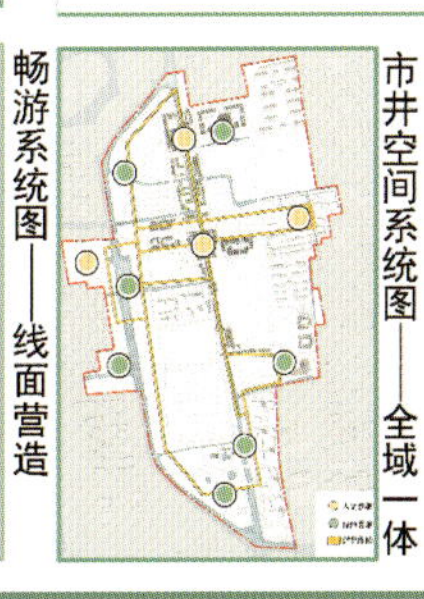
畅游系统图——线面营造

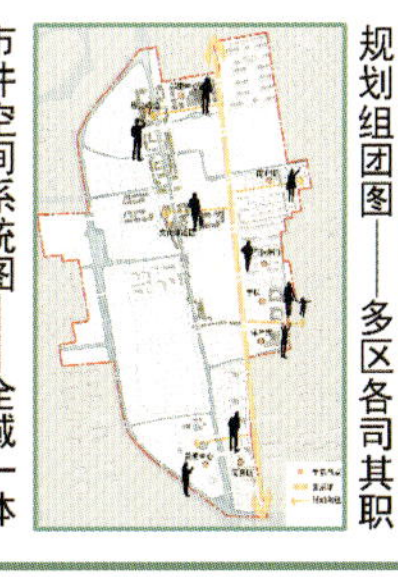
市井空间系统图——全域一体

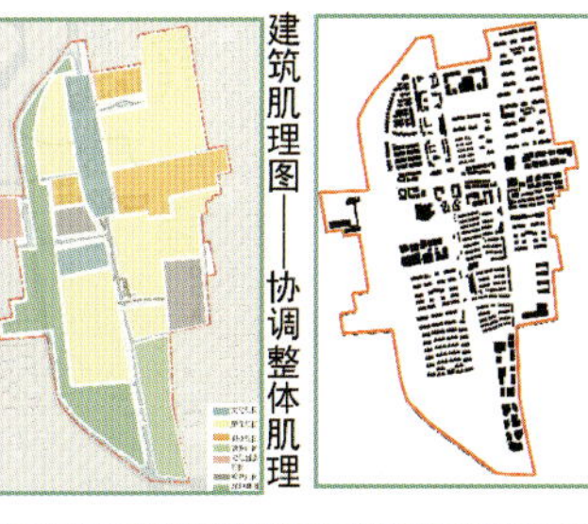
规划组团图——多区各司其职

建筑肌理图——协调整体肌理

湿地景观图

道路截面图

植物配置图

小组成员：陈秀秀　吴帅利
指导老师：雷诚

终期答辩成果

南京工业大学

Nanjing University of Technology

指导老师 方遥

水韵「开元」

小组成员 支添趣 周星星

大隐匠心

小组成员 祁天乐 奚琳翔

元&塘

小组成员 李寅豪 邱迎晨

起承转合·智慧织补

小组成员 邢晓红 焦奔

水韵“开元”

南京工业大学
Nanjing University of Technology

小组成员：支添趣　周星星
指导老师：方遥

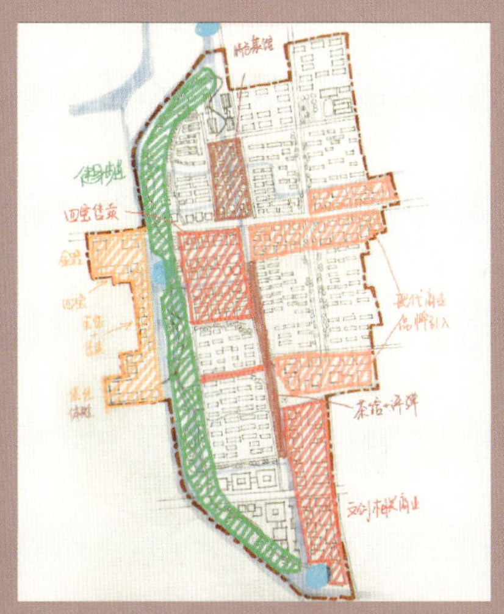

第一阶段 构思图

第二阶段 草图

第三阶段 定稿图

设计说明

从长三角到元和塘，从宏观到中观，上位规划中的基地所在地均以发展文化产业为重点，同时佐以高新技术与旅游。因此我们在梳理上位规划后，将“文化”“产业”“旅游”“创新”等关键词定为场地的主要发展方向。而后我们对基地区位进行分析，发现基地交通条件优越，且位于元和塘文化产业园与苏州古城区的交汇点上，是两方发展的南北大门，具有深厚的文化底蕴与发展优势；基地与周边火车站的交通非常便利，丰富的地铁和公交站点及靠近姑苏老城区的地理位置为基地发展旅游带来了可能；横纵交错的道路为周边居民自驾游提供了便利。从生态环境上看，场地位于虎丘湿地公园与阳澄西湖连线中点处，且南北分别为姑苏老城区与苏州小外滩。

综上，我们认为，基地的发展离不开周边景区景点的共同发展，可以通过更大尺度的旅游流线带动基地发展。考虑到周边三处重要景点中两处为生态湖，一处为景点密集、外城河环绕的老城区，我们准备进一步打响苏州“东方威尼斯”的品牌，通过河道将星罗棋布的景点串联起来，将基地打造成苏州 IP 下的一处特色小镇。

基地内历史文化资源丰富，元和塘片区因航运而兴，商业也因航运而起，历史上的元和塘积淀了深厚的市井文化与工匠文化，但现在都已没落，基于此，我们认为基地存在的一个主要问题便是文化的场所感无法很好地表达，可见、可感的场景不足，因此在我们的设计中，恢复陆慕特色文化的体验场所也是一个很重要的出发点。我们考察了陆慕老街特有的“浜对浜、桥对桥、弄对弄、庙对庙”肌理，并与现状进行对照。陆慕出名的“十景”在基地内有三景，尚存的御窑遗址已经发展为苏州御窑金砖博物馆，而陆宣公墓地遗址与南桥并没有得到相应的发展，前者现已无存，后者尚存，且南桥段的文化肌理比较集中，两桥、两河、两庙也独具特色，因此我们考虑在后期的设计中，结合尚存的唯一未发展起来的陆慕“十景”之一南桥，进行场地特色肌理的集中恢复。

基于以上分析，设计方案主要发展两横三纵轴线，西侧联系周边，形成以景观为主的景观游览轴线，中间形成以水路商业文化体验为主的文化体验轴线，东侧打造以低碳出行与居住为主的生态宜居轴线。横向北侧是以苏州御窑金砖博物馆为起点的金砖活力轴线，南侧是以现存南桥为基础的传统文化轴线。结合苏州“东方威尼斯”的称号，我们着重打造苏州北站至基地的外部水网沟通及内部水上商业体验，快速的水上线路为游客在离开苏州前来此进行一场临时的快闪游提供了可能。元和塘与新开河之间的闸口成为游客进行水上游或陆上游的换乘选项。我们在南侧基地入口和苏州御窑金砖博物馆对面分别设置了一处码头提供服务换乘，游客乘船一路北上还能前往苏州小外滩、活力岛等地。

方案特色为两条河沿岸的相关设计。陆慕镇因元和塘航运而兴，虽然现在基地段元和塘已经不作航运使用，但沿河的历史底蕴尚存，我们对沿河进行了详细的地块划分：从最北部结合现存 4 处遗址打造的遗址公园与传统文化体验，到沿河背水面街陆慕传统商业的恢复，再到南桥周边前店后坊形式的大师工坊，然后到南边文化产业园启动区边的文创产业园，最后到场地最南边作为入口处标志的展览馆，整个元和塘沿岸以陆慕老街三大传统店铺之一的茶铺作为骨架，结合“陆慕四宝”进行文创设计。由北部的体验，到中部的传承，再到南部的创新，乃至最后的整体展览，形成了完整的流线。其中的大师工作坊提取老街前店后坊的传统模式，在此基础上结合陆慕背水面街的形式，沿街为商铺，后面院落为设计工坊，形成集创作、售卖于一体的半创新形式。而新开河以快速游览为主，在这里形成了两组视线关系，船上人看沿岸景观、岸边人看河与对岸，我们通过设置地面与架空廊道的立体交通形式来丰富沿岸的视线与实际体验感。而传统建筑的设置除了为游客提供服务外，还呼应了基地内部的传统商业建筑。

设计感悟

任何一个设计都离不开周边环境的影响，本次设计最大的特色，也是我们探索最多的，便是如何将涉及的小地块融入周边整体环境，与周边资源共同发展，同时充分突出自身特色，进一步丰富苏州 IP。

通过对上位规划的解读，我们提取出本地块的主要发展方向，然后基于对基地的区位分析寻找场地特色。苏州以“东方威尼斯”闻名，水陆并行的双棋盘特色主要体现在姑苏古城内，而城外密集的河道将星罗棋布的景点串联在一起，由此我们希望通过更大尺度的旅游流线带动基地发展，并进一步考察此想法的可行性。

在城市更新过程中，老城区的改造占据重要地位，如何平衡新与旧的关系、保护与发展的关系是我们需要考虑的，传承弘扬中华优秀传统文化，延续城市历史文脉、城市历史文化的重要性不言而喻。面向文化多元的新时代，辉煌不再的历史老街的前世今生应如何转换与融合，应建构何等空间格局、植入何种业态才能在消失殆尽的老街寻回传统记忆、集聚人气，这是我们一直在思考的问题。

而苏州陆慕老镇中这片基地各方面的复杂情况给我们提供了丰富的设计可能性，从前期分析入手，寻找地块特色，进而在此基础上进行设计，我们的每一步设计都有条不紊。

水韵“开元”

苏州陆慕老街片区城市更新设计 | 历史人文

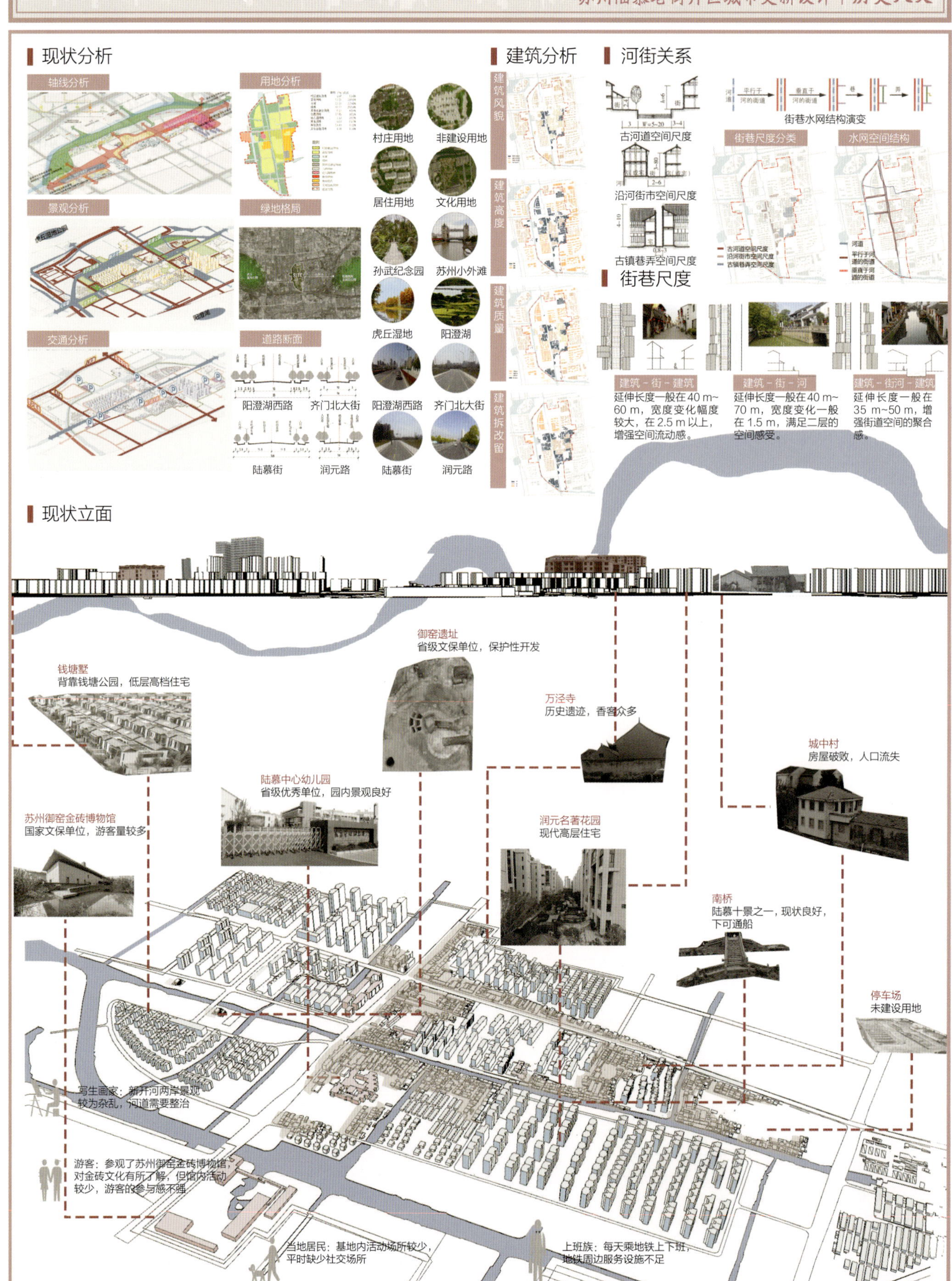

水韵“开元”

苏州陆慕老街片区城市更新设计 | 历史人文

产业分布

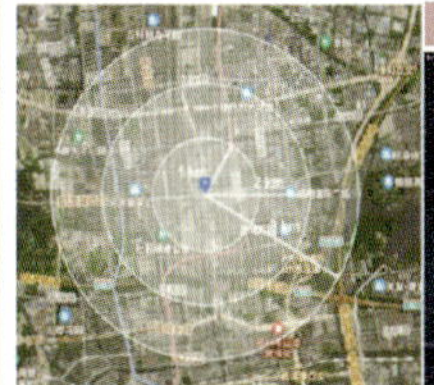

基地及周边业态分布密度情况

业态主要分布在相城大道、采莲路、华元路附近区域。其中餐饮服务类、购物服务类、生活服务类业态分布较多，且类型主要为微小型商业，如早餐店、服装店等，大型商业主要集中在大型商场。其余类型的业态占比较小，但考虑到实际使用需求，当前大概能满足区域需要。

公服设施

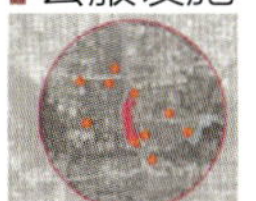

教育设施布点

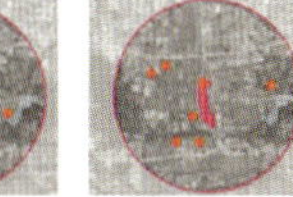
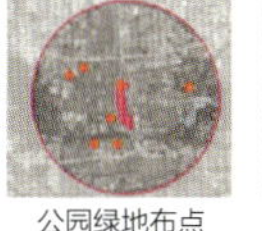

公园绿地布点

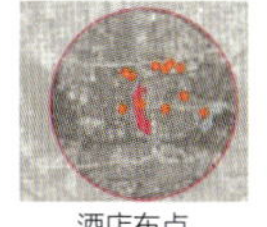

酒店布点

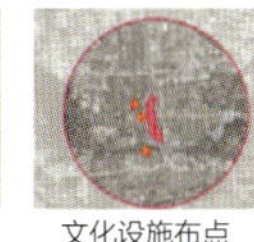

文化设施布点

文化基因

苏州文化

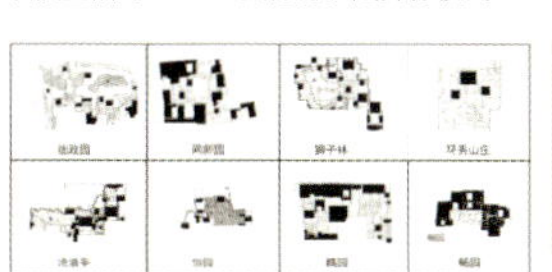

双棋盘格局　独特的水陆并行模式　传统巷弄

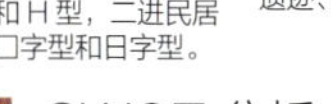

小型民居在老街数量最多，分布最广，特点为布局紧凑、平面自由、结构简单、装饰朴素，注重土地和建筑空间的充分利用。

民居多为一进、二进民居。根据小型民居的平面空间形态，可以将一进民居分为一字型、L 型、□型和 H 型，二进民居分为口字型和日字型。

陆慕文化

陆慕片区的文化环境表现出随时间变化的特征。文化内容由当地市井生活的写照向多元化、生活化、风格化发展，成为元和塘文化的重要组成部分，也是陆慕老街片区更新设计的重要内容。

水运文化：城镇因航运而兴，商业因航运而起。

市井文化：陆慕商业丰富，市井生活多彩。

名人文化：陆慕人才辈出，遗迹、故居众多。

工匠文化：“陆慕四宝”闻名遐迩。

人群分析

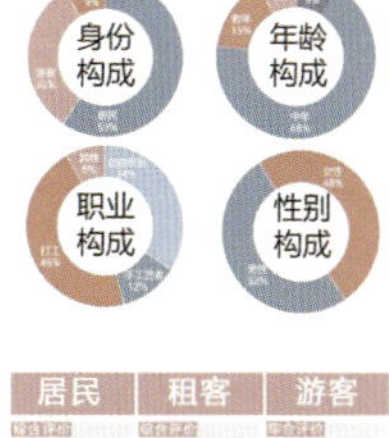

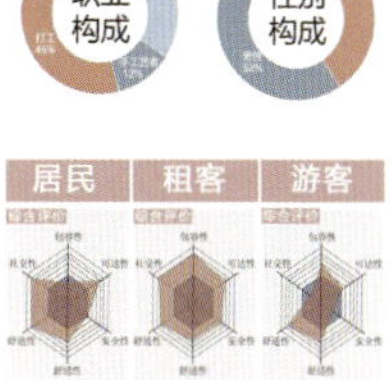
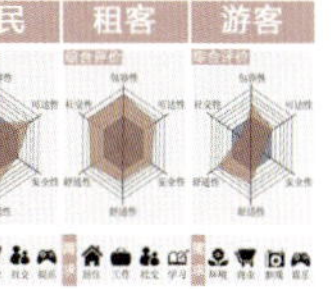

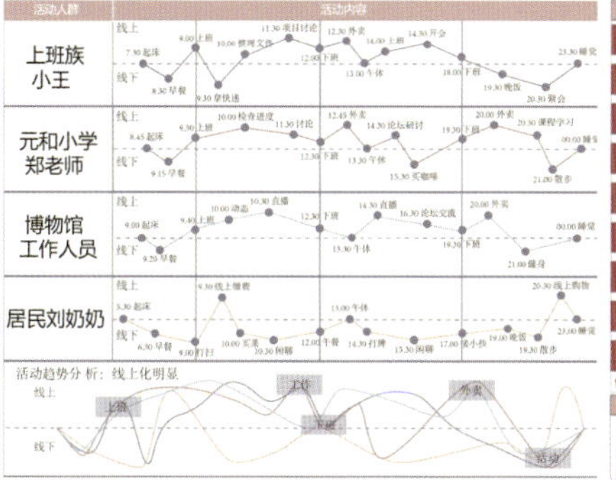

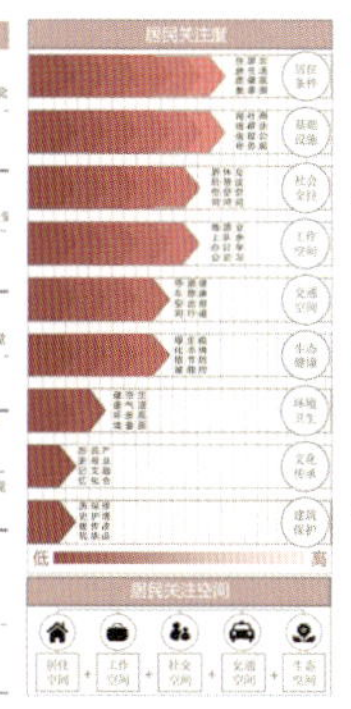

SWOT 分析

S 优势分析　W 劣势分析　O 机会分析　T 挑战分析

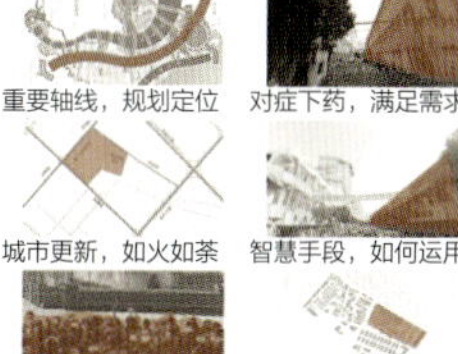

S 优势分析	W 劣势分析	O 机会分析	T 挑战分析
消费较低，吸引人口	建筑老旧，质量较差	重要轴线，规划定位	对症下药，满足需求
临近地铁，交通便利	基建不足，设施老化	城市更新，如火如荼	智慧手段，如何运用
公服完善，商业聚集	空间匮乏，开发不足	智能手段，蓬勃发展	肌理特征，如何保留
文化产业，初具雏形	街巷混乱，亟待整治	周边地块，相互带动	历史遗迹，如何开发

规划理论

TOD 开发模式

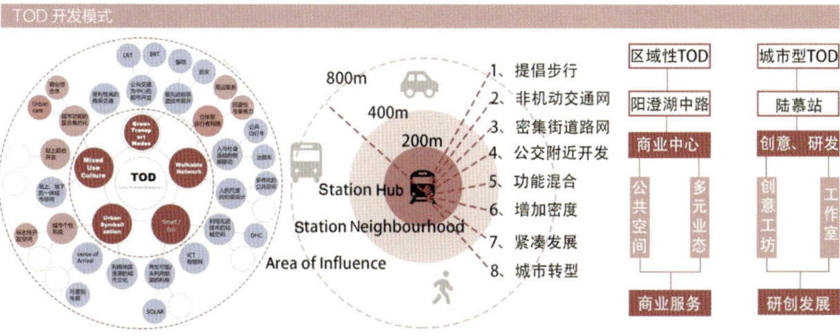

智慧城市

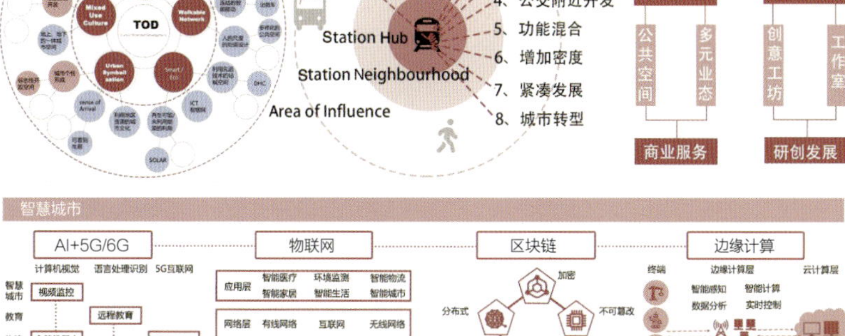

AI 赋予 5G 智能，而 5G 赋予 AI 更广阔的连接。

网络整体感知、可靠输出和智能管理。

共享数据库，提高供应链管理的效率。

靠近数据源一侧更快的网络服务响应。

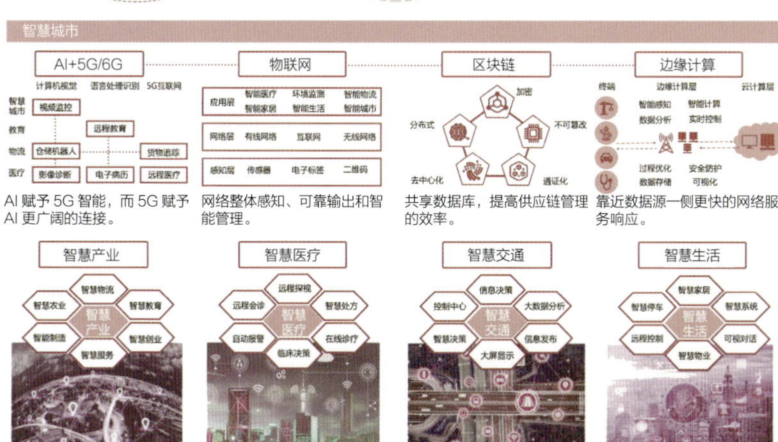

利用工厂可视化建模，搭建真正的数字工厂

综合利用物联网、云计算等技术实现医疗服务最优化

对城市交通场景数据信息进行关联性处理，输出最佳解决办法

更关注信息化、技术化，强调基础设施建设，体现创新发展模式

案例借鉴——斜塘老街

项目背景

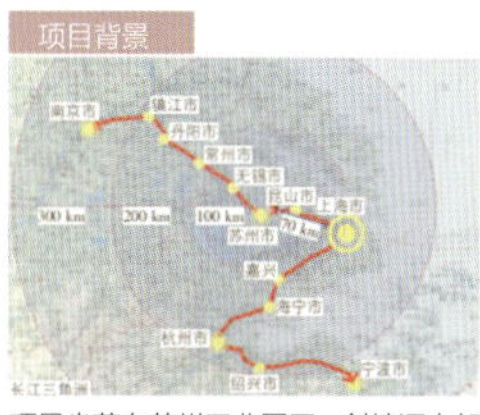

项目坐落在苏州工业园区，斜塘河中部沿河西侧，西起华新街，东至星塘街，北以地块红线为界，南至松江路，规划面积约 46 公顷。

现状情况

斜塘老街拥有典型的江南滨水街市的特点——灰瓦白墙、小桥流水、因水成市、枕河而居，以老街为核心，发展成鱼骨状的街坊。但是在城市发展中，由于不同历史时期的发展，老街的景观格局、路网水网、建筑风貌等都显得破碎和杂乱。

规划策略

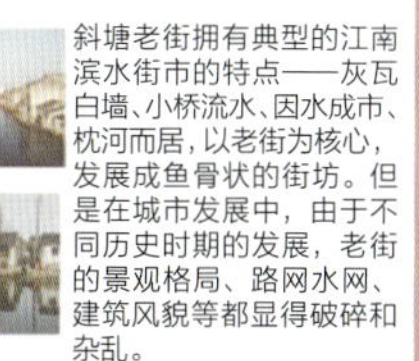

历史文脉及功能图　景观格局图

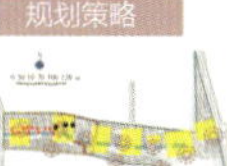
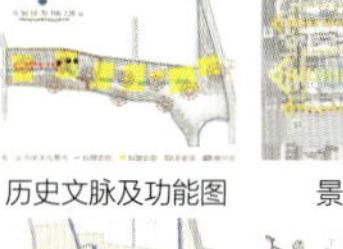

水系规划对比图　老街街巷分析图

延续历史文脉，点、线、面三位一体，因河成市，枕河而居，保留斜塘老街的空间格局结构，重现斜塘老街与斜塘河相依共生的风貌，形成“三区”的格局。以斜塘河为核心，根据现状河道、水体状况，于水塘、低洼湿地处，丰富原有水系，增设东西向水道，结合文脉及生态景观，形成三个大岛、两个小岛的核心区水系格局。将斜塘老街街廊比（D/H）控制在 1.5～2.0，以达到街道空间亲切、宜人，易于开展商业活动的目的。

规划定位

面向长三角打造集文化体验与服务创意为一体的水运文化走廊。

小组成员：支添趣　周星星
指导老师：方遥

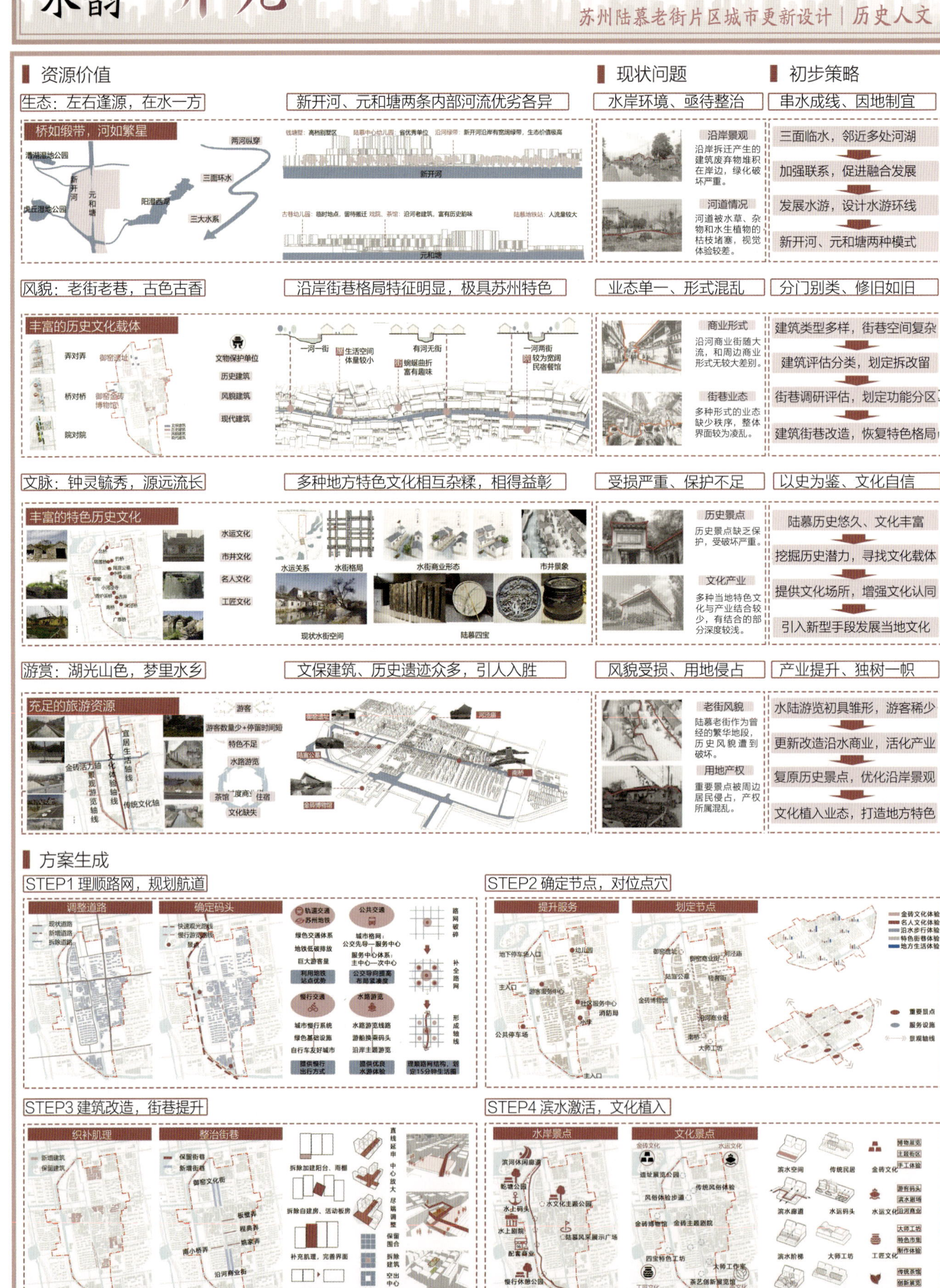

小组成员：支添趣　周星星
指导老师：方遥

水韵“开元”

苏州陆慕老街片区城市更新设计｜历史人文

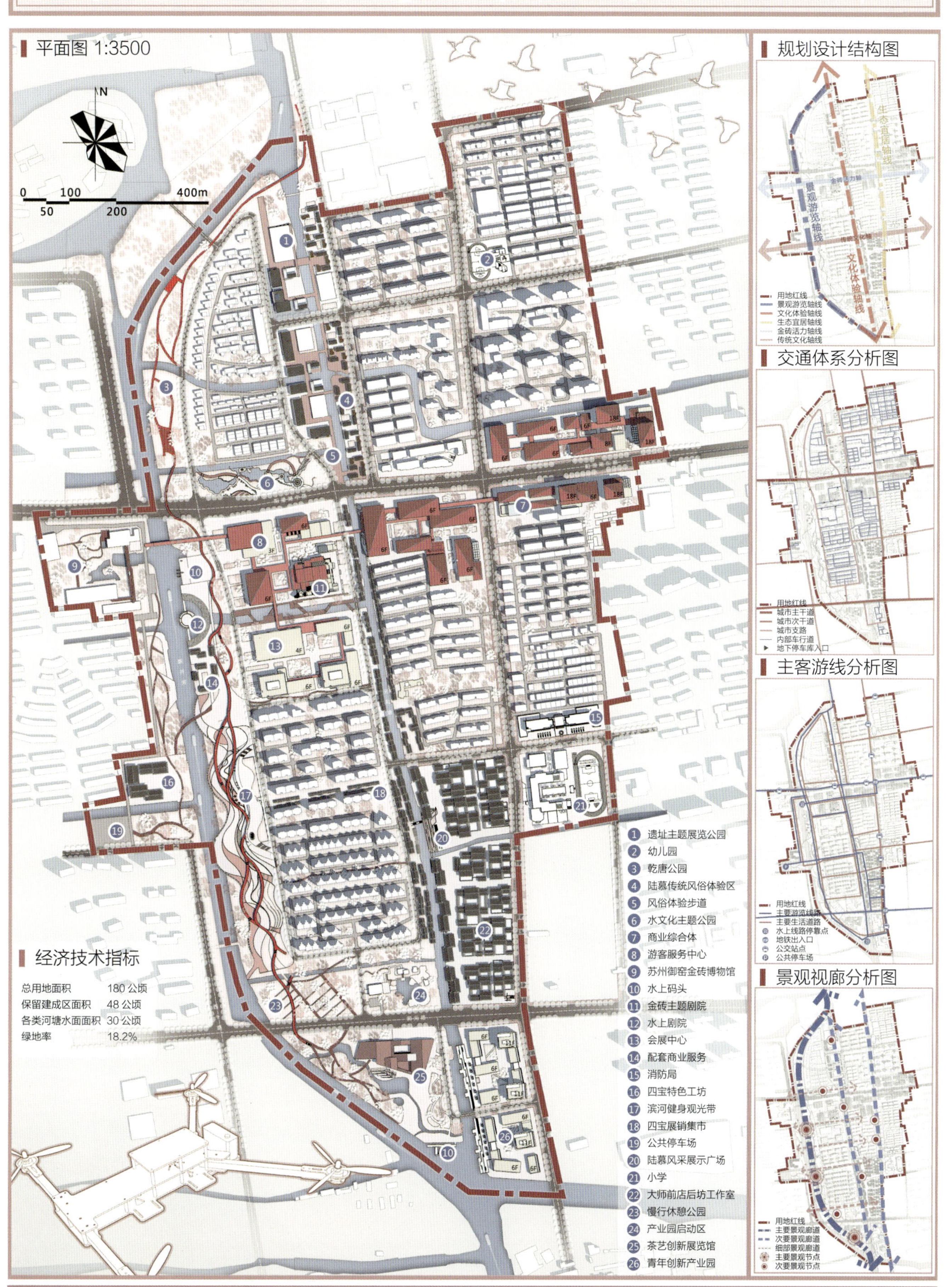

小组成员：支添趣　周星星
指导老师：方遥

水韵“开元”

苏州陆慕老街片区城市更新设计 | 历史人文

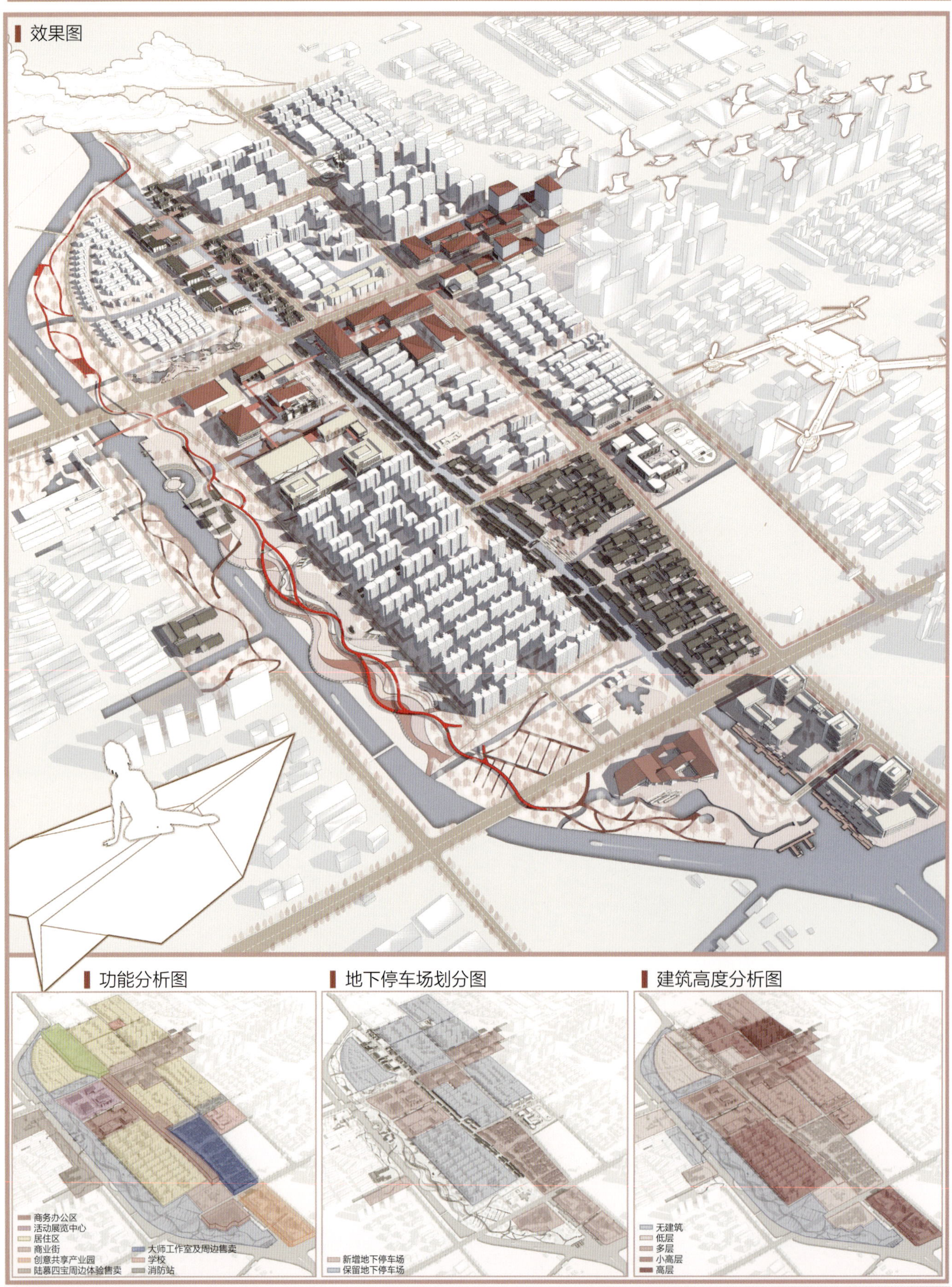

小组成员：支添趣　周星星
指导老师：方遥

水韵"开元"

苏州陆慕老街片区城市更新设计 | 历史人文

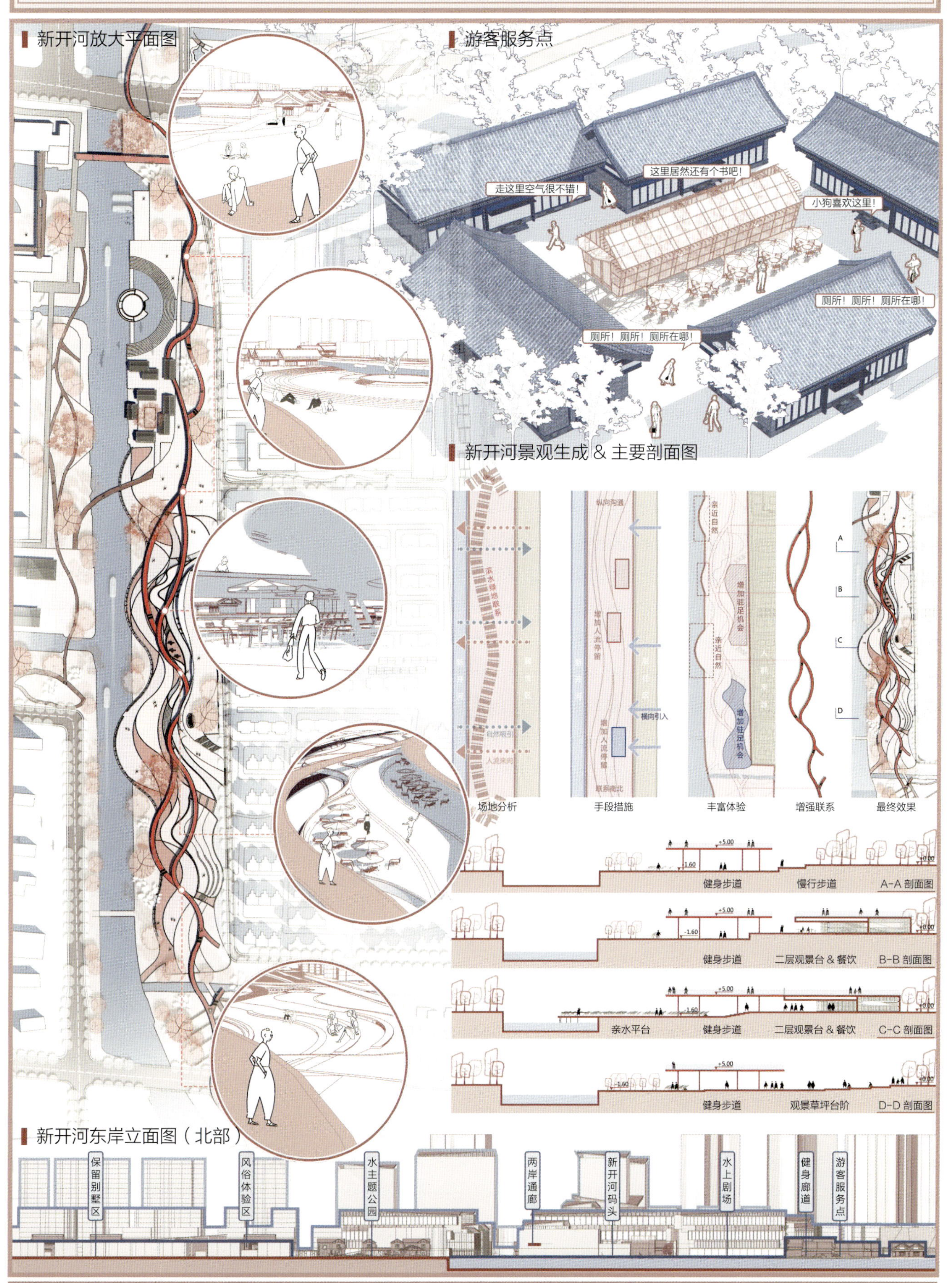

小组成员：支添趣　周星星
指导老师：方遥

水韵“开元”

苏州陆慕老街片区城市更新设计｜历史人文

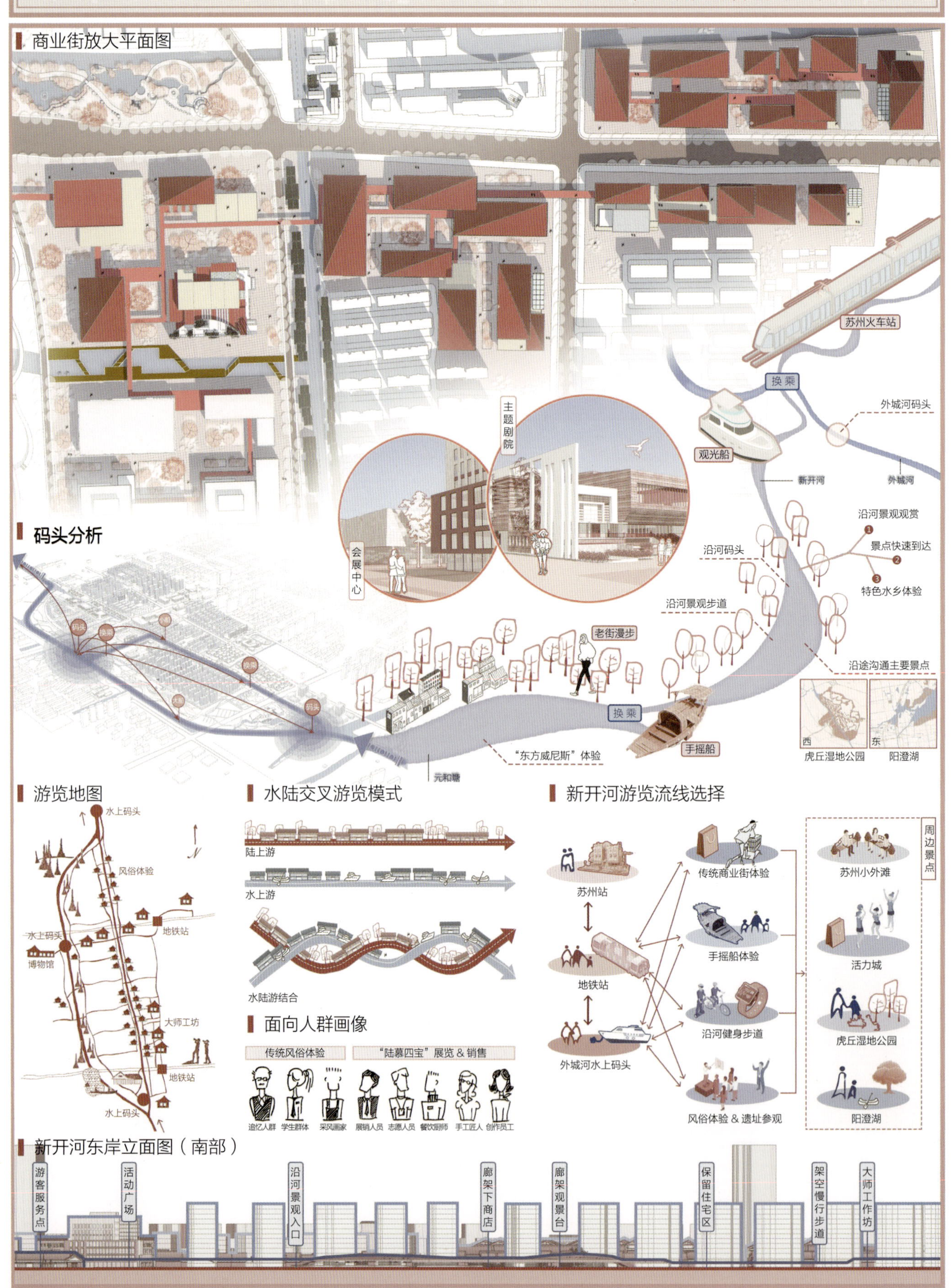

小组成员：支添趣　周星星
指导老师：方遥

水韵“开元”

苏州陆慕老街片区城市更新设计 | 历史人文

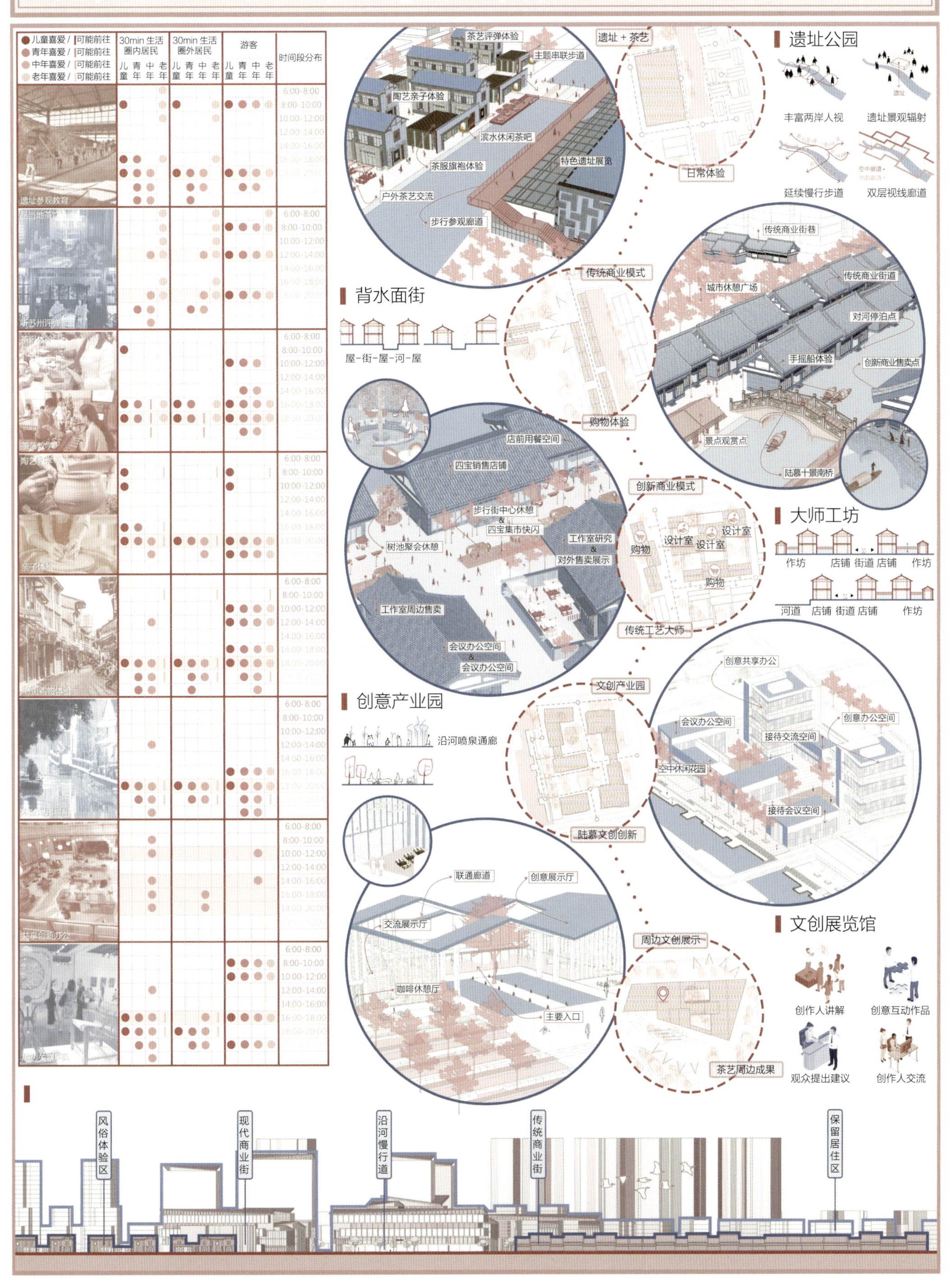

小组成员：支添趣　周星星
指导老师：方遥

水韵"开元"

苏州陆慕老街片区城市更新设计 | 历史人文

小组成员：支添趣　周星星
指导老师：方遥

大隐匠心

南京工业大学
Nanjing University of Technology

小组成员：祁天乐　奚琳翔
指导老师：方遥

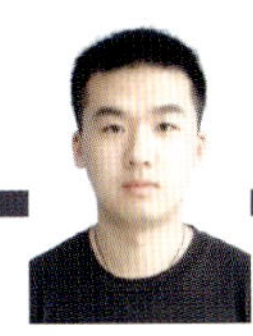

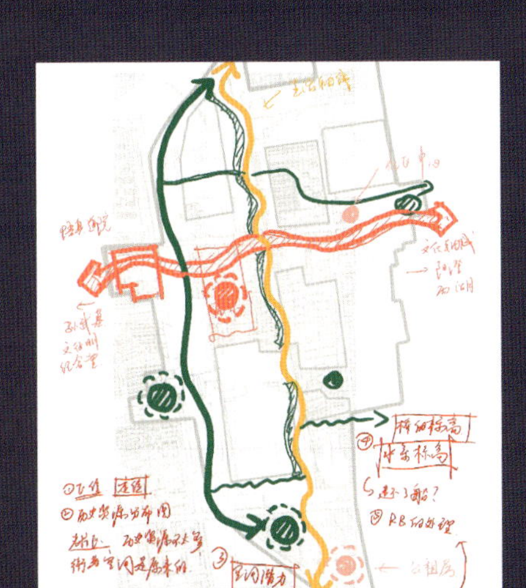

第一阶段 构思图

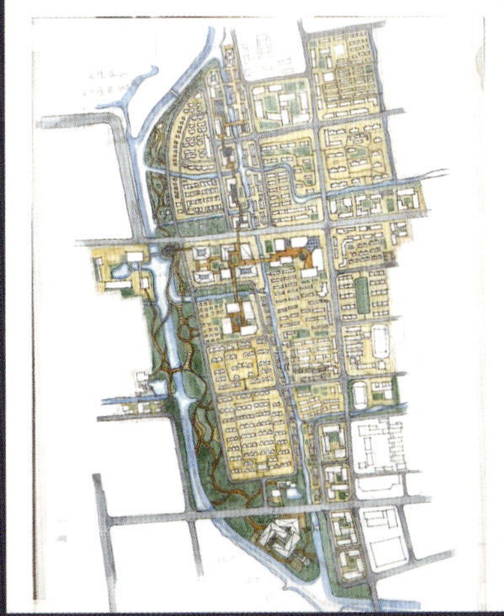

第二阶段 草图

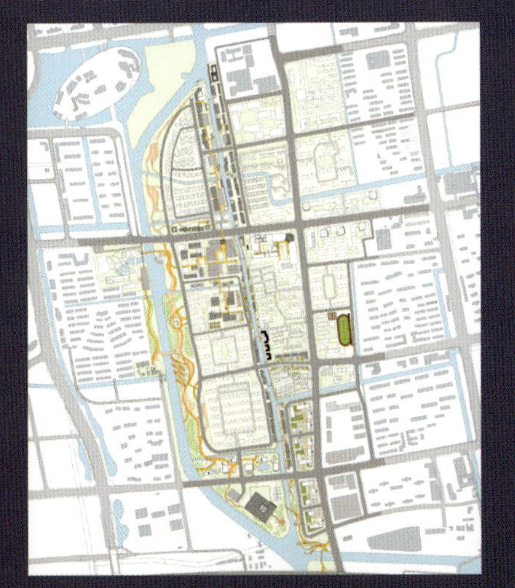

第三阶段 定稿图

设计说明

经过三十多年的快速发展，我国城镇化已经从高速增长转为中高速增长，从增量规划时代转入存量规划时代。2011 年我国城镇化率突破 50%，至 2020 年已经突破 60%，这组数据表明，我国已经进入强调以人为本和以提升质量为主的转型发展阶段。从 2020 年党的十九届五中全会明确提出“实施城市更新行动”，到 2021 年“城市更新”被首次写入政府工作报告，再到 2021 年国务院《2030 年前碳达峰行动方案》将“城市更新落实绿色低碳要求”列为国家碳达峰行动的重点任务，一系列重要举措表明，我国城市更新工作已变得越来越紧迫和重要。“城市更新”是城市发展逐渐步入成熟阶段的主要城市的发展政策和关键性任务，是满足人们的高品质生活需求和提升城市竞争力的核心路径，同时，也是我国推进新型城镇化、适应城市发展新形势，推动城市可持续发展的重要抓手。

陆慕老街片区位于苏州相城区。相城因春秋时期吴国大臣伍子胥在阳澄湖畔“相土尝水，象天法地”“相其地，欲筑城于斯”而得名。目前，相城区已领衔打造了天虹文教科技研发社区、活力健康研发社区、蠡口智慧家居社区、元和塘科技文化创意社区等一批产业载体，正在进一步推动区域产城融合战略。

陆慕老街片区是相城区未来城市发展和城市更新试点的重要片区。陆慕老街的重塑，不仅寄托着苏州相城人民的文化乡愁，也承载着弥补周边区域功能缺失、激活土地价值、塑造城市品牌的重要使命。

本次城市更新范围包括陆慕老街、元和塘及周边城市区域地块，规划面积约为 180 公顷，其中初步确定的拟保留建成区用地面积约为 50 公顷，各类河塘水面面积约为 30 公顷，拟更新设计用地面积约为 70 公顷，规划绿地面积约为 30 公顷。

在本次规划设计中，我们希望以文化为源头，带动文创、科创产业发展，促进该片区成为一个共享、融合且具有历史文化底蕴的综合社区。本次苏州陆慕老街城市更新设计，立足“以人为本”，增强片区的宜居性与活力度，采用“有机更新”的方式，梳理激活场地内部的自然资源、文化资源、历史资源，将从陆慕起源的“匠人”精神作为内核，延续场地文脉，发展片区内的“陆慕四宝”“相城十绝”等非物质文化遗产，并以此为契机，进行文化创意产业融合升级，意图恢复陆慕旧时的热闹与活力，塑造相城区文化展示“南大门”。

设计感悟

通过本次规划设计，我们得以更深入地了解苏州陆慕老街片区的历史，更深切地感受到苏州水乡传统街巷的文化魅力。无论是“陆慕四宝”的兴衰传承，还是“桥对桥，浜对浜，弄对弄”的肌理格局变迁，都述说着陆慕老街在时代进程中的发展与变迁。

通过本次场地调查与追溯，我们也感受到了当下城市建设中的一些不合理现象。对于历史遗迹保护的疏忽，对于街巷肌理延续的破坏，对于传统文化传承的漠视，造就了现在千篇一律、与原有肌理格格不入的城市面貌。对于老旧小区，拆迁是唯一的方法吗？对于低收入人群聚集区，抹去就是金科玉律吗？我们在调研中对这些现象发起了质疑与思考，也尝试着在设计方案中找到更优解。

疫情下的规划设计过程充满了困难，在设计过程中我们也更加深刻地认识到现状调研对于规划方案的影响与不可或缺。多亏苏州大学的老师与同学们整理的基地资料，以及特殊时期在苏州的同学多次开展的现场图像采集，是他们的辛勤付出保证了本次规划设计的顺利进行。

设计结束之后，老师们的评价建议和别组同学的方案也引发了我们的反思：我们对于“日常生活”的理解是否有失偏颇？对于空间基因的提取能否做得更加细致？对于“空间正义”的思考是否显得稚嫩而又理想化？但是，我们也不后悔在本次方案里所做的尝试，也希望通过这样一次次略带理想主义色彩的尝试，更好地理解城市空间的生长机制，更加有力地将空间公平正义落到实处，为自己未来的学习播下“以人为本”的种子。

大隐匠心

——苏州陆慕老街城市更新设计

Urban Renewal Design of Suzhou Lumu Old Street

现状建筑分析

现状建筑功能分析

现状基地内建筑功能以居住为主，辅以相应的教育商业设施，在河道周边布置有少量市政设施。

现状建筑高度分析

现状最高建筑为 30 层居住小区，高层建筑均为新建居住小区，少量建筑高度在 12~24m，其余均小于 12m。

现状建筑质量分析

新建小区及其配套设施建筑质量较好，元和塘两侧分布有大量自建房，质量较差且大多处于拆迁状态。

现状建筑风貌分析

新建小区及其配套设施建筑风貌较好，元和塘两侧房屋依水而建，具有水乡特色，但年久失修，风貌较差。少量文化遗存风貌较好。

现状总结

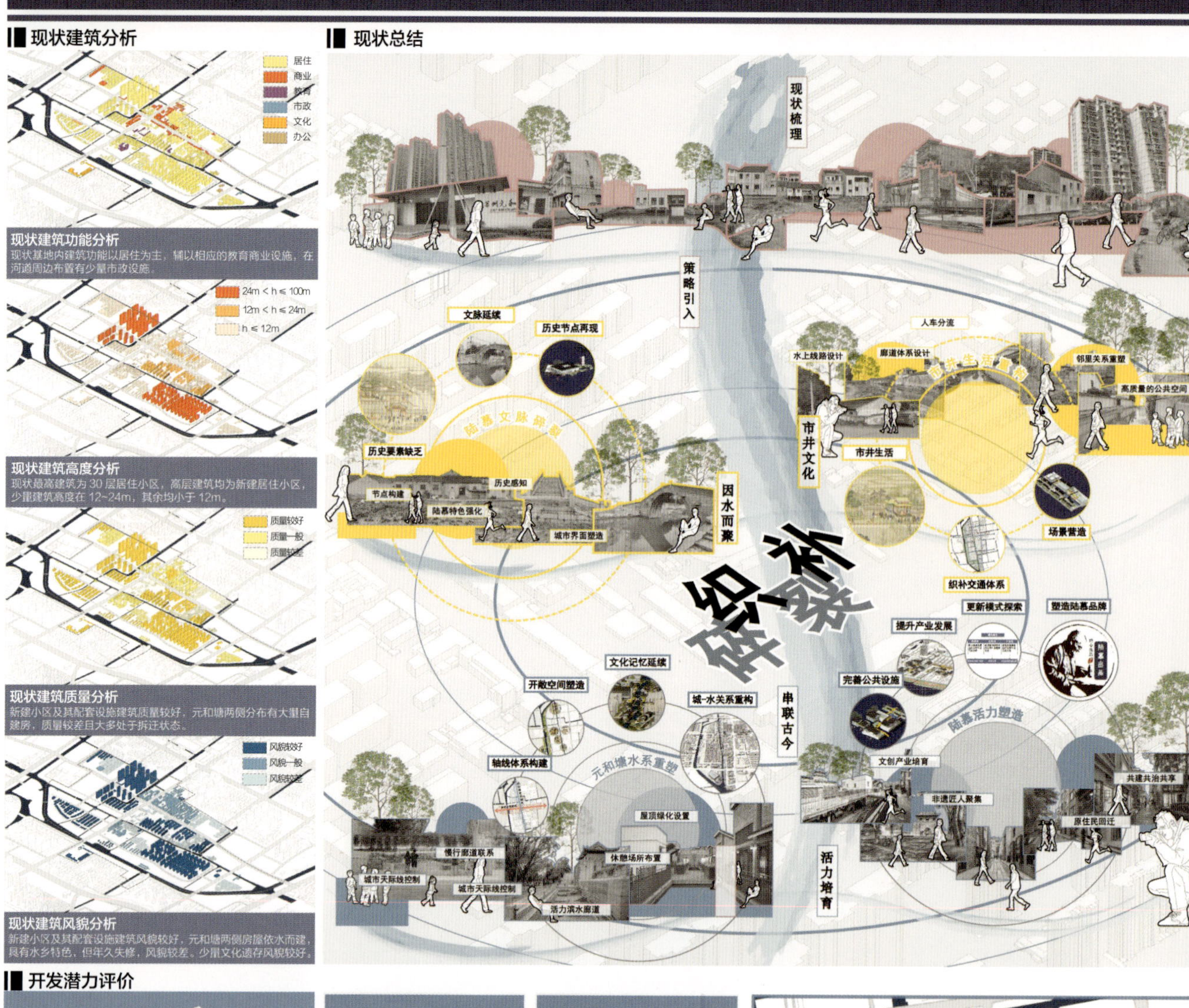

开发潜力评价

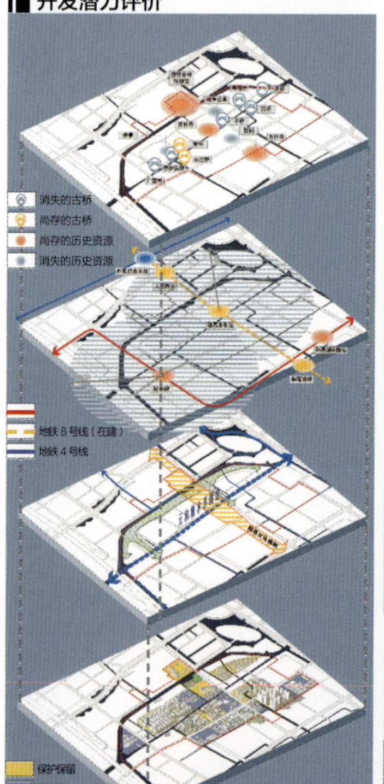

总用地面积	180.94 公顷
再开发	34.15 公顷
整治改善	13.82 公顷
现状保留	49.12 公顷
可利用地	83.85 公顷

小组成员：祁天乐　奚琳翔
指导老师：方遥

大隐匠心

——苏州陆慕老街城市更新设计

Urban Renewal Design of Suzhou Lumu Old Street

概念引入

空间基因是城市复杂系统在自组织过程中涌现，并通过变异、选择而形成的相对稳定的空间组合模式。空间基因具有层级性，存在于城市、聚落、街坊、街道、院落等各个空间层级。空间基因依靠城市系统的开放性产生新的空间信息，促进优化和涌现新的空间稳定模式，最终实现不同层级的空间形态演化。

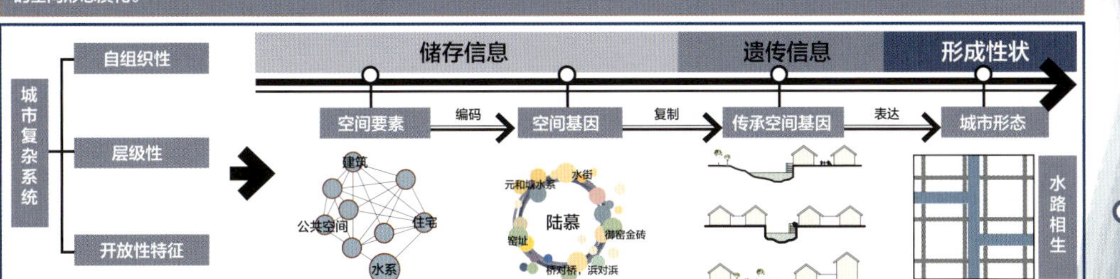

"百态市井"
场所营造 复现宜居的环境场域
生活复兴 为日常生活增添活力
"独具匠心"
记忆 独特的老街生活记忆
坚持 世代技艺的坚守传承
创新 文化遗产的创新发展
细腻 包容多元的宜居环境

日常生活批判

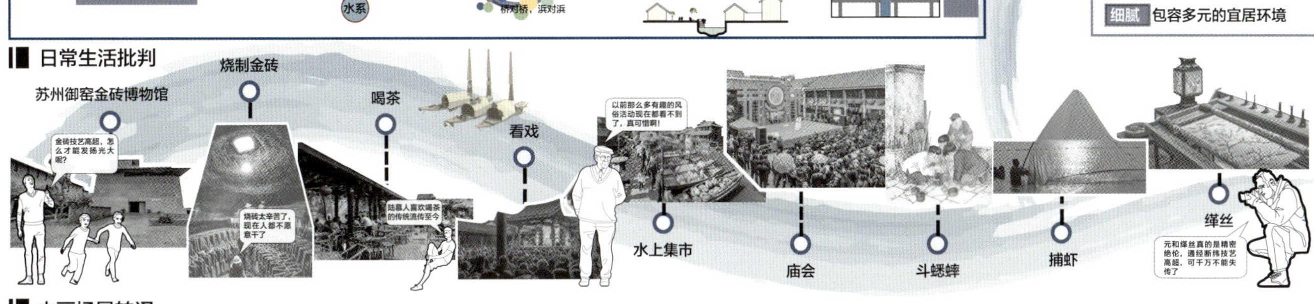

古画场景转译

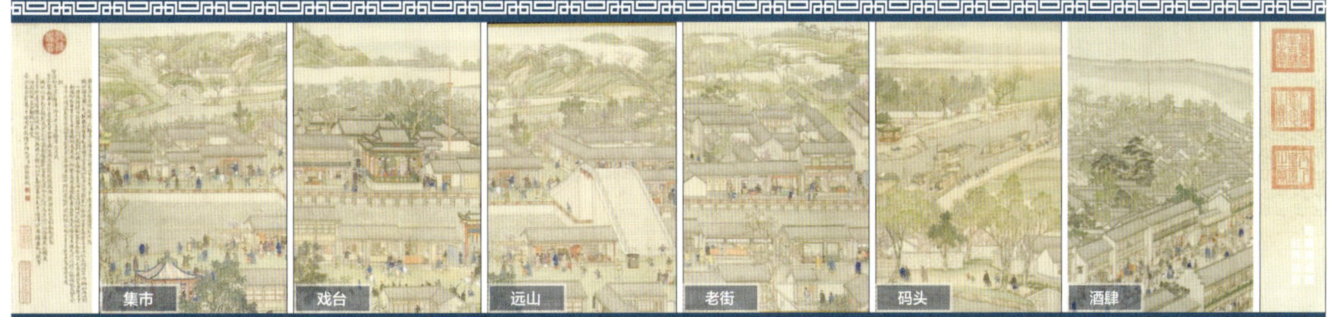

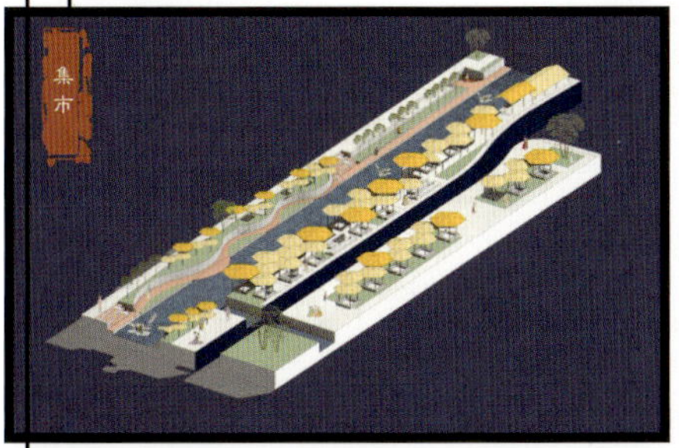

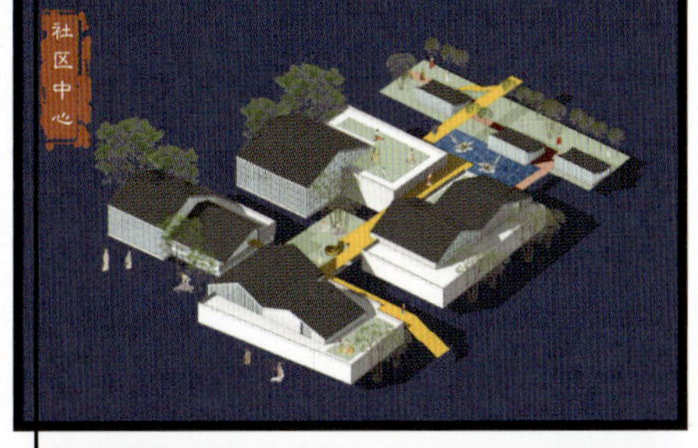

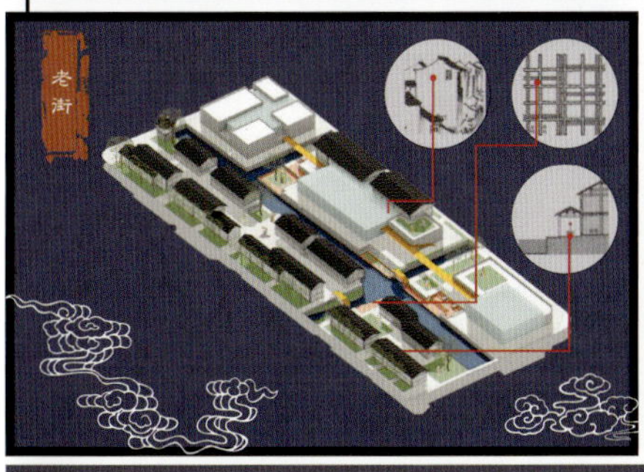

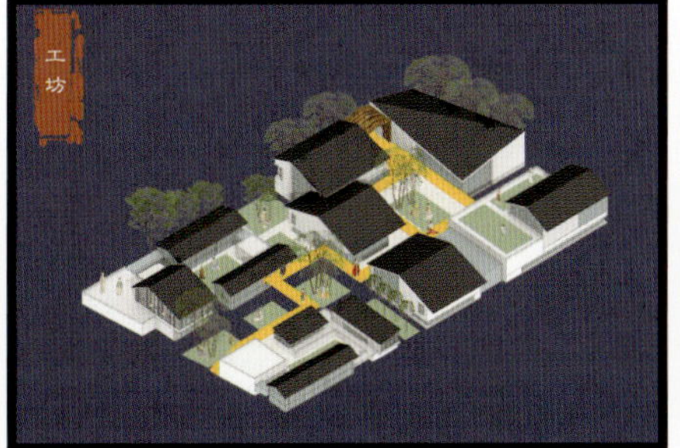

2022 年全国城乡规划专业五校联合毕业设计
The Rebirth of Old Street - Urban Renewal Design of Lumu Old Street Area in Suzhou City

小组成员：祁天乐　奚琳翔
指导老师：方遥

参加院校：苏州大学、南京工业大学、郑州大学、山东建筑大学、合肥工业大学　　承办单位：苏州大学

大隐匠心

——苏州陆慕老街城市更新设计

Urban Renewal Design of Suzhou Lumu Old Street

总平面

设计说明

本次规划设计中以文化为源头，带动文创、科创产业的发展，促进该片区成为一个共享、混合，并且具有历史文化底蕴的综合性社区。通过本次苏州陆慕老街城市更新设计，我们希望能够立足“以人为本”，增强片区的宜居性与活力；尝试采用“有机更新”的方式，梳理焕活场地内部的自然资源、文化资源、历史资源。以从陆慕起源的“匠人”精神为内核，延续场地文脉，展示、发展片区内的“陆慕四宝”“相城十绝”，并以此为契机，进行文化创意产业的融合升级，意图恢复陆慕旧时的热闹与活力，塑造相城区文化展示“南大门”。

经济技术指标

总用地面积	180 公顷
总建筑面积	1896399.10 平方米
总商业建筑面积	441247.0. 平方米
容积率	1.05
建筑密度	19.43%
绿地率	31.60%
停车位个数	13442

小组成员：祁天乐　奚琳翔
指导老师：方遥

大隐匠心
——苏州陆慕老街城市更新设计
Urban Renewal Design of Suzhou Lumu Old Street

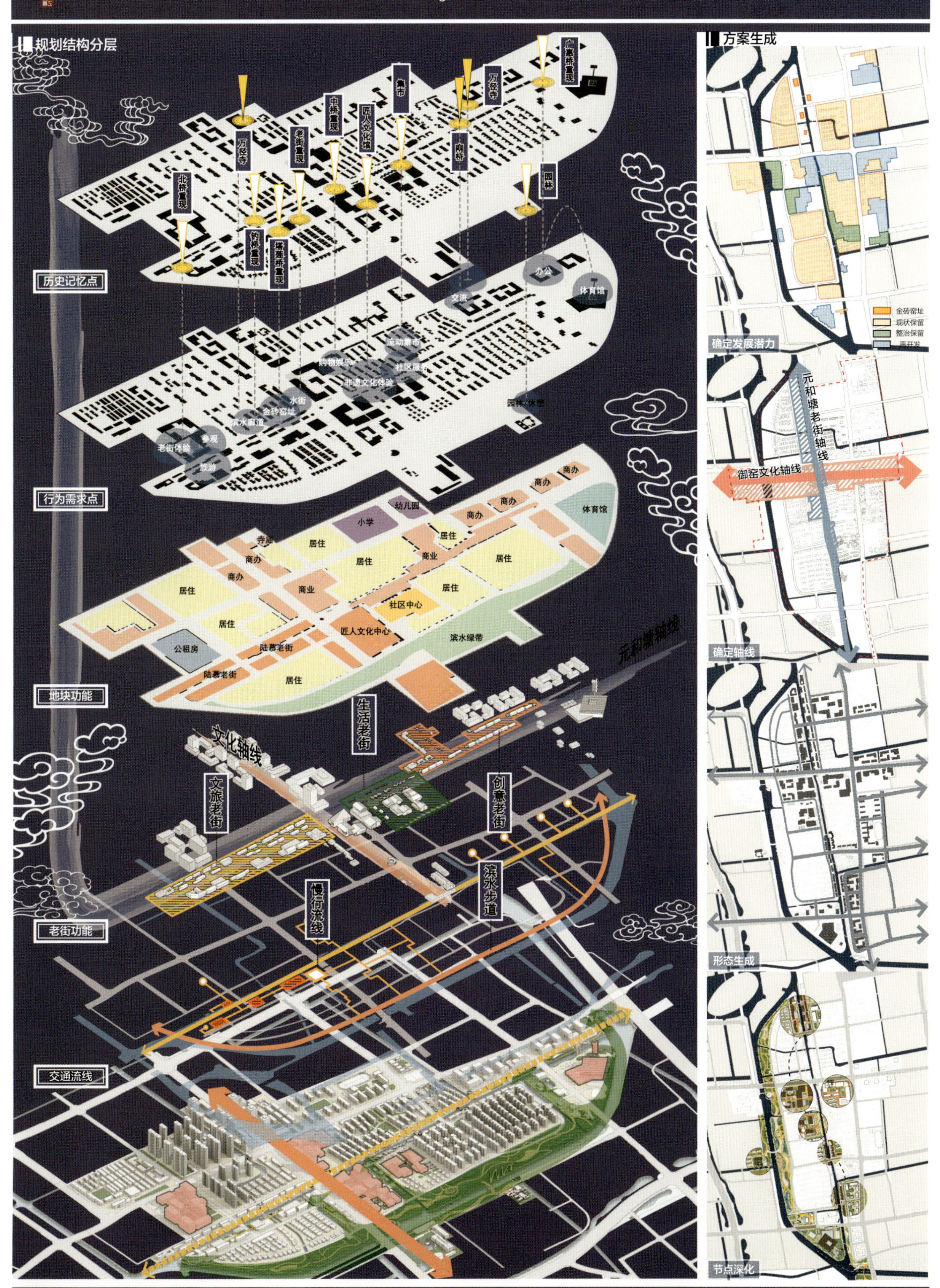

2022 年全国城乡规划专业五校联合毕业设计
The Rebirth of Old Street - Urban Renewal Design of Lumu Old Street Area in Suzhou City
参加院校：苏州大学、南京工业大学、郑州大学、山东建筑大学、合肥工业大学　承办单位：苏州大学
小组成员：祁天乐　奚琳翔
指导老师：方遥

大隐匠心 ——苏州陆慕老街城市更新设计

Urban Renewal Design of Suzhou Lumu Old Street

鸟瞰效果

城市界面营造

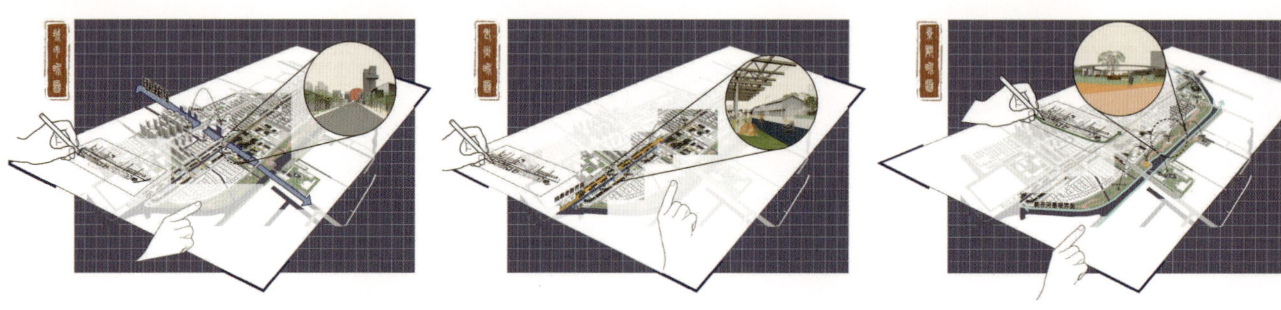

城市天际线

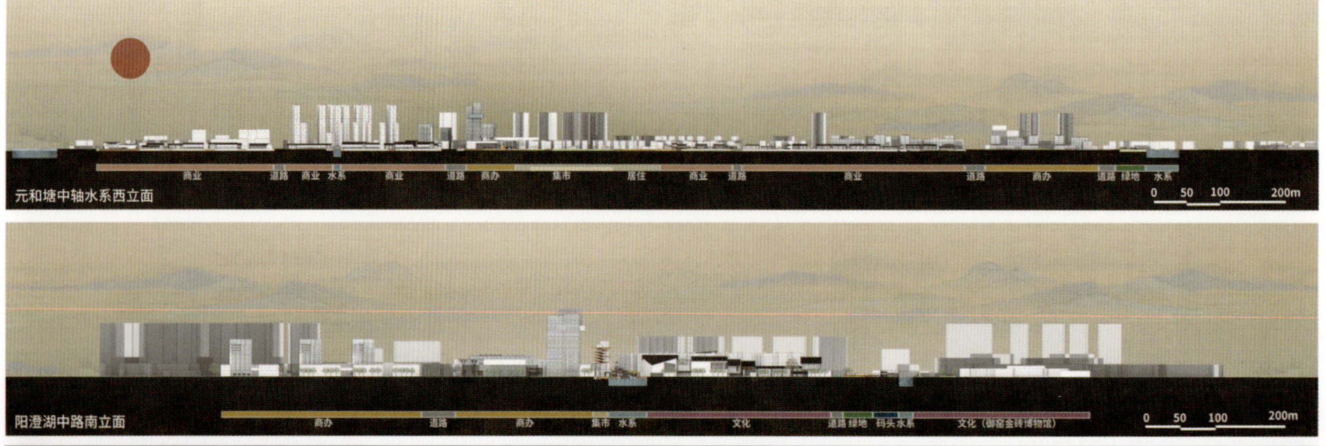

2022 年全国城乡规划专业五校联合毕业设计
The Rebirth of Old Street – Urban Renewal Design of Lumu Old Street Area in Suzhou City

小组成员：祁天乐　奚琳翔
指导老师：方遥

参加院校：苏州大学、南京工业大学、郑州大学、山东建筑大学、合肥工业大学　　承办单位：苏州大学

老街新生：苏州陆慕老街片区城市更新
The Rebirth of Old Street - Urban Renewal Design of Lumu Old Street Area in Suzhou City

终期答辩成果

大隐匠心
——苏州陆慕老街城市更新设计
Urban Renewal Design of Suzhou Lumu Old Street

规划调整

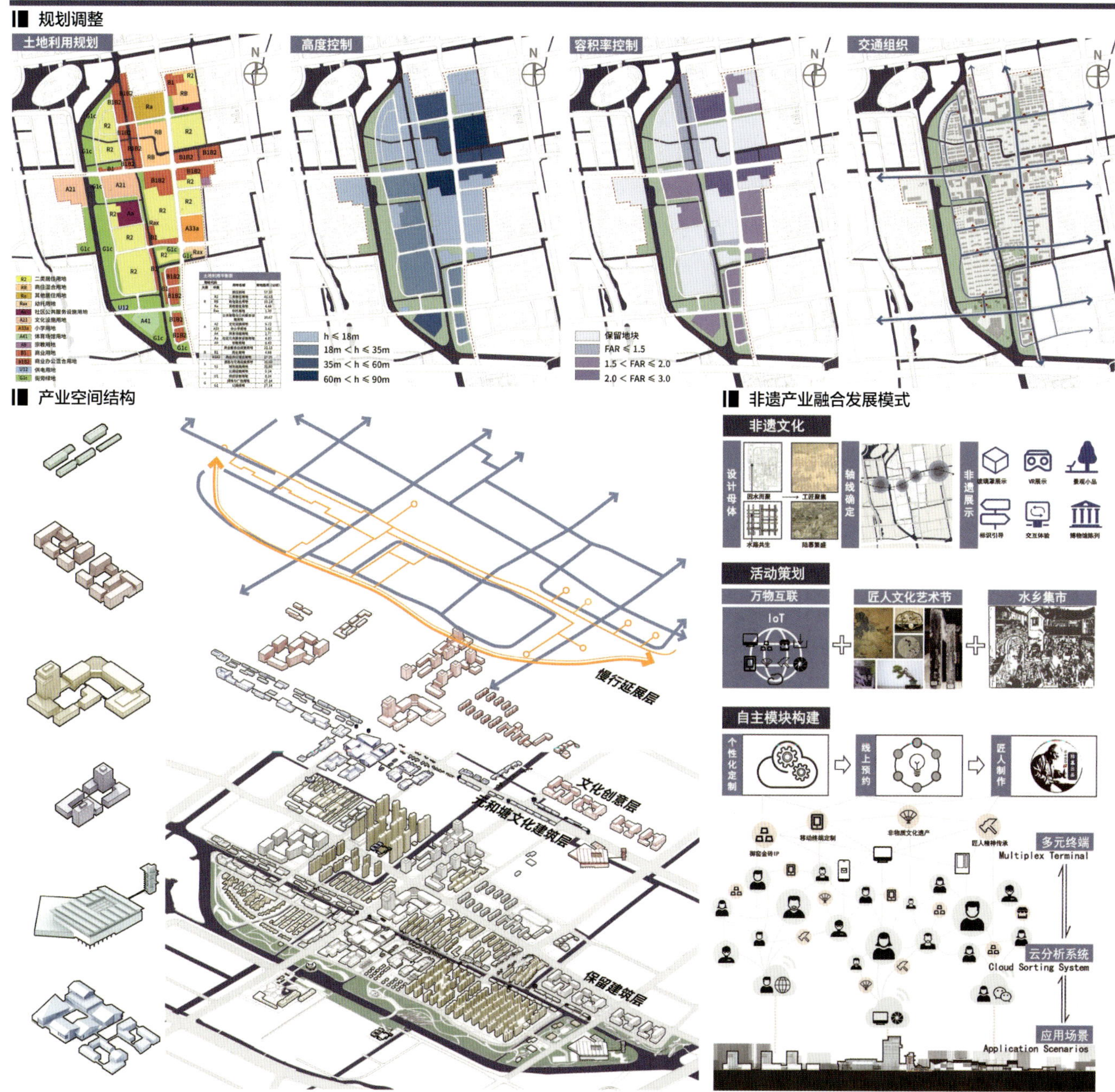

创新模式

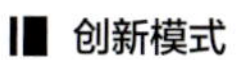

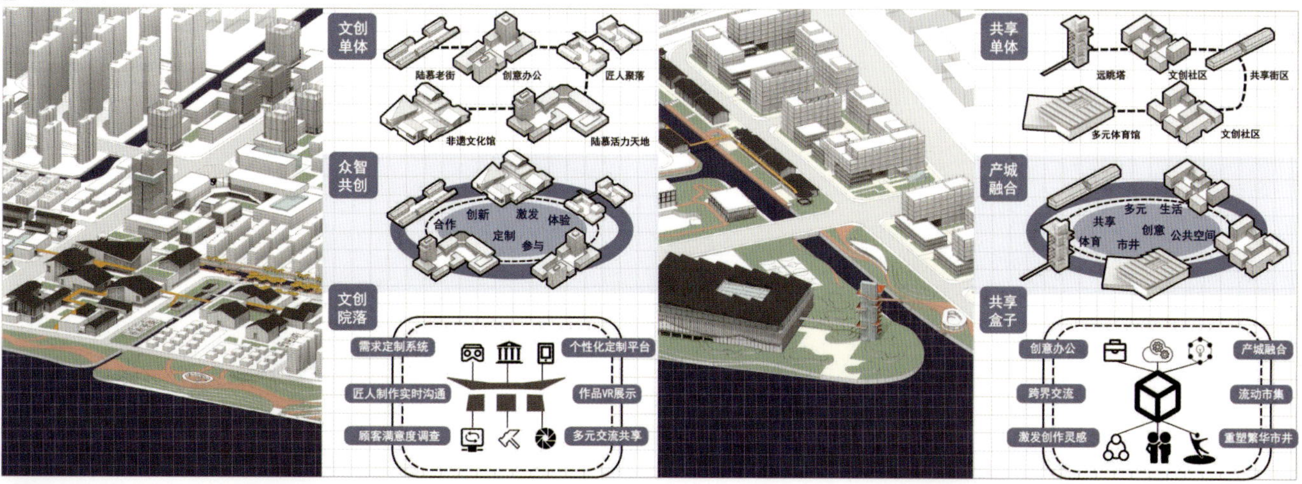

2022 年全国城乡规划专业五校联合毕业设计
The Rebirth of Old Street - Urban Renewal Design of Lumu Old Street Area in Suzhou City
参加院校：苏州大学、南京工业大学、郑州大学、山东建筑大学、合肥工业大学　　承办单位：苏州大学

小组成员：祁天乐　奚琳翔
指导老师：方遥

大隐匠心

——苏州陆慕老街城市更新设计

Urban Renewal Design of Suzhou Lumu Old Street

匠心生活图景

元和塘水岸节点

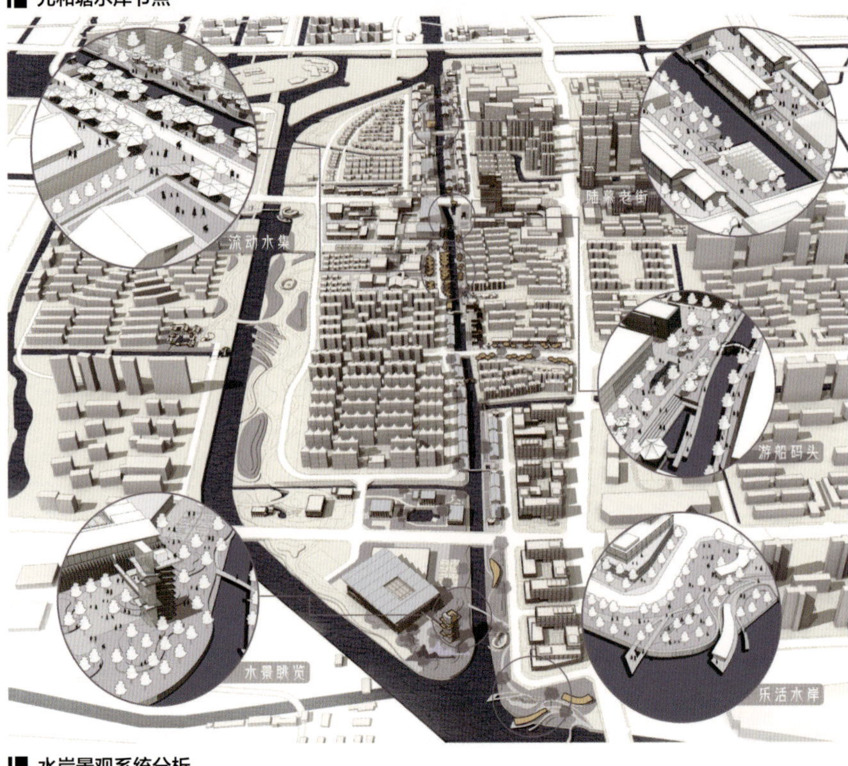

水岸景观系统分析

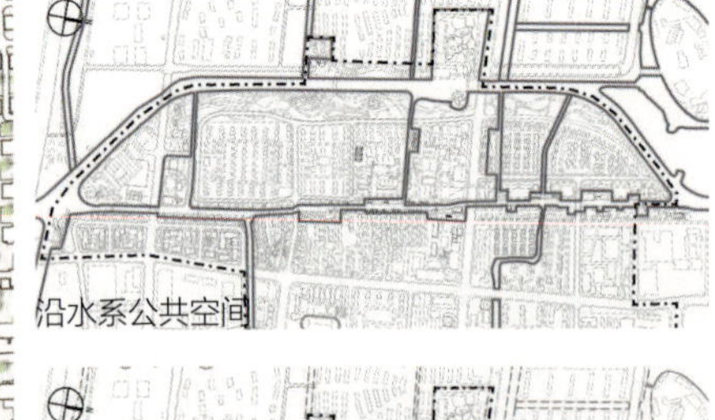

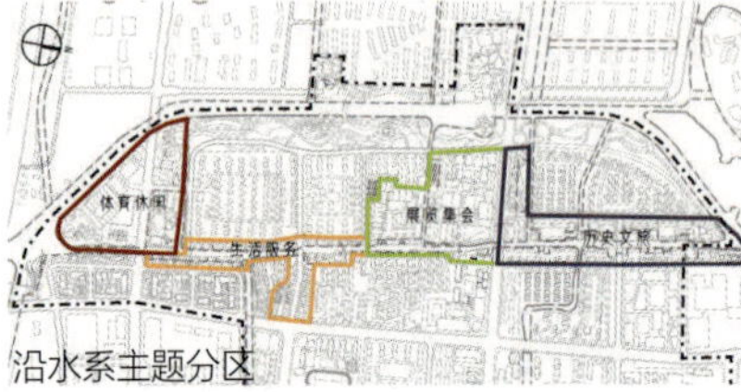

元和塘的一天

2022年全国城乡规划专业五校联合毕业设计
The Rebirth of Old Street – Urban Renewal Design of Lumu Old Street Area in Suzhou City
参加院校：苏州大学、南京工业大学、郑州大学、山东建筑大学、合肥工业大学　　承办单位：苏州大学

小组成员：祁天乐　奚琳翔
指导老师：方遥

终期答辩成果

祁天乐 奚琳翔
指导老师：方遥

大隐匠心
——苏州陆慕老街城市更新设计
Urban Renewal Design of Suzhou Lumu Old Street

老街图景

老街画卷

小组成员：祁天乐　奚琳翔
指导老师：方遥

元&塘

南京工业大学
Nanjing University of Technology

小组成员：李寅豪　邱迎晨
指导老师：方遥

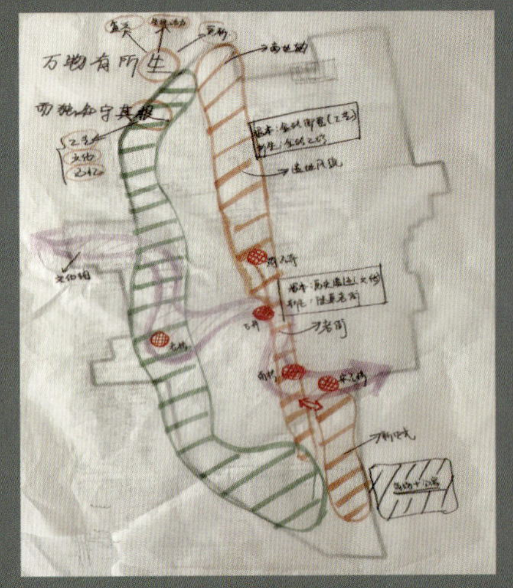

第一阶段 构思图

第二阶段 草图

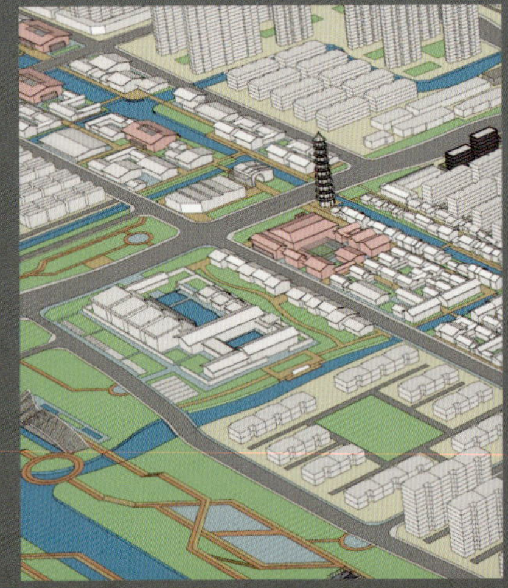

第三阶段 定稿图

设计说明

陆慕老街片区地处苏州元和塘文化产业园区，位于苏州文化产业黄金三角区的核心位置，目前该区域正在创建国家级文化产业示范园区。更新片区距离苏州站仅5公里车程，距离苏州北站枢纽约8公里车程，是新一轮城市发展重点进行更新升级的商业区域。本次城市更新范围包括陆慕老街、元和塘及周边城市区域地块，规划面积约为180公顷，其中初步确定的拟保留建成区用地面积约为50公顷，各类河塘水面面积约为30公顷；拟更新设计用地约为70公顷，规划绿地约为30公顷。

在充分解读场地条件后，我们将该场地定位为"数字文创空间"。我们认为在该场地中，部分历史文化资源保留点具有一定的吸引力，但资源不够充分，潜力不够充足。未来希望以文化为源头，以数字技术为媒介，带动文创、科创产业的发展，促进该片区成为一个智慧、共享且具有历史文化底蕴的综合性社区。我们以老街新生作为设计内核，延续场地文脉，展示该片区极具特色的御窑金砖文化，并以此为契机，发展文化创意产业，意图恢复陆慕旧时的热闹与活力，塑造相城区文化展示"南大门"。

在空间结构方面，我们在与苏州御窑金砖博物馆隔河相对的场地打造文化中心和传统老街，恢复传统风貌，结合数字技术，使其成为集展示、交流、销售、旅游于一体的文化核心。在宏观层面上，联系场地南北侧节点，结合滨水绿地，形成城市历史文化轴线，同时保持轴线两侧水街界面。东西向上，以阳澄湖中路为依托，形成城市生活轴线，在轴线上打造带状绿地，以鼓励人们选择步行方式出行。

在建筑体量层面，对于阳澄湖中路沿线建筑，以现状和新建的多层及小高层建筑为主，营造良好界面；对于元和塘沿岸建筑，以老街原有建筑形式为主，往南部逐渐过渡为现代建筑，靠近水系的建筑减少建筑体量，以减少建筑对自然水系的干扰，保持元和塘两侧的亲水界面。

在重点地段塑造方面，针对正在挖掘的窑址，我们希望采取渐进式的开发方式，采用加盖建筑顶棚、铺设砖石立面等形式，让人们可以参观文物的发掘过程，并安排工坊等建筑穿插其中，塑造多元化的区域；对于文化中心旁的老街地段，适当改造或新建以形成商业街区，在其中穿插公共开放空间，让人们能够看得见历史、摸得到文化；在滨水地区营造特色水街风貌。

在景观场景设计层面，我们加强基地滨水风貌带的衔接，结合水系网络、城市公园、街道、绿地、广场等要素组织开敞的空间系统，充分考虑人的活动需求和路径，营造适宜的城市中心景观环境。新开河东侧以绿地为主，配置相应功能，在绿地的南侧布置元宇宙中心，将运动生活与滨水景观相结合，并借用现状水系，将绿化景观引入场地内部。

设计感悟

首先，城市更新规划设计不能做得太呆板、僵硬，尤其是老城区更新，不是简单地划分地块功能，在各自的地块中独自思考问题，而是多种思考方式、思考角度的交汇，也是多方考量、多方面设计的融合。所以我们要在更大的范围内，在城市战略的引领下，在时代背景的影响下综合考虑。

其次，城市设计概念的引入对城市设计整体形态有着很大的影响。例如本次设计，在智慧城市背景下，结合元宇宙这一最新热点，探讨老街更新中的各类问题，涉及老旧街区、地铁站点、产业园区、办公大楼等。当然，最重要的还是现实空间如何体现元宇宙这一理念。我们引入了中心加格网的形式，即控制中心和网格化的地块及管理划分，数据在网格化的区域中能够实现政府、企业、居民的多方实时共享，让游客能够随时更新当地活动及相关服务的变化。我们认为，在智慧城市背景下，现实空间的高效利用和信息的实时获取是激活城市活力的有效方式，是吸引人们前来并停留在此的有效路径。

最后，城市设计还要遵守相应的导则规范，不能凭空设计。每个场地都有自己历史、环境、空间功能的特殊性，有依次形成的导则，我们的城市设计必须围绕这个导则展开。设计的方法有很多，面对不同的问题，最重要的是采取相应的、最适合的方法来解决问题。在之后的设计中，我们必须具备更加敏锐的眼光，立体、全面地思考问题，结合多方需求，打造更加适宜的城市环境。

「元」&塘

New Life of Lumu Old Street under the Concept of Smart City

智慧城市理念下的陆慕老街片区新生

基地现状认知 | Cognition of Base Status

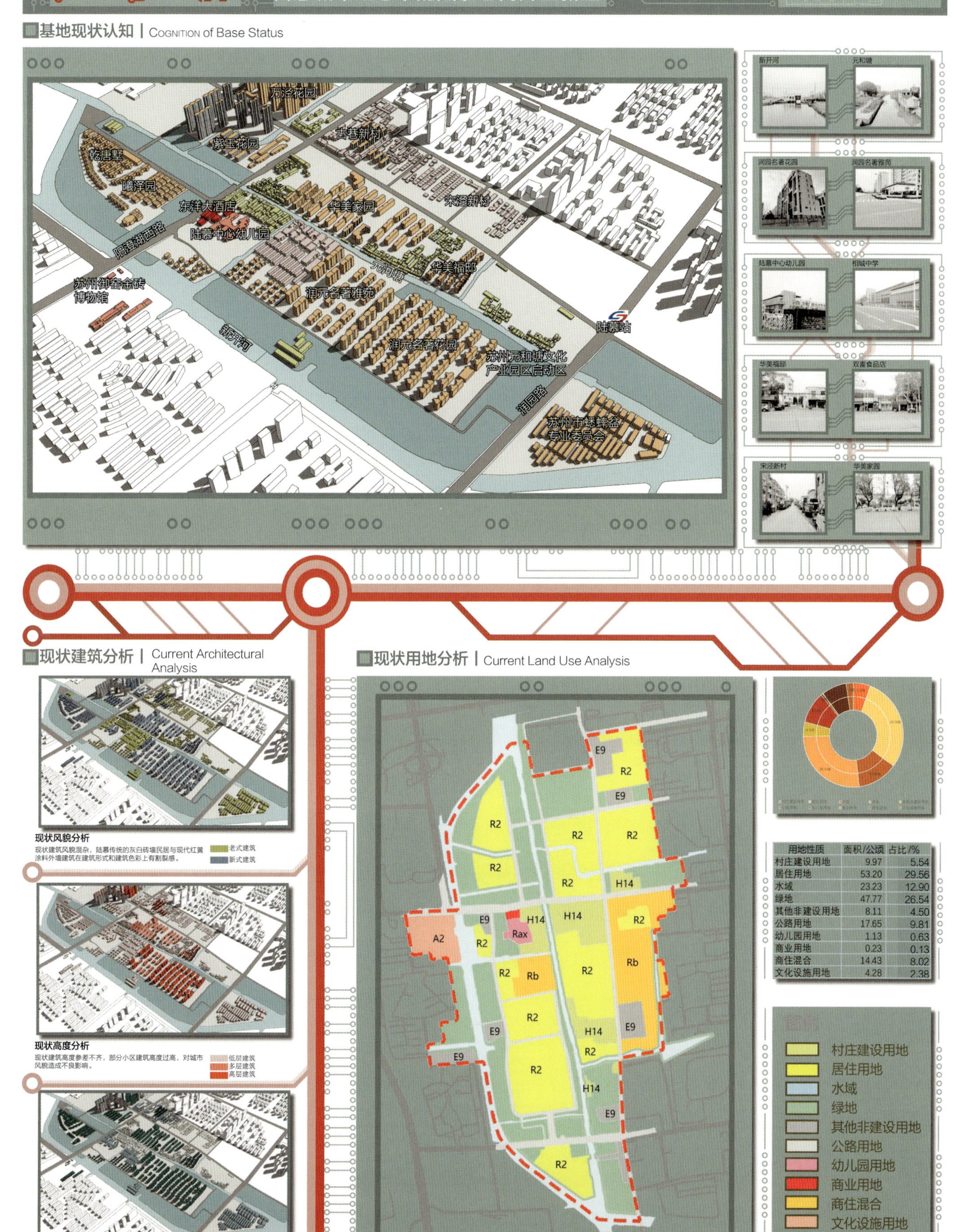

用地性质	面积/公顷	占比/%
村庄建设用地	9.97	5.54
居住用地	53.20	29.56
水域	23.23	12.90
绿地	47.77	26.54
其他非建设用地	8.11	4.50
公路用地	17.65	9.81
幼儿园用地	1.13	0.63
商业用地	0.23	0.13
商住混合	14.43	8.02
文化设施用地	4.28	2.38

『元』&塘

New Life of Lumu Old Street under the Concept of Smart City

智慧城市理念下的陆慕老街片区新生

周边产业业态 | Type of Surrounding Industry

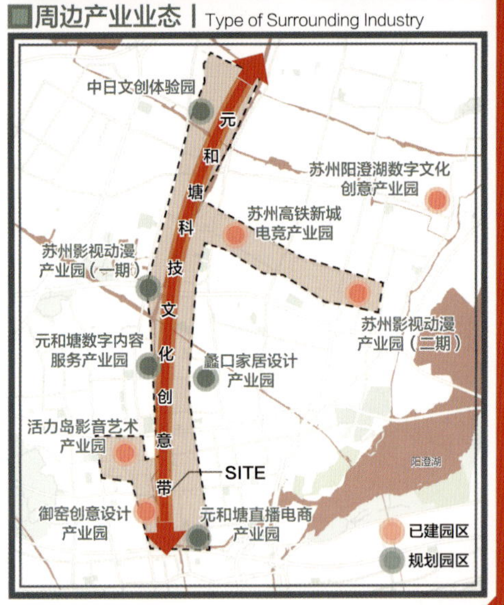

苏州元和塘文化产业园区于2020年12月获得第二批国家级文化产业示范园区的创建资格。为推进文化产业的高质量发展，园区围绕数字文化、创意设计和文化旅游等主导业态，精心培育10个特色"园中园"，构建独立又相互关联的产业链生态。10园中，有8园以数字文化产业为主要发展方向，两园以创意设计产业为主要发展方向。

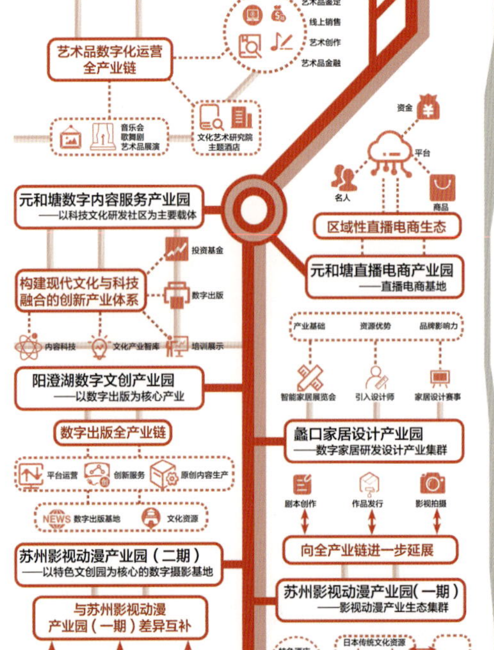

功能定位研究 | Functional Orientation

元和塘科技文化创意带

元和塘数字文化产业片区

元和塘创意设计产业片区

SITE

黄桥智能科技研发社区

平门塘产城融合社区

澄阳智慧产业研发社区

蠡口智能家居社区

虎丘湿地品质生活社区

陆慕中央商务核心区

陆慕老街片区定位为集数字文化、研发、旅游、体验于一体的文化创意街区

功能构成研究 | Functional Composition Research

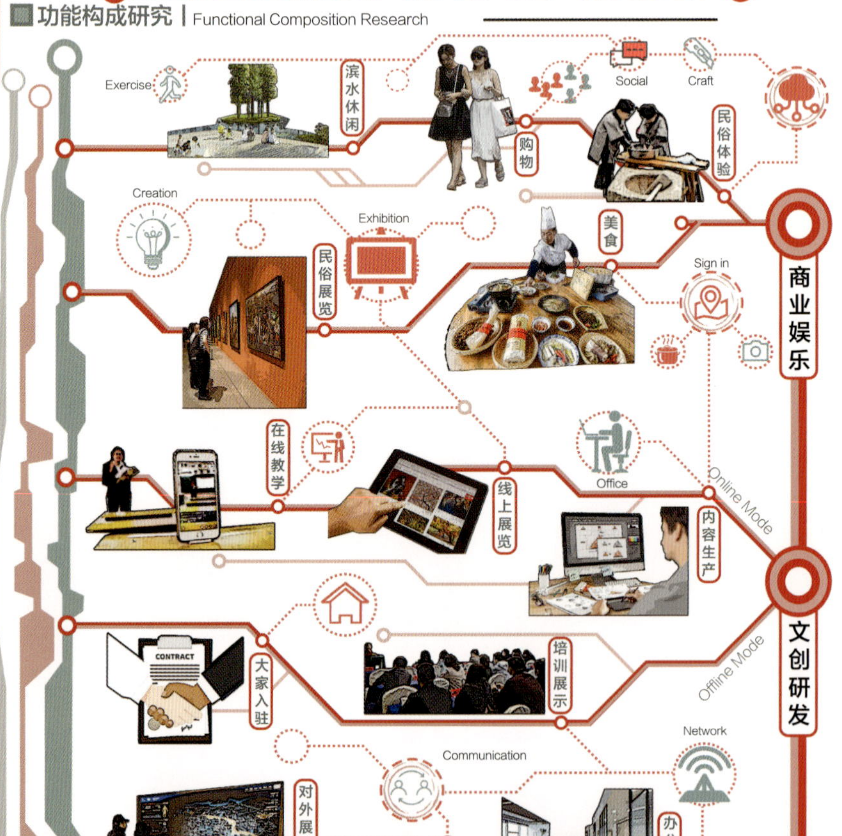

产业互动模式 | Industrial Interactional Model

元和塘数字内容服务产业园

御窑创意设计产业园

蠡口家居设计产业园

活力岛影音艺术产业园

苏州影视动漫产业园（二期）

阳澄湖数字文创产业园

苏州高铁新城电竞产业园

苏州影视动漫产业园(一期)

元和塘直播电商产业园

小组成员：李寅豪 邱迎晨
指导老师：方遥

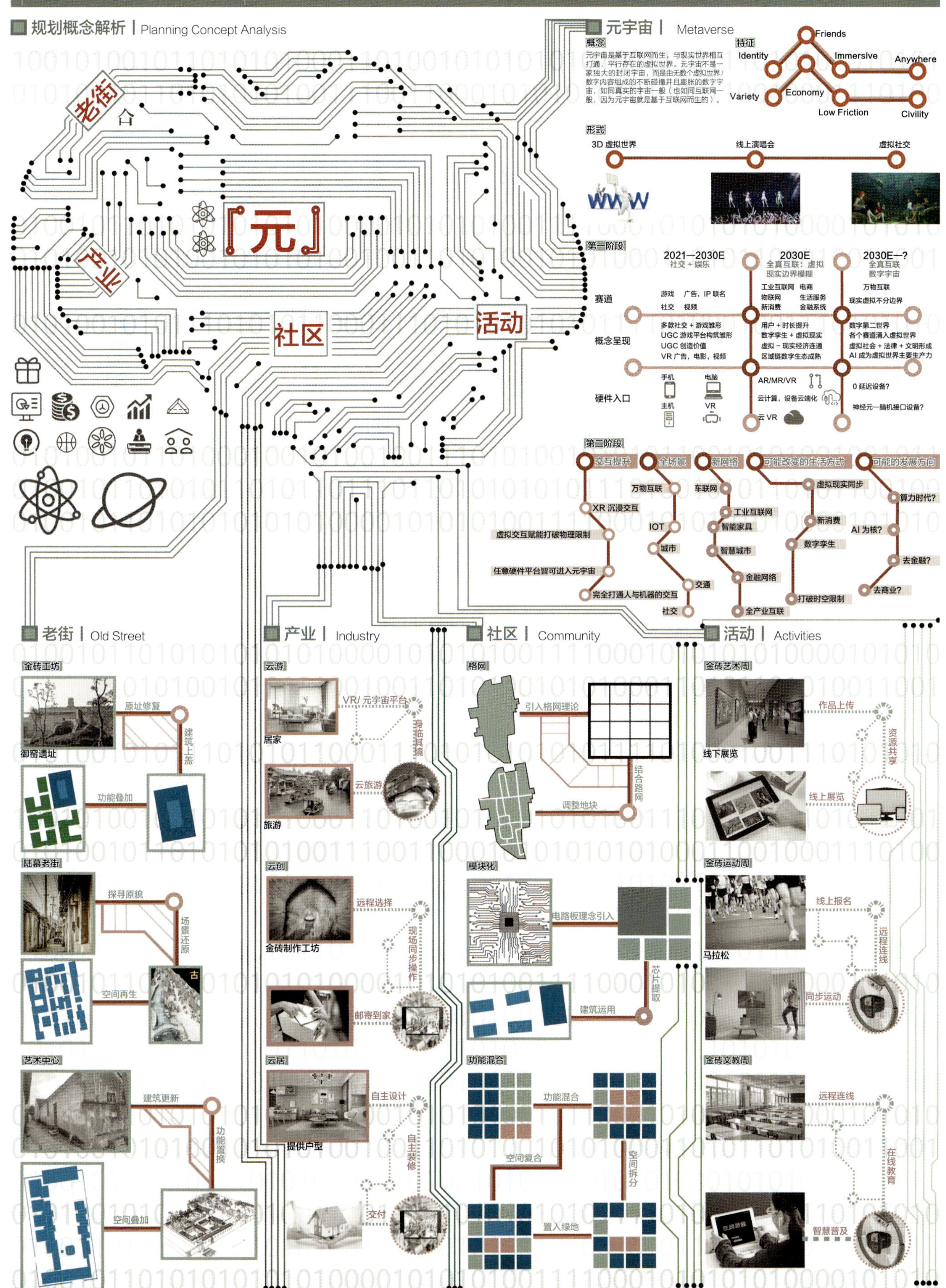

小组成员：李寅豪　邱迎晨
指导老师：方遥

『元』&塘

New Life of Lumu Old Street under the Concept of Smart City

智慧城市理念下的陆慕老街片区新生

方案生成 | Scheme Generation

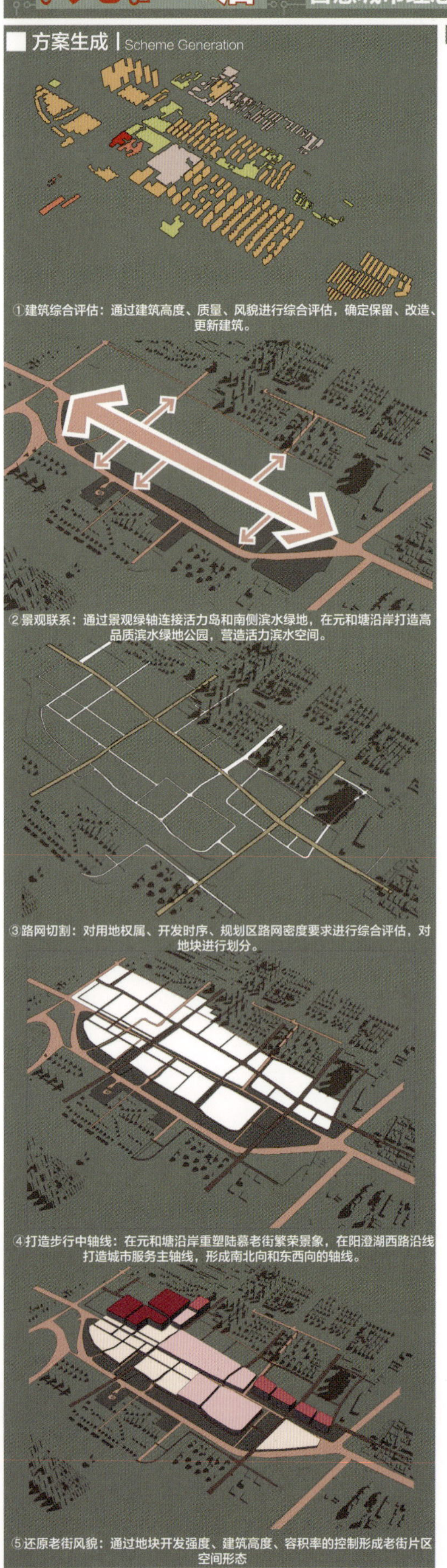
①建筑综合评估：通过建筑高度、质量、风貌进行综合评估，确定保留、改造、更新建筑。

②景观联系：通过景观绿轴连接活力岛和南侧滨水绿地，在元和塘沿岸打造高品质滨水绿地公园，营造活力滨水空间。

③路网切割：对用地权属、开发时序、规划区路网密度要求进行综合评估，对地块进行划分。

④打造步行中轴线：在元和塘沿岸重塑陆慕老街繁荣景象，在阳澄湖西路沿线打造城市服务主轴线，形成南北向和东西向的轴线。

⑤还原老街风貌：通过地块开发强度、建筑高度、容积率的控制形成老街片区空间形态

电路肌理叠加 | Circuit Texture Overlay

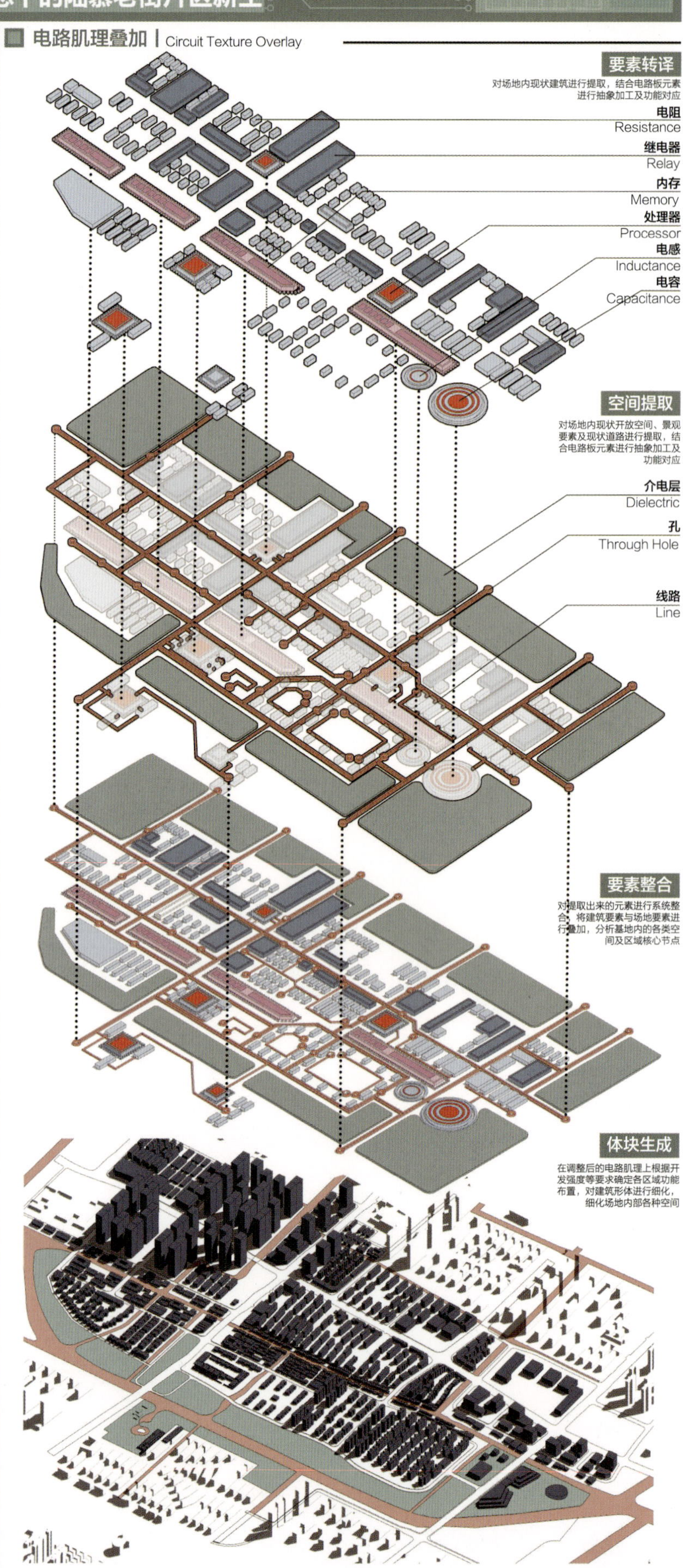

小组成员：李寅豪　邱迎晨
指导老师：方遥

终期答辩成果

小组成员：李寅豪　邱迎晨
指导老师：方遥

「元」&塘

New Life of Lumu Old Street under the Concept of Smart City

智慧城市理念下的陆慕老街片区新生

鸟瞰图 | Aerial View

阳澄湖西路南立面 | South Elevation of Yangcheng Xi Road

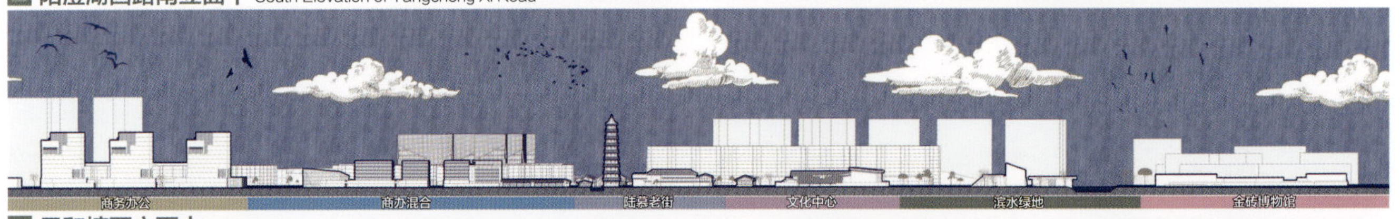

元和塘西立面 | West Elevation of Yuanhetang River

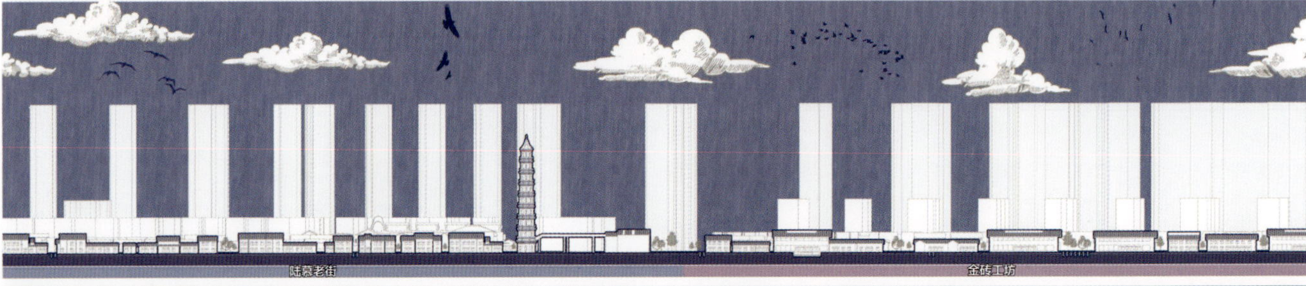

小组成员：李寅豪　邱迎晨
指导老师：方遥

「元」&塘

New Life of Lumu Old Street under the Concept of Smart City

智慧城市理念下的陆慕老街片区新生

城市智慧系统分析 | Urban Intelligent System Analysis

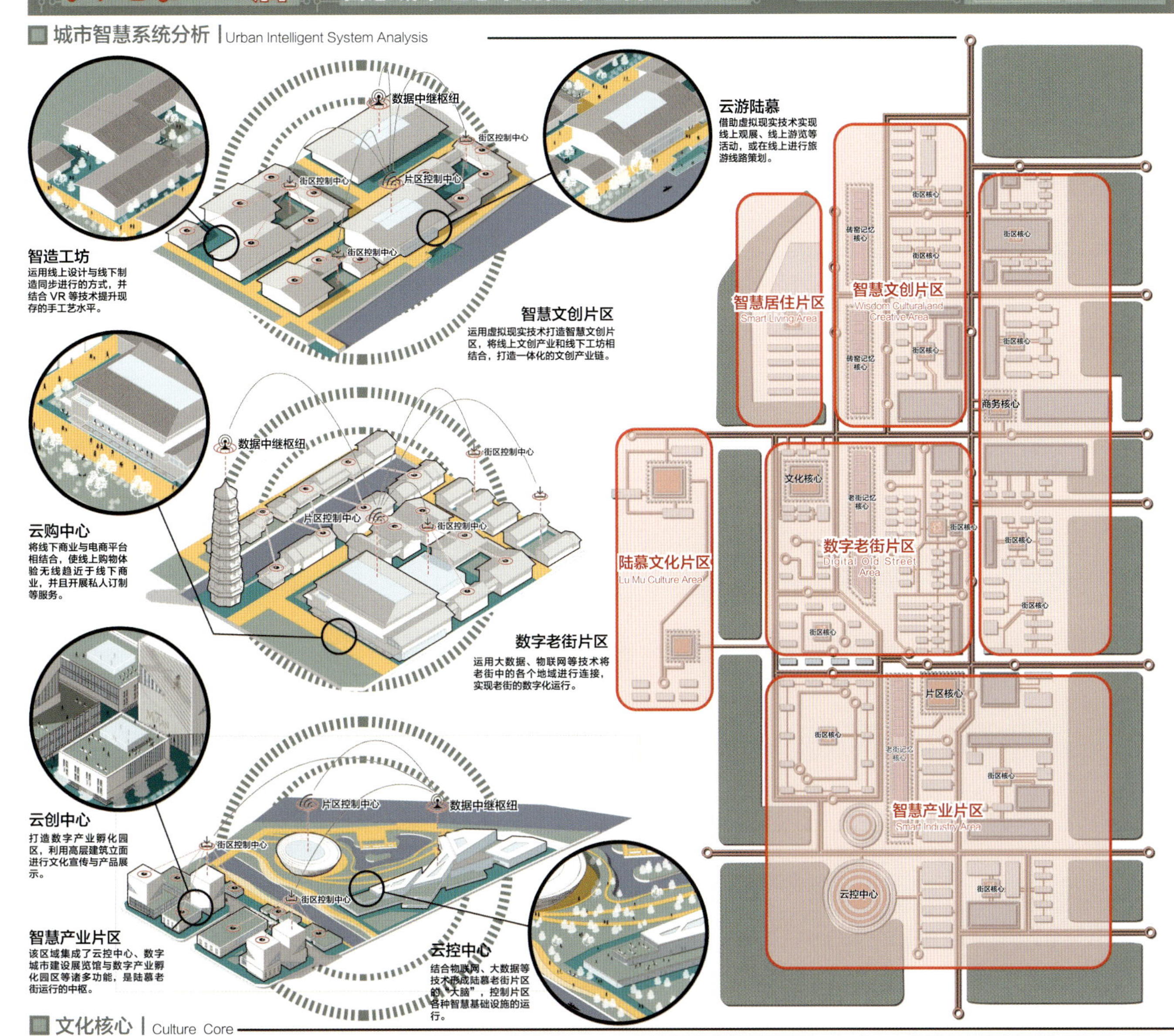

文化核心 | Culture Core

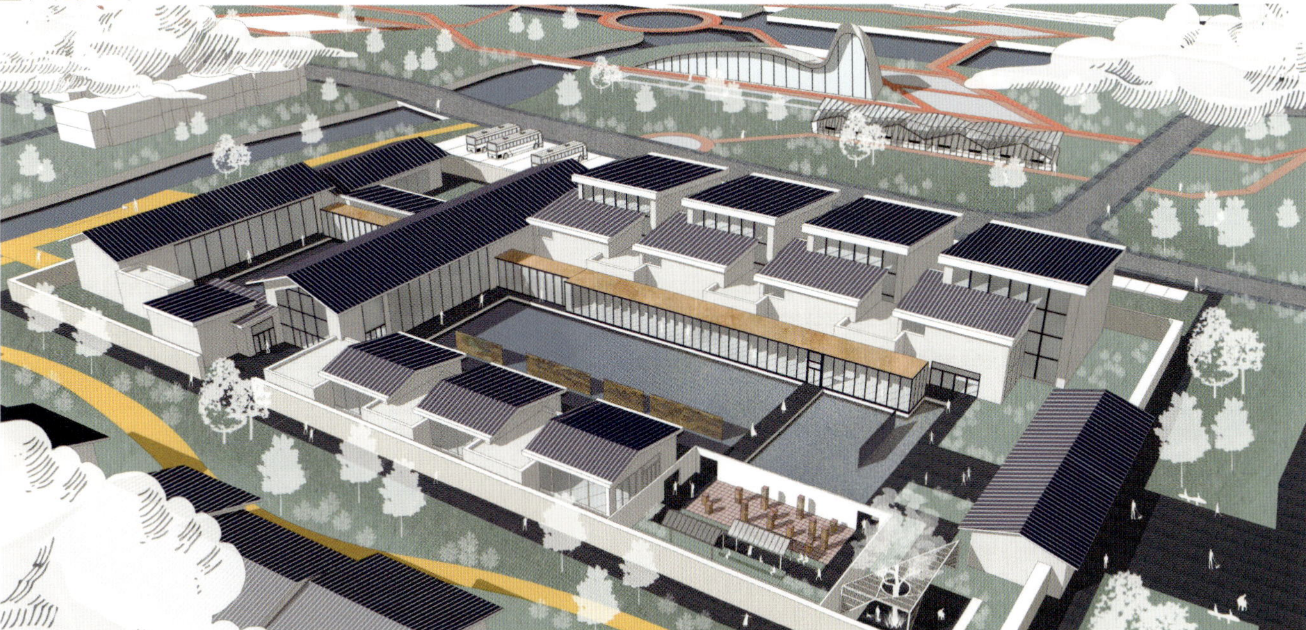

「元」&塘

New Life of Lumu Old Street under the Concept of Smart City

智慧城市理念下的陆慕老街片区新生

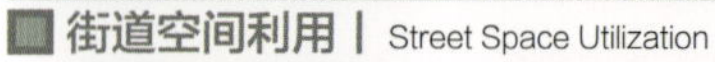

街道空间利用 | Street Space Utilization

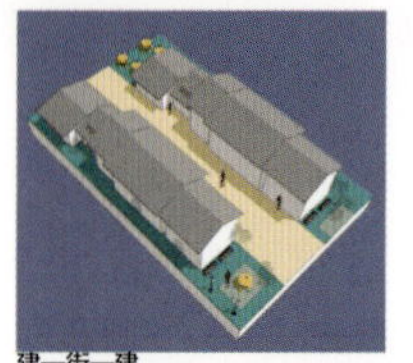
建一街一建

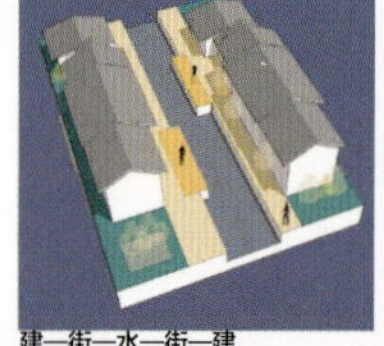
建一街一水一街一建

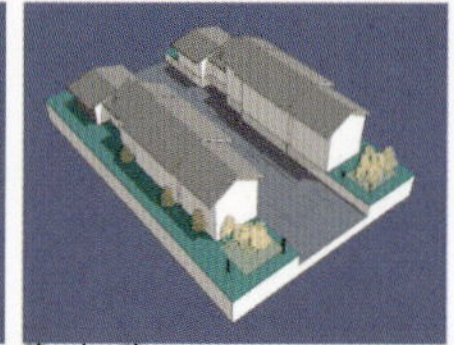
建一水一建

建一水一建＋亲水平台

办公休闲空间 1

办公休闲空间 2

滨水空间利用 | Waterfront Space Utilization

儿童乐园

滨水泊岸

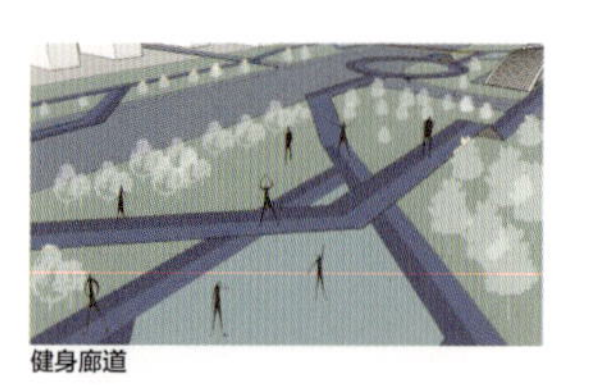
健身廊道

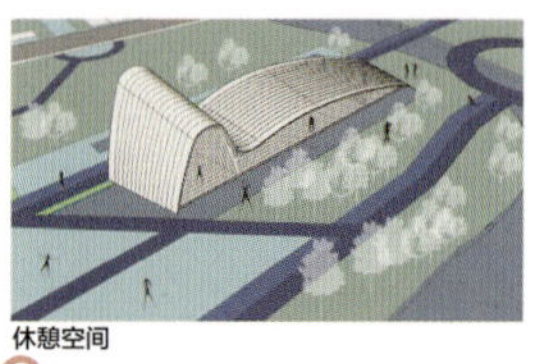
休憩空间

滨水舞台

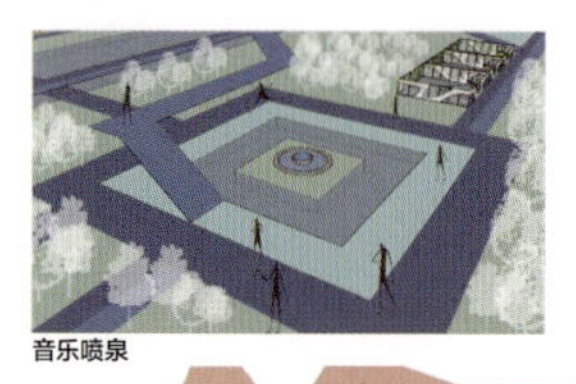
音乐喷泉

建筑空间利用 | Utilization of Architectural Space

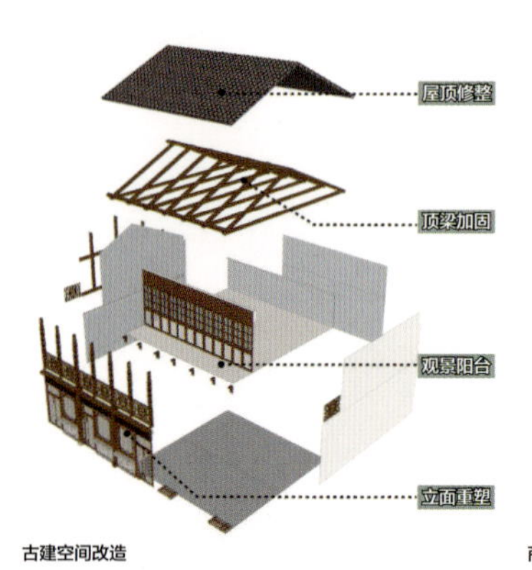

古建空间改造

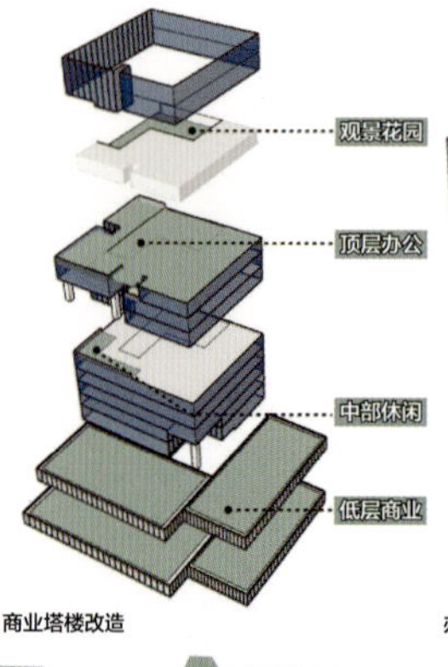

商业塔楼改造

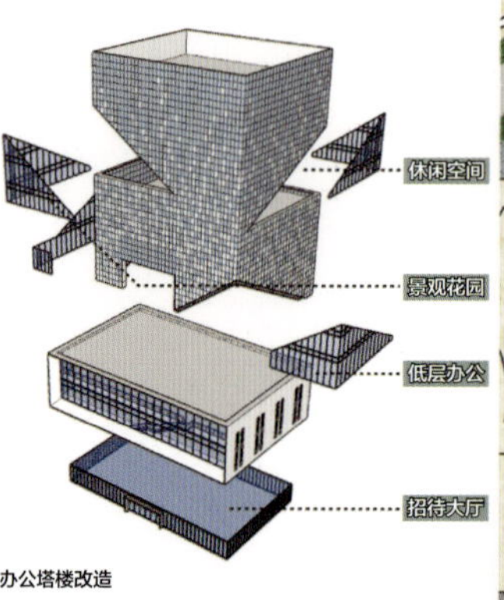

办公塔楼改造

社区更新改造 | Community Renewal and Transformation

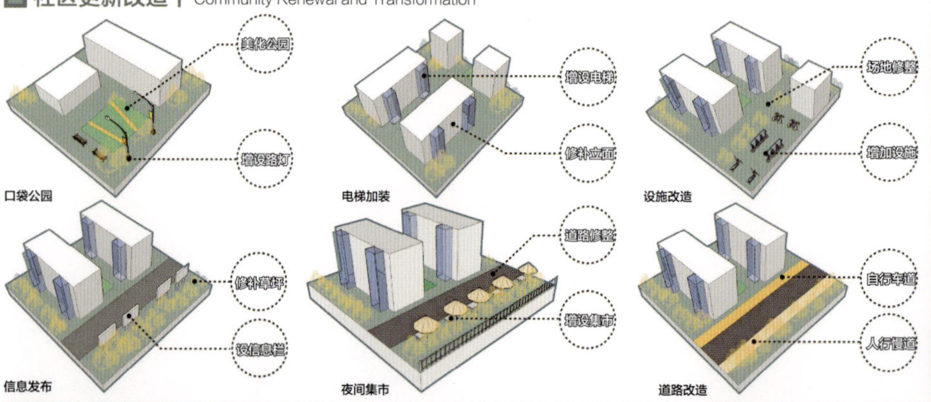

口袋公园
电梯加装
设施改造
信息发布
夜间集市
道路改造

小组成员：李寅豪　邱迎晨
指导老师：方遥

起承转合·智慧织补

南京工业大学
Nanjing University of Technology

小组成员：邢晓红　焦奔
指导老师：方遥

设计说明

陆慕是相城区未来城市发展和城市更新试点的重要片区。陆慕老街的重塑，不仅寄托着苏州相城人民的文化乡愁，也承载着弥补周边区域功能缺失、激活土地价值、塑造城市品牌的重要使命。

本次规划方案以“起承转合·智慧织补”为主题，采用苏州传统的水陆并行双棋盘格局进行设计，旨在最大程度地还原老街原有风情，致敬当地特有经典，为陆慕老街重新注入活力，打造尺度宜人、功能多元、产城融合的的片区，解决其原有的活力流失问题。方案运用水网、绿轴等，将场地进行织补，以承继历史，弥合古今。

在整体结构上，通过版块功能的划分，将基地分为“起”“承”“转”“合”四个板块，这四个板块肩负产业、文化、创作、商业几大功能，并从苏州古城水陆并行的双棋盘格局和历史遗迹中提取元素，构成空间主要要素，形成三条纵向特色水景带，两条横向文化、产业带，从而形成不同主题的空间结构。三条功能性水轴分别为生态、文化、生活型水轴，以小尺度的建筑、空间组合方式排版，连接场地南北；横向并济文化及产业，重振老街片区。

在建筑形态设计层面，从完善城市功能、建构开放空间体系、优化公共服务体系、塑造城市形象等角度，加强相关视廊和视野景观分析。拟保留或提升若干节点建筑，如白衣庵、河泾寺、古桥及老窑（皆为现存建筑）等。新设置智能产业和文化体验节点，新建建筑秉承因地制宜、融入场地的理念，在尊重原有肌理的前提下引入新兴功能，独具场地特色风情并做到兼顾新兴产业。

综上，本次城市更新设计从陆慕老街原有地块出发，从陆慕老街的历史、地理、人文、风俗、文化遗存和公共空间等方面出发，结合苏州老街特有的四横三纵典型水网，针对城市更新遭到忽视造成的文化流失、场地失活状况，从智慧、场地织补、生态及产业焕活这四个角度入手解决现状问题。规划设计的目的是重新维系起场地脉络，传承陆慕老街历史，弘扬以御窑金砖为代表的老街文化，从而使失落的空间焕发出新的生命力，让地块得以重生。

设计感悟

这次联合毕业设计对于我们而言是一次宝贵的学习经历，也是对这五年以来所学到的设计知识、设计手法、设计理念的一次复盘和融会贯通。虽然因为疫情我们无法亲临现场调研，但通过老师所提供的资料，以及百度街景等工具，我们也能清楚地认知基地现状。五校的线上联合讨论给我们提供了一个相互学习的平台，老师和同学们的讨论指点，让我们对设计的多样性有了更深入的了解，学会了从不同的角度、顺着不同的逻辑去思考问题。

这次联合毕业设计也让我们更加深切和全面地体会到了城乡规划设计所需注重的手法，所需要坚持的理念。在本次设计中，我们带着对历史的尊重，将文学起承转合、协调共生的手法融入规划设计，致力于还原基地特有风貌。在这个过程中我们的设计遭遇了许多瓶颈，所幸有老师和同学们的帮助，我们得以渡过难关。这次经历让我们对城市规划的系统性和开放性有了更深入的了解，也对城市规划的可行性有了新的思考，并为本科阶段的学习画上了圆满的句号。

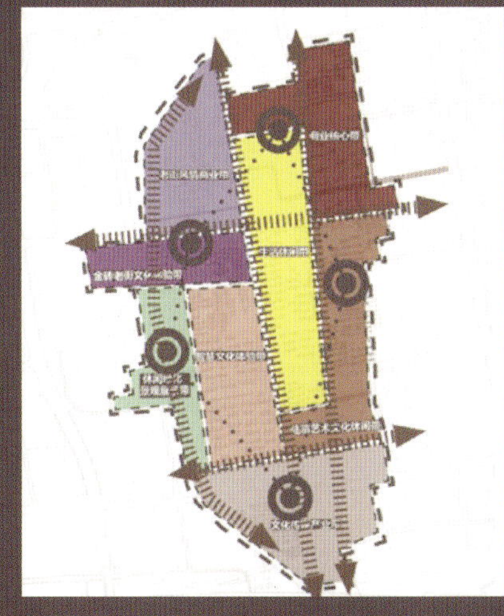
第一阶段 构思图

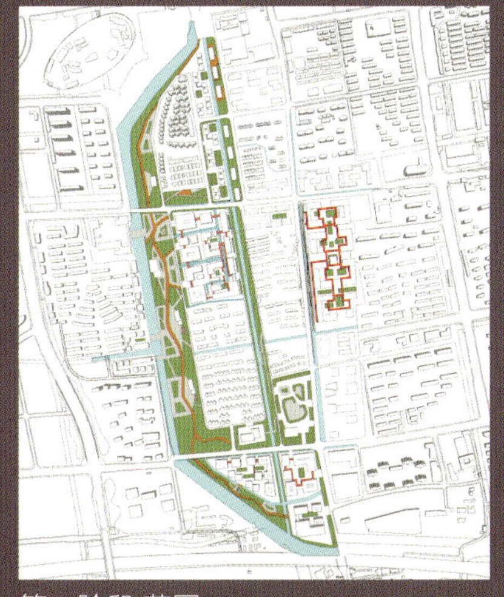
第二阶段 草图

第三阶段 定稿图

起承转合·智慧织补

苏州陆慕老街新生城市设计

周边业态分析

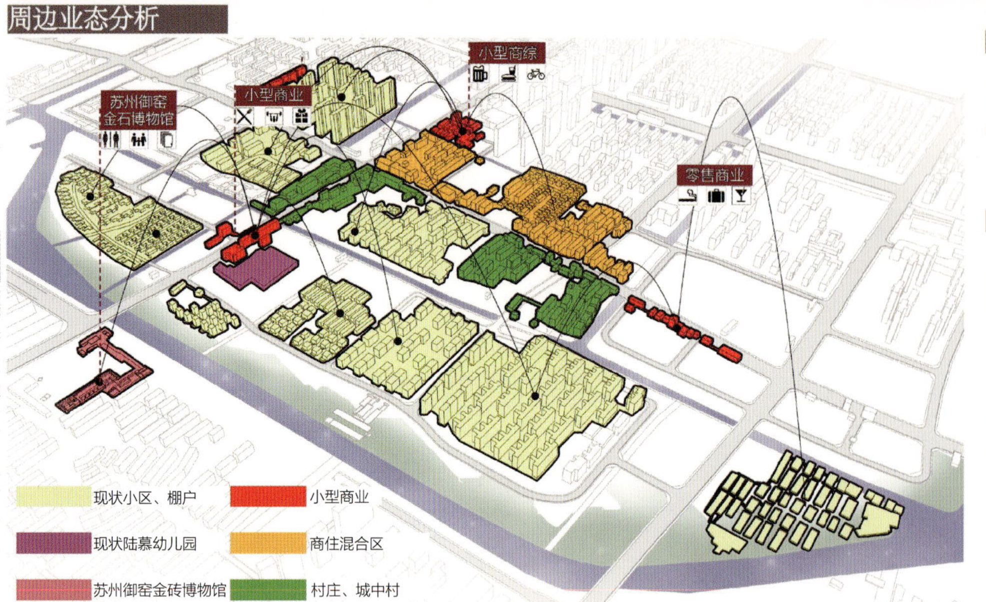

商业种类分析

教培
文娱
零售
餐饮
服务

现状商业分析

1. 现状商业问题

- 商业业态组成较为单一，产业间联系较少
- 商业产值较少，未来发展方向不适配

2. 未来发展方向

- 交通 共享车辆、公共交通、自动驾驶
- 工作 工作地、家庭、第三空间
- 游憩 户外、室内、社交媒体
- 居住 WELIVE、快递配送、医护

3. 基地发展策略

主题片区 + 智慧赋能 + 适配商业

土地利用现状

用地性质	面积 / 公顷	占比 /%
村庄建设用地	9.97	5.54
居住用地	53.20	29.56
水域	23.23	12.90
绿地	47.77	26.54
其他非建设用地	8.11	4.50
公路用地	17.65	9.81
幼儿园用地	1.13	0.63
商业用地	0.23	0.13
商住混合	14.43	8.02
文化设施用地	4.28	2.38

图例

村庄建设用地、居住用地、水域、绿地、其他非建设用地、居住用地、幼儿园用地、商业用地、商住混合用地、文化设施用地、规划范围

发展背景

宏观背景 + 微观分析 = 规划方案

外部要求 + 内部要求 = 目标定位

- 经济 产业转型，退二进三 更新
- 社会 公共空间，慢行体系 保留
- 文化 文创产业，智慧陆慕 创造

历史文脉的延续
特色产业的挖掘
智慧城市的营造

支撑板块

板块	策略	内容
特色产业板块	依托特色产业打造	创意 SOHO、酒吧创意集市、体验酒店、城市天幕
文化产业板块	利用文化发展经济	水街文化、吴地文化、码头文化、评书戏曲、亭台
社区经济板块	完善智慧城市体系	智慧艺术家工坊、现代商业综合体、健身中心、博物馆

产业体系

文化建筑、特色产业、旅客、人才、周边居民、手工艺人、智慧、生态岸线、文化、环境、文化共享、智慧社区

人群需求分析

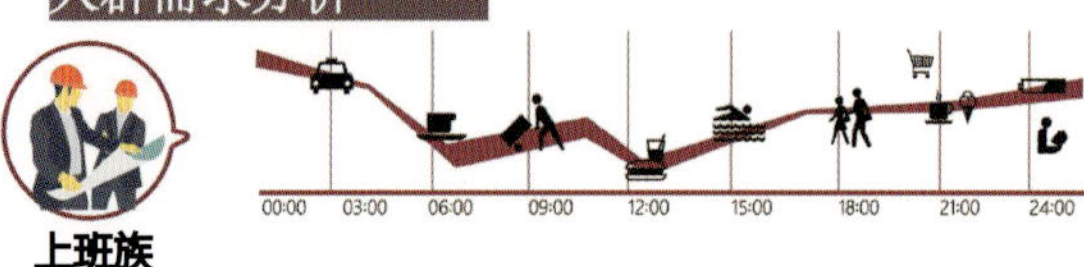

上班族

居民

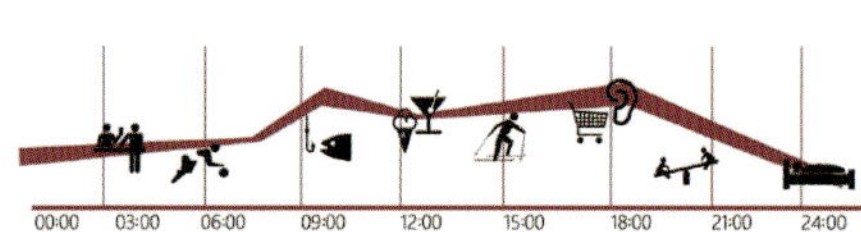

游客

现状公共空间分析

NEED

NEED

东面公共空间多为附属的内部使用空间，对外功能性较差，没有成体系的空间系统

西面有大块绿地预留，但是未完全规划，其余绿地空间未被利用

公共空间更新方向

生态水区	生活水区	文化水区	体验水区
自然水系	滨水绿地	绿色廊道	交通空间
自然空间	观赏水系	开放节点	游憩空间
亲水空间		能量供给	活动体验

人群需求分析

- 人口老龄化、留守儿童、空巢老人、人口活力差 → 生活压力大、疫情群体焦虑、未来不确定 → 孤独感强烈、精神状况差、晚婚晚育、沉迷虚拟世界

空间：平等对话机会、减少空间间隔、小型商业体、提供交流平台

节点：民宿体验馆、西侧大绿地、滨水亲水平台、城市休闲驿站

生活：智慧交通、信息处理中心、人行视角、丰富慢性体系

SWOT分析

Strengths

- **生活优势** 老街居民众多，历史氛围浓厚，对古建筑、古树的保护意识较强，生活市井文化氛围浓厚
- **空间优势** 场地西面有较有地区代表性的空间文化博物馆，西面保留与自然共生的大绿地，形成了较好的生活氛围
- **产业优势** 基地借由所属区划元和塘片区带来的辐射优势，在智慧产业方面有较好的基础与沉淀，文化产业发展态势好

Weakness

- **生活问题** 道路等级紊乱，存在很多无效未更新的公共空间，绿化空间和公共空间不成体系，居民居住体验差
- **空间问题** 道路交通的交通流与道路等级不适配，地铁站片区未预留出足够的建设用地，西面绿地的组织没有体系
- **产业问题** 产业等级较低，经济效益差，与周边产业相比没有足够的竞争力，会在产业更新升级的过程中失去竞争优势

Opportunitiess

- **发展视角** 根据苏州的未来总体规划，基地存在很多的商业发展机遇，线下实体经济虽会受到线上经济的一定影响，但仍是未来发展的关键
- **社会视角** 苏州作为一个有较好发展趋势的城市，在毕业生和创业者的心目中认可度较高，城市的吸引力会引来不同的社会群体
- **规划视角** 地块的主体特色水乡文化将成为该片区的发展名片，在规划过程中要多关注其文化历史内涵，多挖掘居民内心深处集体潜意识的共鸣点

Threats

- **经济视角** 未来人们的需求会随着技术的进步不断改变，产业模式和产业体系也会受到影响而发生改变，应该多关注未来发展态势，在规划中设置相应举措
- **社会视角** 地块内的多方利益都需要考虑，在更新模式、征地方式和出资比例方面综合考虑各方利益，在空间布局方面考虑不同群体的使用需求
- **文化视角** 水文化在水资源可以自由调配的视角下日益被人们淡忘，但基于水文化发展出来的深厚的吴地文化底蕴和历史记忆不会改变

小组成员：邢晓红 焦奔
指导老师：方遥

起承转合·智慧织补

苏州陆慕老街新生城市设计

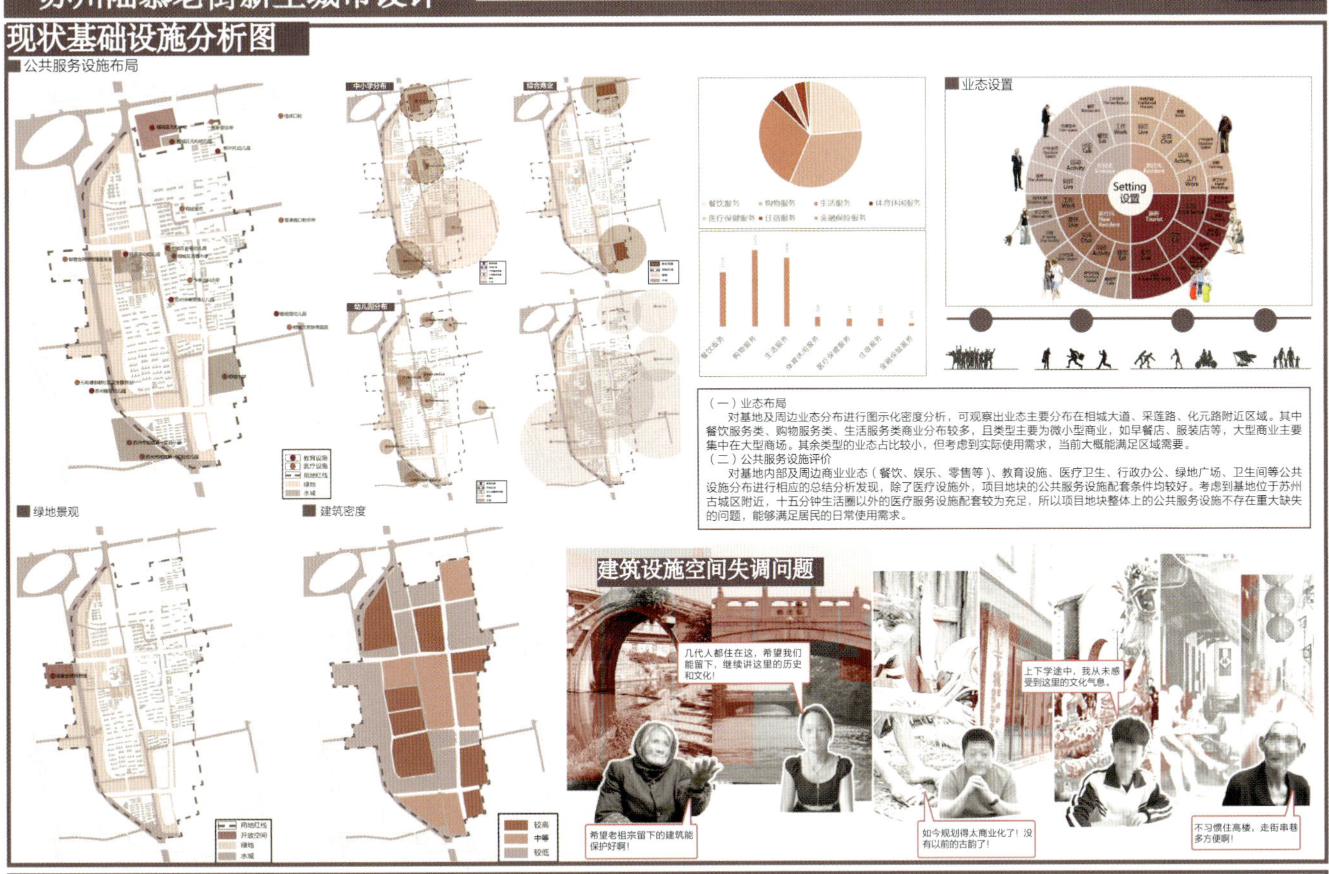

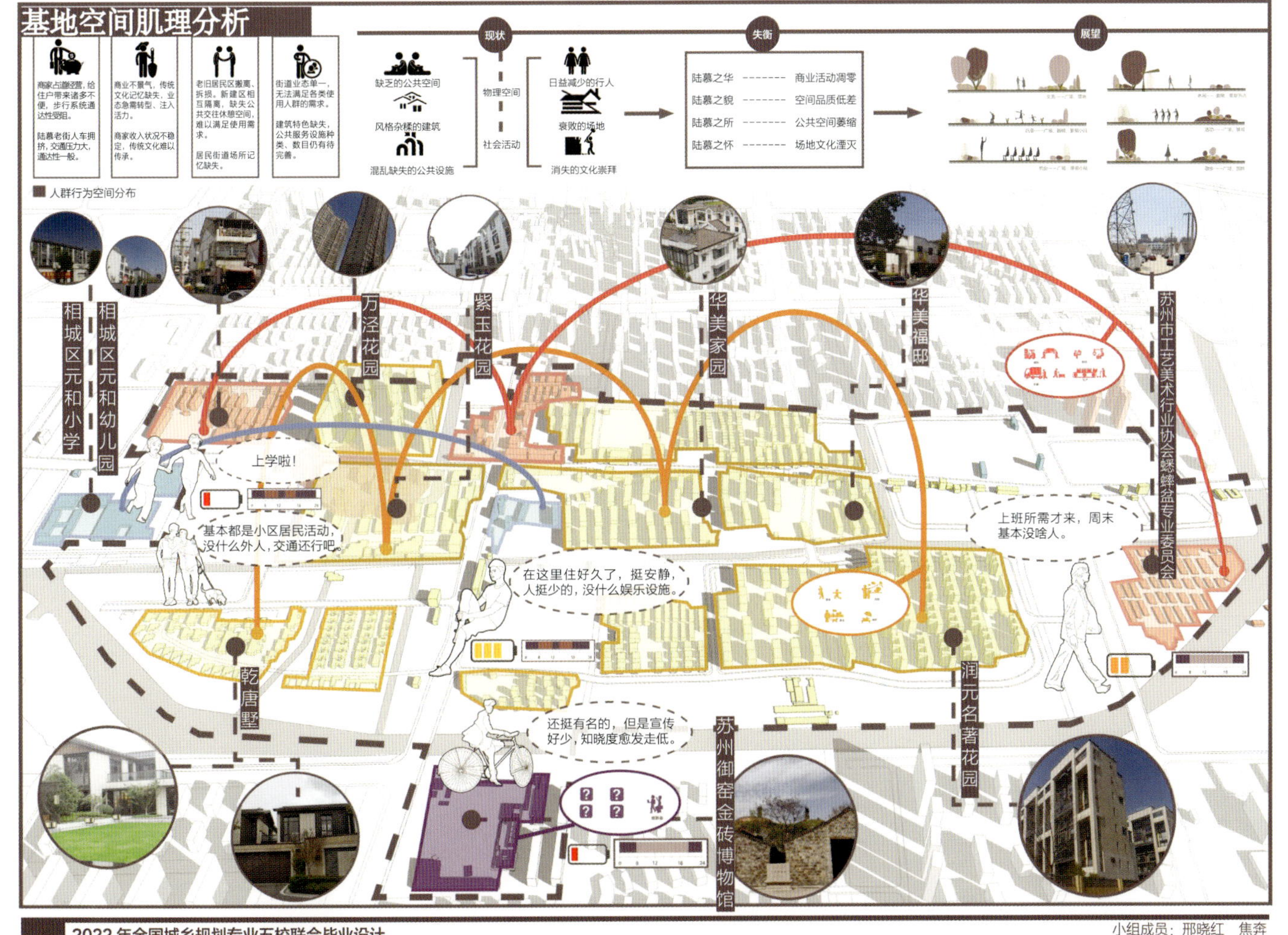

2022年全国城乡规划专业五校联合毕业设计
The Rebirth of Old Street - Urban Renewal Design of Lumu Old Street Area in Suzhou City
参加院校：苏州大学、南京工业大学、郑州大学、山东建筑大学、合肥工业大学　承办单位：苏州大学

小组成员：邢晓红　焦奔
指导老师：方遥

终期答辩成果

老街新生：苏州陆慕老街片区城市更新

The Rebirth of Old Street - Urban Renewal Design of Lumu Old Street Area in Suzhou City

苏州陆慕老街新生城市设计

水网织布概念的引入

问题

名片 苏州原有江南水城城市名片消失

生活 未来生活与水的联系减少

记忆 人与自然的关系越发疏远

历史

文化 水文化孕育的吴文化被从众的一致性网络文化吞噬

关系 苏州以水建城、依水而生

现状

破碎 之前成体系的水系因为经济开发而支离破碎

失忆 现代居民的城市记忆中有关水文化的记忆越发稀淡薄

通过环境心理学探讨未来居民与水环境的关系

未来

感受 网络 未来居民可以自行参与水环境的治理与管理

自治 科技赋能助力人与水环境之间的关系的探索

周边水资源基础

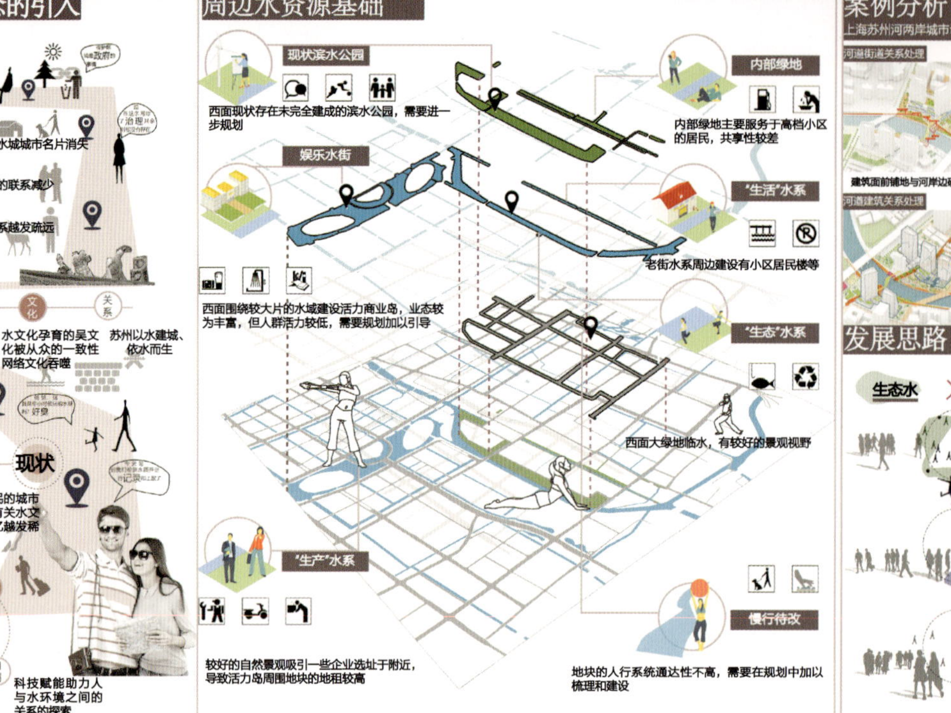

案例分析

上海苏州河两岸城市设计

河道街道关系处理

岸边处理

架设慢行步道打通两岸人行视线

建筑面前铺地与河岸边硬地相连接

软质铺地增加人与岸边的互动与联系

河道建筑关系处理

发展思路

生态水 》 文化水 》 生活水

联系西面绿地打造内外部相连的水系，水体的主要功能为观赏、更新水质、防洪等

联系苏州御窑金砖博物馆打造相应的文化片区，水体的主要功能为展览、互动、交通、游憩等

生活片区依靠周边建筑为仿古体验式民居，打造隔河相望、依水而居的江南水景，水体的主要功能为载舟、观赏、互动

智慧城市相关研究

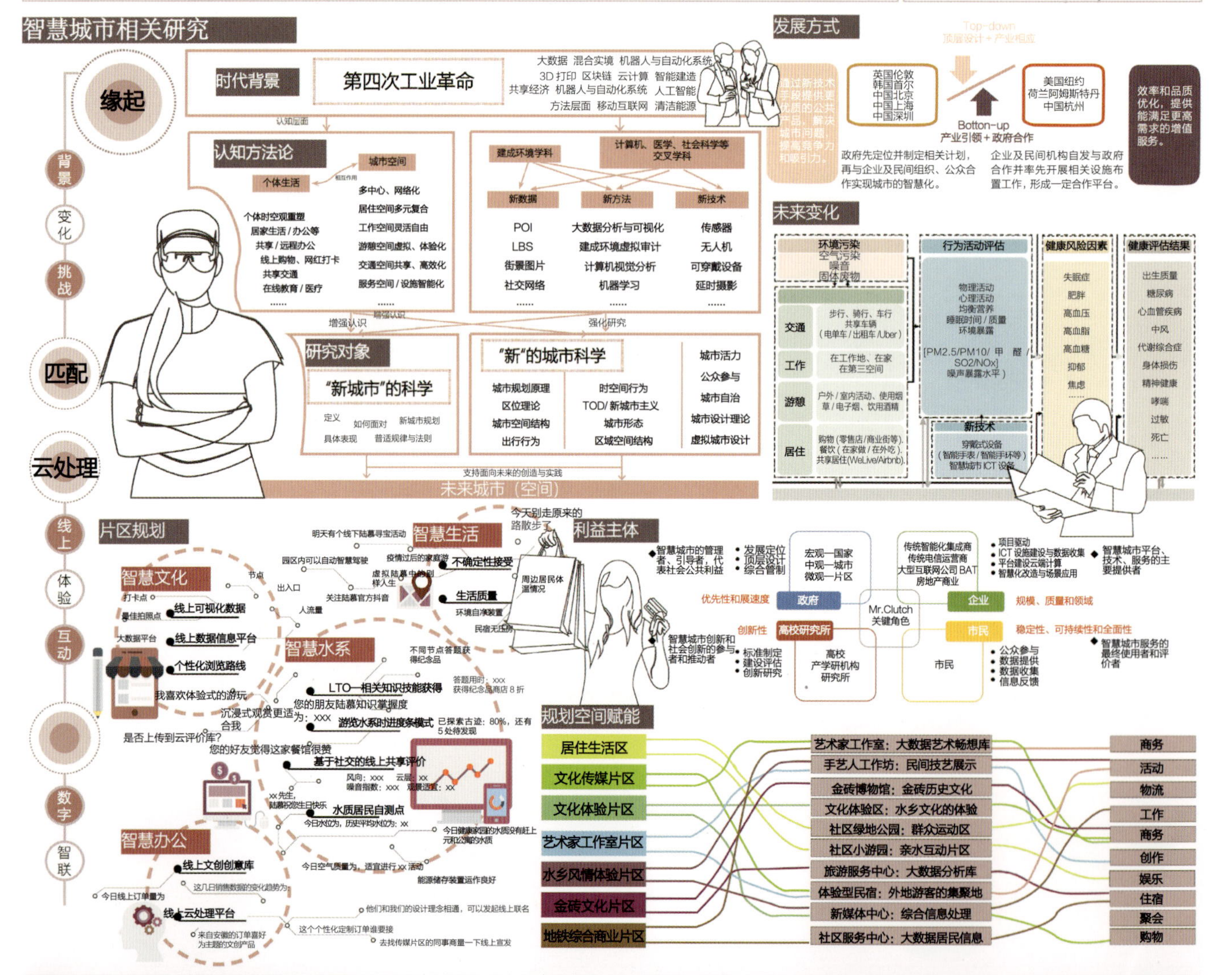

小组成员：邢晓红 焦奔
指导老师：方遥

小组成员：邢晓红　焦奔
指导老师：方遥

起承转合·智慧织补

苏州陆慕老街新生城市设计

智慧园区相关分析

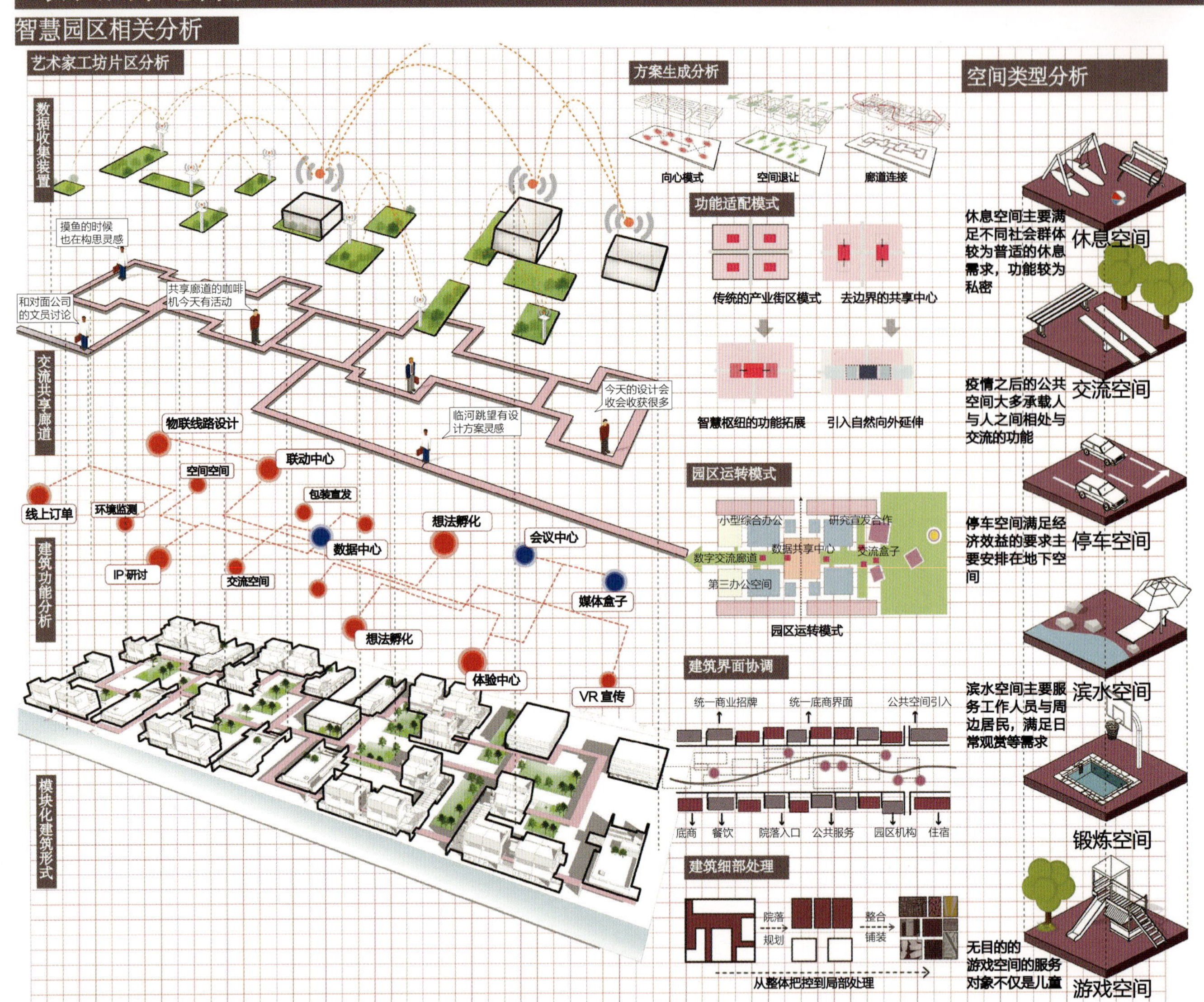

城市天际线分析

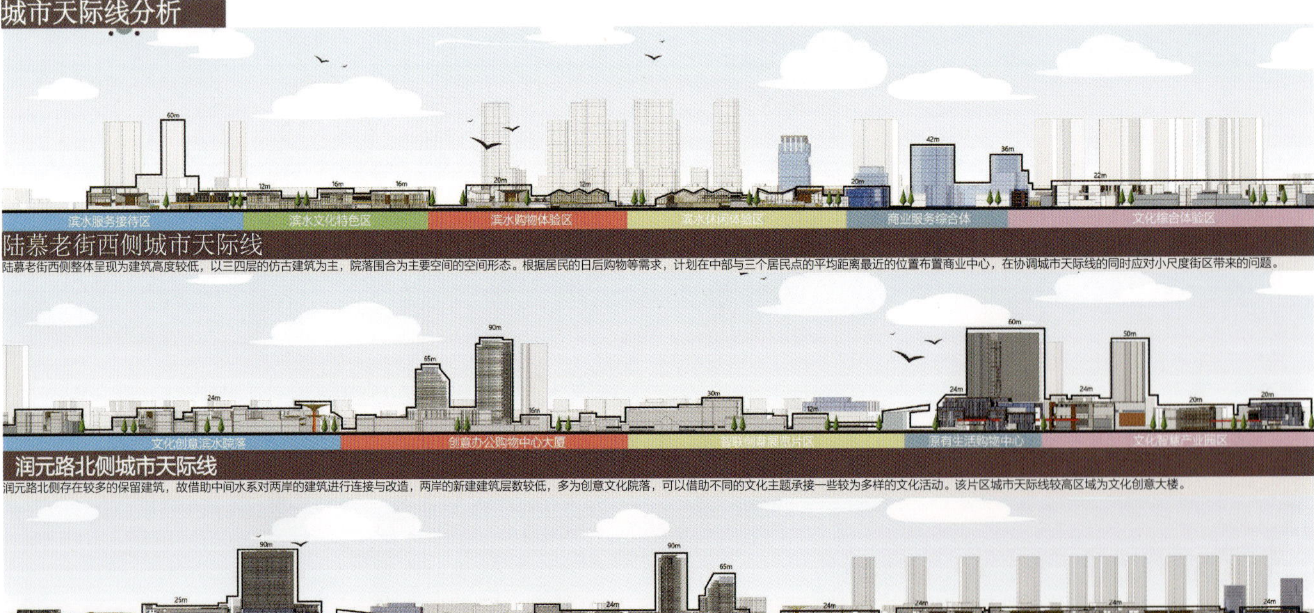

陆慕老街西侧城市天际线

陆慕老街西侧整体呈现为建筑高度较低，以三四层的仿古建筑为主，院落围合为主要空间的空间形态。根据居民的日后购物等需求，计划在中部与三个居民点的平均距离最近的位置布置商业中心，在协调城市天际线的同时应对小尺度街区带来的问题。

润元路北侧城市天际线

润元路北侧存在较多的保留建筑，故借助中间水系对两岸的建筑进行连接与改造，两岸的新建建筑层数较低，多为创意文化院落，可以借助不同的文化主题承接一些较为多样的文化活动。该片区城市天际线较高区域为文化创意大楼。

齐门北大街东侧城市天际线

从最艺术家创作工坊到传媒产业园，从最初的创意设计到后面的展示体验和线上订单处理，该区域主要依靠文化创新这一主题进行串联。城市界面的控制：在临近小学的空间区域营造艺术创意氛围且建筑高度控制得较低。

小组成员：邢晓红　焦奔
指导老师：方遥

起承转合·智慧织补

苏州陆慕老街新生城市设计

智慧城市相关分析

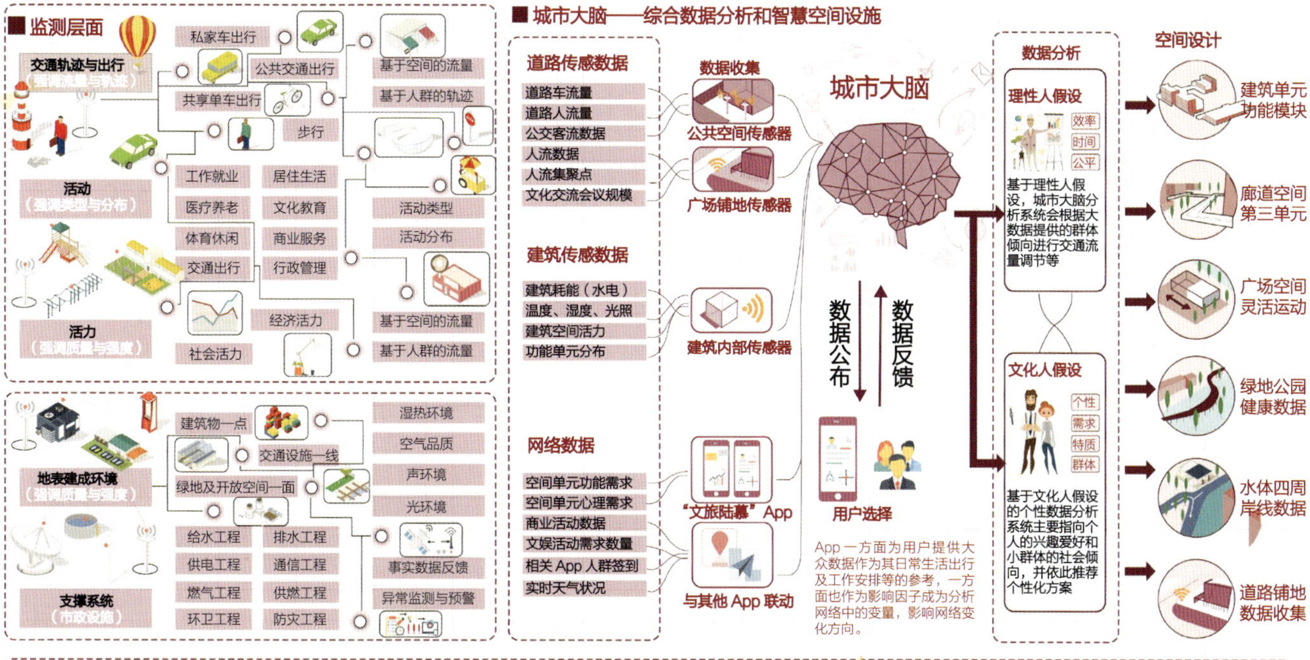

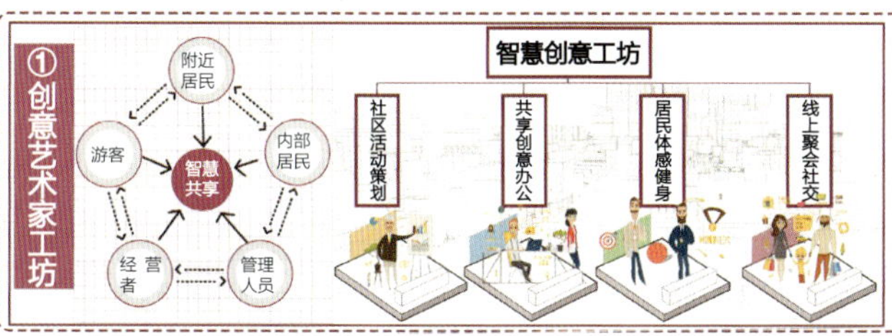

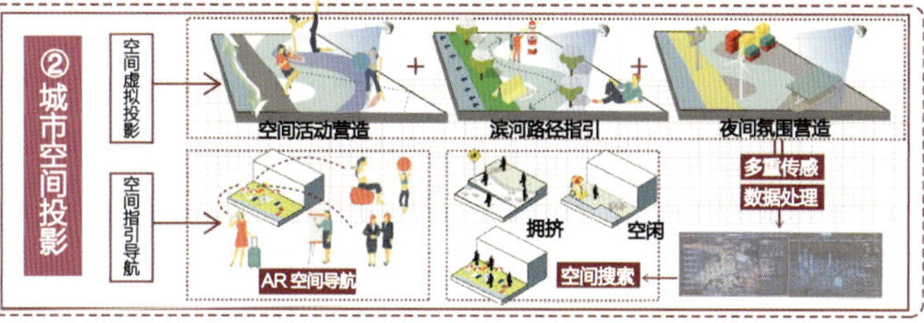

智慧陆慕 App 设想

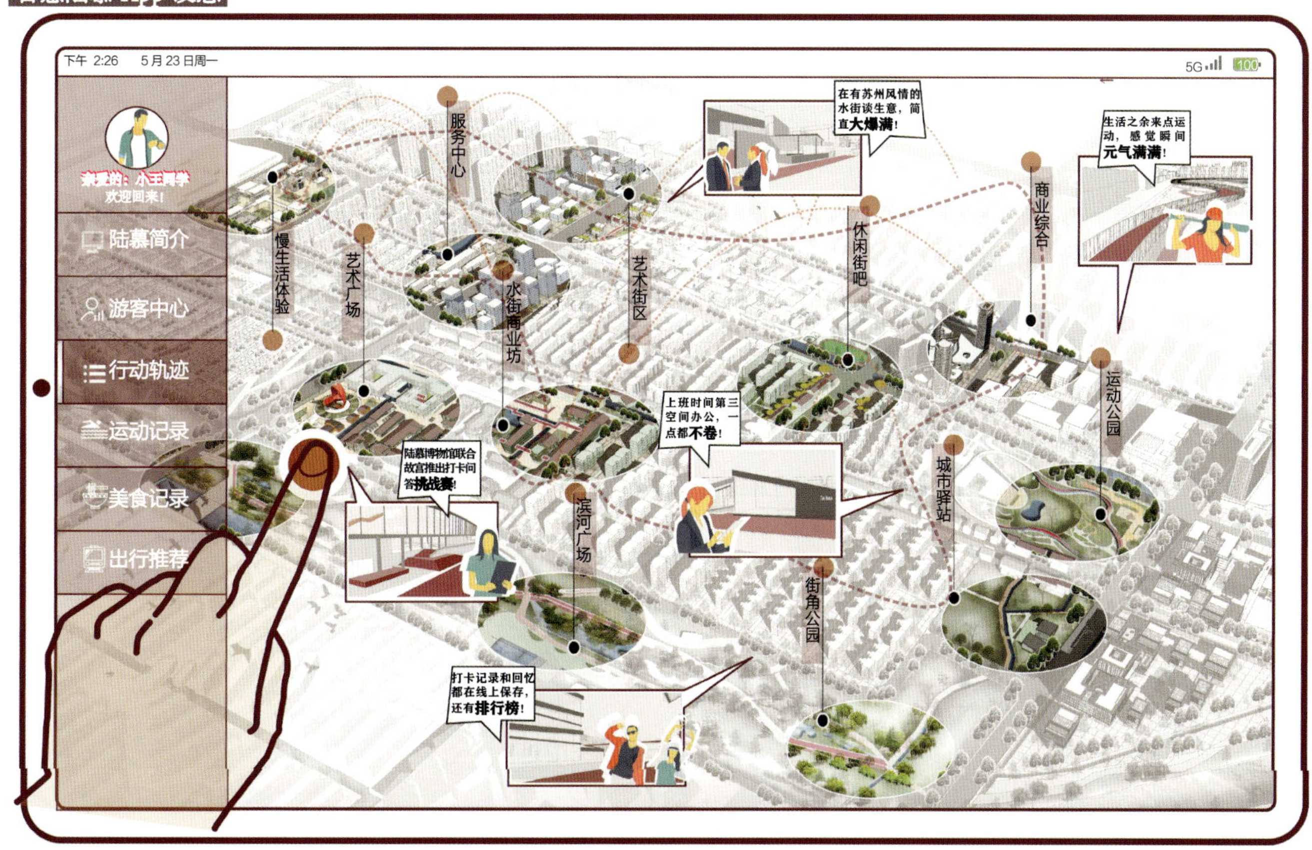

小组成员：邢晓红　焦奔
指导老师：方遥

起承转合·智慧织补

苏州陆慕老街新生城市设计

规划分析

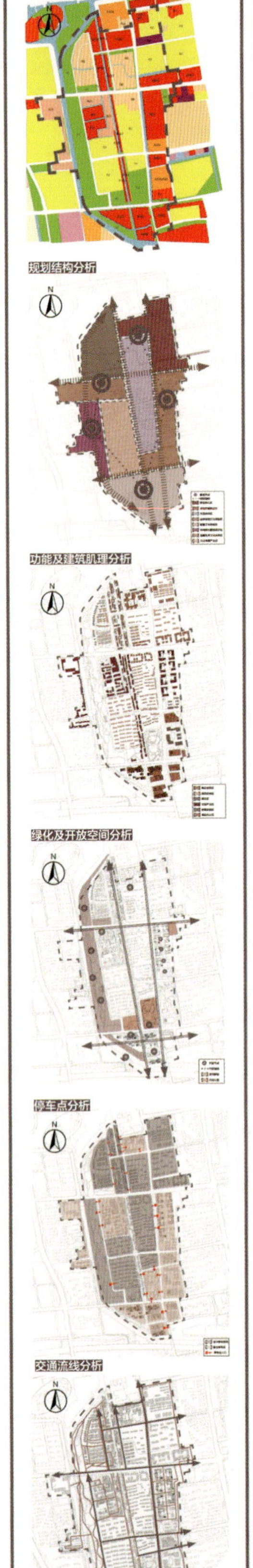

建筑组团改造

节点放大

■ 节点花园

■ 滨河水街

■ 艺术家工坊

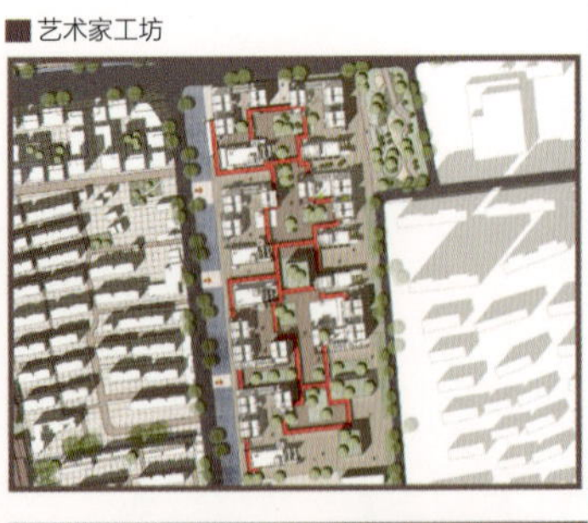

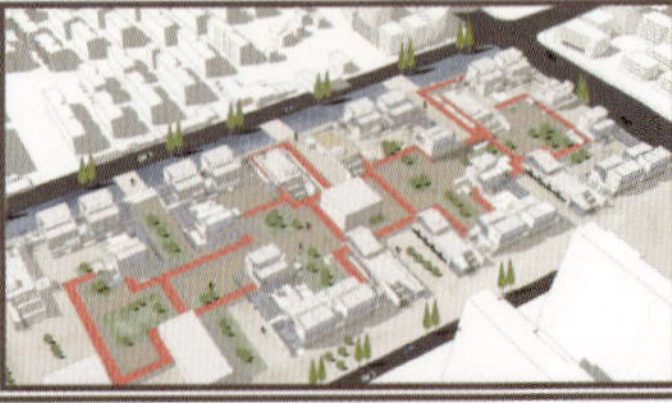

小组成员：邢晓红　焦奔
指导老师：方遥

小组成员：邢晓红　焦奔
指导老师：方遥

终期答辩成果

郑州大学
Zhengzhou University

指导老师 刘晨宇 汪霞

繁华依旧，古街犹新
小组成员 郭曼 段梦瑶

主客共生，焕活陆慕
小组成员 柴博涵 邹一卉

老街·良所·匠心
小组成员 刘菲 徐凤哲

繁华依旧，古街犹新

郑州大学
Zhengzhou University

小组成员：郭曼　段梦瑶
指导老师：汪霞

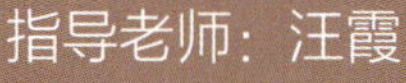

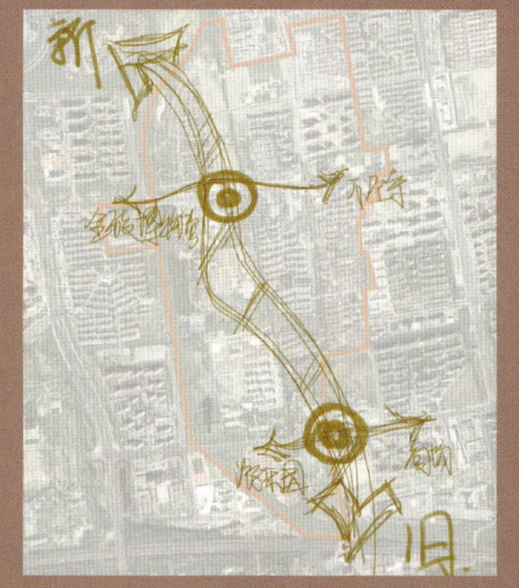

第一阶段 构思图

第二阶段 草图

第三阶段 定稿图

设计说明

本次的规划场地位于苏州市相城区陆慕老街，地处苏州元和塘文化产业园区内，位于苏州文化产业黄金三角区的核心位置。当下的陆慕老街现代生活气息浓厚，昔日辉煌已不复存在，原有的历史文化要素和传统风貌格局已消失殆尽。陆慕未来的发展不仅寄托着相城人民的文化乡愁，同时也承载着弥补周边功能缺失、激活土地价值、塑造城市品牌的重要使命。因此陆慕老街未来的发展与文化定位指向非常重要。

在宏观方面，陆慕老街的规划定位承接相城中心城区的控规，苏州元和塘文化产业园区的相关规划，通过对内部水系景观的利用实现景观内外的互联互通，并与活力岛进行产业互补发展，与平江历史文化街区进行文化差异化互补发展。因此本次规划设计从商、居、游三大方面，以将陆慕老街整体打造成可欣赏的历史风俗画卷（元和文化名片）、可体验的市井生活场景（情感记忆纽带）、可消费的时尚休闲街（特色游玩场所）为定位，来构筑集文化体验、休闲旅游、时尚创意、绿色居住于一体的居、业、游复合型特色街区。

在中观方面，陆慕老街片区位于相城CBD活力岛与苏州古城连接的重要区域，既呼应苏州古城的文化功能，又承接活力岛的现代商业功能。在本次规划设计中，保留上位规划设置的新开河和元和塘两条重要的文化生态绿轴，在元和塘两侧重现陆慕原有的传统风貌格局，并结合轨道交通站点进行地下空间的开发利用，沿新开河设置全龄活动绿轴，并结合地上部分的文化商业空间打造连接古城与新城的文化活力廊道和生态绿轴，从而激发整个片区的活力。

在微观方面，保留原有的承载居住功能的小区，并进行整体功能的改造提升与建筑改造，保留部分重要的公共服务设施，从而满足各级生活圈的服务需求。此外，以元和塘为文化轴，将其分为北段、中段、南段，并依据相应的文化特色进行功能定位，实行“文化＋商业”的经营模式，并纳入非物质文化遗产体验馆和手工艺馆，从而实现苏州古城与活力岛的游线串联。同时，以新开河为主打造生态绿轴，设置全龄活动空间，促进多元人群的交流与互动，从而激发公共空间的活力。并且结合轨道交通站点打造现代商业办公中心，使之与周边功能及建筑形式相和谐，吸纳新兴人群与产业，从而实现整个街区文化与商业的接续发展，激发整个片区的活力。

设计感悟

首先，历史文化街区的更新设计最重要的并不是复刻原有的风貌特色，而是体现其与其他历史文化街区的差异和特质，更好地利用历史遗产为当代和未来的各种社会需求服务。因此它的规划设计不仅仅是对建筑或地块功能的划分或设计，而要考虑物质空间与非物质要素的融合发展，这就要求设计者必须建立多维度、多角度的思考模式。

其次，历史文化街区的商业化更新可以与时尚、消费、经济结合，但不能仅仅是“酒吧街”“商业街”，或是市民眼中打着“文化牌”的消费场所。它应当具有多重意义，既有时代气息，又有文化底蕴，是连接新旧之间的桥梁。例如，我们在本次更新设计中就对元和塘两侧建筑的文化功能进行了较长时间的研究与探讨，最后我们依据各段的文化特色进行了相应的功能定位。

再次，在整个设计过程中，我们还应该充分考虑新旧文化的融合与适应性差异化发展，不仅包括功能层面，还包括人群层面，以最大限度激活原有的文化要素，对其进行创造性继承与创新性发展。

最后，在城市设计的过程中还应该有一定的导则规范对其物质空间进行约束，而不是天马行空地想象，要依据其文化、功能、环境等要素进行指导。在今后相应的更新设计中，我们应该具有更敏锐的洞察力，多维度、多角度的思考方式，使我们的设计更能契合现代生活的需求。

繁华依旧，古街犹新
——苏州陆慕老街片区城市更新

交通问题

1 交通的混乱与无序

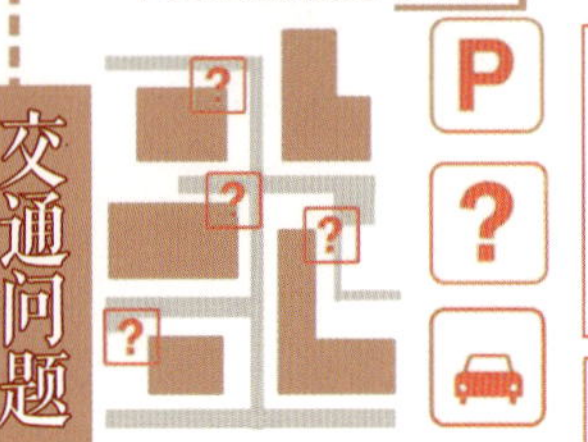

缺乏停车空间，对外来车辆吸引力较低，空间活力不足。
缺乏明显的区域入口。多条道路等级过低，内部部分道路的宽度难以满足现代行车需要，机动车使用条件差。缺乏城市慢行系统的整体构建。

2 道路组织不合理

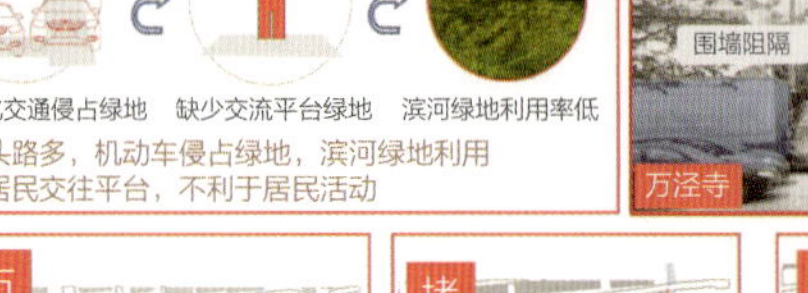

基地内道路不成系统，断头路多，机动车侵占绿地，滨河绿地利用率低，并且缺少居民交往平台，不利于居民活动

3 交通空间封闭

断 道路阻断河
占 车辆占用道路停车
堵 围墙堵河
迷 巷道容易让人迷路

业态问题

1 土地利用分析
2 现状业态分析

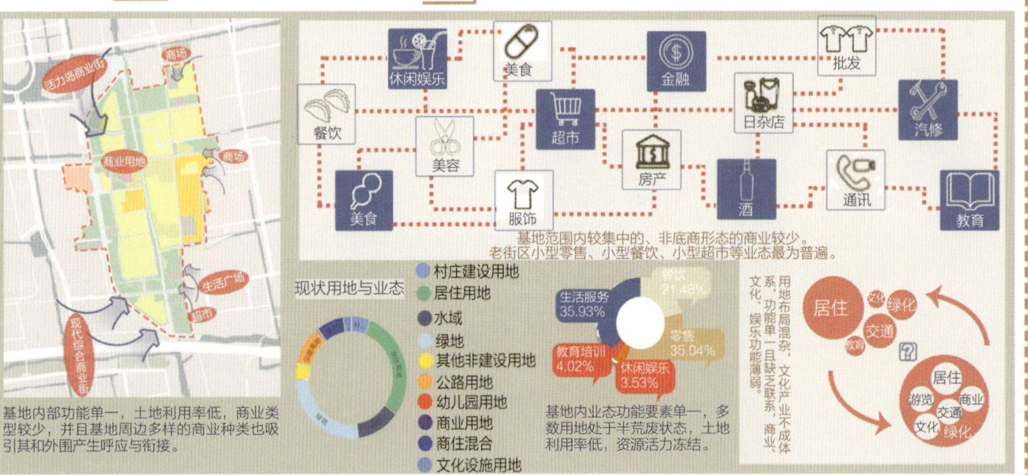

基地范围内较集中的、非底商形态的商业较少。老街区小型零售、小型餐饮、小型超市等业态最为普遍。

基地内部功能单一，土地利用率低，商业类型较少，并且基地周边多样的商业种类也吸引其和外围产生呼应与衔接。

基地内业态功能要素单一，多数用地处于半荒废状态，土地利用率低，资源活力冻结。

用地布局混杂，文化产业不成体系，功能单一且缺乏联系，商业、文化、娱乐功能薄弱。

社会问题

1 交往阻断与匮乏

寺庙被封闭小区包围，地块通达性弱，运营能力差，无法吸引游客，部分地块上的建筑为20世纪80年代住宅，高密度、低容积率，缺少公共空间，土地的利用率低，居民交往较为封闭，无法渗透。

2 众口难调

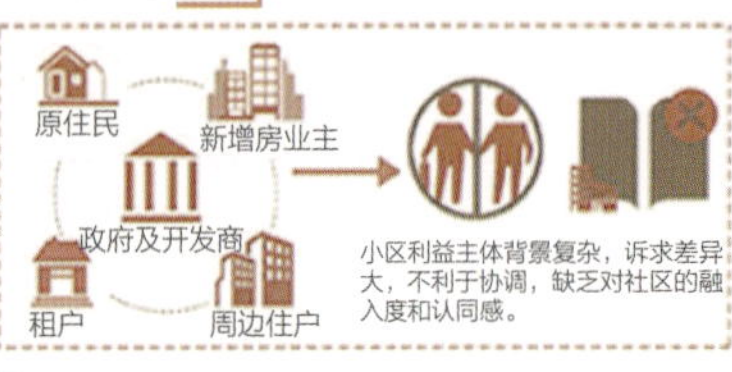

小区利益主体背景复杂，诉求差异大，不利于协调，缺乏对社区的融入度和认同感。

3 一脉难续

原有的居住集体邻里关系淡漠化；关于城市记忆的文化传承断代；居民文化认同感降低；工业遗产被荒废，未受到合理保护。

生态问题

1 环境与设施恶化
2 基地内部生态与外部断裂

基地现有景观资源较为丰富，主要依附于两河，但未得到很好的利用。
老年人与年轻人对于景观环境的需求未得到较好的统一与平衡。
基地内部的基础设施条件较差，难以满足居民追求较高生活品质的需要。

3 基地内部景观与外部旅游资源断裂

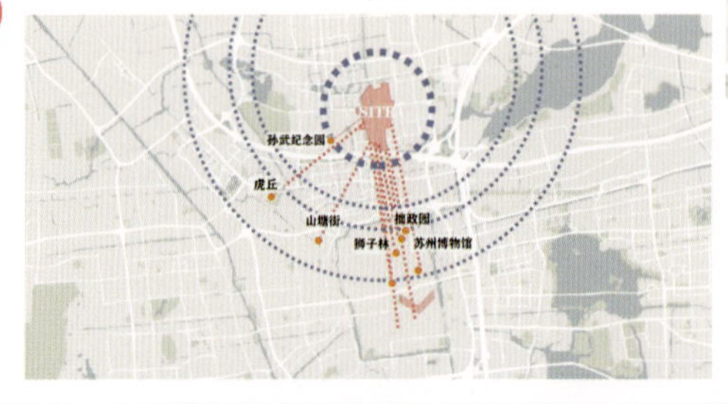

陆慕老街文化资源丰富，历史悠久，但尚未利用基地景观优势与周边旅游业形成体系，也没有较好地利用陆慕老街特有的文化内涵。应该注意避免与周边地区的同质性竞争，实行差异化发展。

SWOT

S
1. 得天独厚的区位优势
长三角，相城区中心，苏州市区的北大门，毗邻古城区
2. 交通优势
毗邻地铁站，高铁站方便到达
3. 丰富的历史价值
历史上陆慕老街文物古迹多，历史文化底蕴深厚，重建古镇，恢复老街历史风貌，为陆慕老街的改造及其发展赋予了较高的文化价值
4. 民间传统工艺
御窑金砖、吴门画派、"相城十宝"、"陆慕四宝"
5. 自然生态本底
位于阳澄湖与阳澄湖绿带之间，基地内元和塘、黄开河水域所贡献的优美环境
6. 生活服务配套设施相对完善

W
1. 后入市场劣势
一方面，建设时期较晚；另一方面，受打破固有印象，现状商业业态也以生活服务为主，缺乏吸引力
2. 历史空间要素的逐渐消失，街巷格局、建筑等
古韵依托水巷文化形成的原有街巷格局传统居住空间和曲折通幽的街巷商业空间被逐步打破
3. 区域历史特色不突出
原有的历史空间、文化要素保护力度不大
4. 风貌混乱、建设失调
建设时间混杂，存在违章搭建现象
5. 滨水空间缺乏保护利用
6. 交通设施不健全
内部停车场地较少，多为地面停车场，占地面积大且影响城市风貌和形象

O
1. 上位规划引导，政策支持
基地位于元和塘文化产业园区内，旨在加快构建文娱产业带、数字文化产业和创意设计产业片区功能布局，推动文化和科技、传统和现代的深度融合。苏州市政府为实现陆慕老街的再生发展，以发展现代服务业为契机，不断完善配套功能，精心定位业态，陆续推出招商开发加快推进陆慕老街建设工作，着力打造苏式旅游休闲特色街区品牌形象
2. 历史街区、文化体验热潮
老街区复兴，未来可期。在民族文化自信的时代背景下，传统习俗体验逐渐受到热捧
3. 结合周边资源，客群吸引
紧邻并江苏史街区和苏州博物馆的地理优势，可助推基地商业发展
4. 地下空间在发展
地铁8号线沿阳澄湖中路穿过基地西侧

T
1. 老街更新的同质化
苏州同质化古街旅游市场趋于饱和，单一模式开发缺乏创新性，在保护历史要素的同时如何定位发展路径，做出特色
2. 激活老街文化活力同时保护生态
3. 居民动迁难题
拆迁后居民安置及现状居住环境改善的复杂性，涉及对老街居民的动迁问题，如何进行安置补偿，需要积极研究，做好安置工作
4. 疫情对于旅游业的影响

小组成员：郭曼　段梦瑶
指导老师：汪霞

繁华依旧，古街犹新
——苏州陆慕老街片区城市更新设计

规划思路

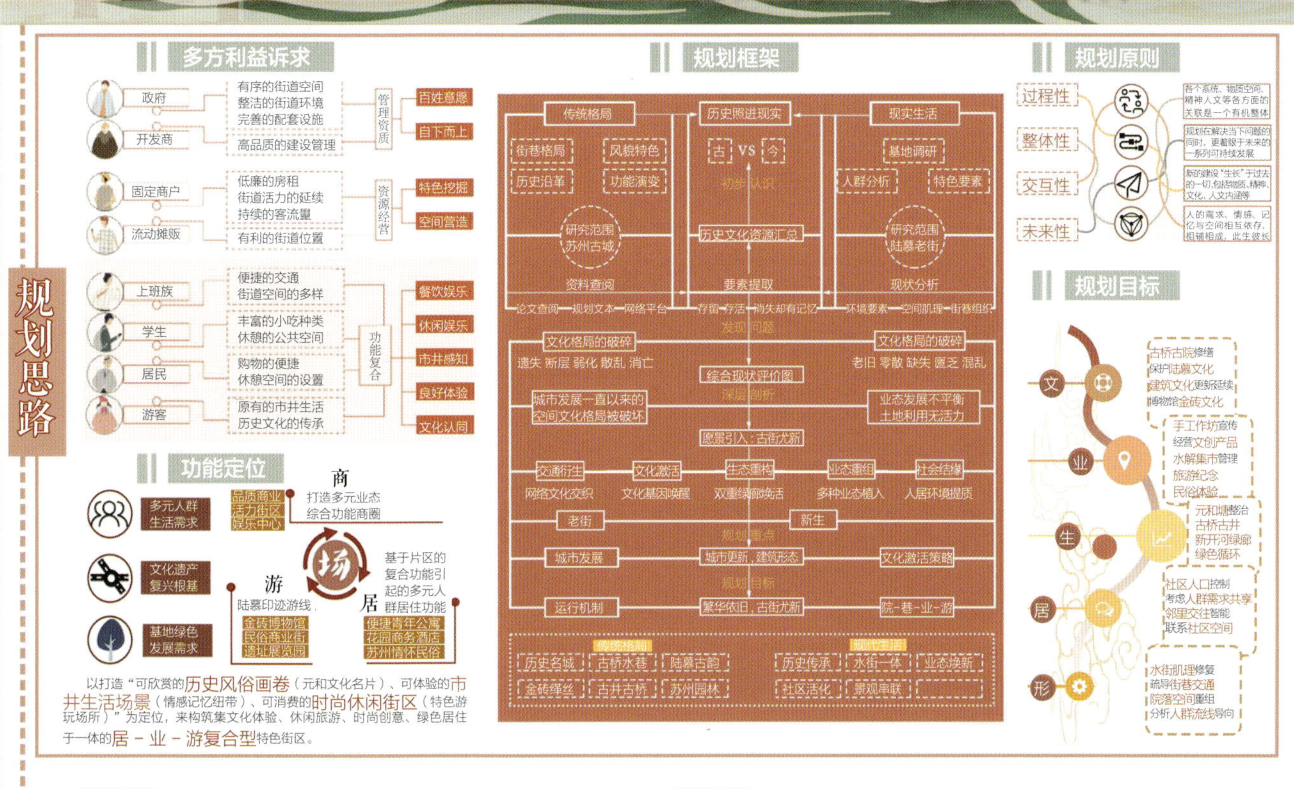

交通策略

1 道路整治，增强标识

入口
对入口空间进行标志性处理

保留
保留历史元素，并对元和塘两侧建筑肌理进行提取

引导
对人行交通进行指引

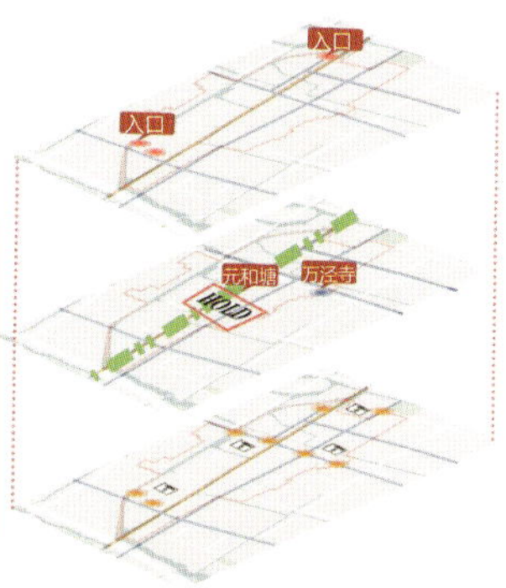

2 慢行重构，文旅交织

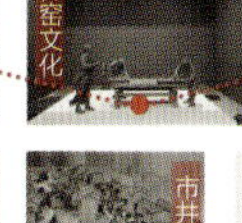

文化与水系结合，通过设置节点空间，营造水与文化交织的特色街道

3 特色街道，水街互动

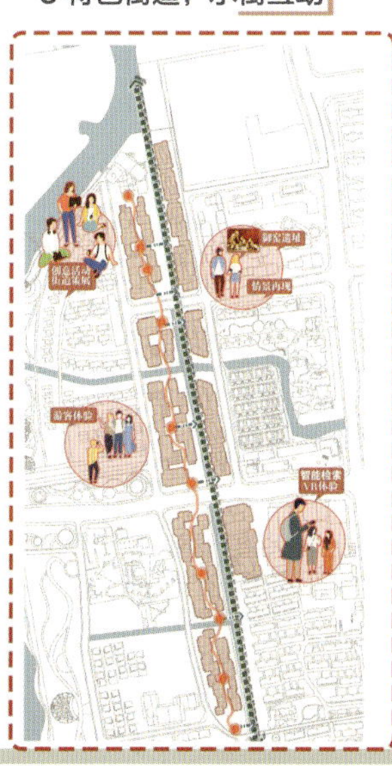

4 步道优化，水街重塑

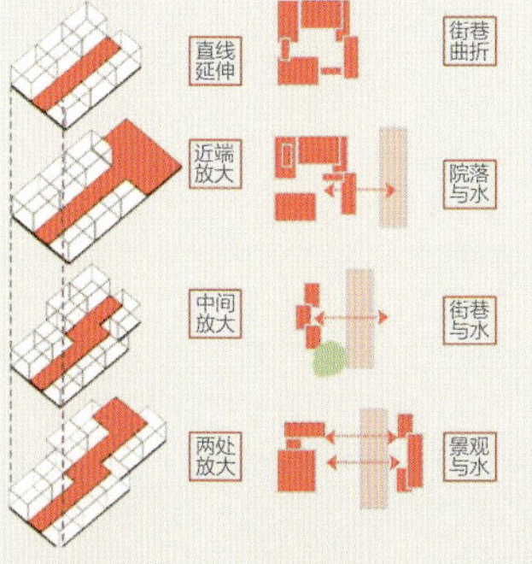

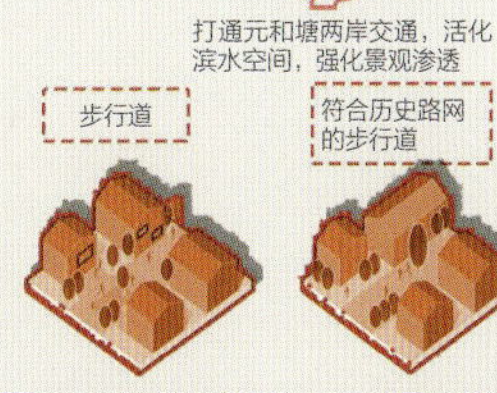

5 步行复兴，街道生活

步行复兴

小街区密路网　南北高架桥

1. 呼应历史步行道路，打造完善的步行网络。
2. 改造上下匝道口，合理设计路权，活化高架桥下空间，打破空间隔阂。

智慧交通

打造智慧交通出行网络，提倡慢行与公共交通，实现便利高效的生活圈

滨河贯通

打通元和塘两岸交通，活化滨水空间，强化景观渗透

6 构建步道，公众参与

完善慢行系统

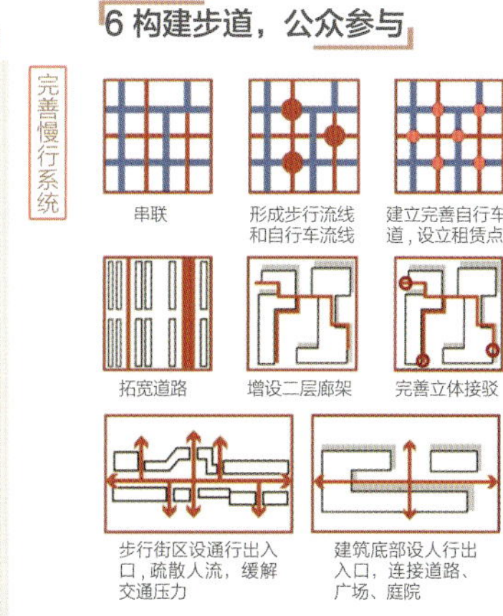

构建主题流线

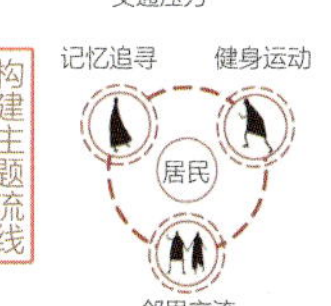

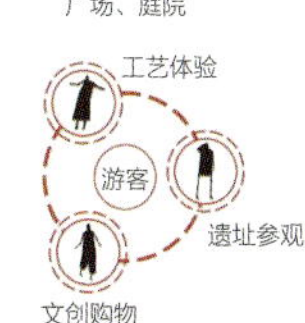

2022年全国城乡规划专业五校联合毕业设计
The Rebirth of Old Street - Urban Renewal Design of Lumu Old Street Area in Suzhou City
参加院校：苏州大学、南京工业大学、郑州大学、山东建筑大学、合肥工业大学　承办单位：苏州大学

小组成员：郭曼　段梦瑶
指导老师：汪霞

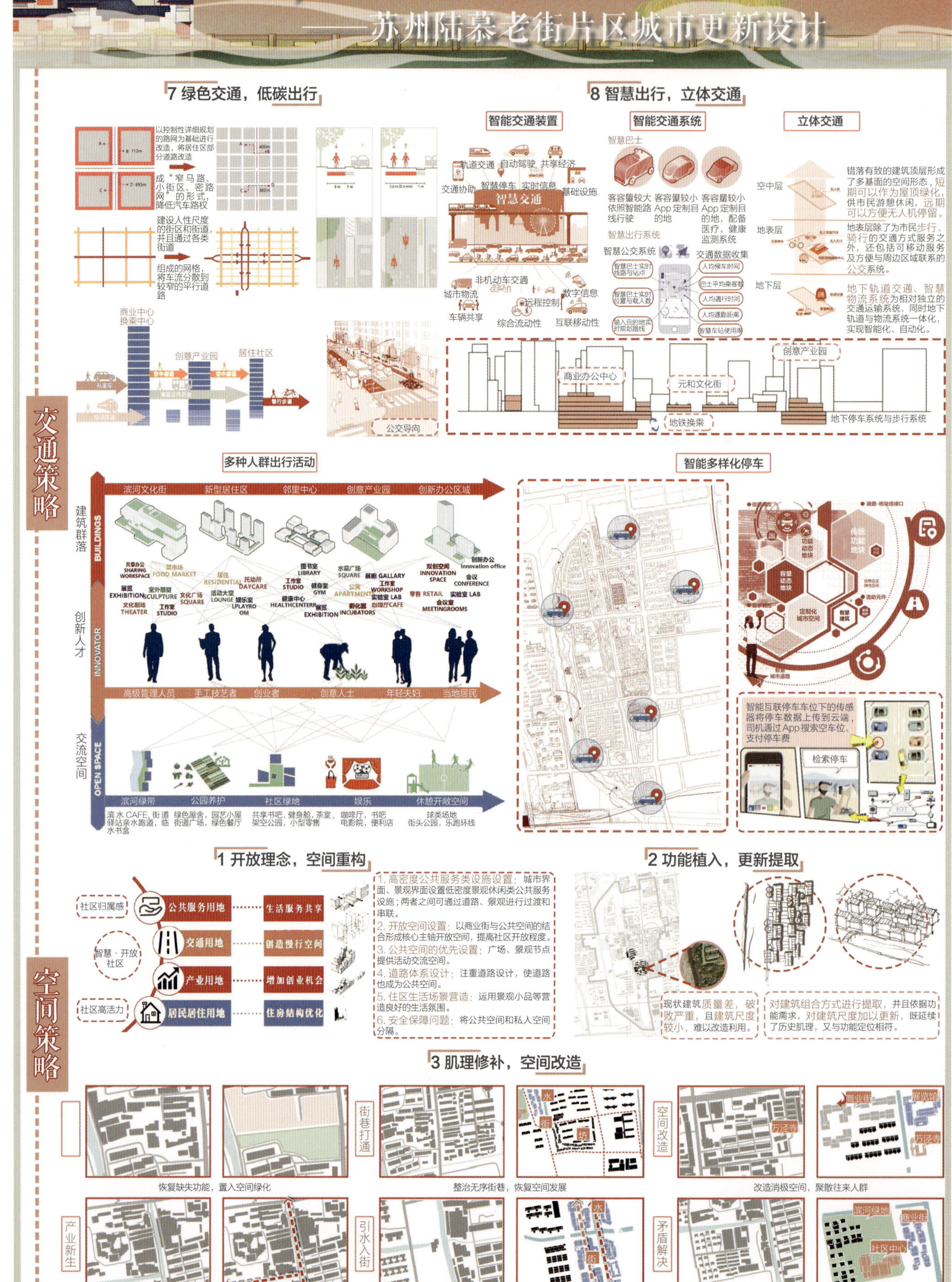

小组成员：郭曼　段梦瑶
指导老师：汪霞

参加院校：苏州大学、南京工业大学、郑州大学、山东建筑大学、合肥工业大学　　承办单位：苏州大学

繁华依旧，古街犹新

——苏州陆慕老街片区城市更新设计

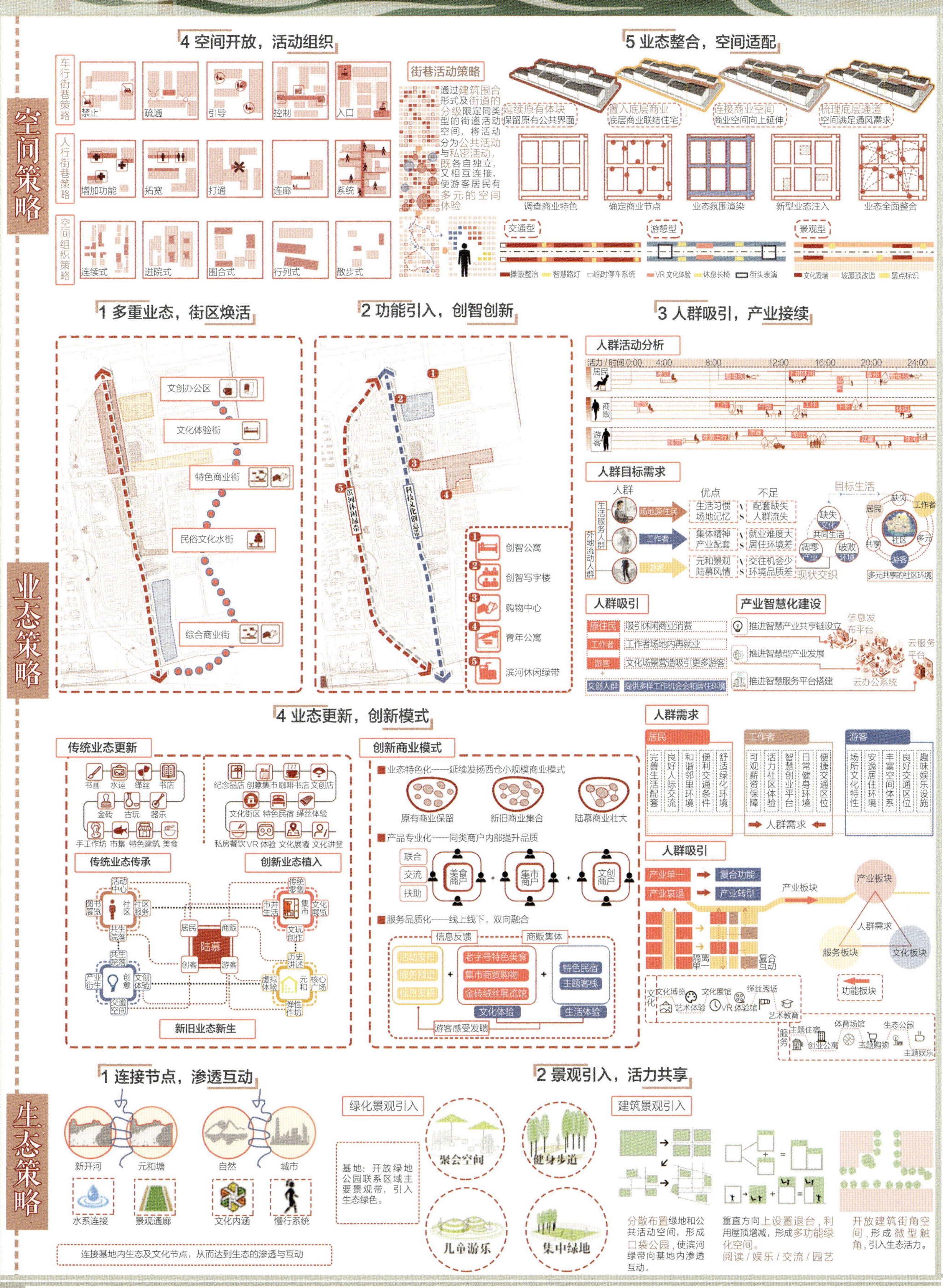

2022 年全国城乡规划专业五校联合毕业设计
The Rebirth of Old Street - Urban Renewal Design of Lumu Old Street Area in Suzhou City

小组成员：郭燮 段梦瑶
指导老师：汪霞

参加院校：苏州大学、南京工业大学、郑州大学、山东建筑大学、合肥工业大学 承办单位：苏州大学

繁华依旧，古街犹新
——苏州陆慕老街片区城市更新设计

2022 年全国城乡规划专业五校联合毕业设计
The Rebirth of Old Street - Urban Renewal Design of Lumu Old Street Area in Suzhou City

小组成员：郭曼　段梦瑶
指导老师：汪霞

参加院校：苏州大学、南京工业大学、郑州大学、山东建筑大学、合肥工业大学　　承办单位：苏州大学

繁华依旧，古街犹新

——苏州陆慕老街片区城市更新设计

主要节点标注

1 窑址文化展览馆
2 艺术文创坊
3 创意产业园
4 记忆博物馆
5 乾唐公园
6 缂丝工艺馆
7 苏州御窑金砖博物馆
8 陆慕中心幼儿园
9 民俗文化展览馆
10 文创商业复合街区
11 体验型民宿
12 万泾寺文创馆
13 万泾寺
14 社区服务中心
15 茶馆酒肆
16 休闲长廊
17 记忆之环
18 互联网企业办公
19 元和塘启动区
20 全龄友好游乐园
21 青年公寓

规划技术经济指标

规划用地面积：180 公顷
规划总建筑面积：2250000 平方米
容积率：1.25
建筑密度：33%
绿地率：38%

2022 年全国城乡规划专业五校联合毕业设计
The Rebirth of Old Street – Urban Renewal Design of Lumu Old Street Area in Suzhou City

小组成员：郭曼　段梦瑶
指导老师：汪霞

参加院校：苏州大学、南京工业大学、郑州大学、山东建筑大学、合肥工业大学　承办单位：苏州大学

小组成员：郭曼　段梦瑶
指导老师：汪霞

参加院校：苏州大学、南京工业大学、郑州大学、山东建筑大学、合肥工业大学　　承办单位：苏州大学

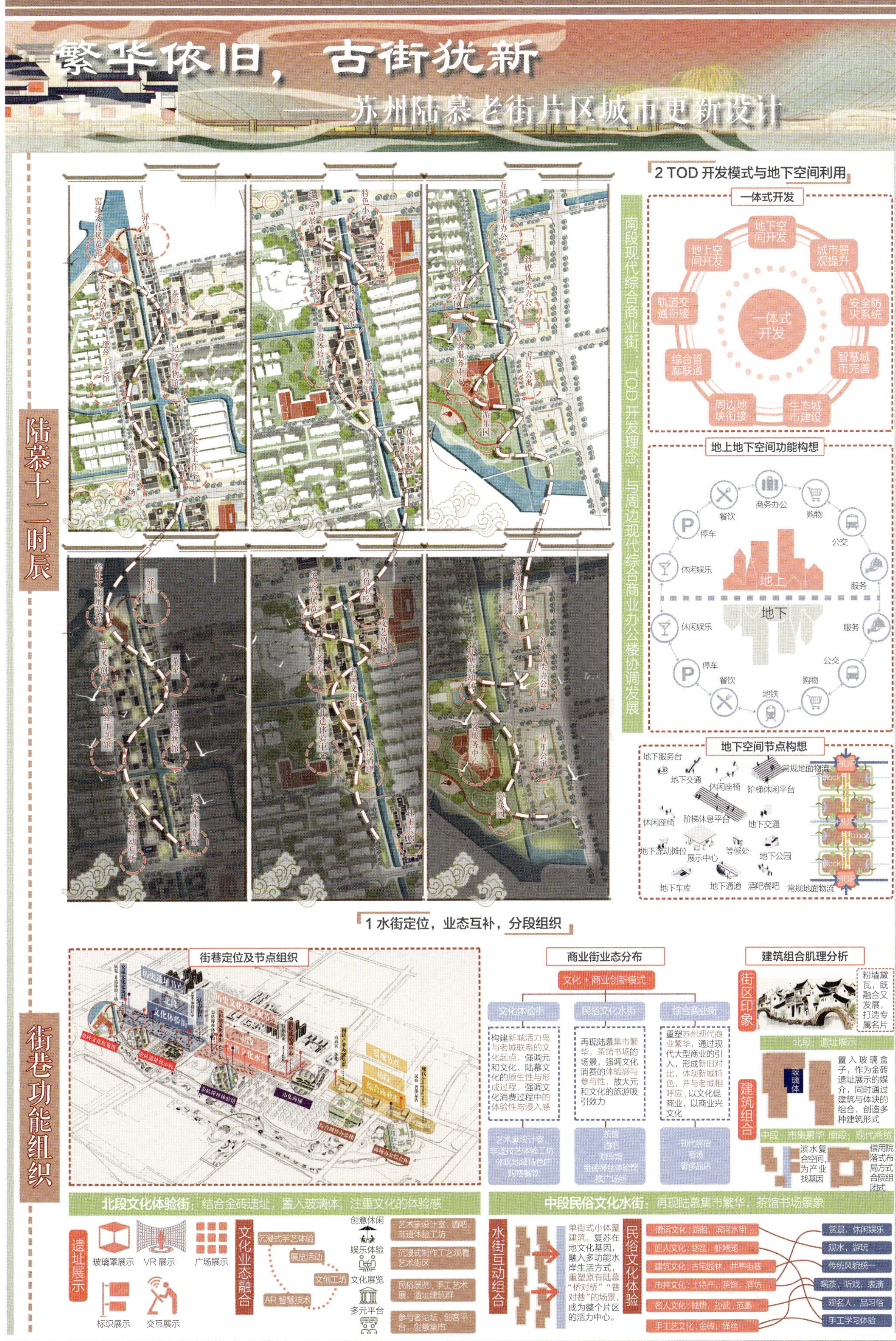

老街新生：苏州陆慕老街片区城市更新
The Rebirth of Old Street - Urban Renewal Design of Lumu Old Street Area in Suzhou City
终期答辩成果
繁华依旧，古街犹新
——苏州陆慕老街片区城市更新设计
陆慕十二时辰
南段现代综合商业街：TOD开发理念，与周边现代综合商业办公楼协调发展
2 TOD 开发模式与地下空间利用
一体式开发
地下空间开发
城市景观提升
安全防灾系统
智慧城市完善
生态城市建设
周边地块衔接
综合管廊联通
轨道交通衔接
地上空间开发
一体式开发
地上地下空间功能构想
商务办公
购物
公交
服务
休闲娱乐
停车
餐饮
地上
地下
地铁
地下空间节点构想
1 水街定位，业态互补，分段组织
街巷功能组织
街巷定位及节点组织
商业街业态分布
文化 + 商业创新模式
文化体验街
民俗文化水街
综合商业街
建筑组合肌理分析
街区印象
北段：遗址展示
建筑组合
中段：市集繁华 南段：现代商贸
北段文化体验街：结合金砖遗址，置入玻璃体，注重文化的体验感
遗址展示
玻璃罩展示
VR 展示
广场展示
标识展示
交互展示
文化业态融合
中段民俗文化水街：再现陆慕集市繁华，茶馆书场景象
水街互动组合
民俗文化体验
2022 年全国城乡规划专业五校联合毕业设计
The Rebirth of Old Street - Urban Renewal Design of Lumu Old Street Area in Suzhou City
小组成员：郭曼 段梦瑶
指导老师：汪霞
参加院校：苏州大学、南京工业大学、郑州大学、山东建筑大学、合肥工业大学
承办单位：苏州大学

繁华依旧，古街犹新
——苏州陆慕老街片区城市更新设计

剖面3

剖面1

剖面2

小组成员：郭曼　段梦瑶
指导老师：汪霞

主客共生，焕活陆慕

郑州大学
Zhengzhou University

小组成员：柴博涵　邹一卉
指导老师：汪霞

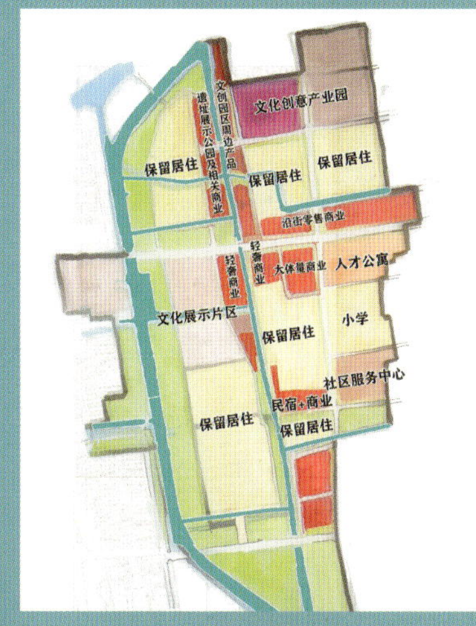

第一阶段 构思图

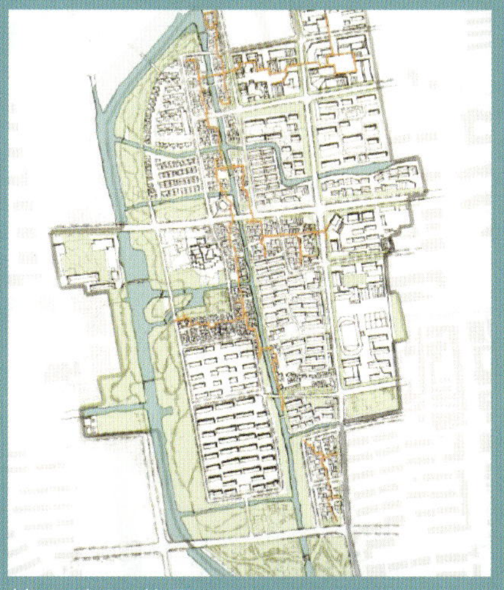

第二阶段 草图

第三阶段 定稿图

设计说明

方案整体定位为新老共生、主客共享模式下宜居、宜业、宜游的文产旅街区，主客群体是对老街新生的“老”与“新”在文化、空间、功能、社会等方面的延伸。

文化：底蕴老、根基深的陆慕文化——文创设计等新兴产业新的融合。

空间：原有的城市肌理、文脉、建筑形式——体量、形态的改造与创新。

功能：现有满足生活需求功能的保留升级——功能的完善与产业的植入。

社会：群体上的当地居民——因产业植入带来的新鲜活力。

人群上的主体（当地居民）——客体（打工人、游客等活力因素）。

消费形式的原始生活化需求——多样、完善、丰富的三产形式。

保留更新的建筑形式——新模式、新产业引领下的空间建设。

陆慕文化的主体文化——文创设计等新兴产业的客体文化。

规划策略也相应地分为主体策略与客体企划，从居住、道路、生态、社会、产业等五个方面提出相对应的主客策略，寻求它们之间横、纵两个维度的共生，打造陆慕绿洲、陆慕乐居、陆慕产业，叠加描绘形成全基地设计方案。其中，主体策略分别为多维提升的市民社区、便捷通畅的多级交通、功能完善的基础设施、渗透交融的蓝绿网络、古今传承的生活链条；客体企划分别为优质稳定的群体聚落、特色舒适的游览专线、活力共享的城市配套、开放无界的生态空间、内外共筑的产业体系。

陆慕整体的产业发展路径与模式，延续主体策略与客体企划，以焕活陆慕，构成宜居、宜业、宜游的文产旅街区，社区居所与配套设施为人才的引进和文创产业园区的开设提供基础设施与物质支撑，陆慕文化和文创产业共同支撑产业孵化与产业链条的形成，为各主体商业提供主题内核。以上三者相互依存，最终形成新老住区群体交融的智慧社区、新老文化业态协同的多元产业区及文化产业和旅游产业并进的活力老街。

整体规划结构为一廊、二轴、五带、多节点：“一廊”为沿河绿廊，“二轴”为元和塘功能轴和城市发展轴，“五带”为陆慕文化体验带、产业研发带、时尚轻奢带、现代商业带、生态服务带。

方案设计以观、购、游、食、体验陆慕旅游为基底，以文创、流媒、展览、办公综合为驱动，构建未来、创意、多元的陆慕文化产业链，实现文化共生、经济多样、活力多元的老街繁荣可持续发展。

设计感悟

毕业设计是我们作为学生的最后一次作业，既是对学校所学知识的全面总结和综合应用，又为今后走向社会的实际操作应用铸就了一个良好开端。在此要感谢我们的指导老师汪霞女士提供的帮助。在设计过程中，我们通过查阅大量有关资料自学、与同学交流经验、向老师请教等方式，学到了不少知识，也经历了不少艰辛，但收获同样巨大。在整个设计过程中我们懂得了许多东西，也培养了我们独立工作的能力，树立了对自己工作能力的信心，同时也充分体会到了在创造过程当中探索的艰辛和成功时的喜悦。

「主客」共生，焕活陆慕

——苏州陆慕老街片区城市更新设计

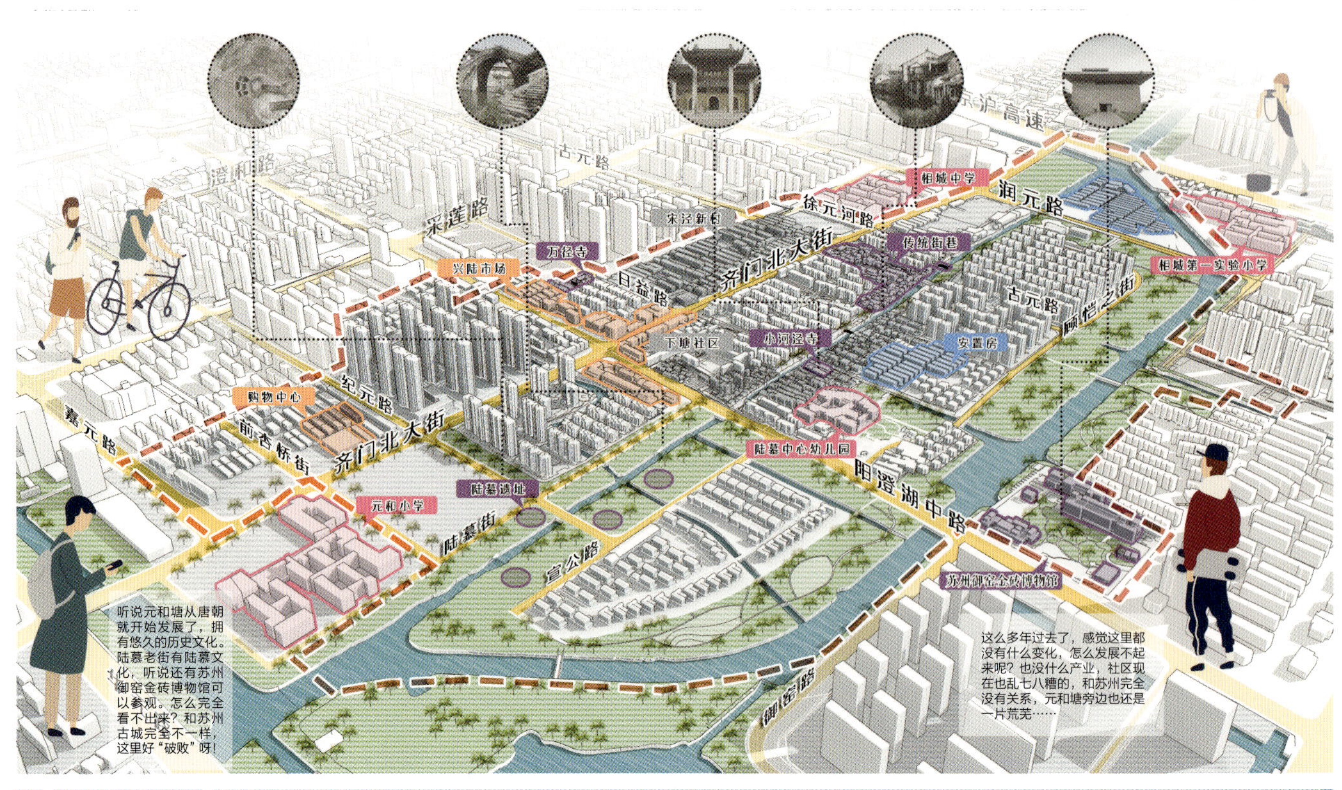

1 用地更新评价

建筑质量分析

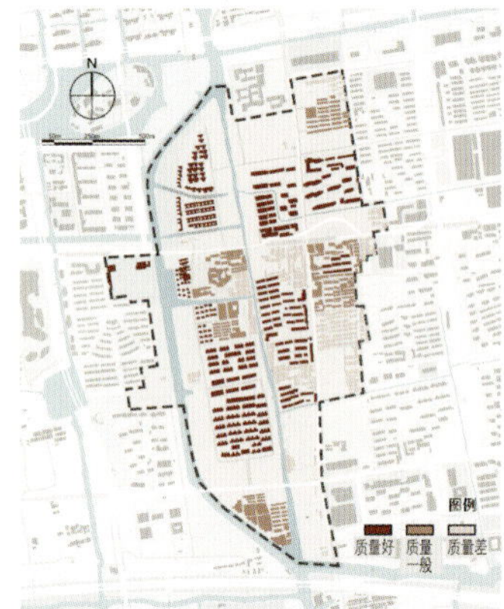

建筑高度分析

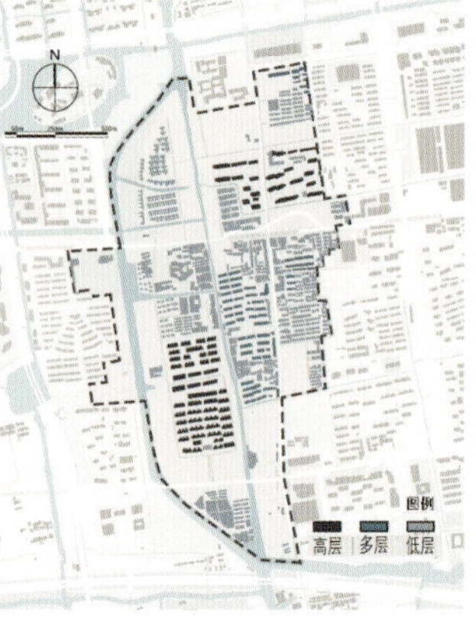

建筑风貌分析

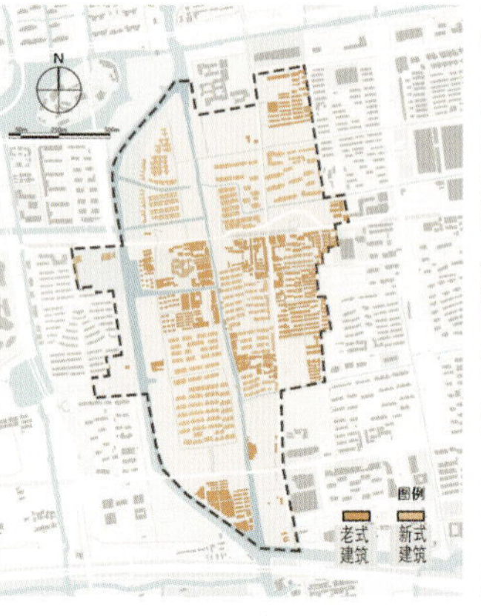

土地价值综合分析

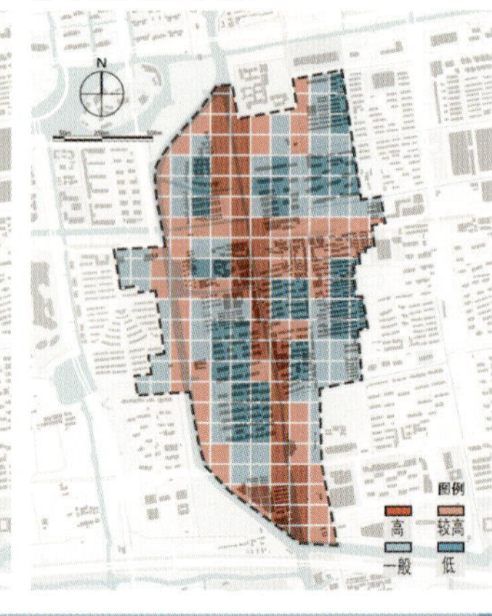

2 周边业态分析

餐饮
零售
休闲娱乐
教育培训
儿童亲子
生活服务
家居家具
丽人养生
旅行服务

以基地中心的华美家园小区为圆心圈定半径2公里内区域，提取该区域业态情况如下：

区域业态概览

2025个 餐饮	3303个 餐饮	333个 休闲娱乐	311个 教育培训
1751个 生活服务	602个 家居家具	705个 丽人养生	18个 旅行服务

0.19% 旅游服务
21.48% 餐饮
7.48% 丽人养生
6.39% 家居家具
18.57% 生活服务
3.3% 儿童亲子
4.02% 教育培训
3.53% 休闲娱乐
35.04% 零售

业态布局：对基地及周边业态分布进行图示化密度分析，可观察出业态主要分布在相城大道、采莲路、华元路附近区域。其中餐饮服务类、购物服务类、生活服务类商业分布较多，且类型主要为微小型商业，大型商业主要集中在大型商场。其余类型的业态占比较小，但考虑到实际需求，当前大概能满足区域需要。

公共服务设施评价：对基地内部及周边商业业态（餐饮娱乐、零售等）、教育设施、医疗卫生、行政办公、绿地广场等公共设施分布进行总结和分析发现，除医疗设施外，地块公共服务设施配套条件均较好。

3 社会环境分析

人文环境

地方风俗 特色性弱 — 特色；特色性强
历史悠久，陆慕文化深厚

居民亲和度 0 25 50 75 100
居民亲和度高，待人较和善

建筑文化指数 低 中 高；较低
风貌杂乱，传统建筑保护不当

城镇规划 程度低 — 程度高；较低
用地现状杂乱，资源没有得到利用

辐射范围圈 低 中 高；较高
区位优势较强，周边圈层丰富

区位环境

旅游资源 0 25 50 75 100；75
苏州古城，历史文化旅游资源丰富

交通 困难 普通 便利；较便利
城市干道相邻，地铁直达，交通便利

城镇依托 低 中 高；适中
南邻老城区，但相城区发展不明晰

绿化覆盖率 低 中 高；较高
元和塘、新开河带动形成蓝绿空间网络

舒适度 低 中 高；适中
资源众多，但现状“百废待兴”，结构失重

小组成员：柴博涵　邹一卉
指导老师：汪霞

「主客」共生，焕活陆慕

——苏州陆慕老街片区城市更新设计

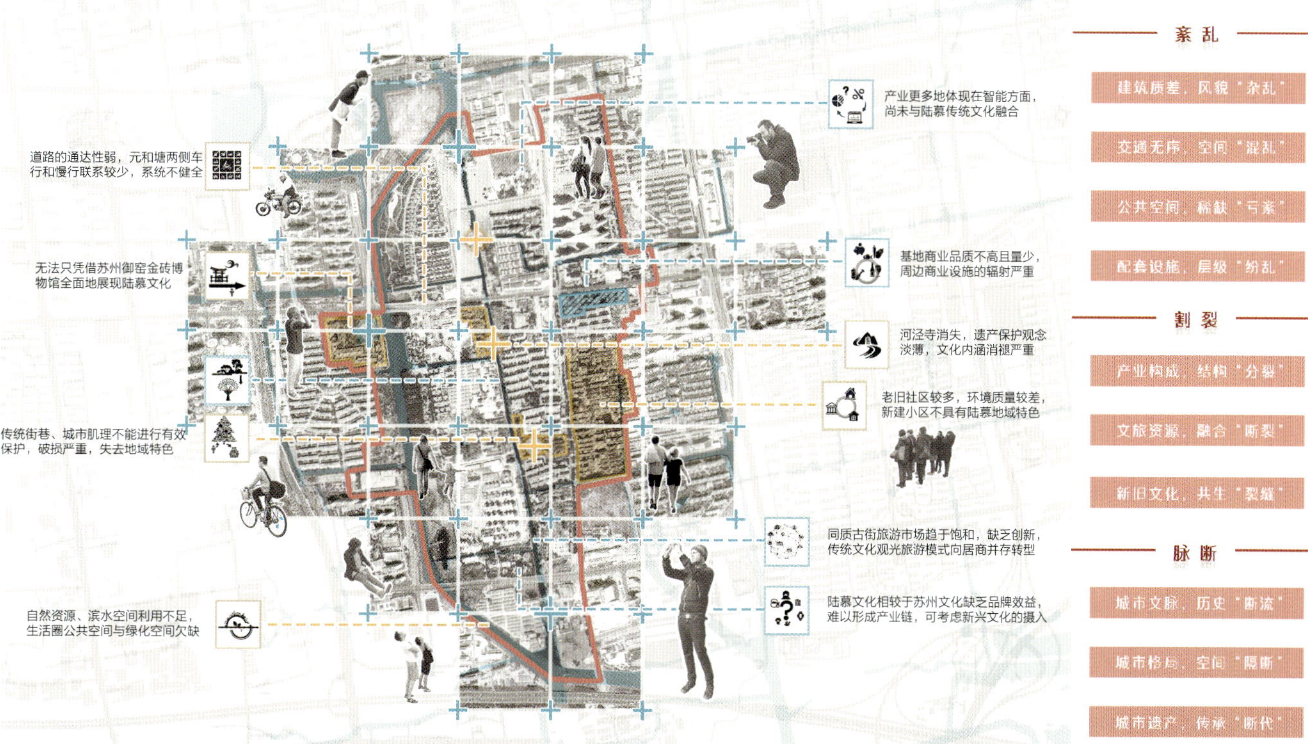

1 规划定位解读

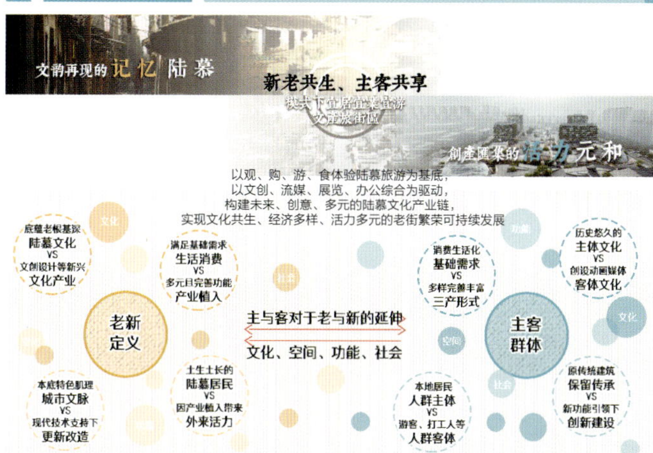

2 规划策略框架

主体策略	共生体系	客体企划
构建智慧社区，提高社区管理水平 提升社区居住环境，打造宜居街区	居所共生	更新改造原有建筑，打造特色民宿 建设人才公寓，提供稳定的居住环境
增加支路，完善通达性与道路体系 发展公共交通，建立慢行、步行系统 参考控规结合实际建设停车场	社会共生	设置环岛旅游专线，加强对滨水的感知 利用廊道连接节点，叠加夜游空间 生态优先前提下尝试建设水道的体验活动
道路管线地下铺设，提升城市风貌 补充各层级生活圈基础配套设施	生态共生	相关人才政策为流动人口提供保障 基础设施充分考虑流动人口需求
强调元和塘、新开河生态廊道建设 渗透理念完善城市蓝绿网格体系	文化共生	南端生态节点形成陆慕老街片区观光门户 文化生态结合，建设文化公园与广场
传承城市空间要素，保留城市记忆 注重非遗保护与研发，打造产业链 整合陆慕文化资源，发展文化旅游产业 完善商业服务门类，补充大型商业	产业共生	引入创新产业，提供更多稳定职位 文化设计产业园打造新型产业名片 利用媒体传播产业搭建文化交流平台 设定商业主题，避免模式同质化

3 文化产业体系

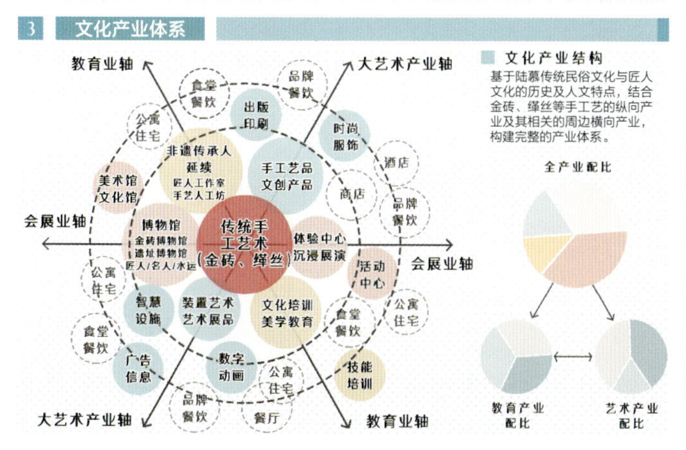

文化产业结构

基于陆慕传统民俗文化与匠人文化的历史及人文特点，结合金砖、缂丝等手工艺的纵向产业及其相关的周边横向产业，构建完整的产业体系。

全产业配比

教育产业配比　艺术产业配比

4 产业发展路径与模式

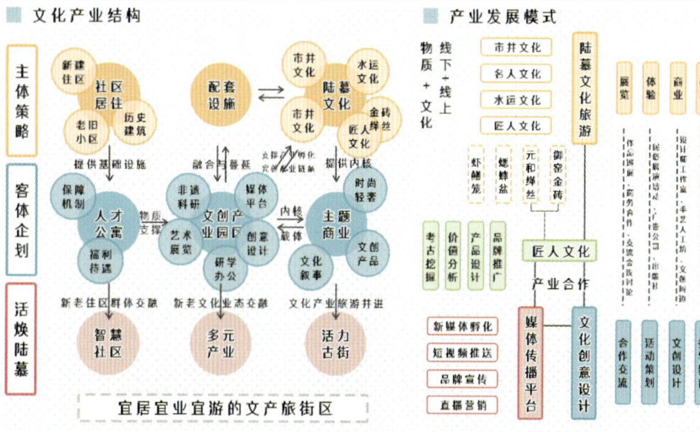

小组成员：柴博涵 邹一卉
指导老师：汪霞

「主客」共生，焕活陆慕

——苏州陆慕老街片区城市更新设计

1 土地利用规划

3 规划结构

4 功能分区

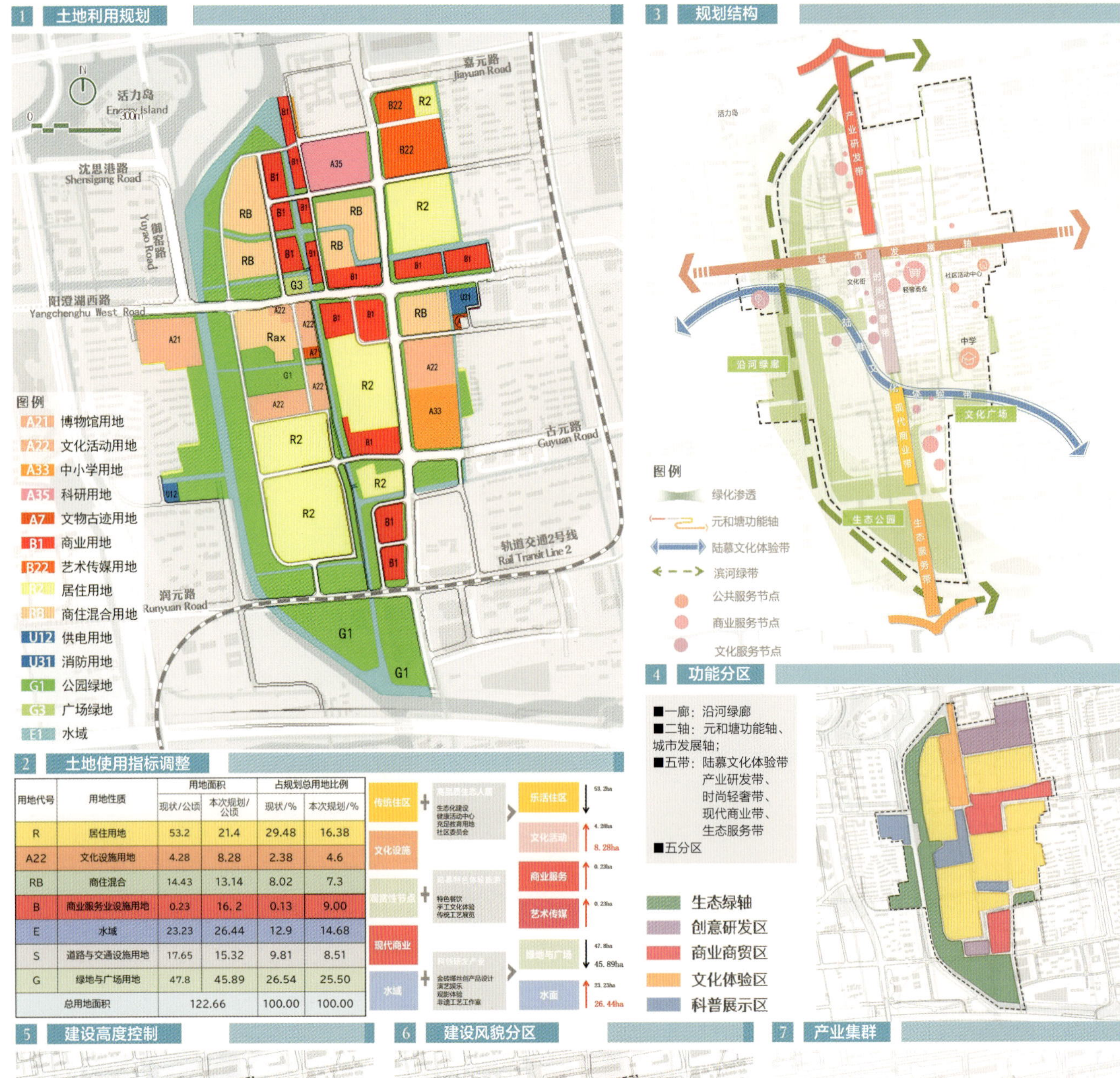

■一廊：沿河绿廊
■二轴：元和塘功能轴、城市发展轴；
■五带：陆慕文化体验带
产业研发带、
时尚轻奢带、
现代商业带、
生态服务带
■五分区

2 土地使用指标调整

用地代号	用地性质	用地面积		占规划总用地比例	
		现状/公顷	本次规划/公顷	现状/%	本次规划/%
R	居住用地	53.2	21.4	29.48	16.38
A22	文化设施用地	4.28	8.28	2.38	4.6
RB	商住混合	14.43	13.14	8.02	7.3
B	商业服务业设施用地	0.23	16.2	0.13	9.00
E	水域	23.23	26.44	12.9	14.68
S	道路与交通设施用地	17.65	15.32	9.81	8.51
G	绿地与广场用地	47.8	45.89	26.54	25.50
总用地面积		122.66		100.00	100.00

传统住区 + 生态化建设 健康活动中心 充足教育用地 社区委员会 → 乐活住区 53.2ha

文化设施 → 文化活动 4.28ha → 8.28ha

观赏性节点 + 特色餐饮 手工文化体验 传统工艺展览 → 商业服务 0.23ha；艺术传媒 0.23ha

现代商业

水域 + 金砖缂丝创产品设计 演艺娱乐 观影体验 非遗工艺工作室 → 绿地与广场 47.8ha → 45.89ha；水面 23.23ha → 26.44ha

5 建设高度控制

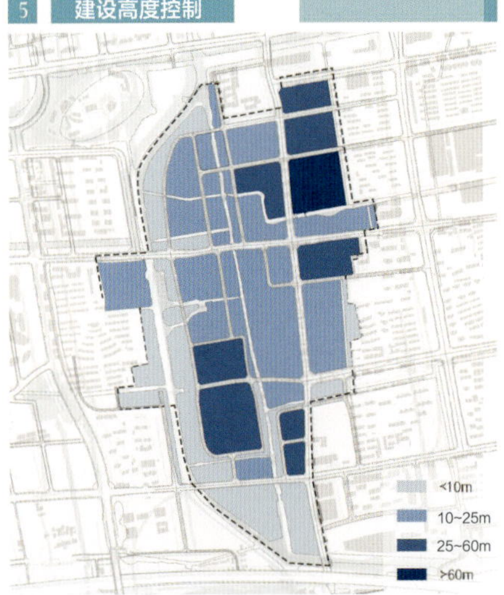

6 建设风貌分区

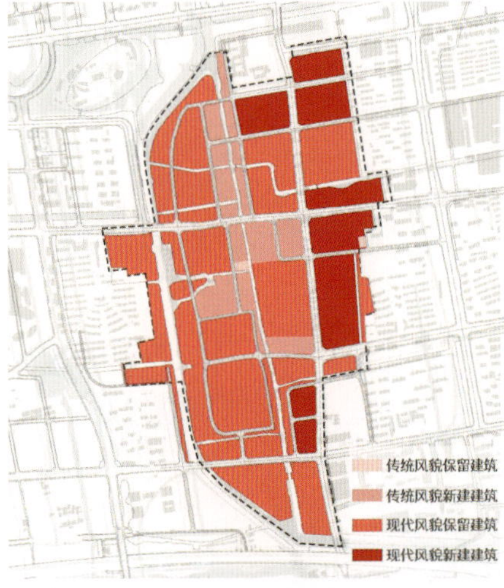

7 产业集群

小组成员：柴博涵　邹一卉
指导老师：汪霞

「主客」共生，焕活陆慕

——苏州陆慕老街片区城市更新设计

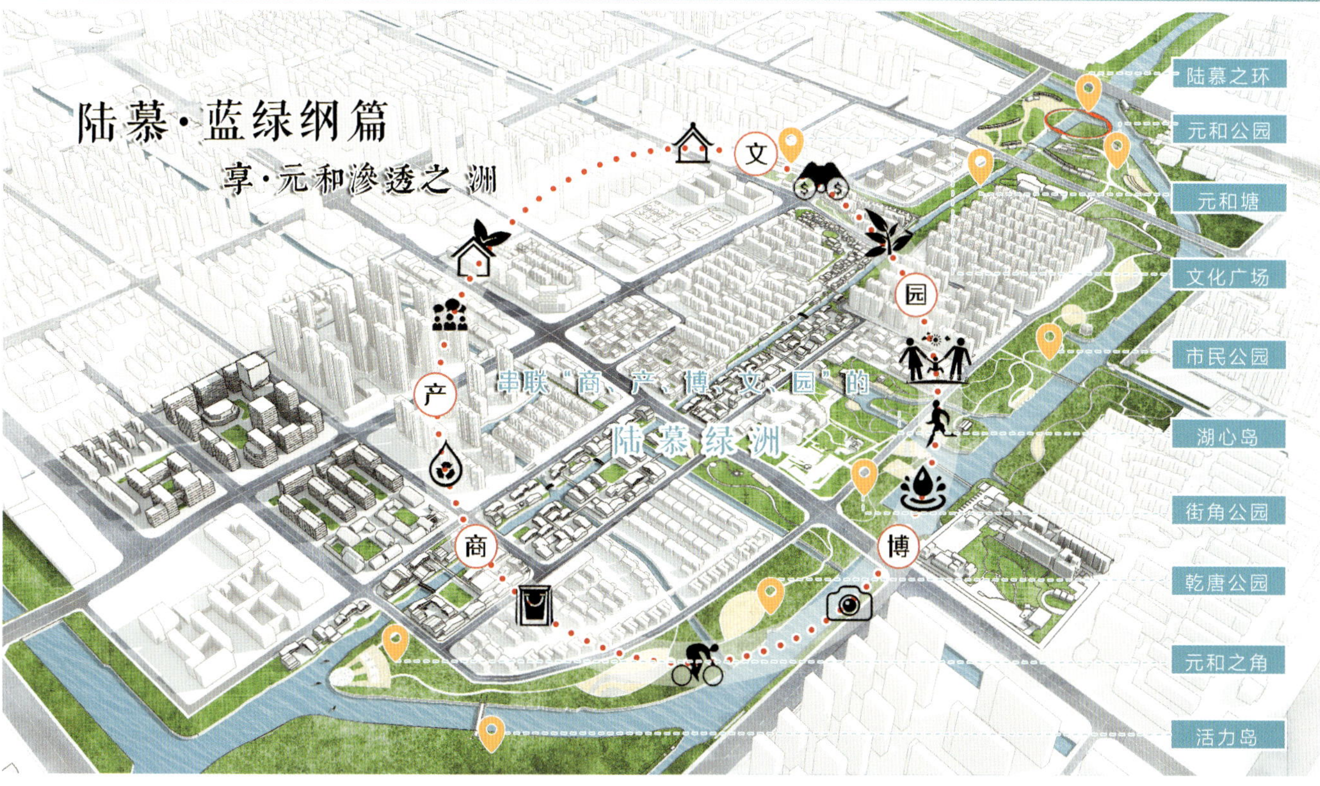

主体策划一 多维提升的市民社区

建筑评估，分区改造

客体企划一 多维提升的市民社区

城市肌理延续，传统建筑营造

构建智慧社区，建设服务平台

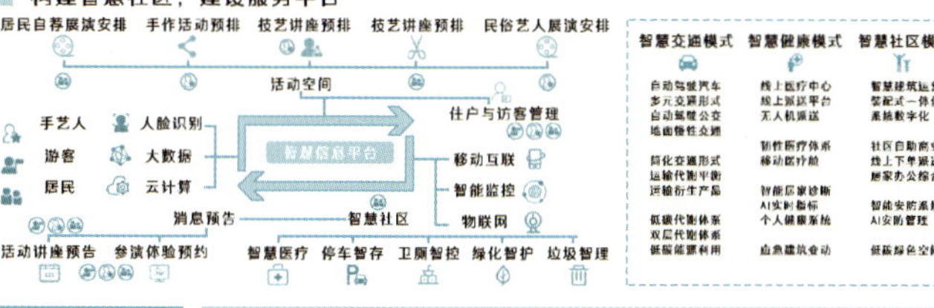

人才公寓，多元办公居住形式

主体策划二 便捷通畅的多级交通

客体企划二 特色舒适的浏览专线

2022年全国城乡规划专业五校联合毕业设计
The Rebirth of Old Street - Urban Renewal Design of Lumu Old Street Area in Suzhou City
参加院校：苏州大学、南京工业大学、郑州大学、山东建筑大学、合肥工业大学　承办单位：苏州大学

小组成员：柴博涵　邹一卉
指导老师：汪霞

「主客」共生，焕活陆慕

——苏州陆慕老街片区城市更新设计

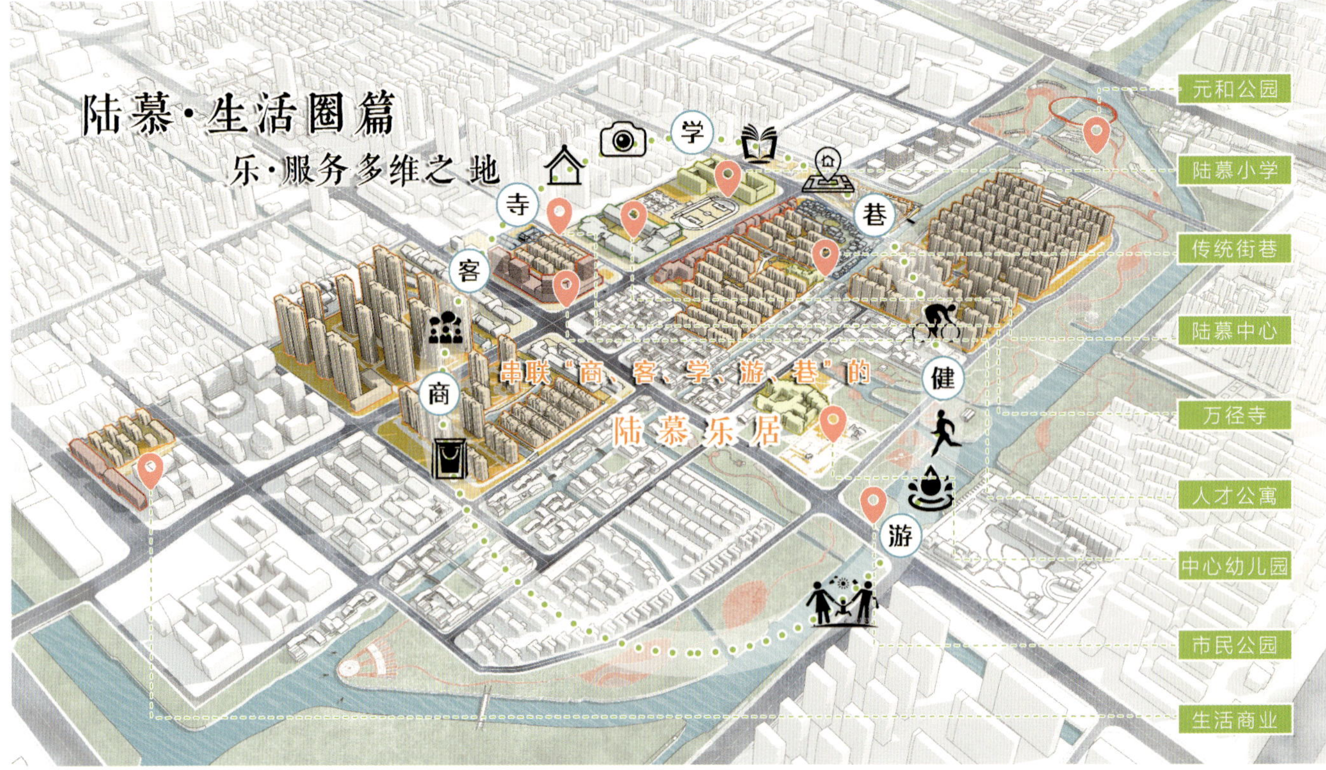

主体策划三 功能完善的基础设施

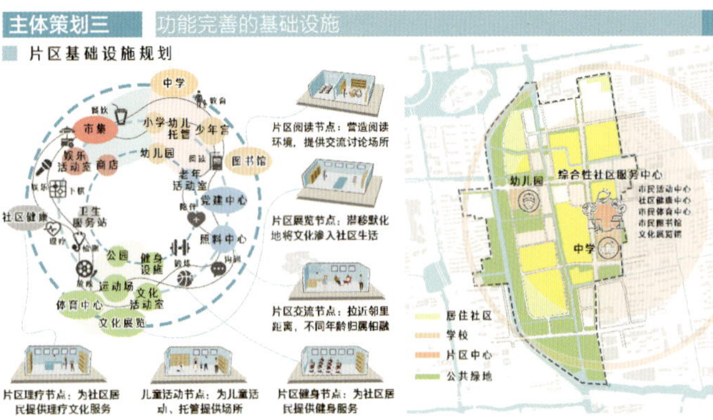

客体企划三 活力共享的城市配套

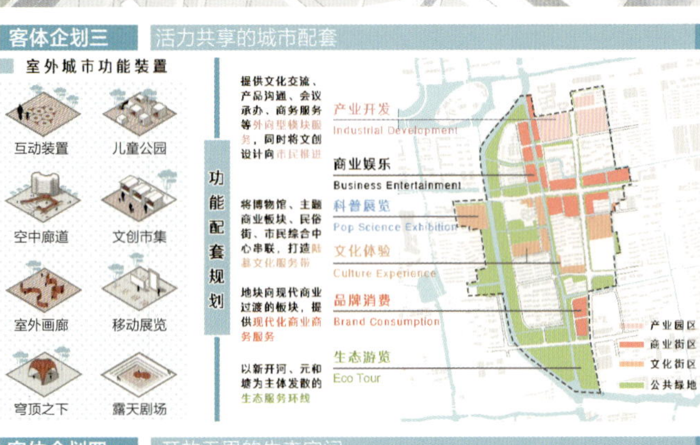

主体策划四 渗透交融的蓝绿网络

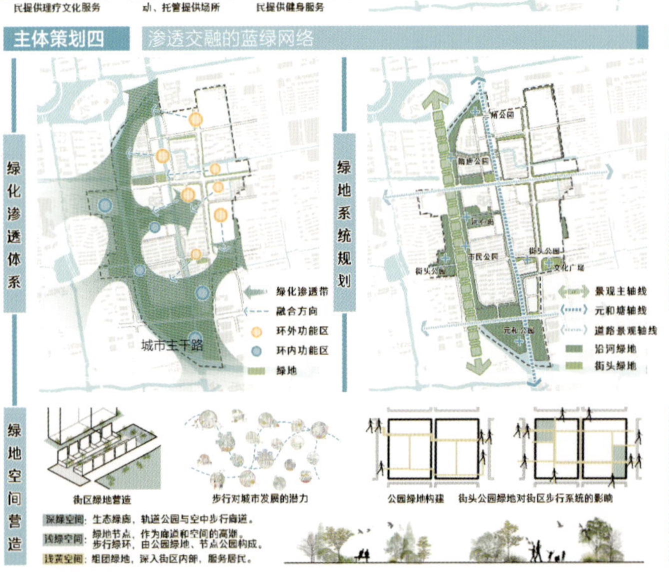

客体企划四 开放无界的生态空间

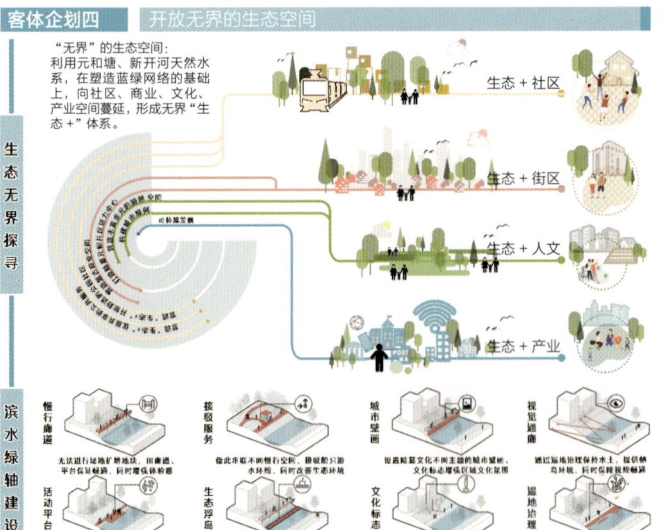

小组成员：柴博涵 邹一卉
指导老师：汪霞

「主客」共生，焕活陆慕

——苏州陆慕老街片区城市更新设计

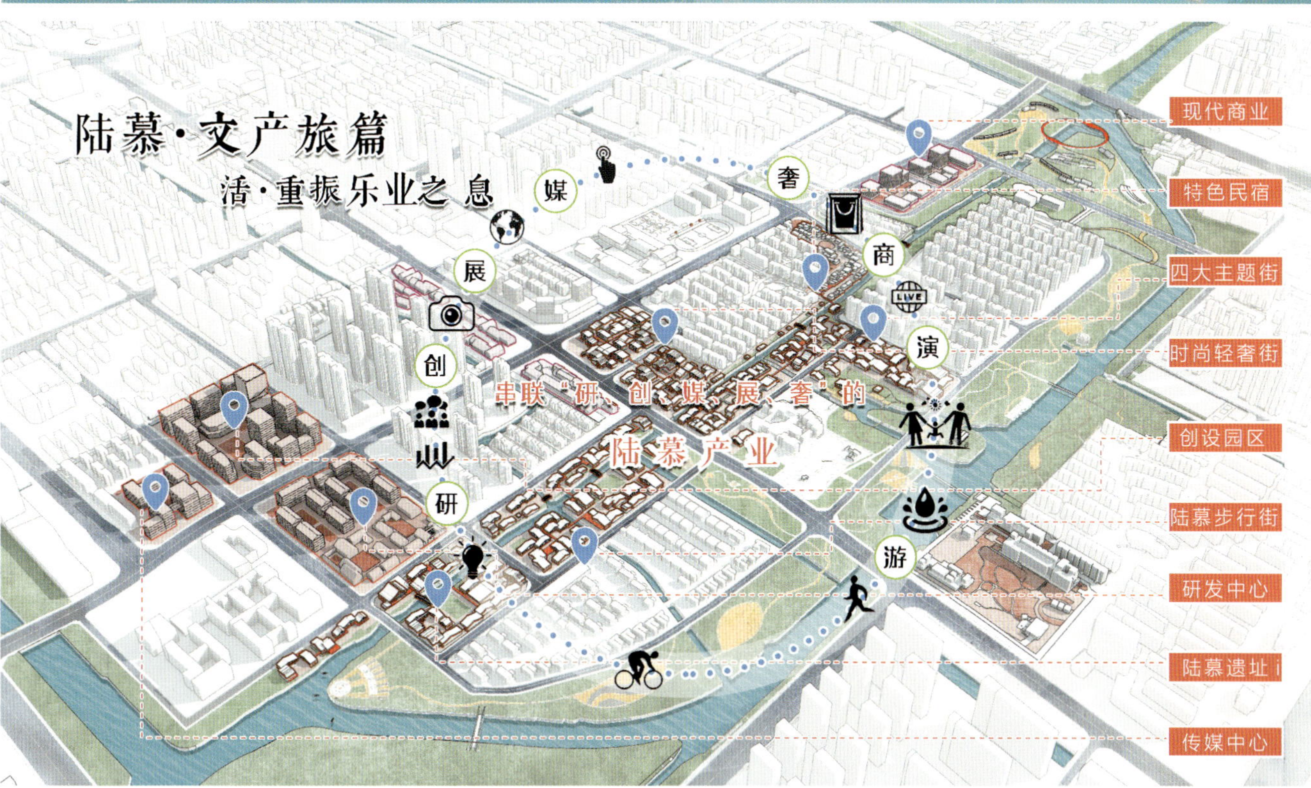

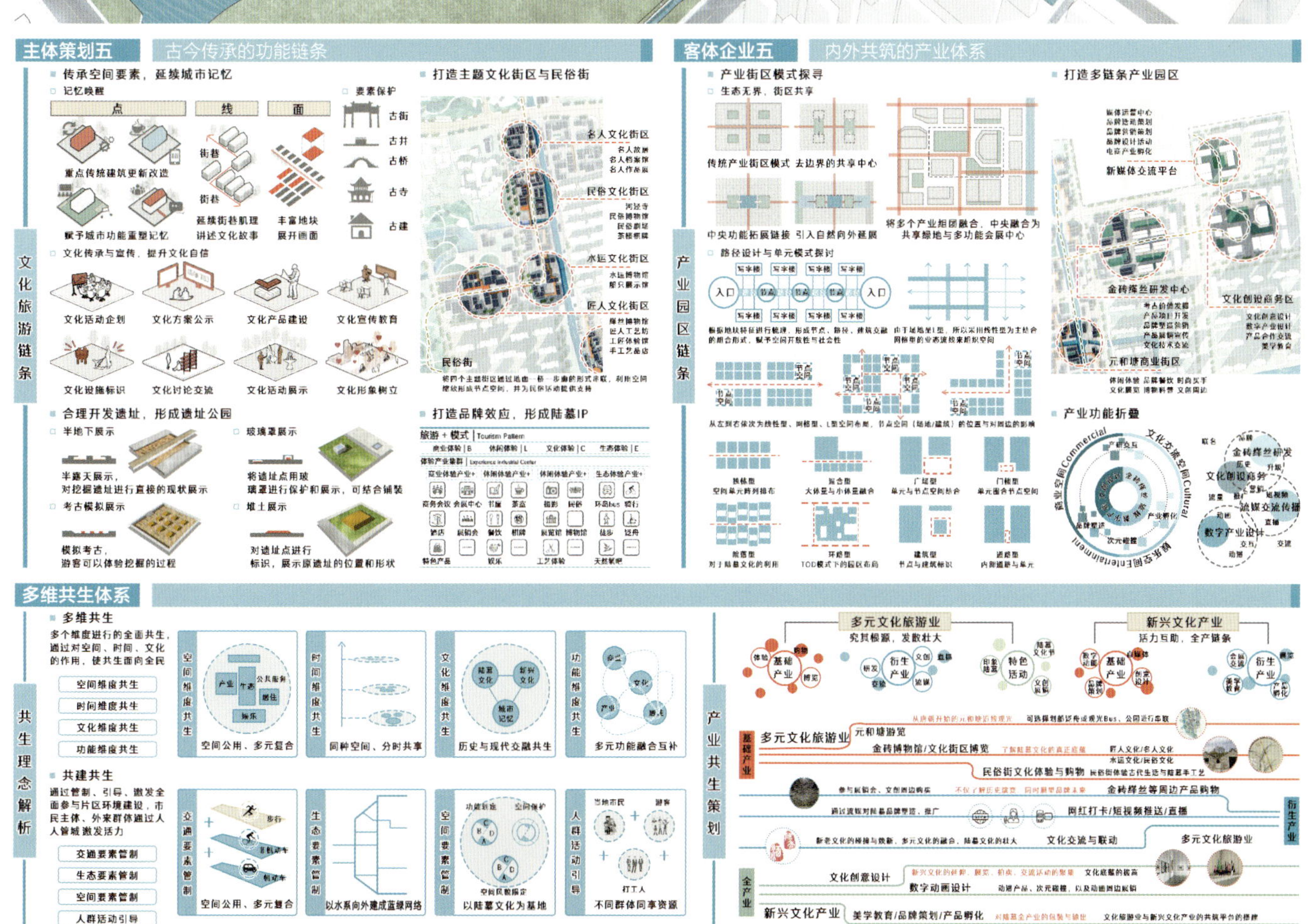

小组成员：柴博涵 邹一卉
指导老师：汪霞

「主客」共生，焕活陆慕

——苏州陆慕老街片区城市更新设计

经济技术指标	
总用地面积 / 公顷	122.66
总建筑面积 / 公顷	159.46
容积率	1.30
绿地率 /%	25.5

小组成员：柴博涵　邹一卉
指导老师：汪霞

小组成员：柴博涵　邹一卉
指导老师：汪霞

「主客」共生，焕活陆慕

——苏州陆慕老街片区城市更新设计

1 重点地块效果图

2 重点地块平面图

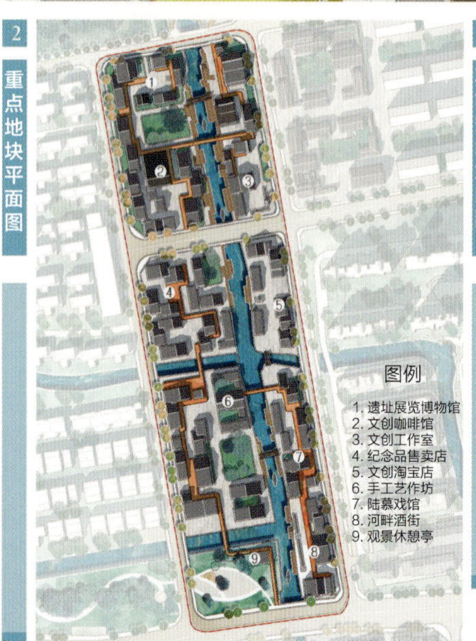

3 功能空间意向图

4 城市天际线

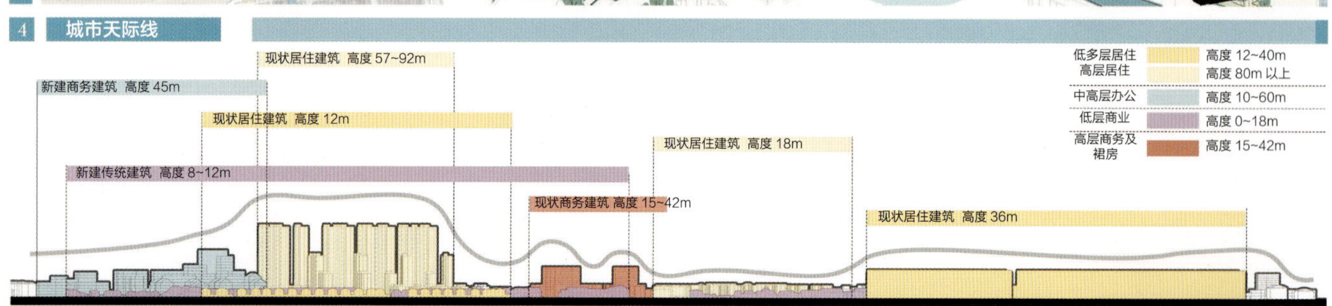

小组成员：柴博涵 邹一卉
指导老师：汪霞

老街·良所·匠心

郑州大学
Zhengzhou University

小组成员：刘菲 徐凤哲
指导老师：刘晨宇

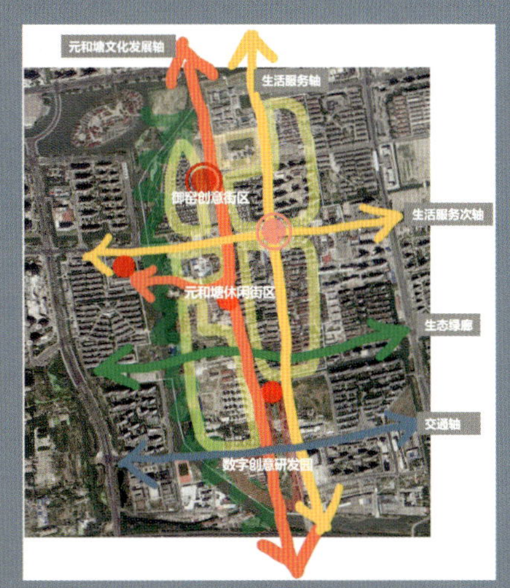

第一阶段 构思图

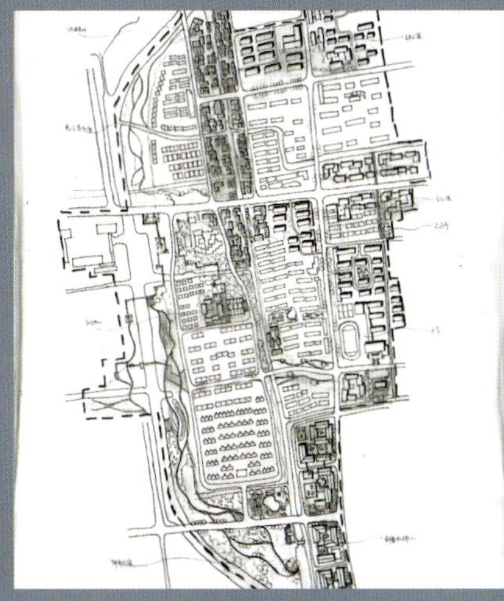

第二阶段 草图

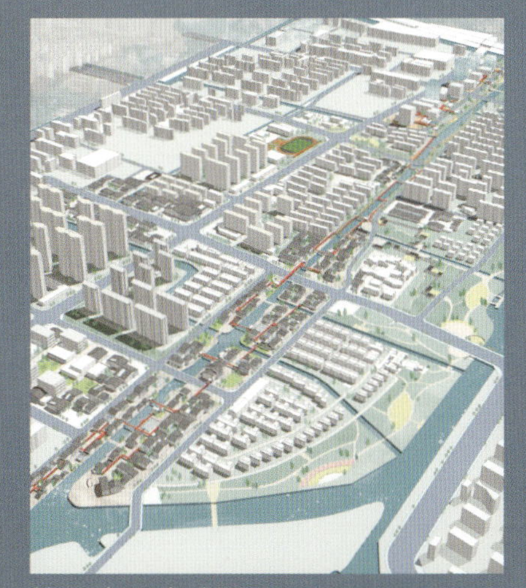

第三阶段 定稿图

设计说明

本次规划场地位于苏州相城区陆慕老街片区，是相城区未来城市发展和城市更新试点的重要片区。陆慕老街的重塑，不仅寄托着苏州相城人民的文化乡愁，也承担着弥补周边区域功能缺失、激活土地价值、塑造城市品牌的重要使命。如何转换与融合陆慕老街的前世今生，建构何等空间格局、植入何种业态等，成为此次规划的重点。

首先，围绕“老街新生”主题，从产业发展、历史文化、空间品质这三个方面进行梳理，回首昔日，分析现状，展望未来。昔日陆慕老街为苏州漕运第一站，商贸繁华，文化繁荣，工匠技艺非凡，具有江南特色风貌与完整的街巷格局。如今的陆慕商业业态单一，产业缺乏特色，历史文化、工匠技艺的发展欠佳，居民生活品质面临不同程度的缺口，空间品质、风貌特色亟待提升。结合上位规划及分析，在产业上发展特色文旅商业和数字文创产业；在历史文化方面注重工匠技艺，通过多方合作共同发展传承；在空间品质方面延续江南特色风貌，打造高品质空间，实现老街新生。

其次，围绕“老街文化如何延续发展”和“老街差异化发展如何体现”两大核心议题，进一步思考。延续发展：采用价值引导的方法对老街的历史文化进行保护，对基地周边的文化进行价值识别、价值载体寻找、价值活化利用，实现文化价值的延续。差异发展：发掘陆慕文化特征的价值——手工业，融入新人群，打造多方参与的体验模式；融入新方式，突破旧的非遗传承形式，结合新技术；融入新审美，打造创新工艺，发扬工匠精神。

最后，从人的需求、服务品质、体验模式等角度，合理分析不同人群的需求，完善城市功能。建构开放的空间体系，加强基地滨水风貌带的衔接，结合水系网络、城市公园、街道、绿地、广场等要素组织开敞的空间系统，考虑不同人群的活动需求和路径，营造适宜的城市中心景观环境。适当融入现代艺术元素，打造鲜明的辨识度。优化公共服务体系，增补所需设施，进行智慧赋能，打造智慧社区，提高居民生活品质，打造智慧景区，提升游客游览体验。

设计感悟

城市更新设计是一个非常有趣的过程，通过这次设计，我们了解了一个地方的发展与风土人情，提出了这个地方未来发展的规划。

在本次规划设计过程中，我们对当地特色非物质文化的发展感到震撼和敬佩，丰富的文化遗产背后是一代代匠人的心血和当地人民的支持与传承，理性的规划设计能够对这些遗产进行保护和发扬，这让我们感受到了规划设计的职责和使命。同时，老街更新的议题也让我们认识到城市整体协同发展很重要，差异化发展也很重要。城市发展要综合考虑经济效益、生态效益、文化效益、社会效益等，在实现综合发展的同时，要抓住特色，塑造城市特色形象。

同时，设计过程也让我们感受到了城市治理的重要性，许多规划目标需要依靠有效的城市治理才能更好地实现。比如在智慧社区层面，规划设计能够为智慧社区在空间层面提供支持，但非常重要的运行和使用必须通过引导才能有效发挥作用。

总之，通过这次的设计我们收获了很多，也认识到了自身的一些短板。在今后的设计中，我们会继续提升自己擅长的方面，同时弥补不足的地方，为良好人居环境的建设添砖加瓦。

老街·良所·匠心

——苏州陆慕老街片区城市更新设计

背景与发展条件

周边资源条件

历史文化条件

历史沿革

由墓得名
唐顺宗永贞元年，宰相陆贽墓葬在此，“陆墓”因此而得名

商贾繁华
明、清两朝，窑里烧出的砖一直是皇家专用

唐 宋 明 今

因水而兴
唐代后，元和塘两岸逐渐形成了街市；宋时，宫廷内生产缂丝的能工因战乱回乡，在陆慕繁衍至今

繁华湮灭
老街繁华已不复存在，变成了纯民居的一条街

显性文化要素

窑坑遗址
苏州御窑金砖博物馆
万径寺
小河泾寺
南桥
宋泾桥

[砖窑]
古砖窑为清朝晚期时所建，据调查这座砖窑曾为清皇室烧制过金砖，时至今日，窑火未断，传承着金砖文化。

[古寺]
尚存的寺庙承载着人们朴素的信仰，见证了明清和近现代两个历史时期。

[古桥]
古老的石拱桥是水运文化的象征，见证了千年烟火、市井繁华。

隐性文化要素

[千年元和塘]

[匠人文化]
“相城十绝”，民间传统文艺：御窑金砖、元和缂丝、陆慕泥盆、渭塘珍珠、相城琴弓、九龙砖雕、太平船模、黄桥铜器、水乡草编、阳澄渔歌，闪耀着匠人智慧的光辉，部分广销世界。

[御窑文化]
御窑金砖：中国传统窑砖烧制业中的珍品，明清以来受到帝王的青睐，成为皇宫建筑的专用产品，是国家级非物质文化遗产。

[水运文化]
自古以来，元和就是苏州重要的交通节点，更是连接苏州各区县与城北的重要交通要区。特别在水运方面，其境内的元和塘纵贯南北，素称“官塘”，在历史上是不可小觑的漕运通道。

[名人文化]
伍子胥、范蠡、孙武、苏秦、沈周、冯梦龙等文化名人。

区域特色非物质文化

苏州相城区——中国民间工艺之乡

相城区共有 41 个被纳入区级及以上非遗代表作名录的项目，其中御窑金砖制作技艺于 2006 年 5 月被列入第一批国家级非物质文化遗产名录。陆慕泥盆制作技艺和苏派砖雕被列入省级非物质文化遗产代表作名录。御窑金砖、元和缂丝、陆慕蟋蟀盆都获得过中国民间文艺最高奖。

第一批国家非物质文化遗产	御窑金砖制作技艺
	元和缂丝
省级非物质文化遗产代表作	陆慕泥盆制作技艺
	苏派砖雕
中国民间文艺最高奖	陆慕蟋蟀盆

	御窑金砖	缂丝
文化价值	中国传统窑砖烧制业中的珍品，皇宫建筑的专用产品	中国传统丝绸艺术品中的精华，宋元以来一直是皇家御用织物之一
制作方式	传统手工技艺，复杂的体力劳动	纯手工制作，集体劳动
制作工序	包括选土练泥、踏熟泥团、制坯晾干、装窑点火、文火熏烧、熄火窨水、出窑磨光等近 30 道工序，工序多、工艺繁复	用“通经断纬”技法织成，包括落经线、牵经线、套筘、弯结、嵌轴经、拖经面、嵌前轴经、捎经面、挑交、摇线，打翻、箸踏脚棒、扪经面、画搞、配色线、修毛、装裱等十几道工序
制作时长	通常要花费一年半的时间	一件作品需要几个月甚至一年以上才能完成
发展现状	政府大力支持金砖的保护传承，生产性保护方式使御窑金砖彻底打破了一直困扰手工艺人的生存瓶颈。但市场需求量小，生产规模无法扩大，经济收益低	缂丝织品工艺要求极高、价格普遍偏贵、很难向大众普及、发挥商业价值难度高等制约了缂丝市场的拓展

御窑金砖、缂丝POI检索

对标苏州丝绸，在特定的半径 5km 范围内 POI 检索，要素点特征如下：

	要素点数量	要素点分布
丝 绸	多	密集，中心性
御窑金砖	少	中心性
缂 丝	较少	散布

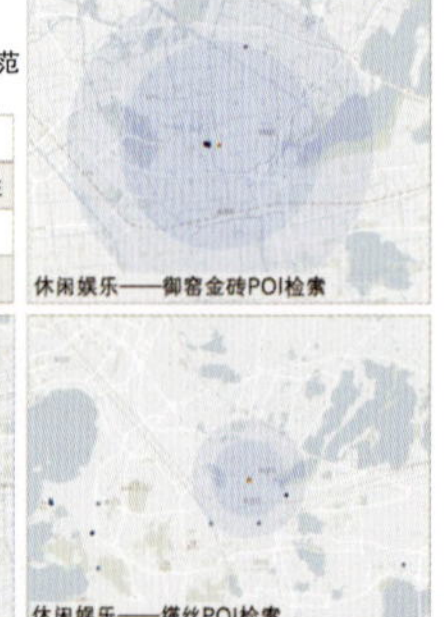

小组成员：刘菲 徐凤哲
指导老师：刘晨宇

老街·良所·匠心

——苏州陆慕老街片区城市更新设计　现状解读

基地风貌分析

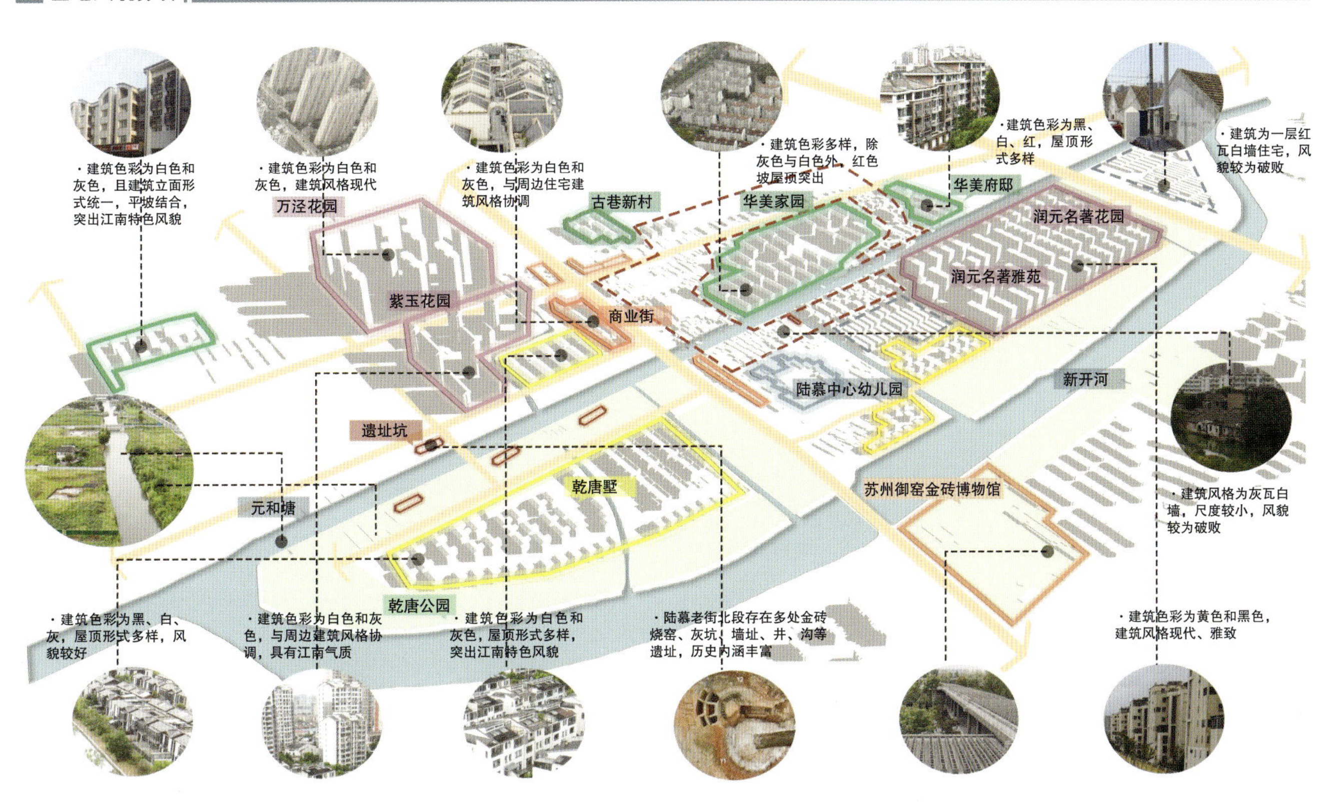

教育用地覆盖分析　医疗用地覆盖分析

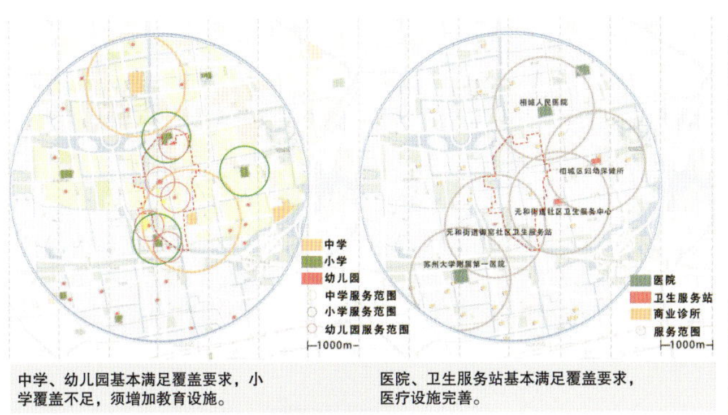

中学、幼儿园基本满足覆盖要求，小学覆盖不足，须增加教育设施。

医院、卫生服务站基本满足覆盖要求，医疗设施完善。

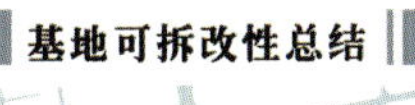

基地可拆改性总结

人群分析

人群现状

原住民的流失	本地商户	外来租客的涌入	游客的进入
原生生活网络的肢解	商业活力的激活	原有社区归属感低	片区活力的激发
在地文化氛围的缺失	商业空间的破碎	人际关系网络破碎	要素受众的增加
对生活品质的新追求	业态组织的混乱	场所记忆割裂缺失	业态活力的提升

人群需求分析

活动时间（休息 / 就餐 / 工作学习 / 游憩；00:00—12:00—24:00）

主要人群	特征
游客	偏好游览类的非日常化场所
儿童	作息规律，需要家长陪同活动
上班族	工作忙碌，休闲时间固定且集中
老年人	休闲时间多，活动范围小，社交对象以家人和邻居为主
居民	生活在场地内，生活起居日常化
创新型人才	日常工作生活，对生活品质有一定的追求
匠人	偏好游览类的非日常化场所

需求：健身锻炼、文化体验、休闲娱乐、散步遛弯、购物餐饮、工作学习、亲近自然、寺庙祈福、游览观光

空间：市集商业、庙宇、遗址坑、大师坊、公园广场、博物馆、连续步道、办公空间、文教空间

SWOT分析

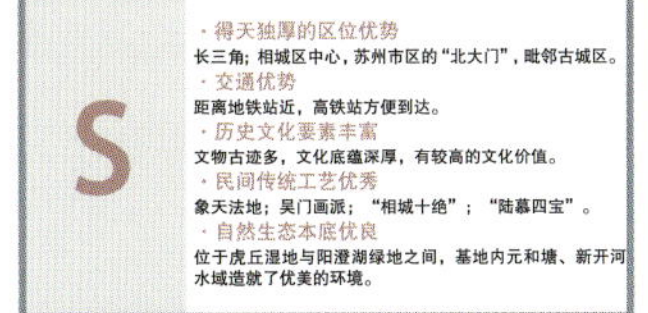

S

· 得天独厚的区位优势
长三角；相城区中心，苏州市区的“北大门”，毗邻古城区。
· 交通优势
距离地铁站近，高铁站方便到达。
· 历史文化要素丰富
文物古迹多，文化底蕴深厚，有较高的文化价值。
· 民间传统工艺优秀
象天法地；吴门画派；“相城十绝”；“陆慕四宝”。
· 自然生态本底优良
位于虎丘湿地与阳澄湖绿地之间，基地内元和塘、新开河水域造就了优美的环境。

W

· 后入市场劣势
只有打破人们对“古镇”“老街”的固有印象，创造优势吸引市场才能取得成功。
· 历史文化要素缺乏保护，特色不突出
街巷商业空间维护不当，浜对浜、桥对桥、弄对弄、庙对庙的特殊格局逐渐消失。旅游特色不明显，历史风貌和韵味不足。
· 风貌混乱，建设失调
建筑新旧混杂，存在违章搭建现象，陆慕传统的灰白砖墙民居与现代红黄涂料外墙建筑在建筑形式和建筑色彩方面形成割裂感，亟需协调。

O

· 上位规划引导，政策支持
苏州市和相城区对数字文旅产业及陆慕老街的发展十分重视，打造城市名片。
· 历史街区、文化体验热潮
社会繁荣发展激发民族文化自信，传统习俗体验逐渐受到热捧。
· 周边资源条件良好，客群吸引
陆慕老街紧邻平江历史文化街区，苏州博物馆的地理优势，可助推基地旅游产业发展。
· 地下空间在发展
地铁轨道 8 号线沿阳澄湖中路穿过基地在建。

T

· 老街更新的差异化发展
苏州同质化古街旅游市场趋于饱和，单一模式开发缺乏创新性，在保护历史要素的同时如何定位发展路径，做出特色？
· 陆慕老街品牌影响力发展
纵观全国，仅江南地区已开发并取得成功的古镇就已很多，这些古镇开发时间早、起点高，已经在国内外游客心中树立了牢固的认知感和品牌特色。

小组成员：刘菲　徐凤哲
指导老师：刘晨宇

老街·良所·匠心

——苏州市陆慕老街片区城市更新设计

概念性总体规划

思路解读

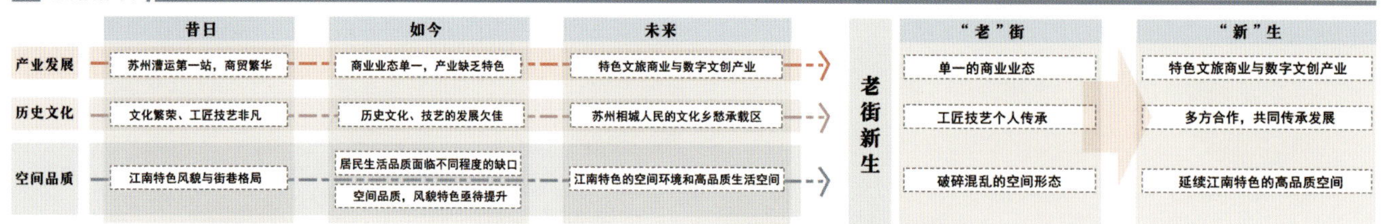

	昔日	如今	未来		“老”街	“新”生
产业发展	苏州漕运第一站，商贸繁华	商业业态单一，产业缺乏特色	特色文旅商业与数字文创产业	老街新生	单一的商业业态	特色文旅商业与数字文创产业
历史文化	文化繁荣、工匠技艺非凡	历史文化、技艺的发展欠佳	苏州相城人民的文化乡愁承载区		工匠技艺个人传承	多方合作，共同传承发展
空间品质	江南特色风貌与街巷格局	居民生活品质面临不同程度的缺口；空间品质，风貌特色亟待提升	江南特色的空间环境和高品质生活空间		破碎混乱的空间形态	延续江南特色的高品质空间

核心议题

发展策略

策略1：区域协同策略

陆慕老街依托区位条件，发挥历史文化、空间资源优势，整合协同区域功能，分担主城职能，建设成为相城门户和苏州文化新地标。

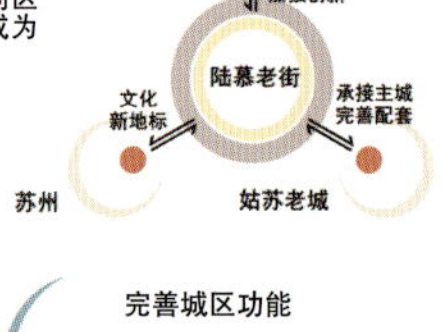

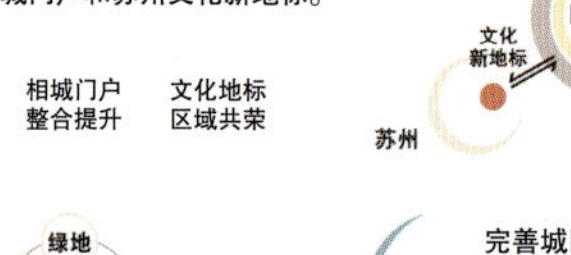

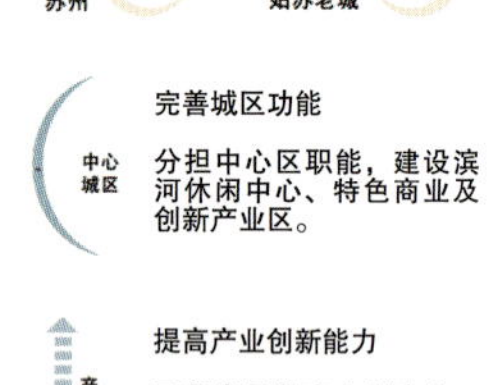

完善城区功能

分担中心区职能，建设滨河休闲中心、特色商业及创新产业区。

提高产业创新能力

不断发展数字文创产业，同时基于文化内涵，建设创新型产业园。

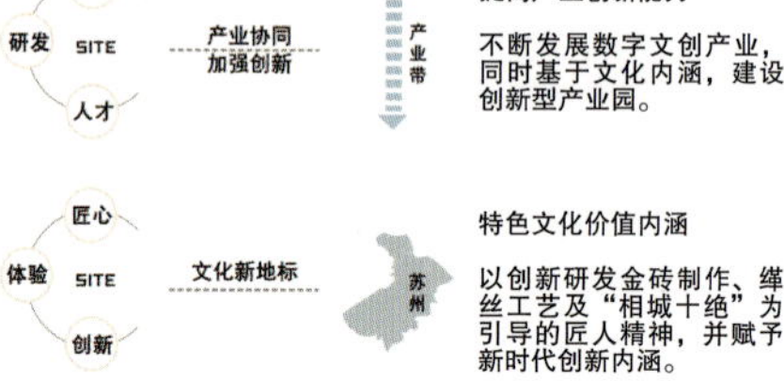

特色文化价值内涵

以创新研发金砖制作、缂丝工艺及“相城十绝”为引导的匠人精神，并赋予新时代创新内涵。

策略2：交通组织策略

增加部分城市支路，提升道路的通达性

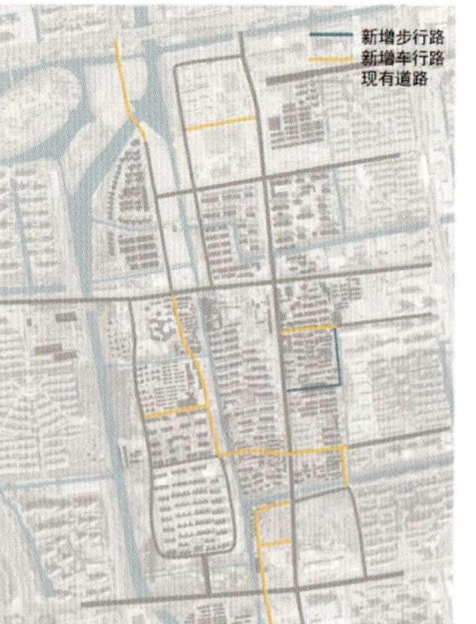

结合用地及地下轨道线路，合理开发地下停车空间

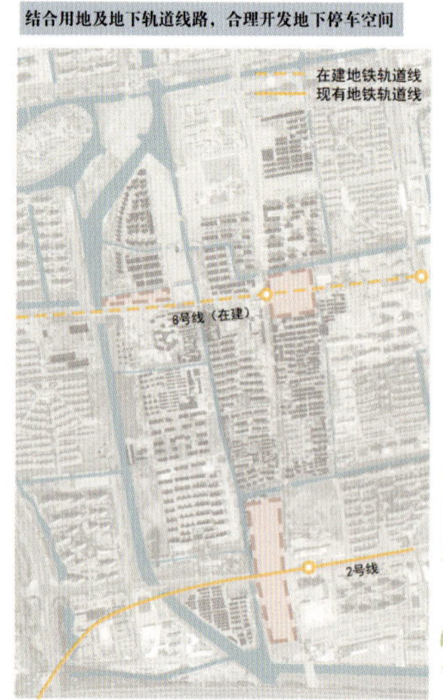

完善慢行系统建设

优化道路断面

利用较宽部分的建筑退界补充步行空间，设置交往、交流与休憩活动空间，进行个性化的空间环境设计

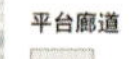

立体复合的人行交通

规划二层步行连廊，结合地下空间开发设置下穿步行道，增强慢行空间的连续性

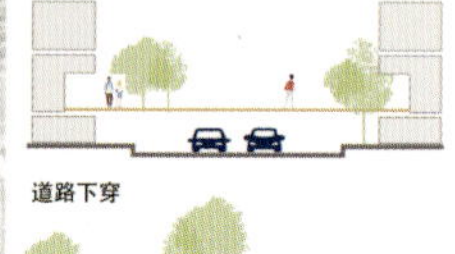

策略3：自然生态策略

以水为脉

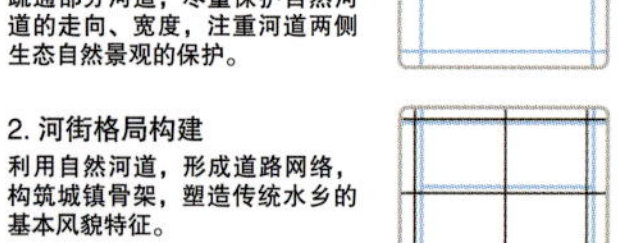

1. 自然河道保护

尊重并利用现状自然生态资源，疏通部分河道，尽量保护自然河道的走向、宽度，注重河道两侧生态自然景观的保护。

2. 河街格局构建

利用自然河道，形成道路网络，构筑城镇骨架，塑造传统水乡的基本风貌特征。

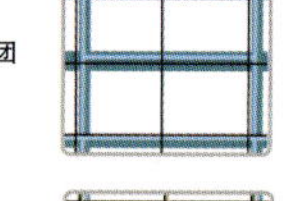

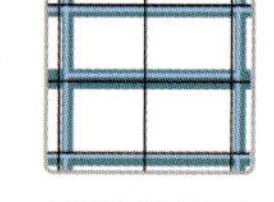

3. 生态廊道构筑

依托河道、片林等形成密度组团间的生态廊道。

4. 慢行交通植入

慢行交通的布局以河网为依托，形成沿河的休闲空间，保证较高的休闲慢行系统可达性和可操作性。

构建层级化、网络化的生态格局

第一层级：沿河生态轴线

廊道：首先是沿新开河和元和塘两河道形成主要的生态廊道，其次是沿城河开放城河廊道。

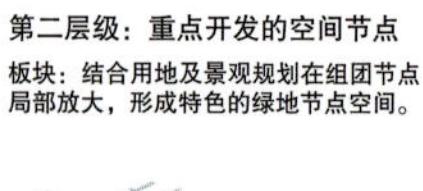

第二层级：重点开发的空间节点

板块：结合用地及景观规划在组团节点局部放大，形成特色的绿地节点空间。

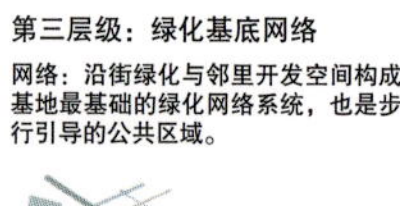

第三层级：绿化基底网络

网络：沿街绿化与邻里开发空间构成基地最基础的绿化网络系统，也是步行引导的公共区域。

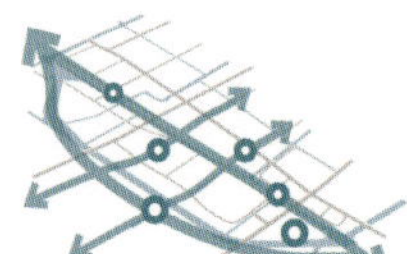

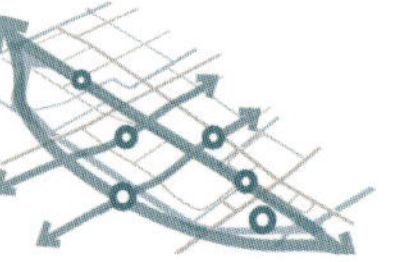

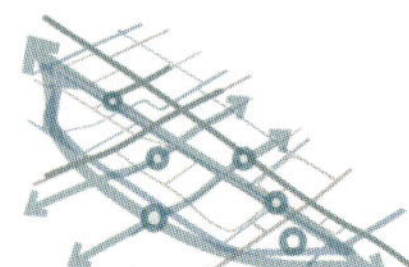

生态绿地层级

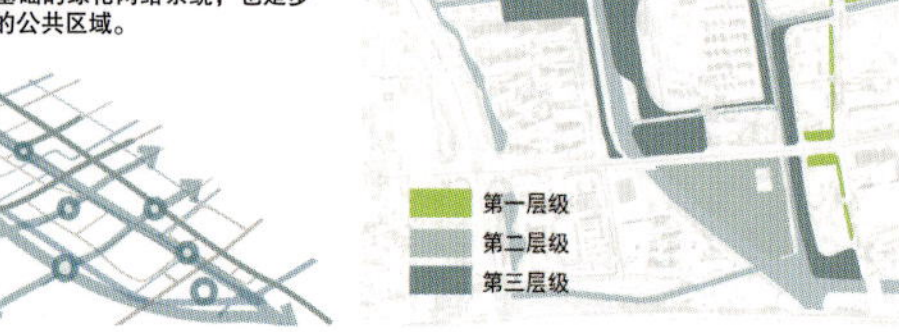

海绵城市措施

透水铺装

覆土式屋顶花园

雨水花园

生态树池

小组成员：刘菲 徐凤哲
指导老师：刘晨宇

老街·良所·匠心

——苏州市陆慕老街片区城市更新设计　概念性总体规划

策略4：产业促进策略

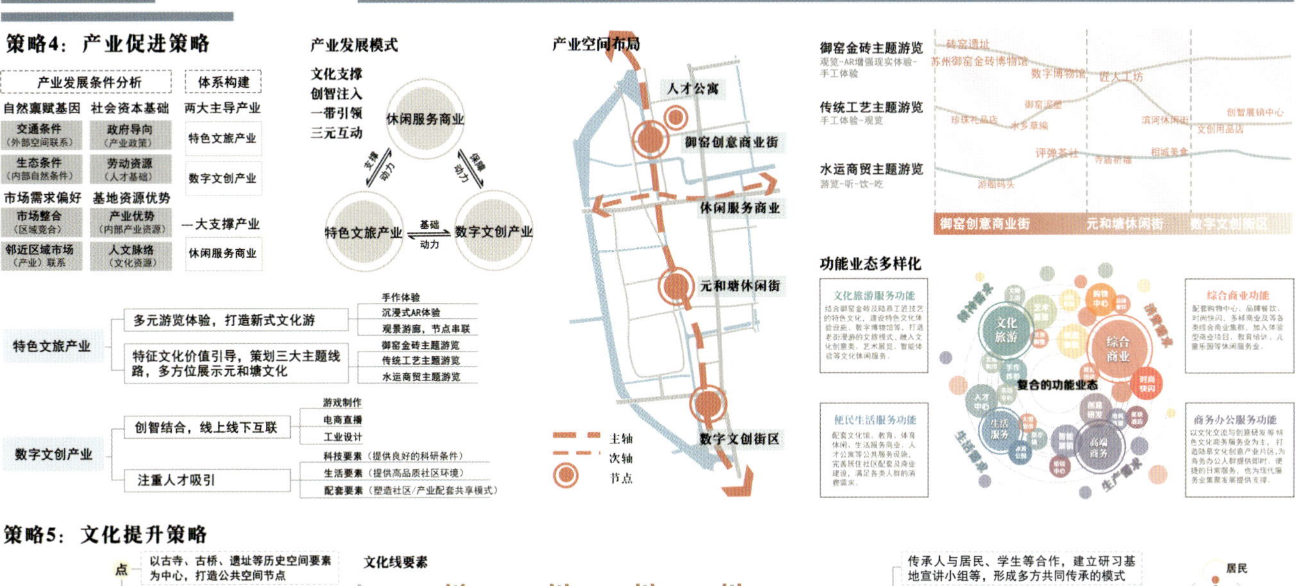

策略5：文化提升策略

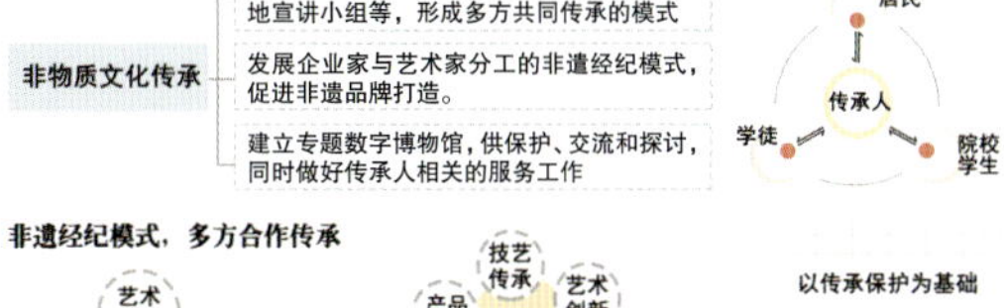

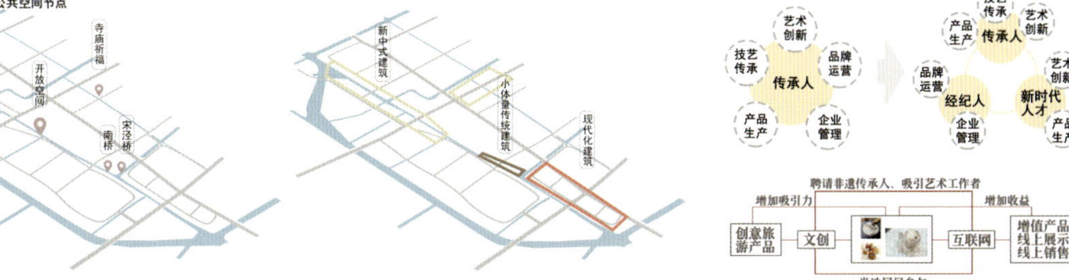

策略6：完整住区策略

完善社区配套，公共设施强化

完整居住社区配套设施示意

从保障社区老年人、儿童的基本生活出发，配套养老、托幼等基本生活服务设施，促进公共服务的均等化，提升人民群众的幸福感和获得感。

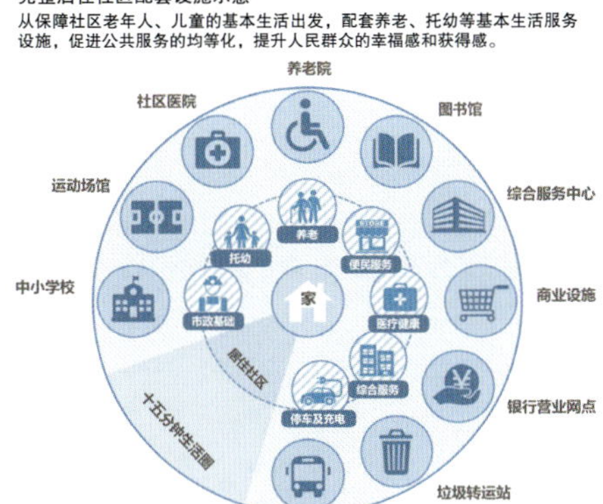

完整居住社区配套功能结构体系

应配有完善的基本公共服务设施、健全的便民商业服务设施、完备的市政配套基础设施和充足的公共活动场地，为群众日常生活提供基本服务。

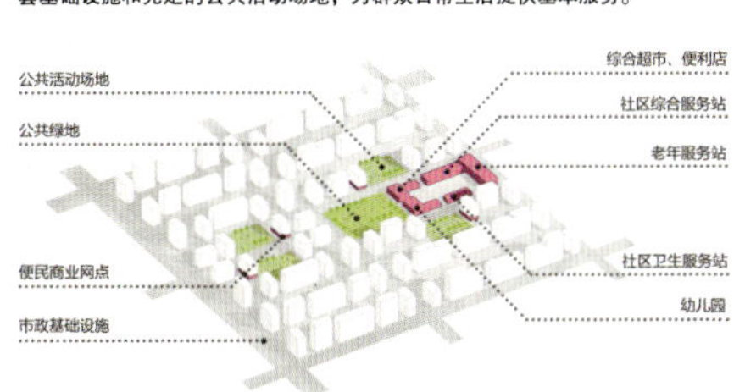

注重社区文化建设，增强社区归属感

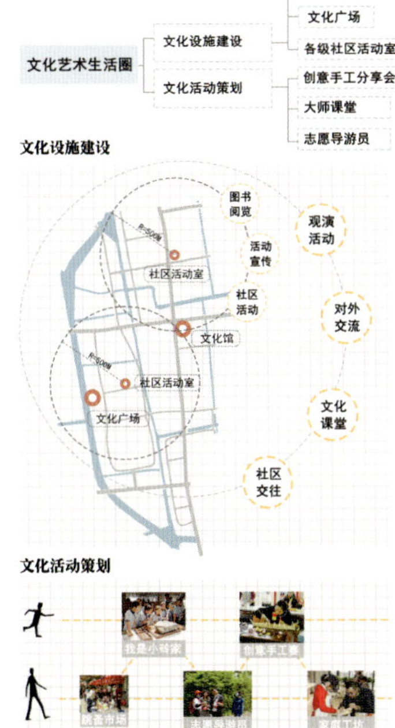

引领智慧生活，便民互利高效

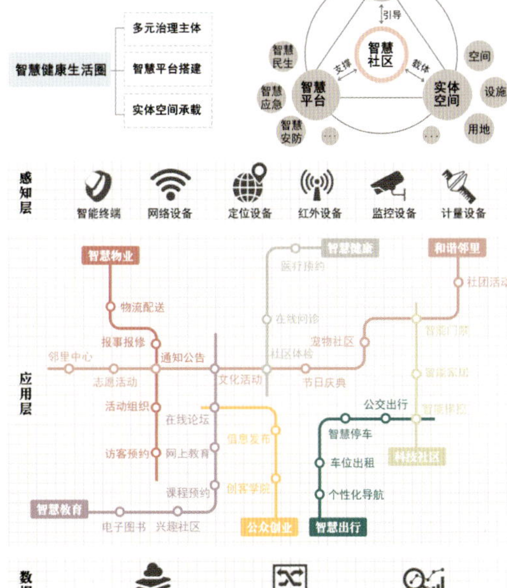

小组成员：刘菲　徐凤哲
指导老师：刘晨宇

老街·良所·匠心

——苏州陆慕老街片区城市更新设计

总平面图

小组成员：刘菲　徐凤哲
指导老师：刘晨宇

老街·良所·匠心

——苏州陆慕老街片区城市更新设计

概念性总体规划

用地规划

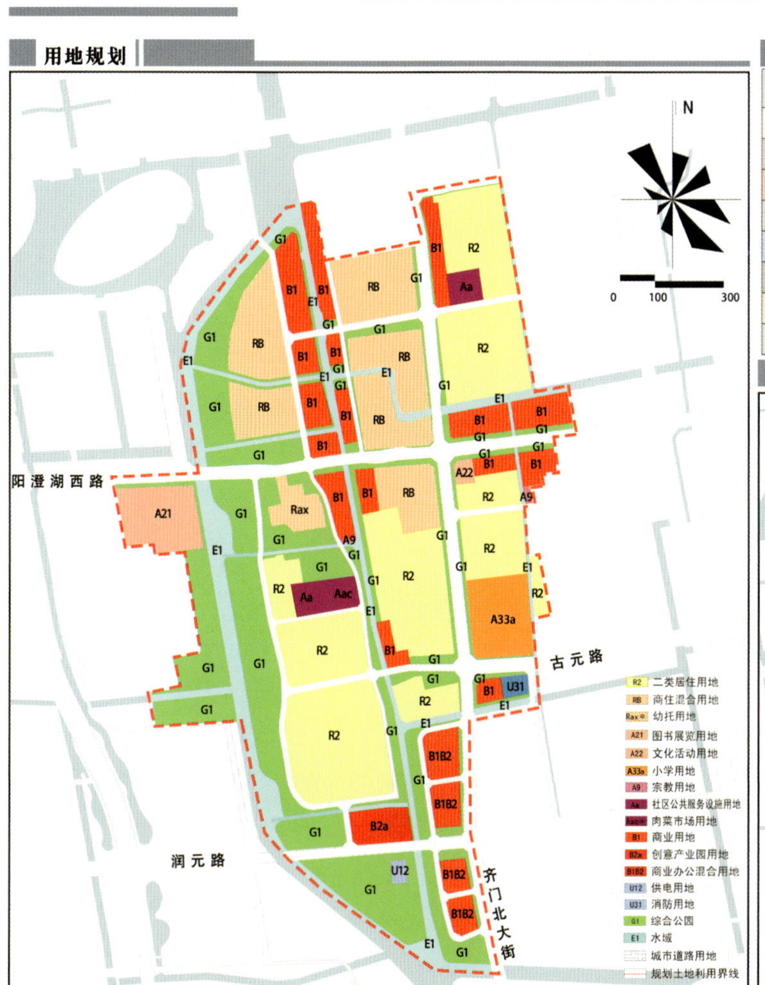

土地使用指标调整

用地代码	用地名称	用地面积/公顷		占规划总用地比例/%		面积变化量
		现状	规划	现状	规划	
R	居住用地	54.33	62.82	30.18	34.90	↑8.49公顷
A	公共管理与公共服务用地	4.28	11.05	2.38	6.14	↑6.77公顷
B	商业服务业设施用地	0.23	20.48	0.13	11.38	↑20.25公顷
S	道路与交通设施用地	17.65	21.89	9.81	12.16	↑4.22公顷
U	公用设施用地	0.00	0.63	0.00	0.35	↑0.63公顷
G	绿地与广场用地	47.77	43.56	26.54	24.20	↓4.21公顷
H	城市建设用地	124.26	160.43	69.03	89.13	↑36.17公顷
总用地面积		180.00		100	100	

规划结构

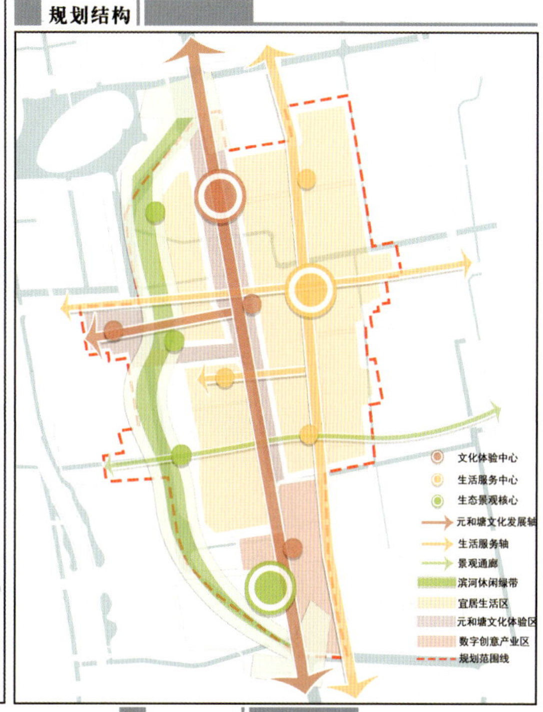

功能分区　高度规划　强度规划

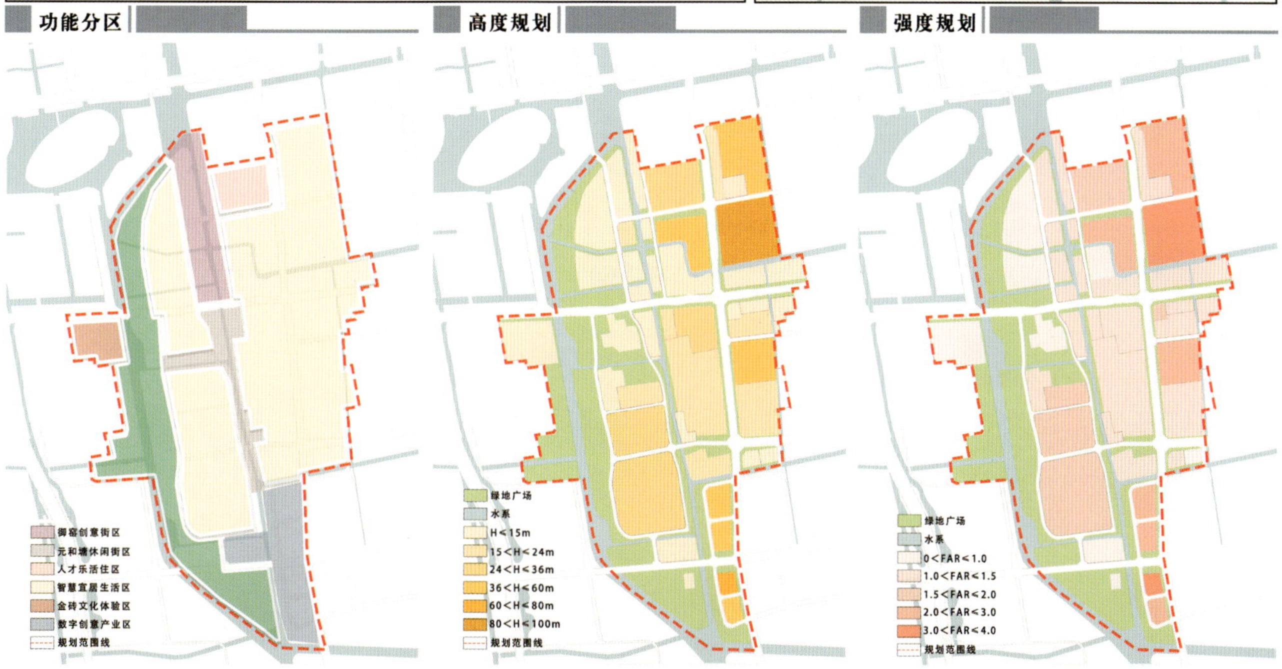

小组成员：刘菲　徐凤哲
指导老师：刘晨宇

老街·良所·匠心

——苏州陆慕老街片区城市更新设计

主题片区设计

主题片区展示

[元和塘两侧片区]

平面图

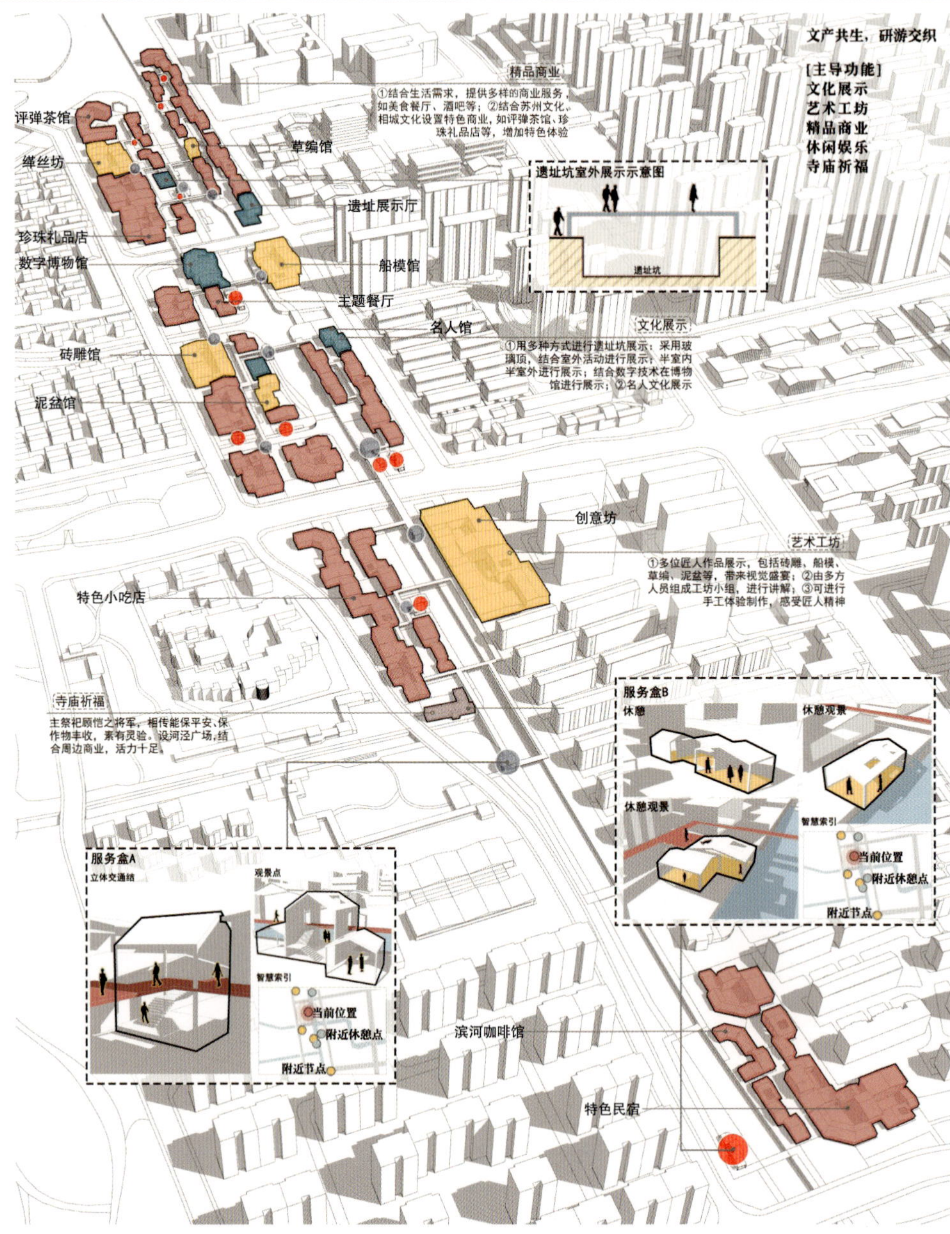

风貌控制要点

控制要素	控制要点	意向引导
色彩材质	·白色，灰白色，深灰色为主导色 ·在保证整体色调协调的同时可适当通过色彩变化增强空间的可识别性 ·鼓励尝试多种建筑材料，以使不同建筑空间特色鲜明，但应延续历史街区传统建筑材料的肌理和质感	色彩材质
形态风貌	·建筑宜以坡屋顶形式为主，局部采用平坡结合的屋顶形式 ·建筑均为低层，高度控制：从近河到远河，建筑高度逐渐增加，形成两边高、中间低的形态 ·局部建筑可采用新苏式风格进行打造，应与周围环境风貌协调 ·建筑尺度宜与功能相符合，在一定程度上突破原有小体量形态 ·提炼融入传统文化符号的现代设计手法	
空间布局	·采用街巷式和院落式空间布局，使空间开合有序 ·采用二层连廊辅助组织空间，使河两岸的联系及上下交通更为便利	

街巷格局示意

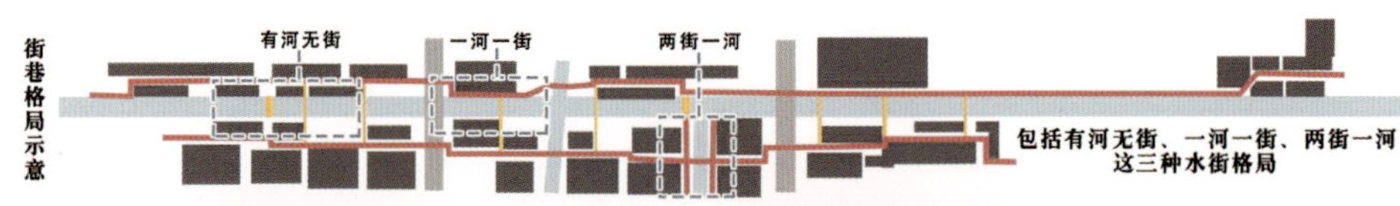

包括有河无街、一河一街、两街一河这三种水街格局

小组成员：刘菲 徐凤哲
指导老师：刘晨宇

老街·良所·匠心

——苏州陆慕老街片区城市更新设计

主题片区设计

主题片区展示

[人才公寓片区]

平面图

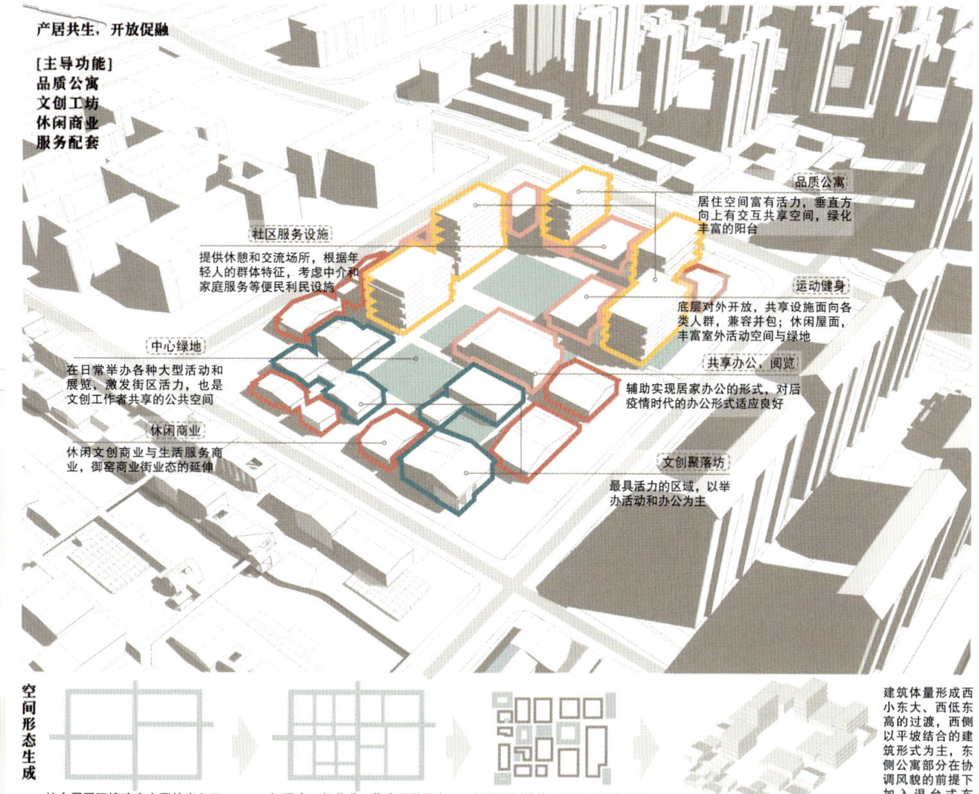

风貌控制要点

控制要素	控制要点	意向引导
色彩材质	·白色、灰白色、深灰色为主导色 ·在保证整体色调协调的同时可适当通过色彩变化增强空间的可识别性 ·鼓励采用新型建筑材料及设计手法，但应延续历史街区传统建筑材料的肌理和质感	主导色彩 
形态风貌	·多层建筑宜以坡屋顶形式为主，局部采用平坡结合的屋顶形式 ·公寓楼宜采用新苏式风格，做好过渡与融合 ·提炼融入传统文化符号的现代设计手法	
空间布局	·采用街巷式空间布局，四通八达的公共空间串联独栋建筑，组织公共功能 ·可采用二层连廊辅助组织空间	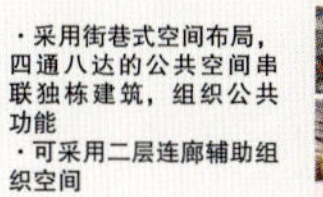 

空间形态生成

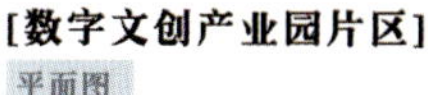

结合周围环境确定主要的出入口与联系通道

打通次一级巷道，营造不同尺度的窄巷小道

打散西侧块体，形成尺度良好的过渡

建筑体量形成西小东大、西低东高的过渡，西侧以平坡结合的建筑形式为主，东侧公寓部分在协调风貌的前提下加入退台式布局，以丰富空间层次感

主题片区展示

[数字文创产业园片区]

平面图

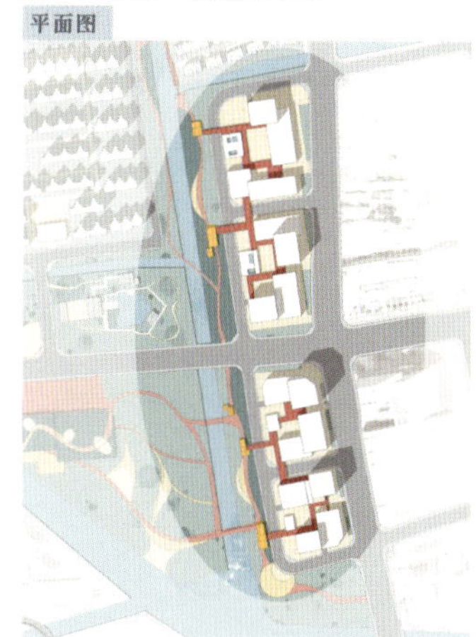

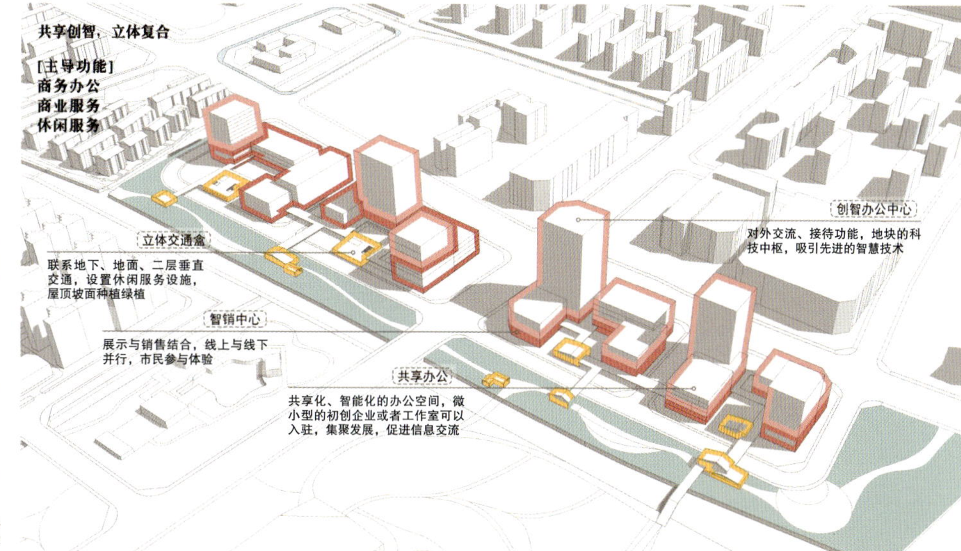

空间营造

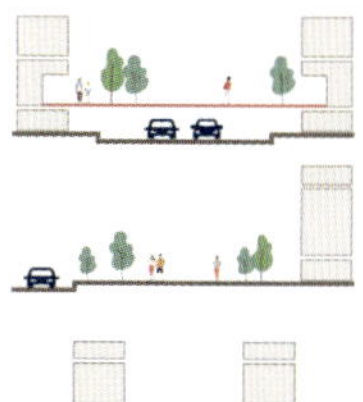

平台廊道

平台的搭建促进了被道路分隔的具有交流需求的建筑功能和人流的交互，人车分流，安全性提高

退界

退界设计增加了街道的空旷感，降低了高层建筑给人的压迫感和空间的逼仄感

开放街区

以开放街区的形式，外部以机动车为主，内部以慢行交通为主，安全高效

道路下穿

下穿方式解决了人行与非机动车的矛盾，实现了人车分流，提高了安全性

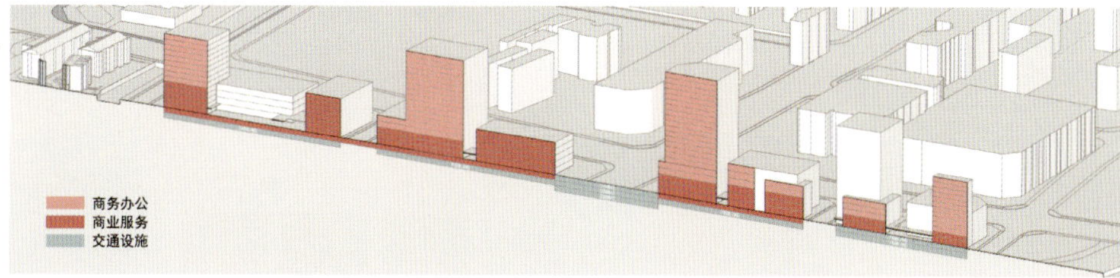

小组成员：刘菲　徐凤哲
指导老师：刘晨宇

老街·良所·匠心

——苏州陆慕老街片区城市更新设计

主题片区设计

主题片区展示

[休闲商业街片区]

平面图

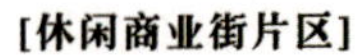

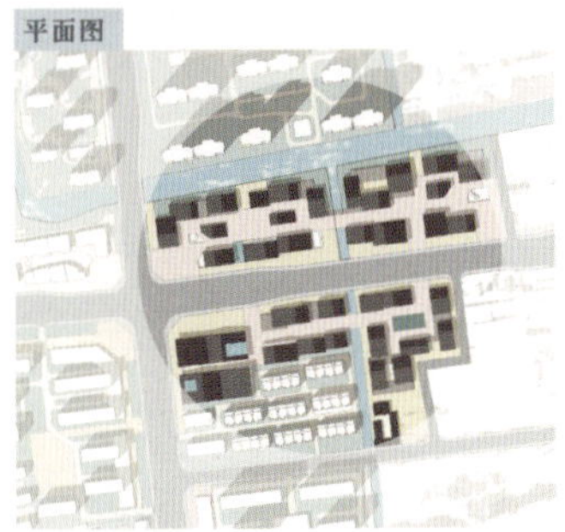

街巷透视图

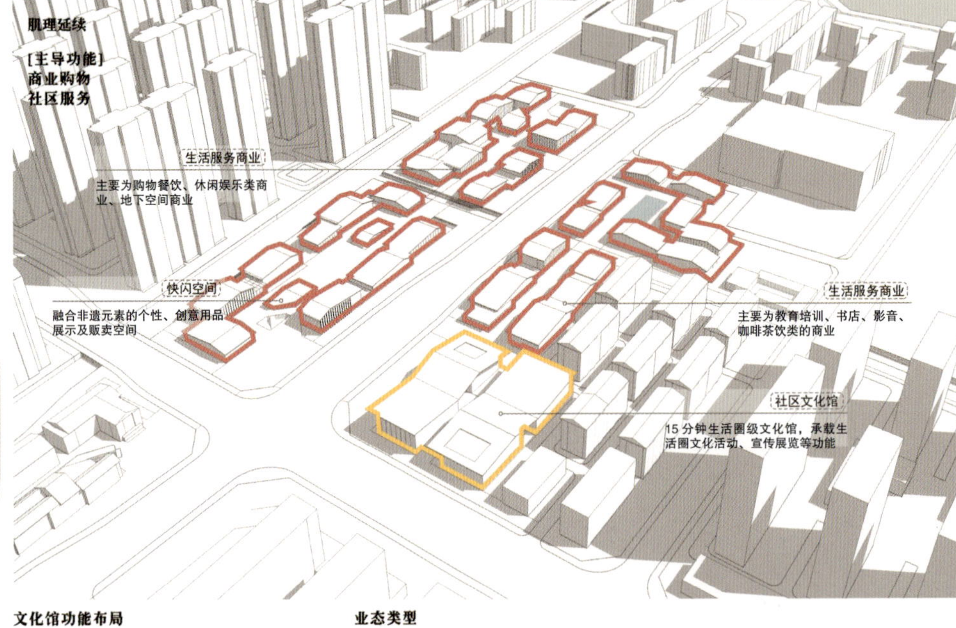

文化馆功能布局

多功能厅、管理用房
图书阅览、会议间
室内文体活动室、兴趣社区
智慧社区中心、展示厅、交流空间、休闲水吧

业态类型

购物	餐饮	娱乐	生活配套

时尚零售、运动休闲、休闲食品、超市、创意用品店	餐饮会所、咖啡面包、快餐茶饮、地方美食	手作、剧本杀、密室、盲盒、潮玩、桌游、猫咖	教育培训、书店影音、儿童成长空间

主题片区展示

新开河公园片区]

平面结构图

生态滨江公园	文化主题广场	中心草坪广场	滨河商务步道	运动休闲公园
1. 以自然景色为景观的主色调。 2. 滨河步道具有高度的可达性和连续性，适度的亲水性，尺度宜人。 3. 结合场地安排健身康体设施。 4. 复层绿化种植，随季相而变化。	1. 以硬质铺地为主，可用于举办文化体育活动。 2. 开放性的空间感受。	1. 形态自由的环桥联通三处河岸，吸引视线，强化中心感。 2. 开放性的空间感受。	1. 与商务区结合，提供漫步、休憩、小型交流场所。 2. 滨河步道有高度的可达性和连续性。 3. 现代感、文化感的公共艺术装置。	1. 开放性健身主题公园。 2. 以草坪和乔木为主的种植，形成开敞的视线。 3. 运动环道结合户外运动场地。 4. 布设海绵设施，使用透水率高的硬质铺装。

河径公园节点设计

设计思路
1. 以软质地面为主，配植高大树木。
2. 小空间分散点缀，减少周围干扰。
3. 内外向空间搭配，提供多种活动空间。

外向型小空间
内向型小空间
透景廊道

空间意向

体育公园节点设计

室内运动空间 露天运动空间 跑步环道 屋顶空间

空间意向

小组成员：刘菲 徐凤哲
指导老师：刘晨宇

终期答辩成果

山东建筑大学

Shandong Jianzhu University

指导老师 陈朋 张小平

墨枝生十里，流水焕慢城

小组成员 王欣雨 孟德莹

曲水留『商』，沉浸之旅

小组成员 王荣越 薛锦华

碧水生两岸，绿野踏双塘

小组成员 宋逸群 谭凯悦

水陆相生

小组成员 安正 宋云轩

墨枝生十里，流水焕慢城

山东建筑大学
Shandong Jianzhu University

小组成员：王欣雨　孟德莹
指导老师：陈朋　张小平

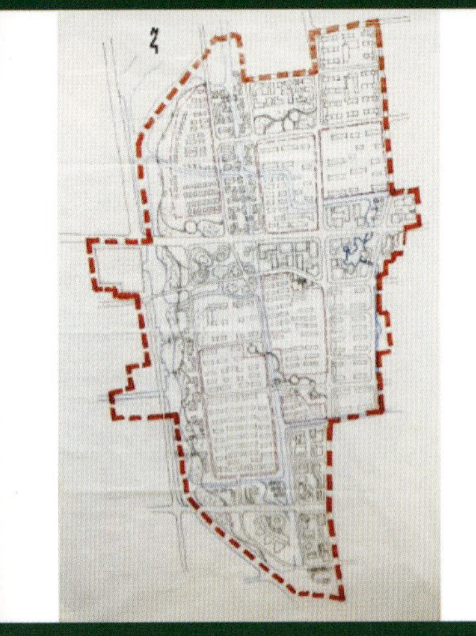

第一阶段 构思图

第二阶段 草图

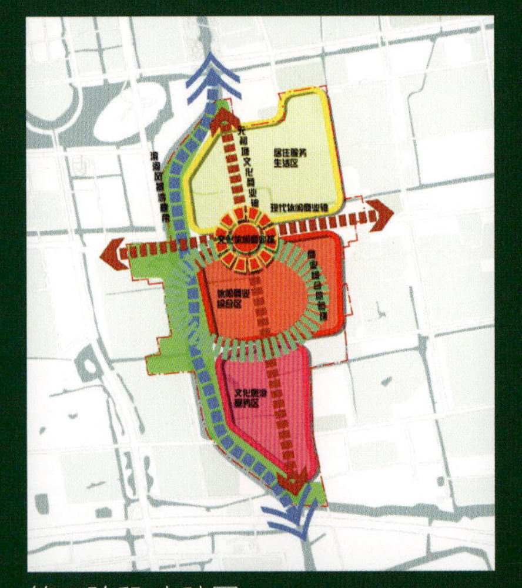

第三阶段 定稿图

设计说明

为适应经济发展与城市产业结构转型升级，许多城市正在对旧城区逐步进行更新改造，使其适应当下的经济结构、城市格局和生活方式。规划项目地处苏州城北的陆慕老街片区，位于苏州市城市中轴线上，紧邻苏州古城门齐门，是有着“苏州古代漕运第一站”之称的千年古街。基地所在片区曾是相城区的政治、经济、文化中心。时至今日，街区的发展已经远远跟不上时代的步伐，对它进行修缮、保护、改造、发展的工作急需启动。重塑陆慕老街，意在弥补城市片区的功能缺失，在激活衰败土地价值的同时塑造城市品牌，于是有了本次陆慕老街片区城市更新设计。

本次城市更新的范围包括元和塘、陆慕老街及周边城市区域地块，位于华元路以南、京沪高速以北的元和塘两侧，南侧和东侧由洋泾河包围，北靠跃进河，西至澄和路。

规划用地面积 180 公顷，其中居住用地和商业居住混合用地共占比 37.58%，绿地和水域共占比 39.46%，商业用地仅占比 0.13%。

本次规划的主题是“墨枝生十里，流水焕慢城”，是在苏州市国土空间总体规划和相城区控制性详细规划的指导下，研究确定的陆慕老街片区的发展目标与规划路径。本次规划的主题是基于基地内部水系的优势：“生”字一表生态，二表生长，意在通过设计体现水面与陆地的相互生长、相互渗透；“焕”字则指本次规划在“渗透”理念下，将原有水系带来的生态优势和长期共存的文化优势渗透到片区内部，并由此延伸出环绕基地约 5 公里长的健康步道，通过一系列的城市更新设计打造老街慢城。

本次更新设计以“老街新生”为整体设定，统筹制定更新思路、发展框架和实施路径，充分兼顾产业更新、商业消费、智慧社区三大支撑，优化提升周边街区、水岸公共区域的功能业态，打造相城区最具创新活力的城市片区，实现历史活力的当代再生；并且参考相城中心城区控制性详细规划，在都市风貌层面进行明确的城市设计和引导，保障高品质的空间规划和建筑形态，营造具有独特地域性的景观场景，并提出深化、优化控制性详细规划的可能性方向。

设计感悟

更新是一个复杂而漫长的系统工程，只依靠城市规划一门学科的支持很难有效地完成任务，必须有城市生态学、城市经济学乃至心理学等多个学科领域的支持，才能确保规划的成果与质量。在采用普适方法更新的基础上，仍需根据当地具体情况因地制宜，实现传统街区的文脉复兴与可持续发展。

城市更新不是片面的关于城市建筑形态和功能的更新，作为城市规划师，我们更应该关注的是更新片区之于整个城市的作用和所承担的功能，之于居民当下的意义和未来的发展。文化街区的更新更是如此，它承载的不仅是居民的记忆，还是时代的记忆，更是留给后代的精神财富和灵魂滋养。

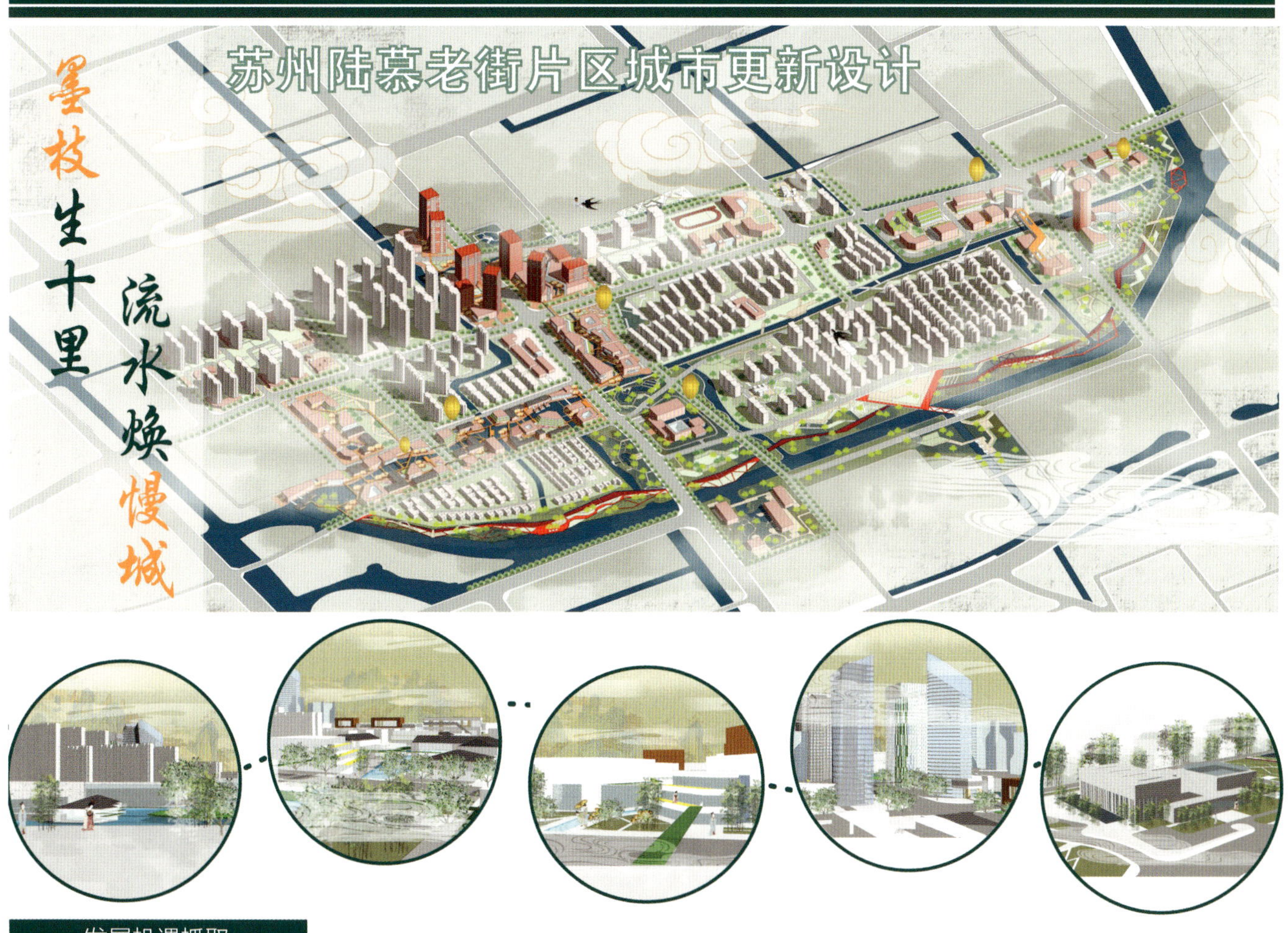

发展机遇抓取

基地战略机遇：现代产业孵化区

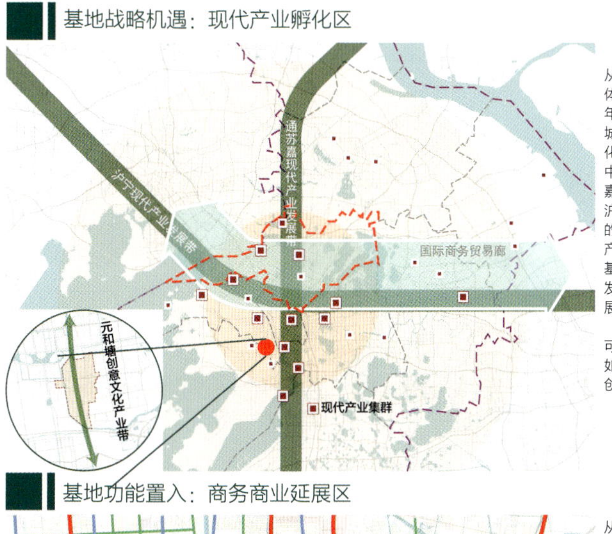

从《苏州市国土空间总体规划（2021—2035年）》可以看出，相城区位于沪、苏同城化的国际商务贸易廊中，且基地位于通苏嘉现代产业发展带和沪宁现代产业发展带的交汇处，有良好的产业发展前景，但该基地并未被列入产业发展中心，不适宜发展集群产业。

可考虑引入现代产业，如数字产业、文化科创产业等。

基地自然基底：生态文化再生点

基地功能置入：商务商业延展区

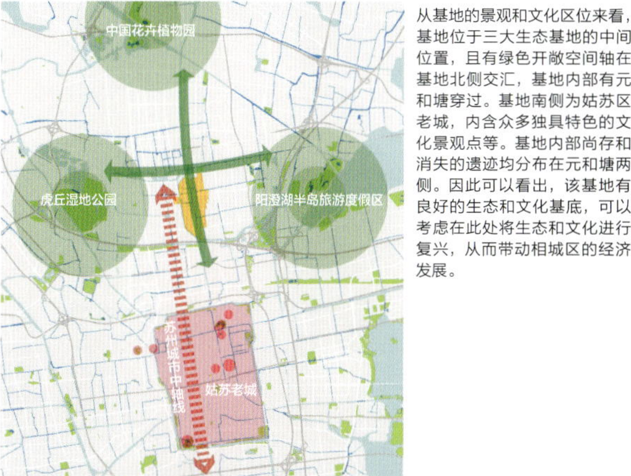

从左图可以看出，该基地西北侧为未来相城区的中央商务区，东北侧为现存的元和商圈，东侧为行政区。基地内外交通通达，因此考虑将商务和商业功能在基地内部进行延伸，从而将活力引入基地内部。

从基地的景观和文化区位来看，基地位于三大生态基地的中间位置，且有绿色开敞空间轴在基地北侧交汇，基地内部有元和塘穿过。基地南侧为姑苏区老城，内含众多独具特色的文化景观点等。基地内部尚存和消失的遗迹均分布在元和塘两侧。因此可以看出，该基地有良好的生态和文化基底，可以考虑在此处将生态和文化进行复兴，从而带动相城区的经济发展。

小组成员：王欣雨　孟德莹
指导老师：陈朋　张小平

现状问题及对策

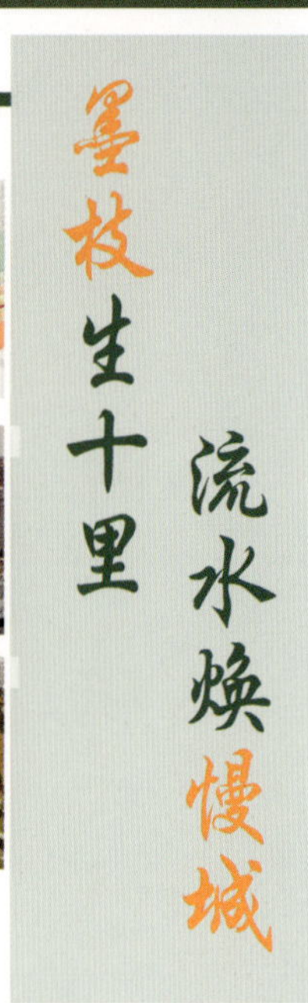

土地问题——功能复合度低、功能单一

用地代码		用地名称	用地面积（公顷）	占地比例（%）
大类	中类			
R	R2	二类居住用地	53.20	29.58
	RB	商住混合用地	14.43	8.02
A	A2	文化设施用地	4.23	2.35
B	B1	商业用地	0.23	0.13
	B9	其他服务设施用地	1.13	0.63
S		道路与交通设施用地	17.65	9.81
G		绿地	47.77	26.56
E		水域	23.23	12.90
H	H14	村庄建设用地	9.97	5.54
		其他非建设用地	8.11	4.47
合计			180.00	100.00

增加活动区域，用地功能向复合性发展

居住用地 村庄建设用地 商住混合用地 商业用地 其他公共服务设施用地 文化设施用地 绿地 水域 道路用地 其他非建设用地

从规划区现状用地分布图和一览表来看，居住用地和商住混合用地共占比 37.58%，绿地和水域共占比 39.46%，商业仅占比 0.13%

道路问题——道路不通畅、断头路多

丰富联通慢行系统

增加道路与人行道的多样性与等级

去中心化交通梳理策略

次干路 支路 内部道路

规划区内
道路总长度为 5.23 km
道路网密度为 2.9 km/km^2

交通问题——公共交通覆盖率低

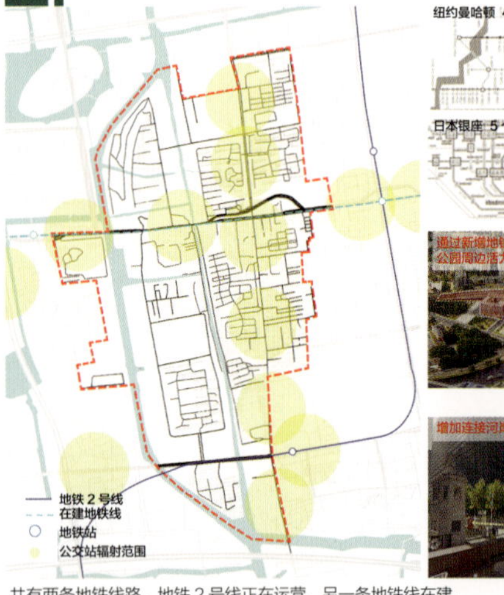

纽约曼哈顿 4 个 /K m²

日本银座 5 个 /K m²

通过新建地铁站点激发沿河岸及中央公园周边活力及开发

增加连接河岸公共交通走廊

共有两条地铁线路，地铁 2 号线正在运营，另一条地铁线在建，公交站点半径 300 m，覆盖度约为 30%

生活问题——配套设施缺乏

幼儿园 医疗卫生设施 中小学 文化设施 商业网点

提升增加公共服务设施

增设文化展览馆

通过建立公共绿廊和活动廊道，延伸文化活动功能，提升各个区域居民至文化场所的可达性

文体设施匮乏，老年人与青少年比例持续增高，公共服务和社会保障的需求逐步增加，小学和养老设施的需求缺口逐渐增大

生态问题——滨水空间缺乏

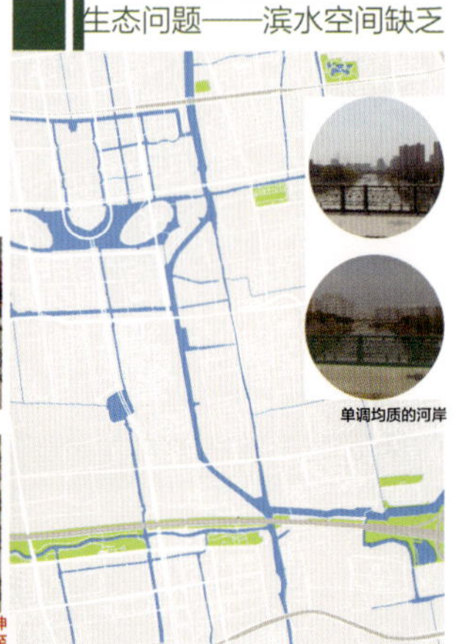

单调均质的河岸

河岸缺乏可达性、可见性，河岸两侧的滨水空间严重缺乏

理念引入

城市仿生理论（1976）

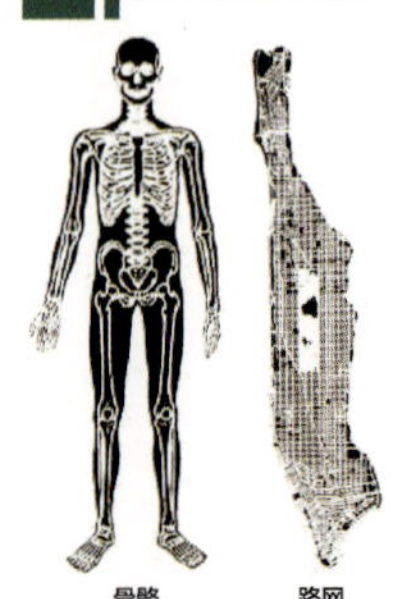

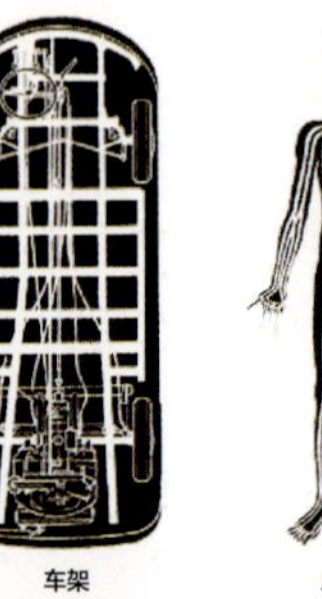

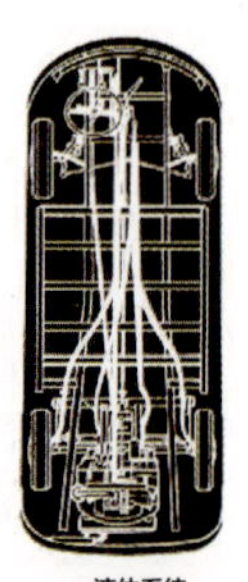

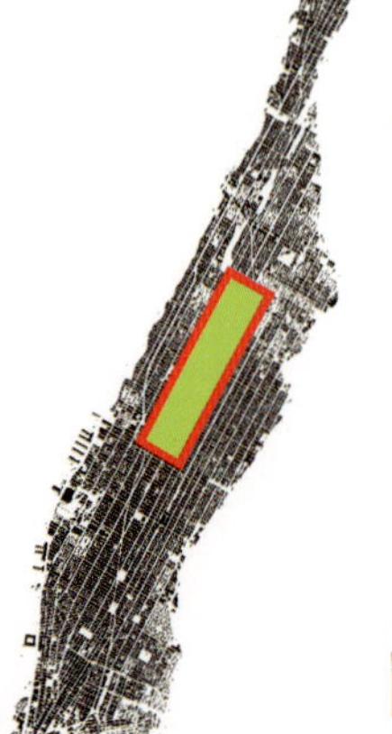

骨骼 路网 车架 血液系统 地铁 液体系统

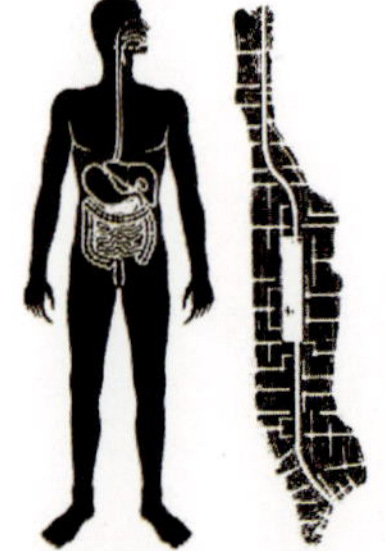

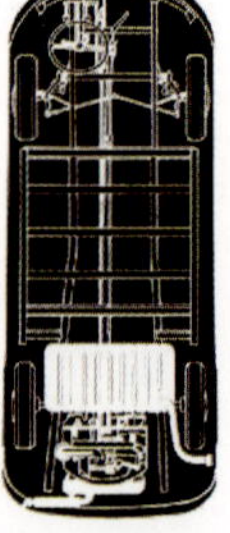

消化系统 污水系统 排气系统 神经系统 电力系统 电器系统

城市心肺

柏林蒂尔加藤公园

波士顿翡翠项链公园

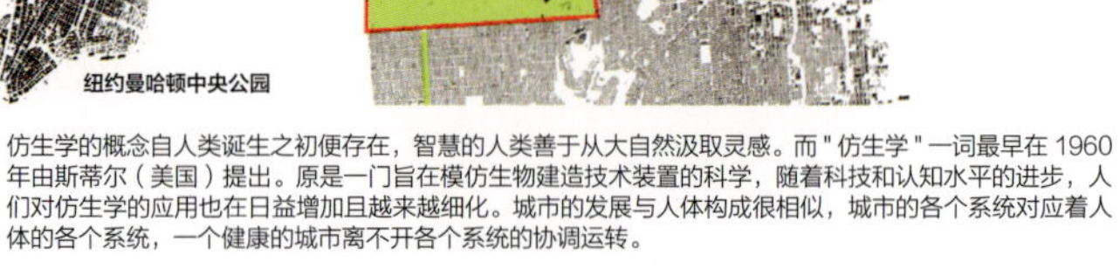

旧金山金门公园

纽约曼哈顿中央公园

仿生学的概念自人类诞生之初便存在，智慧的人类善于从大自然汲取灵感。而"仿生学"一词最早在 1960 年由斯蒂尔（美国）提出。原是一门旨在模仿生物建造技术装置的科学，随着科技和认知水平的进步，人们对仿生学的应用也在日益增加且越来越细化。城市的发展与人体构成很相似，城市的各个系统对应着人体的各个系统，一个健康的城市离不开各个系统的协调运转。

城市中的绿地公园如同城市的心肺，不仅能源源不断地为居民提供新鲜空气，还能作为公共开敞空间为居民提供活动场所。一个好的绿地公园如同城市起搏器，能够不断促进城市的生长。

小组成员：王欣雨 孟德莹
指导老师：陈朋 张小平

苏州陆慕老街片区城市更新设计

墨枝生十里 流水焕慢城

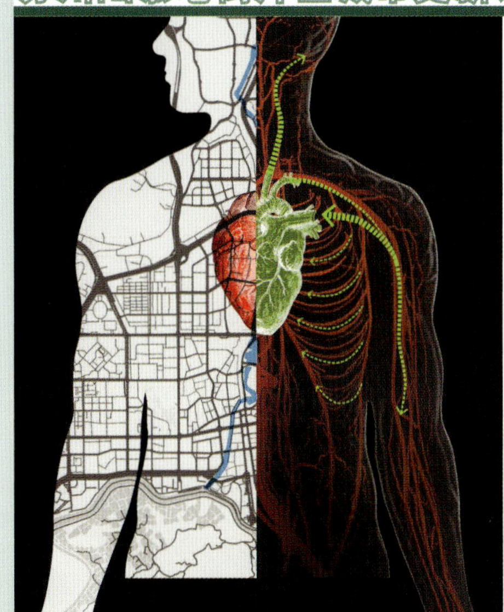

陆慕之心

城市仿生理论和成功的城市案例展示了定位明确的复合城市核心对城市或片区成长与兴衰的重要性，陆慕也不例外。

陆慕老街作为历史悠久且生态文化基底良好的相城区街道之一，更应明确自己的定位并找寻适合自己的发展道路，通过强化自身成为内生活力点，只有这样才能有效带动周边地块的发展。

因此，陆慕将首先活心通肺，以苏州御窑金砖博物馆为起点，隔江设中心公园，打造相城区最生态、最亲水的城市绿肺，并向东延展，带动周边和商务办公地块的开发，形成相城的新核心。

其次强脊，沿新开河和元和塘水道丰富城市休闲功能， 形成贯通陆慕南北的生活休闲轴线。

最后通脉，使中央造血得以源源不断地向两侧输送，带动整个区域的发展。

规划策略

发展策略一：产城融合

科创人才靶向
创业资源集聚性：
行业领军专家、国际多元精英、产业专业人才、外部交流人群

文创人才靶向
特色文化靶向引入：
现代艺术专家、文创人才孵化、艺术村落集聚

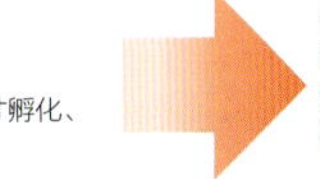

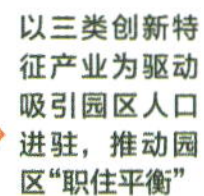

以三类创新特征产业为驱动吸引园区人口进驻，推动园区"职住平衡"

金融服务人才靶向
金融服务人才集聚导入：
金融银行业从业人群，商业服务人群

发展策略二：韧性生态

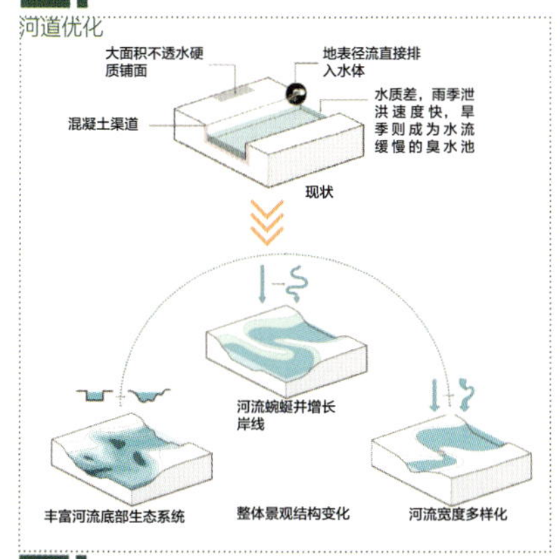

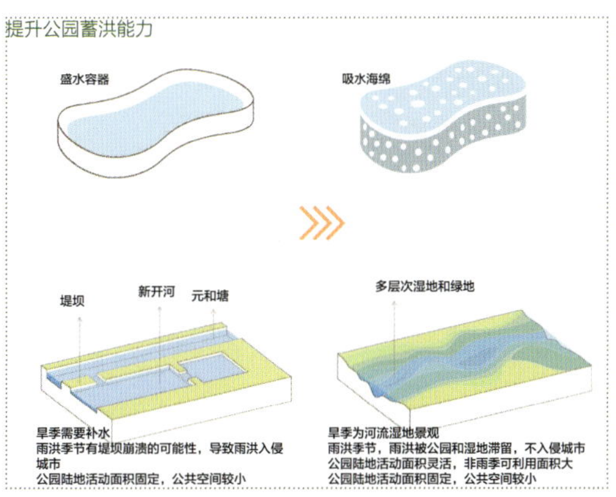

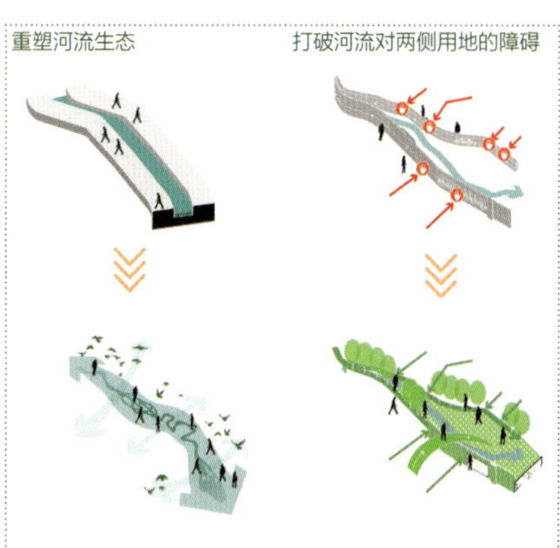

发展策略三：文化传承

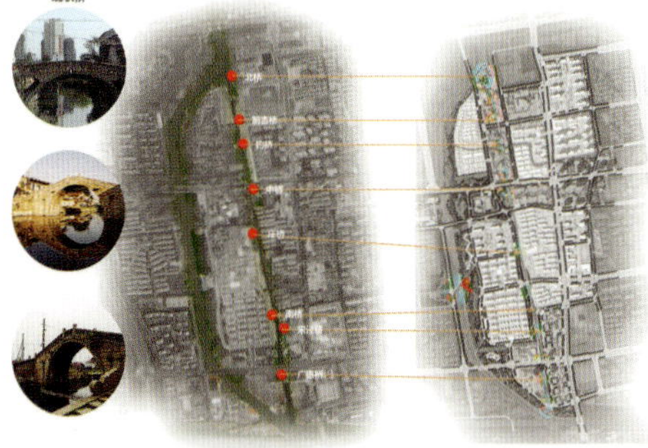

对现状的桥进行更新改造；对于已经消失的桥或遗址，则重新建设现代形式的桥，以提高河岸两侧的连接性。

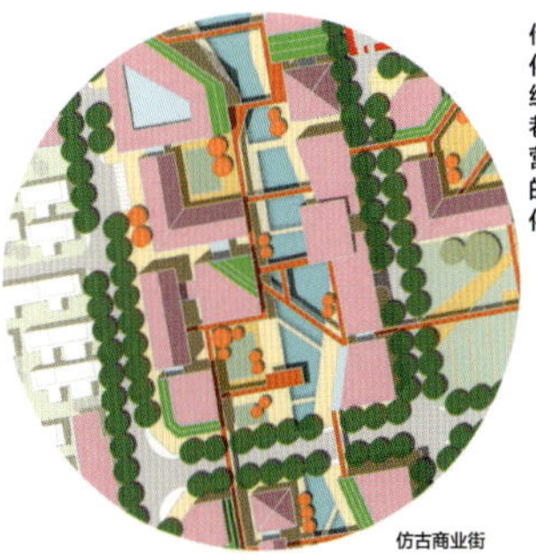

传承并转化苏州传统商业街巷格局，营造浓厚的传统文化氛围。

小组成员：王欣雨　孟德莹
指导老师：陈朋　张小平

总平面图

小组成员：王欣雨　孟德莹
指导老师：陈朋　张小平

规划定位

引入特色文创产业、完善片区产业链条、打造高品质办公空间

通过延续山水格局打造相城区核心景观，完善旅游服务空间

优化居住环境、升级道路结构、组织服务功能，打造宜居示范区

依托元和塘生态基底和科技文化创意产业发展规划，与东西两侧商务商业结合

相城区中央区

方案生成

生态渗透，海绵城市

融入城市的滨水海绵公园

深入社区的绿色基础设施

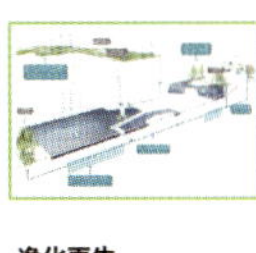

引水集水
绿色海绵设施改建

储水用水
雨水收集利用
社区水循环利用

净化再生
物理、化学和生物途径净化
市政支路净化

A.过滤花草池
B.种植盆地
C.雨水贮存池
D.种植盆地
E.娱乐草坪

海绵公园剖透视图

建筑塑造

绿化渗透

屋顶绿化创造场地，成为活跃的场地景观，指向开放的公共空间

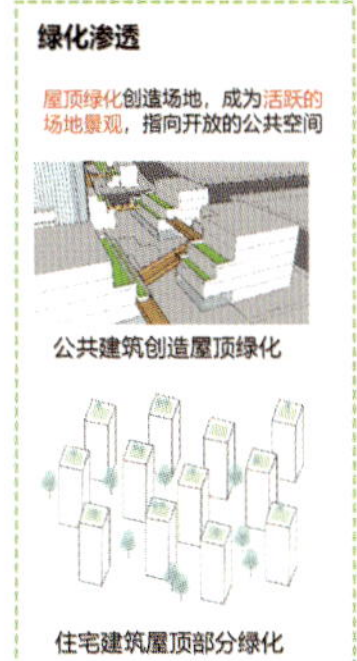

公共建筑创造屋顶绿化

住宅建筑屋顶部分绿化

形体渗透

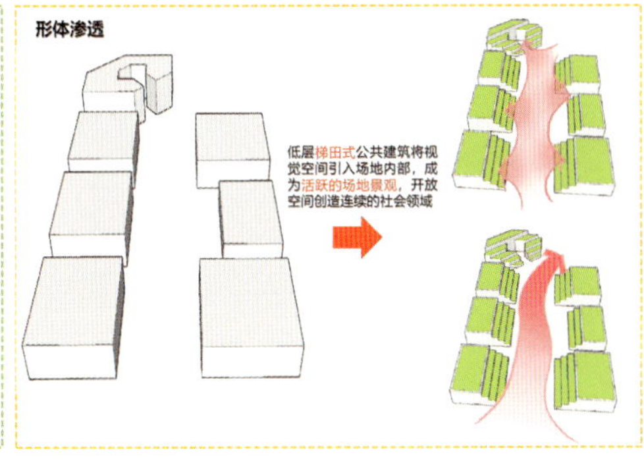

低层梯田式公共建筑将视觉空间引入场地内部，成为活跃的场地景观，开放空间创造连续的社会领域

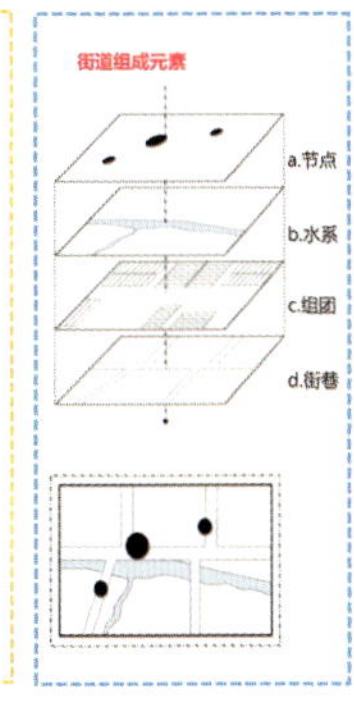

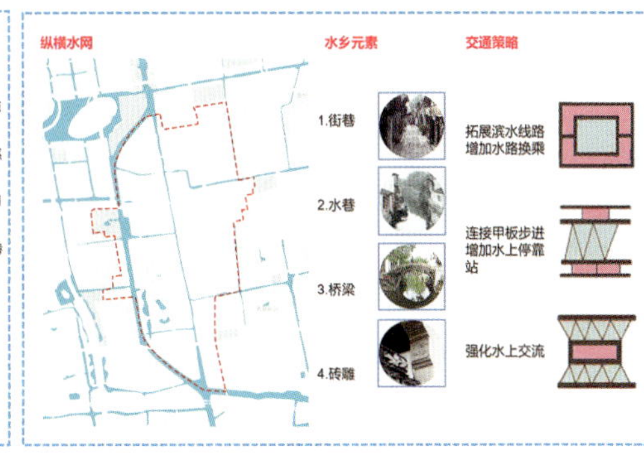

空间激活

将能满足不同家庭生活方式需求的一系列新式住宅组织在一起，多样化的社区生机勃勃，创造丰富而高品质的多元社区生活，避免居民之间毫无联系的生活状态

小组成员：王欣雨　孟德莹
指导老师：陈朋　张小平

鸟瞰图

节点地标塑造

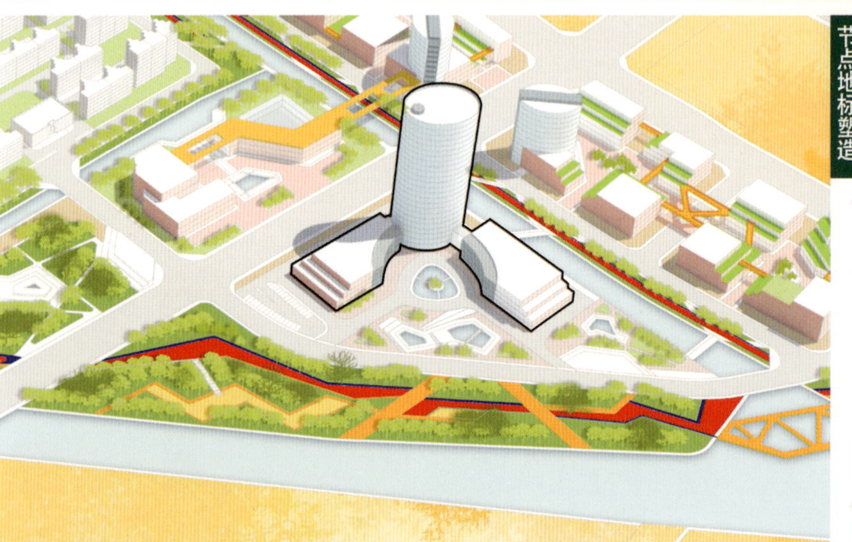

西南侧三角地块两面环水，设置酒店建筑向水面打开，作为场地门户

将酒店建筑作为片区节点地标，成为俯瞰场地的最佳制高点

规划系统

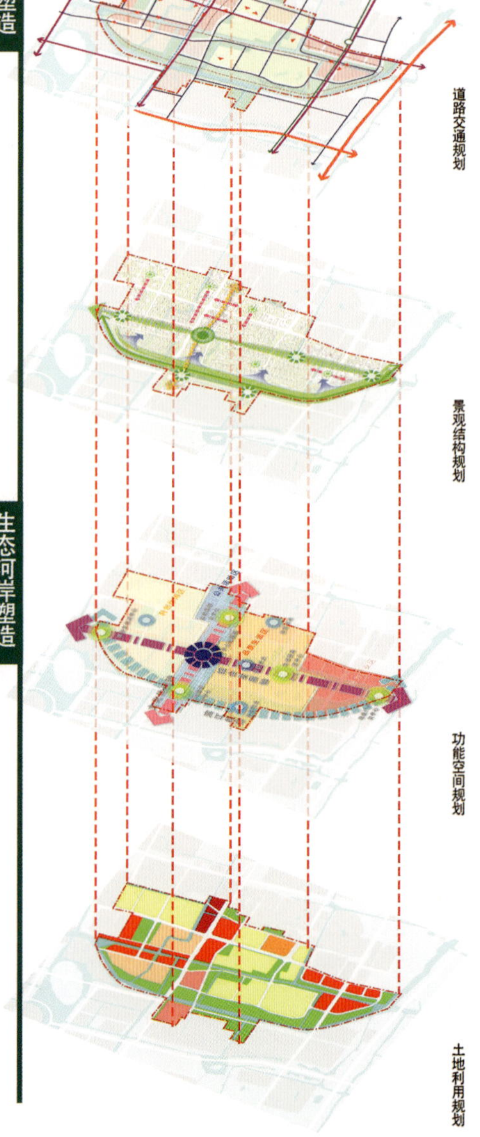

生态河岸塑造

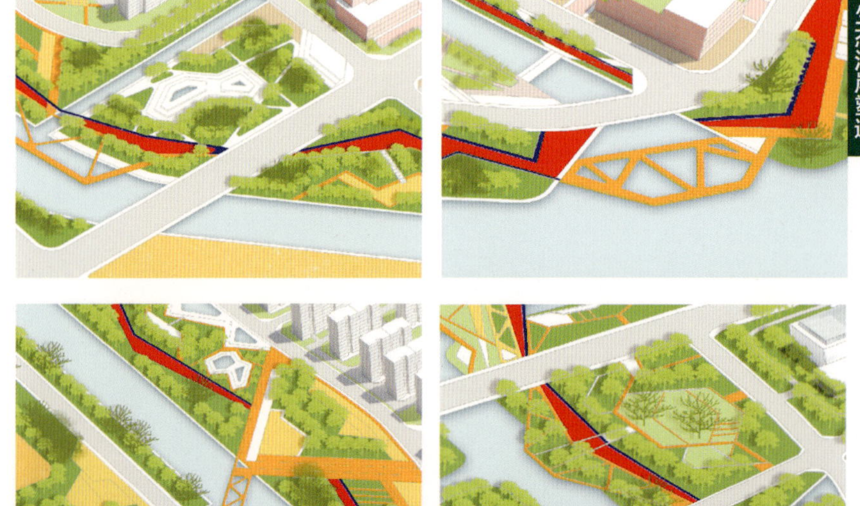

加强河岸间联系，提供生态栖息地

提高亲水性，提供水上运动场地

小组成员：王欣雨　孟德莹
指导老师：陈朋　张小平

曲水留"商"，沉浸之旅

山东建筑大学
Shandong Jianzhu University

小组成员：王荣越　薛锦华
指导老师：陈朋　张小平

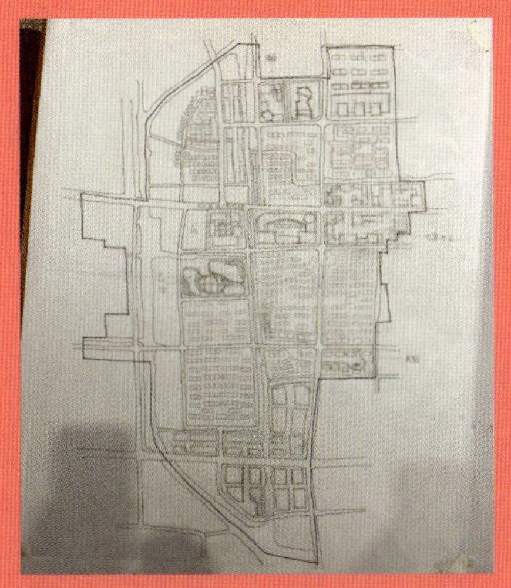
第一阶段 构思图

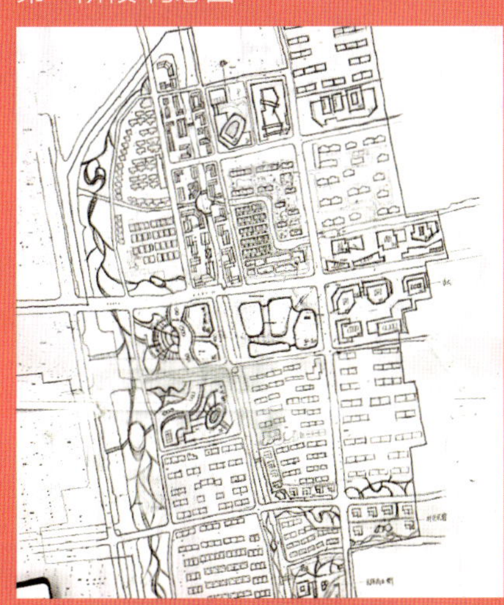
第二阶段 草图

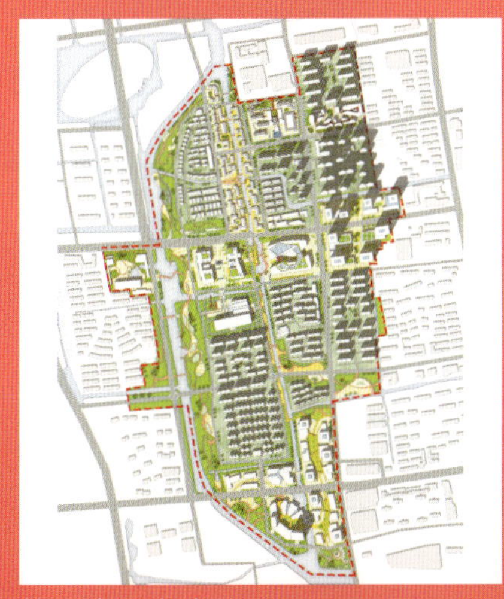
第三阶段 定稿图

设计说明

陆慕老街片区位于苏州市相城区，地处苏州元和塘文化产业园区，位于苏州文化产业黄金三角区的核心位置，该区域正在创建国家级文化产业示范园区。更新片区距离苏州站仅5公里车程，距离苏州北站枢纽约8公里车程，是新一轮城市发展重点进行更新升级的商业区域。

本次城市更新范围包括陆慕老街、元和塘及周边城市区域地块，规划面积约为180公顷，其中初步确定的拟保留建成区用地面积约为50公顷，各类河塘水面面积约为30公顷；拟更新设计用地约为70公顷，规划绿地约为30公顷。

基地呈现出水网、绿网和不同时期建成区相互交织、破碎化的整体形态。西侧的新开河和中部的元和塘为基地主要水系，西侧紧邻新开河的是展示国家历史文化遗产的苏州御窑金砖博物馆。基地中间有若干成规模的新建住宅区，东侧为城中村、已拆迁空地和旧建成区。

曾经的陆慕，千年古镇风光无限，老街幽长、集市繁华，金砖码头、酒坊米行、茶馆书场，处处散发着最美江南的人间烟火气，流传着伍子胥象天法地的传说。如今的陆慕老街，昔日辉煌已不复存在，物质空间大多已被拆除，原本浜对浜、桥对桥、弄对弄、庙对庙的特殊格局消失在凌乱的废墟中，只留下苏州御窑金砖博物馆里一张张小桥流水、瓦屋鳞比的模糊影像。千年历史的积淀，透过斑驳墙面、断瓦残垣，仿佛在无声地呐喊，要把这份文化记忆珍藏。

本次陆慕老街片区城市更新设计在深度挖掘陆慕的区位优势、文化底蕴、生态格局、发展前景等发展条件的基础上，充分梳理陆慕老街片区与苏州市发展的关系，形成在功能构成、空间形态、风貌特色上体现陆慕特色的系统化城市设计体系。

设计感悟

在陆慕老街片区的城市更新设计过程中，我体会到了城市的整体性规划对于一座城市的发展与生存的关键性。原来我对城市更新设计的认识仅仅局限于建筑物的美观性，但是现在的我通过这门课程的学习及认识，明白了城市的发展趋势，城市的经济、布局、交通等设施因素及彼此之间的联系和影响。除此之外，还有城市层次的体现。

规划包括多层次的规划，既要统筹各个规划的协调性，还要针对重点区域进行相应的重点规划，对规划区内的要素进行统筹安排。区域条件的差异性和有限性决定了不同的城市规划策略，但是最终目标是永恒的、向上的。城市更新设计具有前瞻性，且必须考虑当地的发展，必须追求公共利益，在结构上具有科学性和逻辑的自洽性。同时，城市更新设计也是在城市或区域现状条件与未来发展潜力分析的基础上对城市经济、社会、自然、生态等进行协调的过程。

这次城市更新设计也使我明白了城市要发展，其规划必然要顺应时代发展的要求，同时还要有明确的条理性和结构性。其实不仅城市的规划设计与发展是如此，我们平常的生活和学习也是如此。这个学期的城市更新设计学习，不仅让我懂得了街区的规划布局，更学习了城市更新设计的逻辑性和条理性，我要将它运用到以后的工作和生活中。

曲水留『商』 沉浸之旅 Immersion Trip

苏州陆慕老街片区城市更新设计

公共服务设施 Public Service Facilities

基地周围现有 8 处幼儿园，基地中幼儿园的服务半径集中在北部和中部，项目地块的教育设施配套条件较好，基本能够满足居民的日常使用需求。

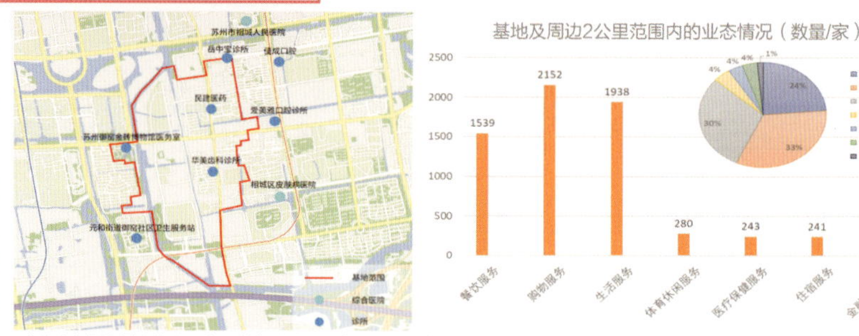

对基地内部及周边商业业态、教育设施、医疗卫生、行政办公、绿地广场、卫生间等公共设施分布进行相应的总结分析发现，除医疗设施外，项目地块的公共服务设施配套条件均较好。考虑到基地位于苏州古城区附近，十五分钟生活圈以外的医疗服务设施配套较为充足，所以项目地块整体上的公共服务设施不存在重大缺失问题，能够满足居民的日常使用需求。

景观分析 Landscape Analysis

宏观绿地格局：设计地块西侧的虎丘湿地公园与阳澄西湖风貌区将基地环抱其中，提供了湿地风光、果园游览、高尔夫球场等多种休闲活动资源；同时，密集而丰富的河流湖荡也带来了良好的生态意境。

内部与周边公园：在元和塘环绕中的设计地块拥有丰富的公园与绿地等休闲资源，这些资源主要集中在地块西部，如孙武纪念园、苏州御窑金砖博物馆、规模适当的社区公园等；元和塘也带来了婉约和煦的河岸景观；设计地块南北侧分别是高速沿线绿化带和苏州小外滩。

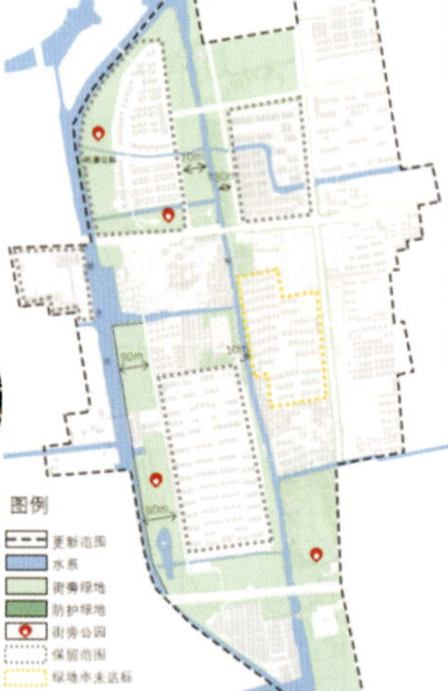

现状以水系、大片开敞草坪与住区景观为主，硬质景观缺乏，水系两岸设桥以划分水面与联系交通，岸边活动单一；景观单调，地形单一，竖向空间未得到利用；缺乏建筑小品与景观装置等，游览趣味与水面空间色彩有待加强，人与水系之间缺乏交流媒介。

建筑分析 Architecture Analysis

建筑肌理

建筑功能

建筑高度

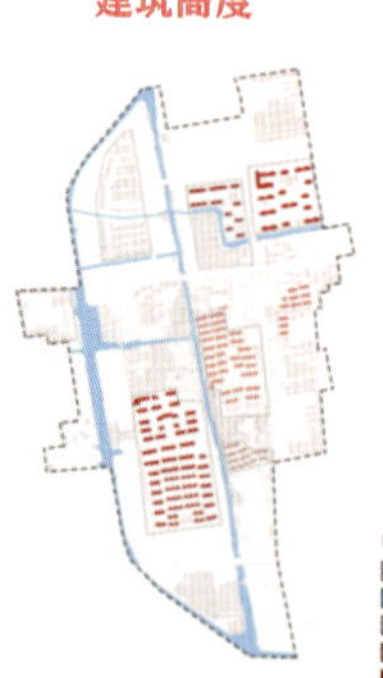

建筑质量

建筑风貌

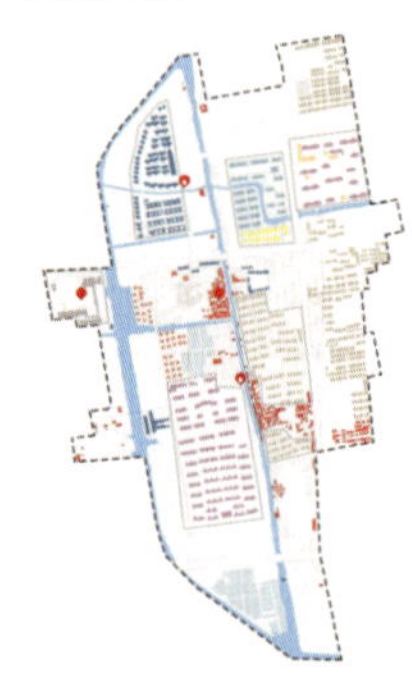

住区	乾唐墅	润元名著	紫玉花园	万泾花园	华美家园
建成年份	2016	2019	2016	2017	2009
建筑类型	塔板结合（联排、独栋、双拼）	板楼（多层）	板塔结合（小高层、高层）	板楼（高层）	板楼（联排、独栋）
楼栋总数（栋）	39	19	20	13	49
房价/（元/平方米）	43997	24249	27992	21586	18132
户数/户	137	632	712	1935	738
容积率	0.5	1.6	1.5	1.5	1.23
绿化率/%	35	37	30	10	38.8

元和塘两侧的个别建筑单体仍保持临水风貌；保留建筑除低层别墅外，多呈条状排列，且缺乏原有的建筑围合格局，室外空间形态单一。

肌理：建成年代较近的住宅与商业建筑肌理较规整，未经统一规划的低层房屋布局灵活且杂乱，总体呈临水或聚集趋势。拟更新区域内建筑肌理尺度基本一致。已开发区域内公共活动空间尺度由北向南、由西向中、由东向中呈现递增趋势。未开发区域空间尺度大。

功能：更新区内建筑功能以居住为主，其次为商住混用等。

高度：高层建筑分布于元和塘西南侧与东北侧，多层建筑分布于元和塘中段东侧。拟更新区域内其余建筑为低层建筑。拟保留区域内建筑多为高层，其次为低层别墅。

质量：低层住宅（低层别墅除外）与商住混用建筑大多质量较差。

问题概括：历史风貌、商业街区及文旅特色与吸引力不足。

小组成员：王荣越　薛锦华
指导老师：陈朋　张小平

小组成员：王荣越　薛锦华
指导老师：陈朋　张小平

规划定位 Plan Positioning

以陆慕文化为主题的沉浸式文旅消费体验街区

关键词：水岸生态、文化创新、活力街区、数字艺术、智能化办公

再造城市发展引擎——全面提升城市价值——打造代表性城市名片

填补旅游链条的缺失　悠久历史文化的再现　城市生活方式的升级

规划目标 Planning Target

旅游活力：服务功能

通过打造文旅特色街区增加地块活力，在陆慕文化的依托下发展旅游产业并予以强有力的支持。

古城文脉：文化功能

旅游、文化与文物保护比翼齐飞。

地方特色：现代风貌

加强城市特色风貌塑造，加强城市设计，把历史感与现代感有机结合起来。

历史特色：古城风貌

保护历史风貌，留住城市基因。

功能结构图

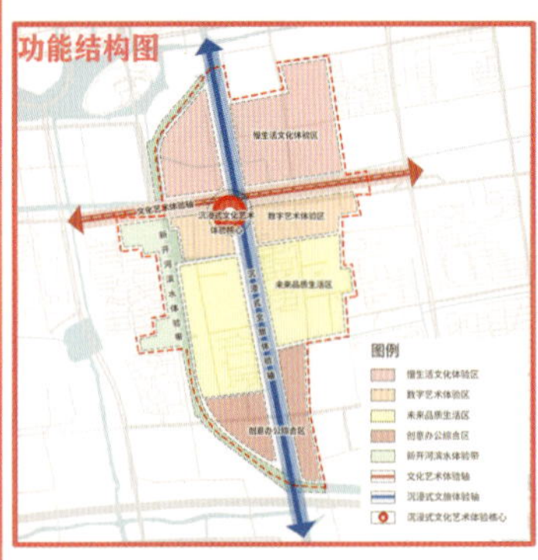

一心、两轴、一带、四区
一心：沉浸式文化艺术体验核心
两轴：文化艺术体验轴
　　　沉浸式文旅体验轴
一带：新开河滨水体验带
四区：慢生活文化体验区、数字艺术体验区、未来品质生活区、创意办公综合区

交通规划图

道路交通结构：两横两纵，密集的支路体系
主干路：阳澄湖中路、润元路
次干路：齐门北大街、古元路
支路：宜公路、陆慕街、顾恺之街、陆慕下塘街

绿地结构图

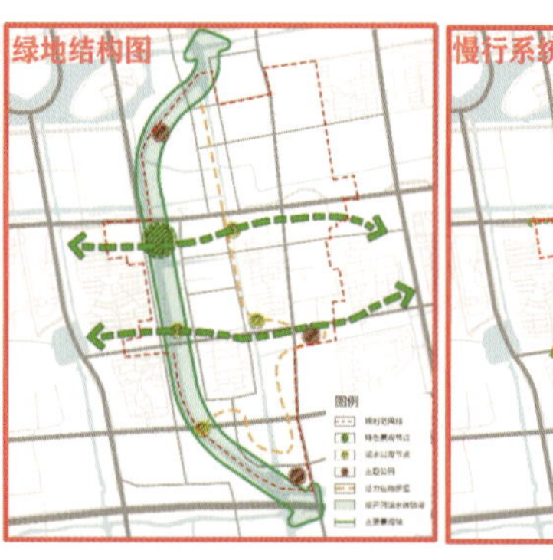

绿脉延展，水网贯穿：一条绿脉主题景观带，贯穿整个基地的绿色生态之脉。一条特色游览路线，贯穿民俗风情商业街、城市商务商业中心和主题公园、基地南侧商业及创意办公的U型风情商业街。一个水韵文化的特色广场，三个开放主题公园：展现苏州特色文化的城市亲水公园——乾唐公园，展现苏州民俗风情的城市内部公园——活力运动公园，展现陆慕老街门户的城市公园——陆慕公园。四个滨水广场节点，依靠水面打造富有生活性、亲水性、商业气息的景观广场节点。

慢行系统规划图

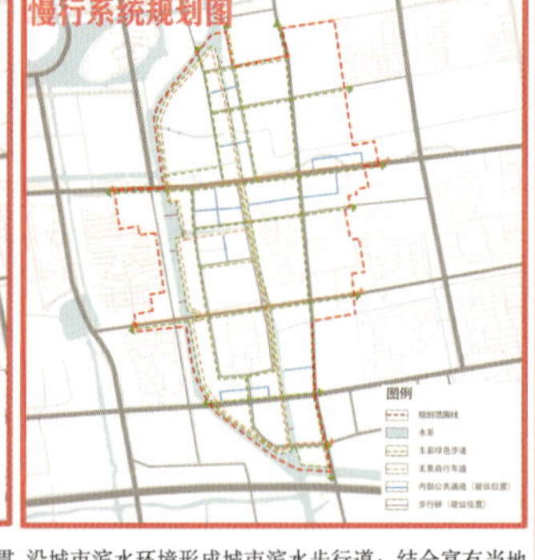

沿城市滨水环境形成城市滨水步行道；结合富有当地特色的沿河商业形成特色风情步行道；在富有当地文化特色的主要游览体验区内打造一条文化游览步行道；通过以上步行道和城市道路两侧的人行道，将每个地块自身的步行道路连为一体，形成完整的步行系统，充分支持人们步行的出行，同时考虑在人流集中的地方布置绿化广场等步行节点，供人们休憩时用。

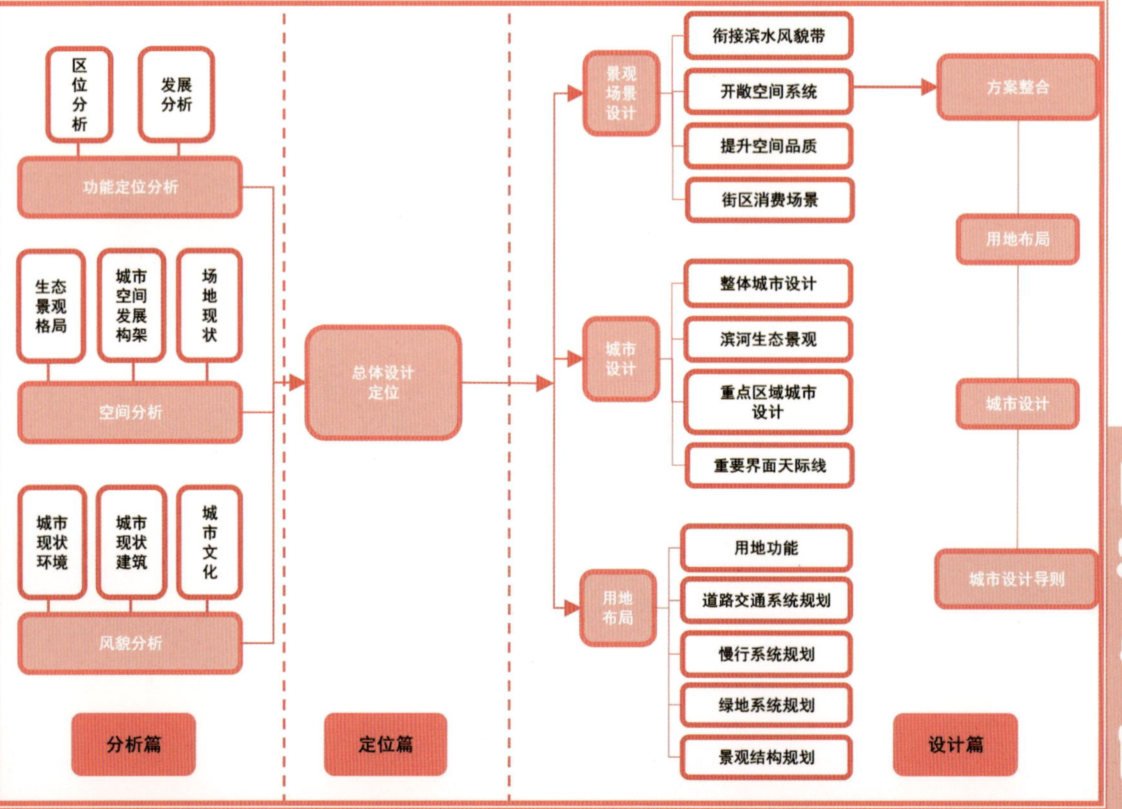

曲水留商　沉浸之旅

苏州陆慕老街片区城市更新设计　Immersion Trip

小组成员：王荣越　薛锦华
指导老师：陈朋　张小平

曲水留『商』 沉浸之旅 Immersion Trip

苏州陆慕老街片区城市更新设计

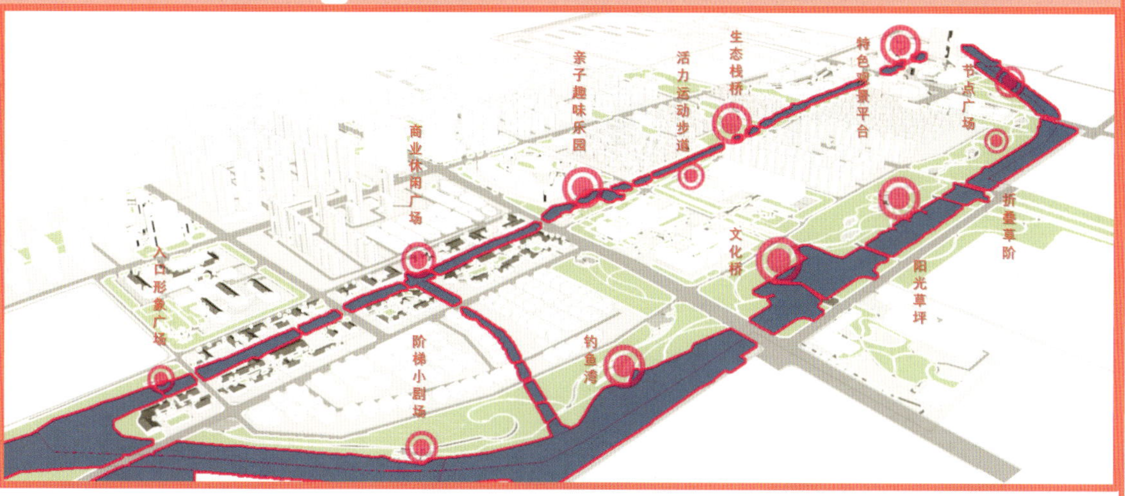

城市设计导则 Urban Design Guideline

街道系统控制

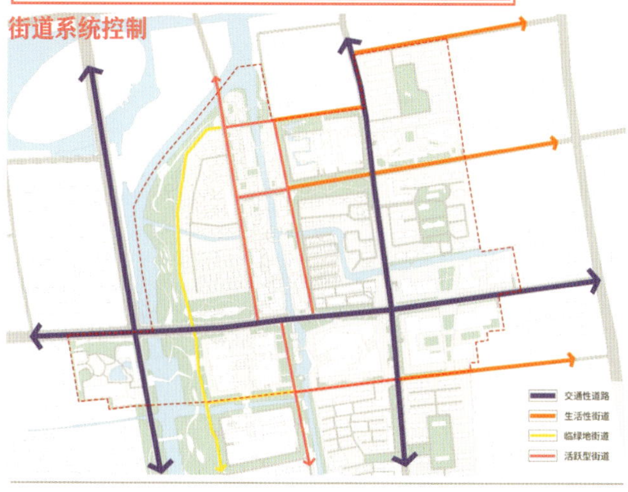

街道系统	交通性道路	生活性街道	临绿地街道	活跃型街道
裙房层数	> 3层	> 2层	> 2层	> 2层
建筑退线	20米	10米	15米	10米
机动车出入口设置	不允许	需审批	需审批	需审批
地面停车	需审批	需审批	需审批	不允许
骑楼要求	无要求	鼓励	无要求	鼓励

街道系统分为交通性道路、生活性街道、临绿地街道和活跃型街道等四种类型，分别对不同类型街道的裙房层数、建筑退线、机动车出入口设置、地面停车、骑楼等要素进行控制。各类要素的限制条件与街道类型息息相关，对于以步行活动为主、使用者活跃度较高的街道建筑退线放宽，并鼓励建设骑楼；对于交通性道路建筑退线要求较高，对活跃型街道无特殊要求。

慢行系统控制

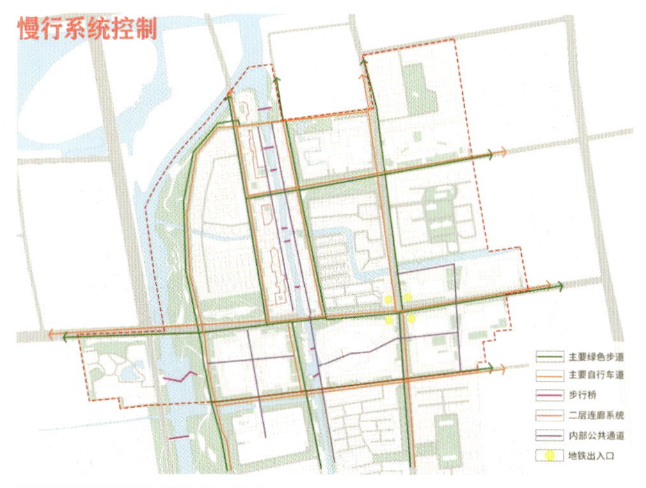

主要绿色步道	结合带状绿地、水网布置	• 路旁设置遮阳设施，如绿荫、通廊等 • 建议种植乡土植物优化步行环境 • 建议设置休憩设施
主要自行车道	位于活力街道一侧、主次干道两侧	• 与带状绿地一同设计和实施 • 结合重要交通枢纽、重要公共设施设置自行车停放点
二层连廊系统	结合特色商业街区进行设计	• 结合地块内建筑布局，通过分支连廊与地块出入口衔接
地块内部公共步道	结合地块内绿地及广场连续布置	• 在高强度开发地区及主要公共活动区域布置，串联地块不同的绿地和广场，形成连续完整的公共步道
地铁出入口	轨道站点附近；其他地面空间开阔、人流集中的区域	• 轨道车站出入口应与过街设施、自行车接驳设施、绿色步道、公共空间等结合设置 • 宜采用下沉广场、半地下街道、采光井等形式，保证一定的自然采光，同时考虑具有较强标志性的建筑小品的设计

慢行系统控制要素有主要绿色步道、主要自行车道、步行桥、二层连廊系统、内部公共通道及地铁出入口。主要绿色步道和自行车道多结合新开河沿线绿地、独立占地的道路绿地布置；内部公共通道主要在公共活动区域及高强地开发地区布置，以串联不同地块的广场和绿地。在主要绿色步道和自行车道的基础上，完善科学的慢行系统。

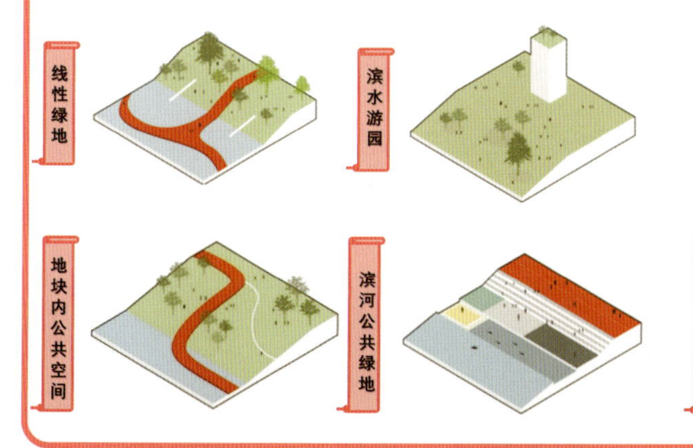

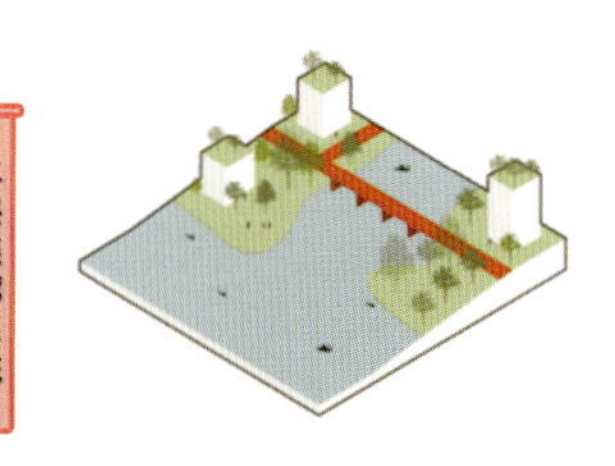

小组成员：王荣越　薛锦华
指导老师：陈朋　张小平

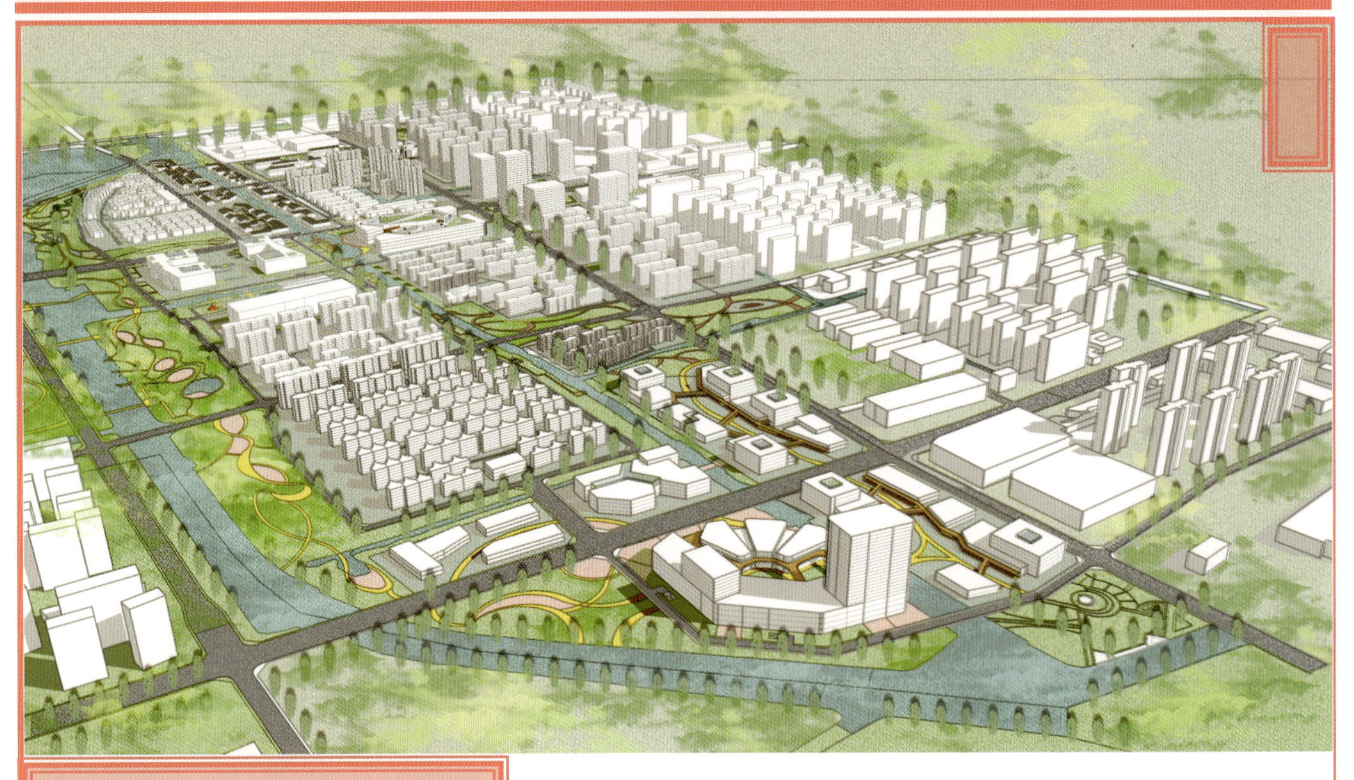

城市设计导则 Urban Design Guideline

建筑形态控制

高强度建设主要集中在阳澄湖中路的商务商业片区，整体呈现西低东高的布局。居住用地建筑高度控制在75米以下，临近元和塘和新开河建筑以二层别墅为主。沿交通性道路两侧界面统一，张弛有度。在靠近博物馆处形成地块的核心标志区域。

公共空间系统控制

地块内公共空间
线性绿地
滨水游园
社区公园
滨河公共绿地
地块水系

慢公共空间主要分为地块内公共空间、线性绿地、滨水游园、社区公园、滨河公共绿地及地块水系。滨河公共绿地、线性绿地为独立占地，其用地边界与土地利用规划图保持一致；滨水游园、社区公园、地块内公共空间为非独立占地，其面积、位置、形状可适当调整，但必须保证相邻地块之间公共空间的连续性和完整性。

主要绿色步道	结合带状绿地、水网布置	• 路旁设置遮阳设施，如绿荫、通廊等 • 建议种植乡土植物优化步行环境 • 建议设置休憩设施
地铁出入口	轨道站点附近；其他地面空间开阔、人流集中的区域	• 轨道车站出入口应与过街设施、自行车接驳设施、绿色步道、公共空间等结合设置 • 宜采用下沉广场、半地下街道、采光井等形式，保证一定的自然采光，同时考虑具有较强标志性的建筑小品的设计
滨水公共空间	具有连续性的独立占地绿地	• 用地边界与土地利用规划图保持一致，沿线可设置绿色步道
地块内公共空间	连续性非独立占地公共空间	• 地块内公共空间的位置、形状、面积，在阶段设计时可适当调整，但必须保证其公共性及与相邻地块之间公共空间的连续性

沉浸之旅

曲水留『商』

Immersion Trip

小组成员：王荣越　薛锦华
指导老师：陈朋　张小平

碧水生两岸，绿野踏双塘

山东建筑大学
Shandong Jianzhu University

小组成员：宋逸群　谭凯悦
指导老师：陈朋　张小平

第一阶段 构思图

第二阶段 草图

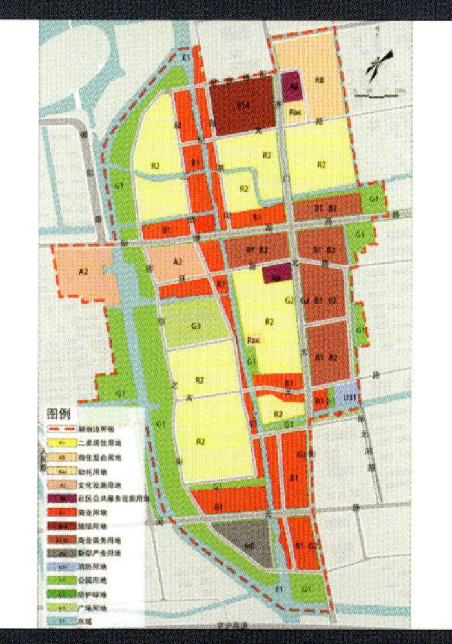

第三阶段 定稿图

设计说明

本次城市更新范围包括陆慕老街、元和塘及周边城市区域地块，陆慕老街片区位于苏州相城区。相城因春秋时期吴国大臣伍子胥在阳澄湖畔“相土尝水，象天法地”“相其地，欲筑城于斯”而得名。陆慕老街的重塑，不仅寄托着苏州相城人民的文化乡愁，也承担着弥补周边区域功能缺失、激活土地价值、塑造城市品牌的重要使命。

本次设计以“老街新生”为整体设定，统筹制定更新思路、发展框架和实施路径，充分兼顾产业更新、商业消费、智慧社区这三大支撑，优化提升周边街区、水岸公共区域的功能业态，打造相城区最具创新活力的城市片区，实现历史活力的当代再生。设计者从人的需求、服务品质、业态构成、体验模式等角度，综合考虑更新片区中的商业、产业、消费、文化等要素，合理分析不同人群的需求，强调与苏州其他老街的差异化，打造“陆慕老街”的独特形象和文化 IP，激发适应新时代发展环境的片区活力。方案参考相城中心城区控制性详细规划，在都市风貌层面进行明确的城市设计和引导，保障高品质的空间规划和建筑形态，营造具有独特地域性的景观场景，并提出深化、优化控制性详细规划的可能方向。

因水而起的陆慕文化源远流长，本次规划以“碧水生两岸，绿野踏双塘”为规划愿景，秉持低碳环保可持续理念，在元和塘与新开河一带规划设计游憩商业区。

规划贯彻低碳理念，打造生态慢行区；把文化作为主体，打造“C＋”多重效益；传承发扬文化，编织互联城市空间；承古开今，打造传统与现代的两种特色；交通分级组织，末端疏通。

本方案规划了“一心、两轴、一带、四区”。“一心”为文化畅享中心，是集科技文化展览活动中心等公共服务设施于一体的文化中心。“两轴”分别为：滨水文化游憩轴，该轴作为苏州城市中轴线的延续和元和塘科技文化创意带的延伸，作为游憩商业区最直接感受历史遗迹和文化传统的地点，以滨水突出陆慕老街的氛围；沿主要道路经过地铁口，打造商业办公及文化服务多元的功能联系轴。“一带”为滨河生态景观带，贯彻低碳理念，规划设计慢行步道，利用现状绿地水绿结合。“四区”分为低碳品质生活区（设置民宿，承接人流；邻水仿古商业街，打造多元的亲水平台）、文化交流休闲区（设置文化畅享中心、文化展览中心等，引入水系与广场结合；滨河传统商业街，多为一层楼，以展示陆慕文化）、陆慕文娱商业区（在临近地铁站口位置设商务办公区，层数较高，18 层，打造以公共交通为导向的开发模式，且展示基地良好形象；设置现代商业商务区，流线型，要求具有未来感，与传统对应）、文化创意启动区（融合研发、创意、设计等新兴产业；设置滨河新中式商业街）。

本次规划设计的目标是把基地打造成以文化产业为支撑的苏州低碳游憩商业示范区。

设计感悟

在发展定位上，分析区域创新发展条件及城市功能转型提升要求，结合项目特征进行国内外类似案例的研究和政策解读，从企业、政府、市场等不同角度综合评判，提出本区域发展面临的问题，以及在更新改造过程中关于更新模式、功能置换、开发强度、城市配套、环境品质等的设想和策略。

在规划格局上，做到创新式地解读苏州历史，传承千年江南文化，在此基础上整合空间资源，融合当代生活。在局部适当保护和保留历史景点与文化建筑的同时，积极突破原有的小体量的空间尺度，形成具有新时代气息的空间格局。在规划层面，设计须加强地块交通流线研究，可考虑红线外地块的地下空间开发。

从完善城市功能、建构开放空间体系、优化公共服务体系、塑造城市形象等角度，加强相关视廊和视野景观的分析，注意历史要素的保护、展示与创新利用，注意历史保护与现代生活关系的处理。拟保留或提升若干节点建筑，包括白衣庵、河泾寺、古桥及老窑（皆为现存建筑）。对于这些建筑，要考虑历史形态与当代传承的风貌保护问题，提出相应的活化策略。

对新开河、陆慕老街等重点空间特征点，提出相应的设计构想、表述、形态设计导则等。其中，对新开河区域，应妥善处理滨河开敞空间的形态，并合理融入现代艺术元素，创造出特色鲜明的建筑形态格局；对陆慕老街区域，应深入挖掘其文化资源，创造宜人的空间尺度，打造鲜明的城市和建筑辨识度。

重点研究的景观设计范畴包括滨水岸线的景观设计、街区消费场景的景观设计、室外重要公共活动节点的景观设计等，目标是充分挖掘已有公共绿化空间的潜力，提升环境品质。同时，充分考虑河流、桥梁及建筑的融合度，适当对空间节点的城市公共艺术装置提出设想和引导。

碧水生两岸，绿野踏双塘——苏州陆慕老街片区城市更新设计

上位规划解读 Upper Planning Interpretation

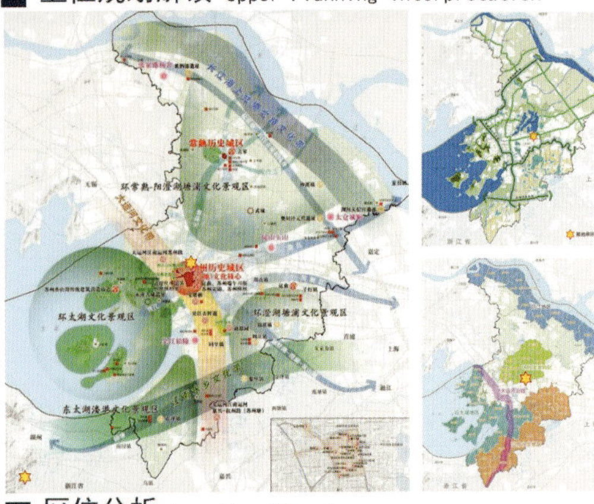

《苏州市国土空间总体规划（2021-2035年）》

相城区位于元和塘水文化生态廊及苏州历史城区文化核心的北侧边缘区。相城区位于苏州城镇空间格局的通苏嘉发展轴带上，处于生态保护格局的环阳澄湖地区。

《相城区控制性详细规划》

本规划区位于相城区元和塘科技文化创意产业带上，形成"一核、双十字轴、多区"的布局结构。为发展生态、文化、文创产业创造更大空间。

区位分析 Location Planning

更新片区距苏州站仅5公里车程，距苏州北站约8公里车程。

基地位置处于苏州重要车站的交汇处，有望成为元和塘区域产业链和对外交流的中转站与加速器，并成为陆慕中央商务核心区的延伸，带动片区未来的发展。

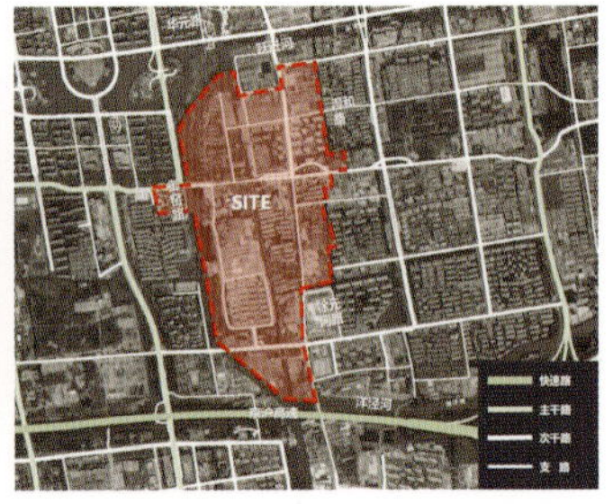

本次片区城市更新范围包括陆慕老街、元和塘及周边城市区域地块，位于华元路以南、京沪高速以北的元和塘两侧，北靠跃进河，南侧东侧由洋泾河包围，西至澄和路。

总结：场地三面环水，临近陆慕中央商业核心区，可利用水资源优势，打造水城一体、生态景观优先的中央商业延伸区。

规划区位于元和塘科技文化创意带上，西北侧有陆慕中央商务区，是未来规划发展的重点；东北侧有元和商圈，是现存的商业中心；东侧2.5km处为相城区行政中心，南侧为古城创新区。

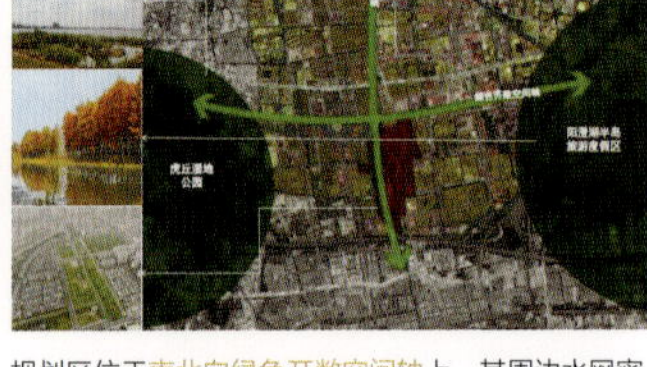

规划区位于南北向绿色开敞空间轴上，其周边水网密布、生态景观良好。除以上大型生态场地外，基地周边还分布着众多大大小小的公园、街头绿地等。

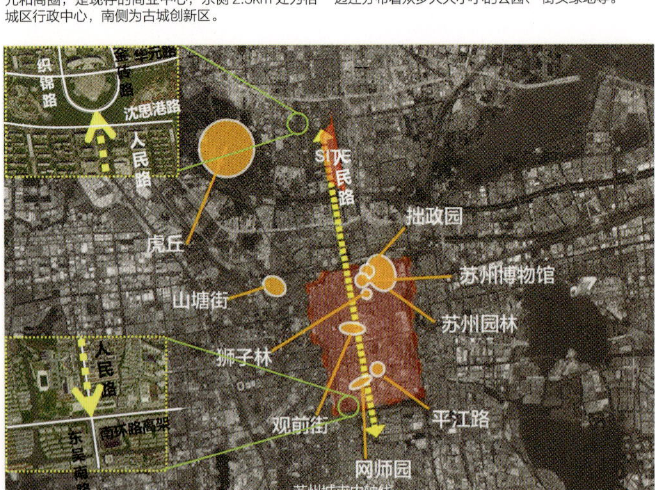

基地位置处于苏州城市中轴线一侧。

苏州城市中轴线空间当前着眼于生态规划，给城市定标生态主题，意图实现社会生态空间持续发展的生态价值。陆慕老街所在区位三面环水，有良好的生态环境支撑。陆慕老街作为元和塘文创大廊的起点，既是相城最重要的传统文化街区，也可作为苏州城市生态空间的北侧起点。

技术路线 Technical Route

项目学习

上位规划	区位分析		现状分析	
苏州市国土空间总体规划（2021—2035年）	交通	功能	文化渊源	交通现状
			用地现状	服务设施
相城区控制性详细规划	生态	文化	公园绿地	建筑现状

规划愿景

功能定位

方案设计

规划策略	设计方案		
策略一：贯彻低碳理念，打造生态慢行区	功能布局	空间设计	特色体系
策略二：传承发扬文化，编织互联城市空间	空间结构	公共空间设计	低碳慢行体系
策略三：承古开今，打造传统与现代的两种特色	土地利用	景观绿地设计	文化焕活体系

城市设计

现状交通分析 Current Traffic Analysis

条件良好、潜力较大的道路交通现状。地铁8号线（在建）横穿基地；基地内部的道路连通度和等级均不足；公共交通的覆盖程度不足，公共交通出行不便。

现状设施分析 Analysis Of Current Facilities

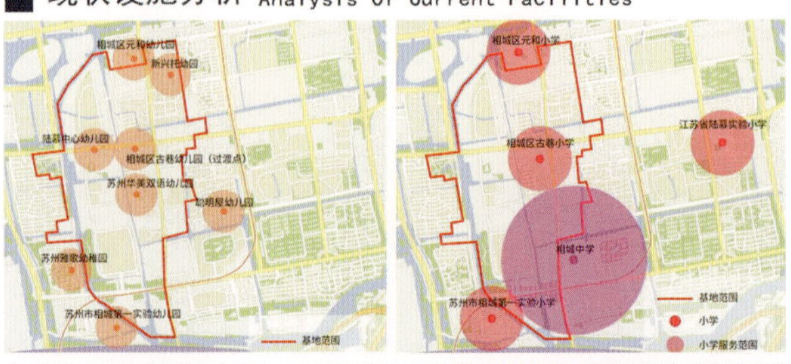

条件良好、配套齐全的服务设施。项目地块的教育设施配套条件较好，基本能够满足居民的日常使用需求。

小组成员：宋逸群　谭凯悦
指导老师：陈朋　张小平

参加院校：苏州大学、南京工业大学、郑州大学、山东建筑大学、合肥工业大学　　承办单位：苏州大学

碧水生两岸，绿野踏双塘——苏州陆慕老街片区城市更新设计

历史脉络

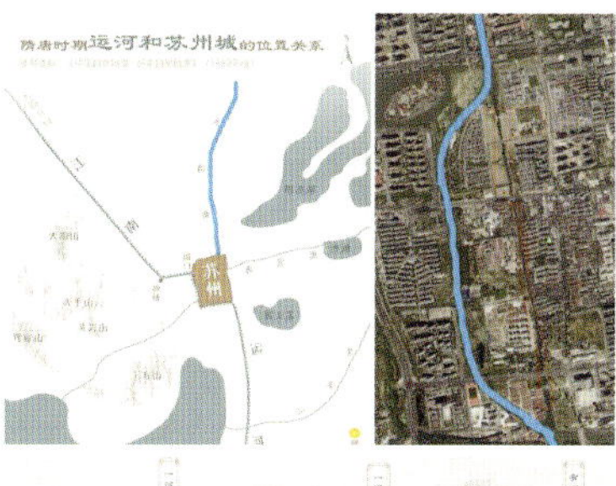

元和塘原名"常熟塘"，因古代常熟设州，故曾名"州塘"，为古河道，也是苏州重要的一条古航道。

因水而兴——陆慕盛产能工巧匠，诞生了御窑金砖、缂丝、砖雕、蟋蟀盆等相城特产。

依水成街——古城中的"水街"格局丰富多样，包括一河两街、有河无街、一河一街等形式。

发现古代文化遗存区域为陆慕老街，根据惯例，命名该遗址为"苏州陆慕老街遗址"。沿元和塘河道两侧的区域应进行整体的原地址保护，以保护历史上整个金砖烧制窑场区的完整性。应制定较长期的考古工作计划。

现状用地分析

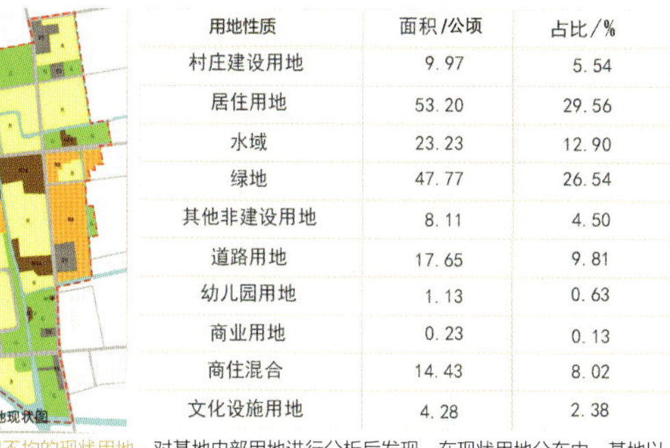

用地性质	面积/公顷	占比/%
村庄建设用地	9.97	5.54
居住用地	53.20	29.56
水域	23.23	12.90
绿地	47.77	26.54
其他非建设用地	8.11	4.50
道路用地	17.65	9.81
幼儿园用地	1.13	0.63
商业用地	0.23	0.13
商住混合	14.43	8.02
文化设施用地	4.28	2.38

功能较全但分配不均的现状用地。对基地内部用地进行分析后发现，在现状用地分布中，基地以居住用地和绿地为主，其中居住用地为新建成的居住小区，由高层建筑、别墅和多层建筑组成；商业用地占比较少，基地内部仅有一处集中的商业用地及东边一块商住用地；基地内部有许多零零散散的其他非建设用地，以露天停车场和荒地为主；村庄建设用地以低层坡屋顶民房为主；文化用地是指苏州御窑金砖博物馆。

现状服务设施

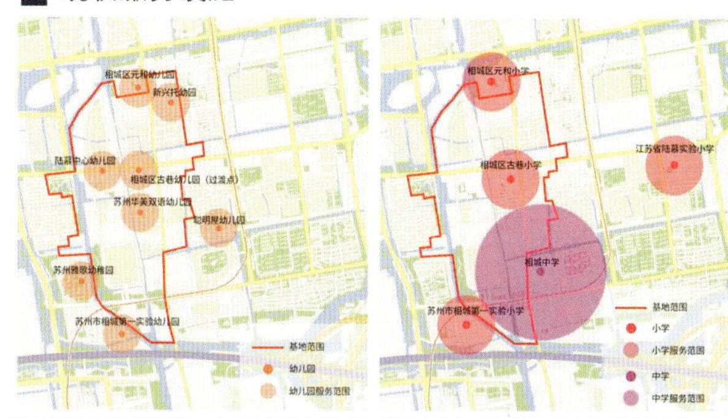

基地周围现有8所幼儿园、4所小学和1所中学；基地中幼儿园服务半径集中在北部和中部，小学和中学也基本覆盖基地中人口集中的区域。考虑到西南侧小区正在建设，项目地块的教育设施配套条件较好，基本能够满足居民的日常使用需求。

现状建筑分析 Analysis of the Current Building

肌理：建成年代较近的住宅与商业建筑肌理较规整，未经统一规划的低层房屋布局灵活且杂乱，总体呈临水或聚集趋势。

功能：更新区内的建筑其功能以居住为主，其次为商住混用等。

高度：高层建筑分布于元和塘西南侧与东北侧，多层建筑分布于元和塘中段东侧。

质量：低层住宅（低层别墅除外）与商住混用建筑大多质量较差。

教育设施配套条件较好，基本能够满足居民的日常使用需求。

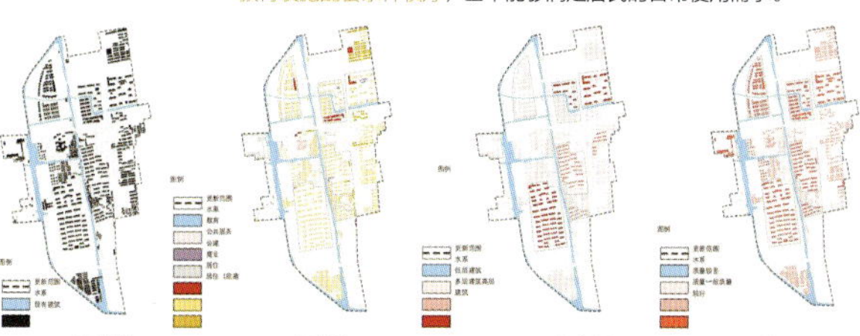

住宅区	乾唐墅	润元名著	紫玉花园	万泾花园	华美家园
建成年份	2016	2019	2016	2017	2009
建筑类型	塔板结合（联排、独栋、双拼）	板楼（多层）	板塔结合（小高层、高层）	板楼（高层）	板楼（联排、独栋）
楼栋总数/栋	39	19	20	13	49
房价/(RMB/m²)	43997	24249	27992	21586	18132
户数/户	137	632	712	1935	738
容积率	0.5	1.6	1.5	1.5	1.23
绿化率/%	35	37	30	10	38.8

类型：拟保留区内为现代苏式住宅与商业建筑。

色彩：风貌混杂。坡屋顶住宅以白墙为主，屋顶则有灰、红两种色彩。平屋顶住宅墙体有白、灰、黄三种色彩，屋顶与墙同色或饰以灰色涂料，异于传统苏式建筑风貌。

排列分布：元和塘两侧的个别建筑单体仍保持临水风貌；保留建筑除低层别墅外，多呈条状排列，均缺乏原有的建筑围合格局，室外空间形态单一。

现状公园绿地 Analysis of Current Park Green Space

宏观绿地格局：设计地块西侧的虎丘湿地公园与阳澄西湖风貌区将基地环抱其中，提供了湿地风光、果园游览、高尔夫球场等多种休闲活动资源；同时，密集丰富的河流湖荡带来了良好的生态环境。

现状以水系、大片开敞草坪与住区景观为主，硬质景观缺乏，水系两岸设桥以划分水面与联系交通，岸边活动单一；景观单调，地形单一，竖向空间未得到利用。缺乏建筑小品与景观装置等，游览的趣味性与水面空间色彩有待加强，人与水系之间缺乏交流媒介。

小组成员：宋逸群　谭凯悦
指导老师：陈朋　张小平

碧水生两岸，绿野踏双塘——苏州陆慕老街片区城市更新设计

理念阐述 Statement of Ideas

规划理念

空间价值，独特形象；文化传承，环境品质；古今相融，和谐宜人

（一）空间价值，独特形象

陆慕老街空间更新出独有价值，基于城市综合发展的要求进行系统性重构，具体包含物质、文化等多个方面，创造出老街独特的IP。

（二）文化传承，环境品质

传承特有的文化符号，符号化包括商业、办公、居住等多个方面，提升老街环境的品质。

（三）古今相融，和谐宜人

唤醒老街活力并结合新时代的科技，实现繁华历史的活力再生。建设尺度适宜的道路网，构建亲近自然的传统城市空间格局。

规划理念

因水而起的陆慕文化源远流长 | 秉持低碳环保可持续理念

因水而起的陆慕文化璀璨发光 | 元和塘&新开河形成游憩商业区

- 重唤文化记忆 复苏在地文化 加强文化保护
- 唤醒街道活力 恢复街景特色 平衡功能利用 整合公共场所
- 提升街道通达性 交通管制生活 加强道路维护
- 加强空间联系 加强景观利用 修复老旧建筑 丰富空间功能

功能定位

陆慕老街位于苏州文化黄金三角区产业发展核心，是苏州古城与元和塘文化产业园间的缓冲桥梁。依据陆慕老街的生态文化发展潜力，把基地打造成以文化产业为支撑的苏州低碳游憩商业示范区。

功能定位

RBD是优质商业、优质城市氛围、优质设施、优质城市文化的组合

游憩商业+潮玩 时尚商区；游憩商业+运动 运动港湾；游憩商业+康乐 游乐胜地；游憩商业+美퓨 乐活宜居；游憩商业+森活 生态绿肺；游憩商业+众创 国际商务；RBD 时代范本

游憩商业区通过深挖历史文化资源，以现代商业模式重塑城市空间结构，优化人口布局，推动城市多元化发展。

传统城市RBD

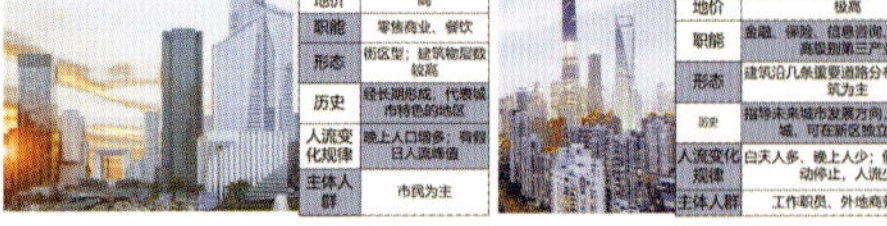

	传统城市CBD
区位	大中心城市都存在
地价	高
职能	零售商业、餐饮
形态	街区型；建筑物层数较高
历史	经长期形成，代表城市特色的地区
人流变化规律	路上人口密集；假日日人流高峰
主体人群	市民为主

	现代城市CBD
区位	仅位于国际大都市内，处于城市中心区边缘
地价	极高
职能	金融、保险、信息咨询、房地产等高级别第三产业
形态	建筑沿几条重要道路分布；高层建筑为主
历史	指导未来城市发展方向，不依赖旧城，可在新区独立建设
人流变化规律	白天人多，晚上人少；假日办公活动停止，人流少
主体人群	工作职员、外地商务人员

	城市RBD
区位	决定于自然或历史的要点，或历史街区内
地价	相对较低
职能	旅游、旅游商品零售
形态	步行街形式、或扶式、大型购物中心型
历史	当地历史联系紧密
人流变化规律	节假日人流多于假日人流
主体人群	游客、市民

RBD是指集商务、住宅、购物、娱乐等于一体的城市游憩区域。

案例借鉴 Case Reference

案例借鉴1——中国张家港小城河改造

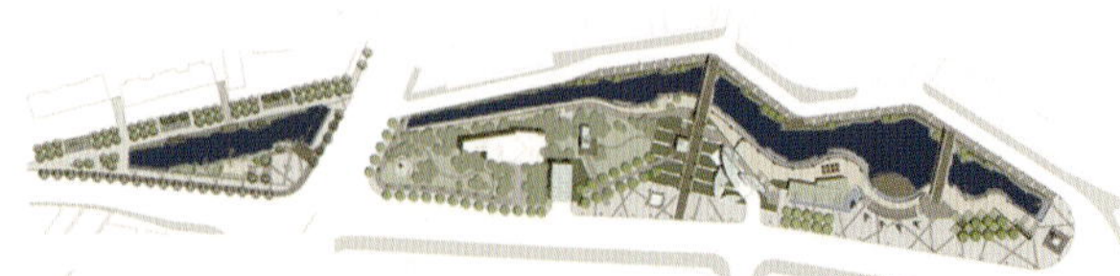

风格以现代为主，在景观设计中加入简洁的中式元素，让人体会到“中式精神”。

在景观设计上引用“谷渎港”的历史渊源，作为一个历史纪念性的港口码头广场，结合优越的自然水景条件，通过丰富的绿化植物使之成为广大市民休闲的场所，人们在此散步的同时也能对曾经是码头的谷渎港产生一种思念的回味。

案例借鉴2——阅江路（广州塔—华南快速）滨江段景观设计

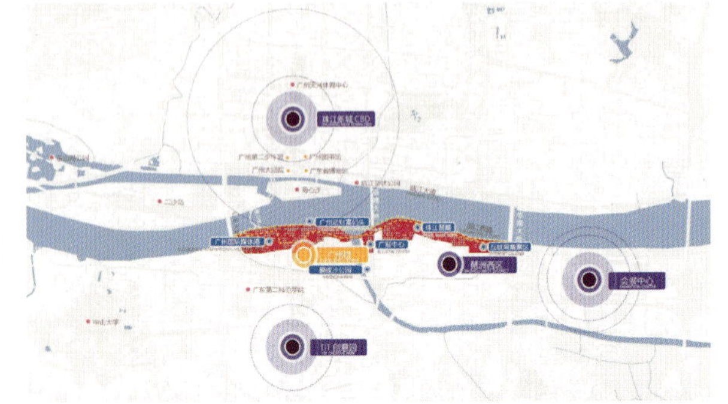

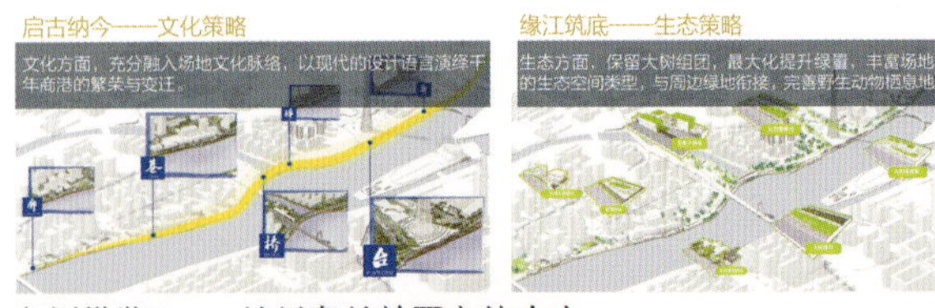

案例借鉴3——兰州皋兰社区文体中心

策略生成 Policy Generation

策略一：贯彻低碳理念，打造生态慢行区

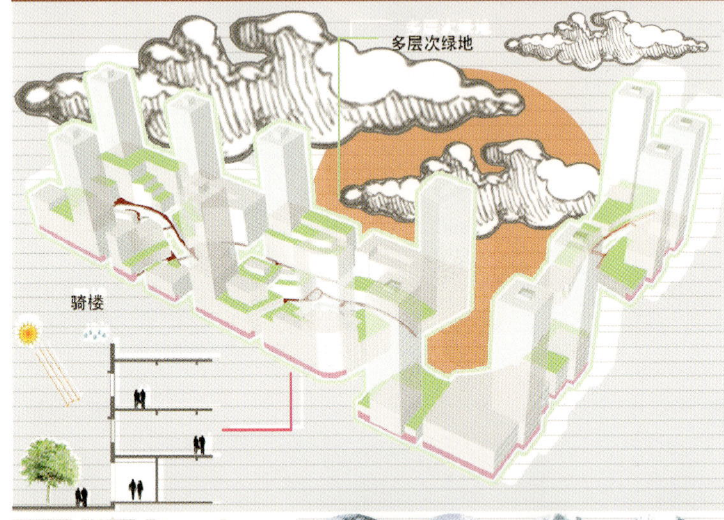

贯彻低碳理念，建设低碳产业、智能数字化产业；低碳社区，设计绿色建筑，沿元和塘、新开河沿岸增加雨水花园、多层次绿化体系及海绵设施，规划公园绿地；构建慢行系统，设计慢行廊道和骑楼，鼓励绿色出行，给区域内的慢行和公共交通提供支持。提高居住环境质量，打造良好的交往空间。

策略二：把文化作为主体地位，打造“C+”多重效益

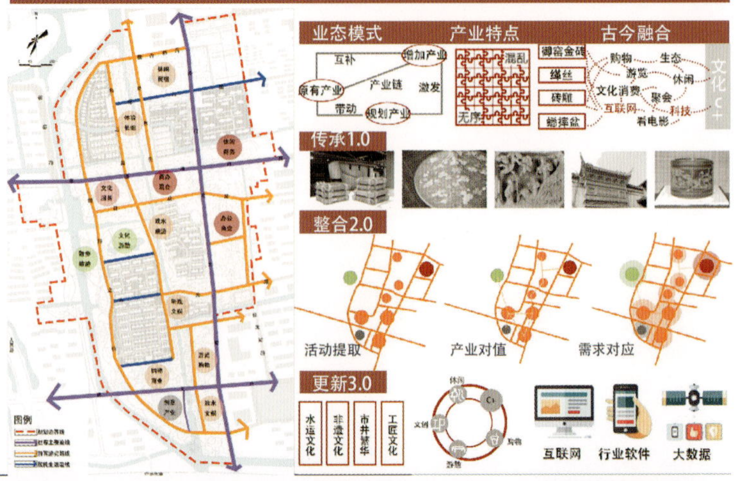

小组成员：宋逸群 谭凯悦
指导老师：陈朋 张小平

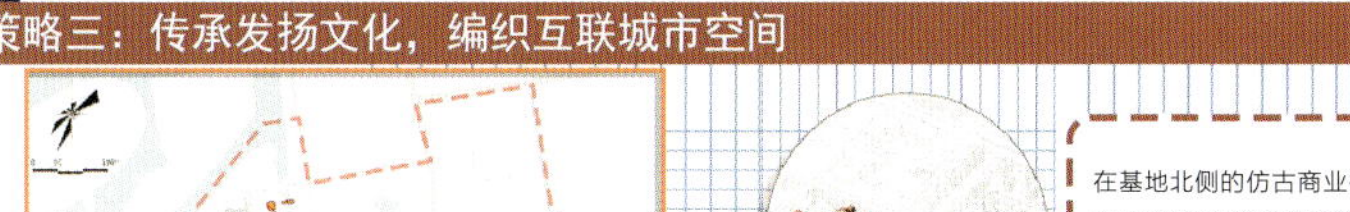

碧水生两岸，绿野踏双塘——苏州陆慕老街片区城市更新设计

策略生成 Policy Generation

策略三：传承发扬文化，编织互联城市空间

在基地北侧的仿古商业街中设置串联陆慕文化遗址的步道，其中设有7个遗址展示节点。

在基地西侧采用曲线廊道联通商业商务空间，使空间建立联系。

基地南侧的新中式建筑以折线实现空中廊道连接，展现未来感。从古至今，编织互联，传承发扬基地文化内涵。

策略四：承古开今，打造传统与现代两种特色

通过贯穿陆慕的水的联系，表达流水衍生出来的陆慕传统特色，沿河设计仿古商业街、仿古民俗、文化服务中心，采用传统的廊、巷、桥、台等形式加强与水的互动。

通过贯穿基地的南北向主干道实现对外联系，沿基地主干路设置商务设施，沿用新中式商业街，加强现代感。

策略五：交通分级组织，末端疏通

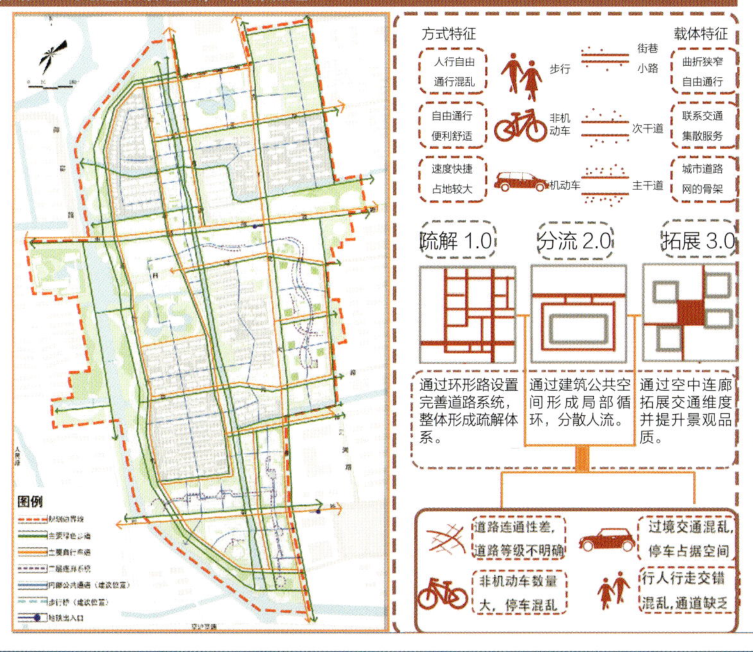

方案设计 Scheme Design

规划结构——“一心两轴一带四区”

一心：文化畅享中心

集科技文化展览、活动中心等公共服务设施于一体的文化中心

两轴：滨水文化游憩轴

苏州城市中轴文化的延伸；突出陆慕古街氛围

功能联系轴：

沿主要道路经过地铁口，打造多元功能区

一带：滨河生态景观带

贯彻低碳理念，考虑慢行步道的规划设计，水绿结合利用现状绿地

四区：

低碳品质生活区、文化交流休闲区、陆慕文娱商业区、文化创意启动区

用地规划

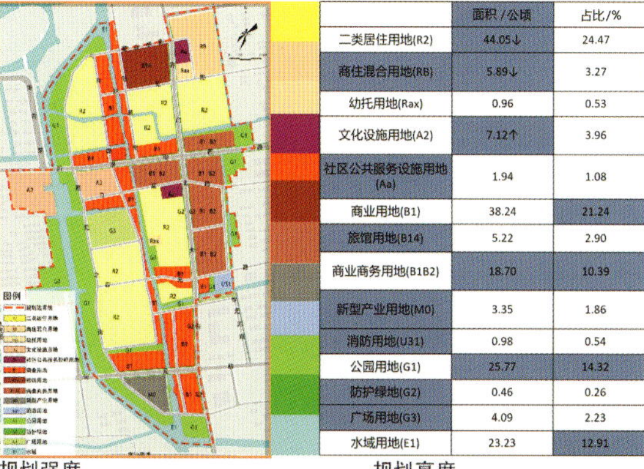

	面积 /公顷	占比/%
二类居住用地(R2)	44.05↓	24.47
商住混合用地(RB)	5.89↓	3.27
幼托用地(Rax)	0.96	0.53
文化设施用地(A2)	7.12↑	3.96
社区公共服务设施用地(Aa)	1.94	1.08
商业用地(B1)	38.24	21.24
旅馆用地(B14)	5.22	2.90
商业商务用地(B1B2)	18.70	10.39
新型产业用地(M0)	3.35	1.86
消防用地(U31)	0.98	0.54
公园用地(G1)	25.77	14.32
防护绿地(G2)	0.46	0.26
广场用地(G3)	4.09	2.23
水域用地(E1)	23.23	12.91

规划强度　规划高度

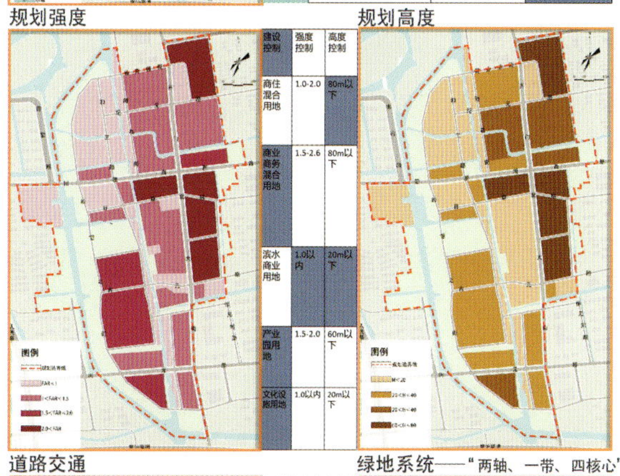

建设控制	强度控制	高度控制
商住混合用地	1.0-2.0	80m以下
商业商务混合用地	1.5-2.6	80m以下
滨水商业用地	1.0以内	20m以下
产业园用地	1.5-2.0	60m以下
文化设施用地	1.0以内	20m以下

道路交通

绿地系统——“两轴、一带、四核心”

地下空间

规划基地内南北向次干路4条、东西向次干路5条。流线更加通畅，减少丁字路口，道路相交处角度适中。

结构为“两轴、一带、四核心”
基地中有一条贯穿南北的滨河文化景观轴，一条贯穿东西的城市公共景观轴；基地东侧为滨水景观风貌带；还有4处景观核心和4处景观次级核心。贯彻低碳可持续发展理念，将基地发展为低碳示范区。

小组成员：宋逸群　谭凯悦
指导老师：陈朋　张小平

碧水生两岸，绿野踏双塘——苏州陆慕老街片区城市更新设计

方案设计 Policy Generation

规划总平面

低碳品质生活区：设置民宿，承接人流；临水仿古商业街，打造多元的亲水平台。

文化交流休闲区：文化畅享中心设置文化展览中心等，引入水系与广场结合；滨河传统商业街多为一层建筑，展示陆慕文化。

陆慕文娱商业区：临地铁站口设商务办公区，层数较高，18层楼，打造以交通为导向的开发模式，展示基地的良好形象；设置现代商业商务区，流线型，体现未来感，与传统对应。

文化创意启动区：融合研发、创意、设计等新兴产业；规划设计滨河新中式商业街。

文化复合 Culture Composite

文娱编织复合

商务业态与文化结合布置，唤醒文化记忆，打造特色游憩商业街区。增加文化产品的类型和供给。解决文化传承断裂和空间类型单一等问题。

滨河空间岸线

路径岸线重叠

路径局部放大

波动曲线路径

伸出水面的平台

贴近水面的出挑路径

成组的邻水构筑物

城市设计导则 Urban Design Guideline

街道系统控制

空间范围内，街道人群活动需求主要归纳为 6 个方面：通行与转换、驻足停留、休憩静坐、游乐嬉戏、健身运动、游览观光。不同的活动对街道场所功能和设施的要求差异明显。

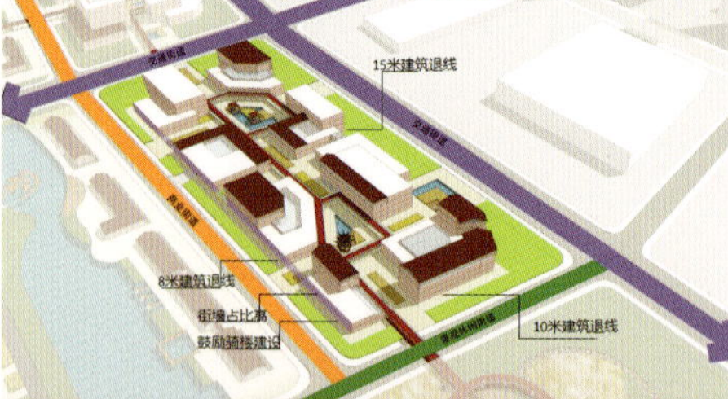

慢行系统控制

慢行系统控制要素主要有主要绿色步道、自行车道、地块内部公共通道、步行桥、二层连廊系统及地铁出入口。

公共空间控制

建筑形态控制

组团设计导则示例

组团控制要素主要分为三大类：公共空间、慢行系统、建筑形态控制。

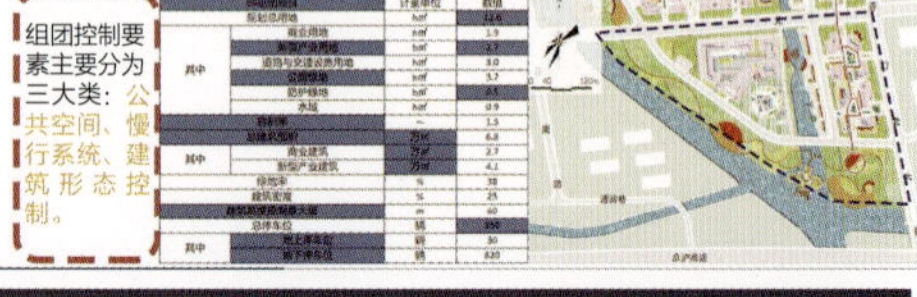

小组成员：宋逸群　谭凯悦
指导老师：陈朋　张小平

参加院校：苏州大学、南京工业大学、郑州大学、山东建筑大学、合肥工业大学　承办单位：苏州大学

小组成员：宋逸群　谭凯悦
指导老师：陈朋　张小平

水陆相生

山东建筑大学
Shandong Jianzhu University

小组成员：安正　宋云轩
指导老师：陈朋　张小平

第一阶段 构思图

第二阶段 草图

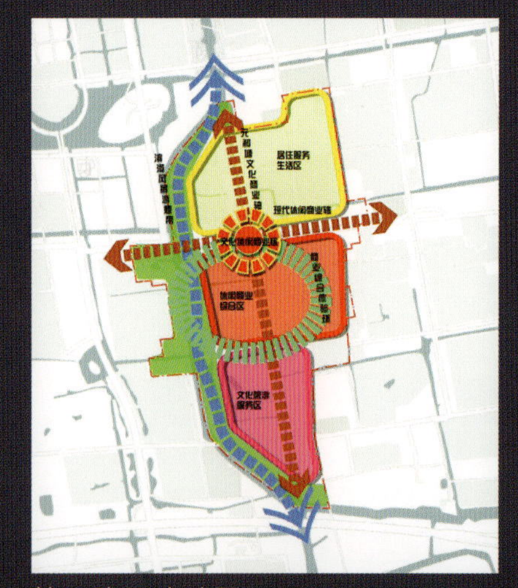

第三阶段 定稿图

设计说明

本次规划基地位于苏州市相城区陆慕老街片区。陆慕是苏州古代漕运第一站，因唐代宰相陆贽墓在此而得名，自古便是达官贵人、文人墨客、巨商富贾流连忘返之地。陆慕老街是紧邻苏州古城门齐门的一条千年古街，元和塘贯穿老街缓缓流淌，见证了陆慕的古今变幻，也见证了苏州相城千百年来的兴衰更。

本次规划设计的对象是陆慕老街片区，任务是城市更新设计。因此本次规划设计工作必须充分结合基地现有情况，在现状的基础上分析用地和建筑的保留价值及更新的必要程度。另外，还要充分考虑基地周边的城市用地使用情况，基地并不是一座“孤岛”，应当站在城市的角度考虑基地未来的发展方向和应当承担的职能。

结合对本次规划任务的理解、基地现状存在的种种问题和上位规划对本次城市更新设计的要求，我们从城区、片区、街区三个层面对基地提出发展目标。在城区层面，规划方案延续了古城南北文化轴线，为周边的商业商务、休闲旅游等城市功能提供相应的城市配套设施，打造充满活力的滨水商业街区；在片区层面，规划充分挖掘元和塘、新开河等水系的景观资源优势，通过植入各种功能焕发基地活力、吸引周边人群聚集，使基地成为联系水系两侧人群活动交流的片区级休闲活动枢纽；在街区层面，规划积极组织交通流线，充分利用基地内部未利用和利用效率低的用地，通过有机更新、微更新等方式植入具有吸引力和可能产生活力的功能业态，振兴原有的城市空间，形成各要素有机流转、循环畅通的有机新兴社区。

本次毕业设计是以“老街新生”为主题的苏州陆慕老街片区城市更新设计。陆慕老街的重塑，不仅寄托着苏州相城人民的文化乡愁，也承担着弥补周边区域功能缺失、激活土地价值、塑造城市品牌的重要使命。本次毕业设计从基地趣味、文化背景、上位规划等方面对基地进行解读，再以中观和微观两个视角剖析基地的现状。

设计者综合毕业设计任务书的指导、要求和基地现状存在的问题，立足对基地未来发展的展望和规划定位，以及落实规划应当采取的策略，将基地规划为以“水陆相生”为主题的滨水商业街区，提出了“一心、一环、两轴、三区、一带”的规划结构，从用地布局和开发强度等方面对基地建设进行控制，从而形成了本次规划设计的方案。同时从街道系统、慢行系统、公共空间、建筑形态等四个方面编制城市设计导则，为下一步的城市建设工作提出指导意见。

设计感悟

本次规划设计充分研判了基地内部现状和目前存在的问题，又充分结合城市的发展目标与基地周边用地的使用情况，对基地进行功能定位、发展目标制定和功能区划分等一系列工作。

本次规划设计的核心任务是“老街新生”。因此，文化要素成为本次规划所要考虑的重点。在此次规划设计作业过程当中，我们不断思考、探索和尝试，尽可能将基地蕴含的丰厚历史文化资源用符合现代城市发展和市场运转的方式呈现出来，以实现最大程度的文化传承和文脉延续。通过各种尝试，我们确定了以生态休闲商业为载体、以历史文化活动为内核的运作模式，试图将历史文化元素融入新时代充满活力的城市市场活动，让文化最大化地浸入广大市民的日常生活，以实现优秀历史文化的继承与延续。

本次规划设计的重要特色是水网密集。基地内部被新开河、元和塘等水系穿过，各种小水系更是不胜枚举。作为北方学生，我们在以往的作业当中很少接触到苏州这种水陆并行双棋盘格局的规划基地。因此，如何处理水系与城市建设用地之间的关系成为这次城市更新设计中我们要着重学习的部分。经过老师的指导，我们学习到了苏州传统的水街组织形式，以及在城市设计层面水体与建筑之间的组合关系。这对于我们知识的丰富和规划经验的积累都大有裨益。

总之，本次毕业设计是一次充满挑战而又收获满满的经历。也感谢我们的指导老师陈朋老师和张小平老师在我们本科学习的最后一个学期对我们的悉心指导和倾囊相授。

水陆相生 苏州陆慕老街片区城市更新设计

江南碧水映新色 陆慕书香透九霄

基地背景概况

宏观区位分析

文化背景分析

明清时期商业发展，街道桥多、庙多，桥梁不下7座，连接了元和塘两岸及新老镇区，并且呈现出桥对桥、浜对浜、弄对弄、庙对庙的特殊景致。粉墙、黛瓦、石库门、马头墙、漏窗、高直的墙体、通仄的小弄、幽长的深巷、弹石路、石河沿，古老的井栏和湿漉漉的井台，充满了苏州味的建筑样式，老街巷子的走势，街巷的空间比例、尺度、包括那些老地名，都是苏州街坊的特征。苏州古城中，河道横平竖直有如棋盘，街道纵横交错亦有如棋盘，二者交叠之下，水陆相邻、河街并行，构成了极具特色的双棋盘格局，经历朝历代传承至今。

因水而兴

1. 水运文化：元和塘既是苏州城与常熟间的重要水路，又具有灌溉和泄水作用，更是相城有着千年历史的一个文化活坐标。城镇因航运而兴，商业因航运而起。
2. 市井文化：陆慕老街商业业态丰富，市井生活多彩，地方土特产、茶馆、酒坊、南北货汇集于此。
3. 名人文化：陆慕人才辈出，周有孙武范蠡，唐有陆贽、李素，明有沈周、冯梦龙、文徵明，清有马如飞。

功能区位分析

规划区位于元和塘科技文化创意带上，西北侧有陆慕中央商务区，是未来规划发展的重点，也是现存的商业中心，东侧2.5km处为相城区行政中心，南侧为古城创新区。规划区位于中央商务区和元和商业区的中间位置，并处于元和塘绿色开敞空间轴上，将重点打造绿色生态景观等。

微观区位分析

本次片区城市更新范围包括陆慕老街、元和塘及周边城市区域地块，位于华元路以南、京沪高速以北的元和塘两侧，北靠跃进河，南侧、东侧由洋泾河包围，西至澄和路与徐元河路。场地三面环水，临近陆慕中央商业核心区，可利用水资源优势，打造水城一体、生态景观优先的中央商业延伸区。

生态区位分析

规划区位于南北向绿色开敞空间轴上，其周边水网密布，生态景观良好，其水域总面积达117.43平方公里。除大型生态场地外，基地周边还分布着众多大大小小的公园、街头绿地等。总结：规划区生态基底良好，且处于重要的绿色轴带上，宜重点打造丰富的景观空间。

文化区位分析

陆慕老街所在区位三面环水，有良好的生态环境支撑。陆慕老街的定位应当着眼于苏州文化轴，重点考虑陆慕文化的传承与再现，应以陆慕文化为主线，辅助生态优先理念并将之贯穿于整体设计。

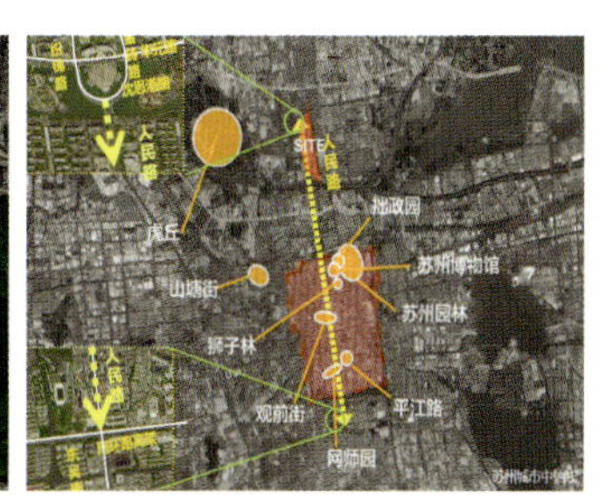

基地现状分析

交通分析

相城区交通便利，拥有主干高速路网，区域互通十分便利。相城区内部有3条地铁线路穿过，其中地铁8号线（在建）横穿基地，并在基地中心设立陆慕老街地铁站。

基地内部道路分布广泛，但连通度和等级均不足，影响基地内部车辆的交通效率；公共交通的覆盖程度不足，基地内部公共交通出行不便。

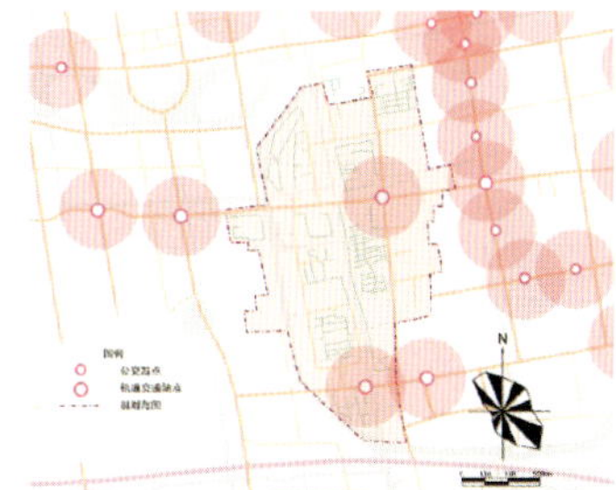

用地分析

对基地内部用地分析后发现，在现状用地分布中，基地以居住用地和绿地为主，其中居住用地为新建成的居住小区，由高层建筑、别墅和多层建筑组成；商业用地占比较少，基地内部仅有一处集中的商业用地及东边一块商住用地；其中有许多零零散散的其他非建设用地，以露天停车场和荒地为主；村庄建设用地以低层坡屋顶民房为主；文化用地是指苏州御窑金砖博物馆。

用地性质	面积/公顷	占比/%
村庄建设用地	9.97	5.54
居住用地	53.20	29.56
水域	23.23	12.90
绿地	47.77	26.54
其他非建设用地	8.11	4.50
道路用地	17.65	9.81
幼儿园用地	1.13	0.63
商业用地	0.23	0.13
商住混合	14.43	8.02
文化设施用地	4.28	2.38

医疗及商业设施分析

对基地内部及周边商业业态、教育设施、医疗卫生、行政办公、绿地广场、卫生间等公共设施的分布进行相应的总结分析发现，除医疗设施外，项目地块的公共服务设施配套条件均较好。

考虑到基地位于苏州古城区附近，十五分钟生活圈以外的医疗服务设施配套较为充足，所以项目地块整体上的公共服务设施不存在重大缺失问题，能够满足居民的日常使用需求。

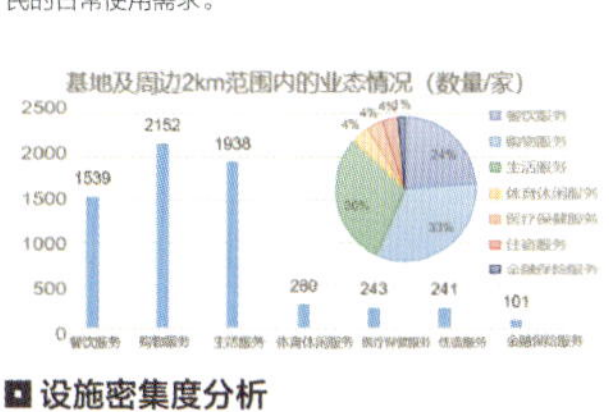

绿地系统分析

宏观绿地格局：设计地块西侧的虎丘湿地公园与阳澄西湖风貌区将基地环抱其中，提供了湿地风光、果园游览、高尔夫球场等多种休闲活动资源；同时，密集丰富的河流湖荡带来了良好的生态意境。

内部与周边公园：在元和塘环绕中的设计地块拥有丰富的公园与绿地等休闲资源，主要集中在地块西部，如孙武纪念园、苏州御窑金砖博物馆、规模良好的社区公园等；元和塘也带来了婉约和煦的河岸景观；南北侧分别是高速沿线绿化带和苏州小外滩。

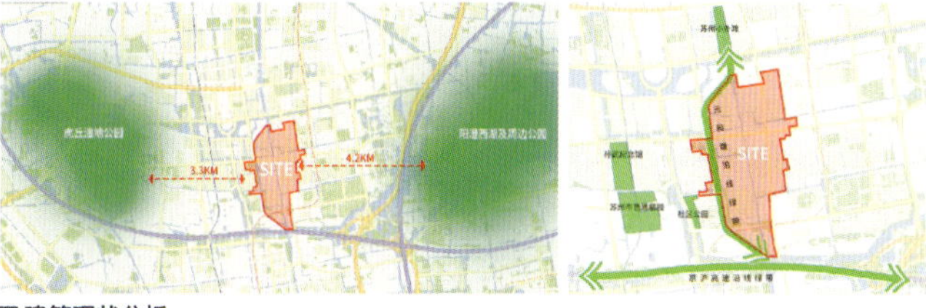

设施密集度分析

根据图片分析，基地边的3个居住组团区域分别承担着体育休闲服务、餐饮服务和医疗保健服务的功能，尤其是基地东北侧的区域，对基地内部人口的流动分布起到了很重要的辐射作用。

基地附近的设施密集区域以东北侧、西侧及南侧的苏州市行政审批局为主，而且基地东北部对基地有着极为重要的辐射带动作用，承担着较多的功能。

人群分布热力图分析

随着工作日时段的变化，基地周边的人群呈碎片化分布，而晚上人群又从办公区域向外部进一步分散，基地所在片区缺乏为办公配套的休闲娱乐设施。

随着休息日时段的变化，基地周边的人群分布进一步分散，周边片区之间缺乏联系，基地内部缺乏为居民服务的休闲娱乐设施，而且基地西侧河流割裂了东西两侧人群的交流。

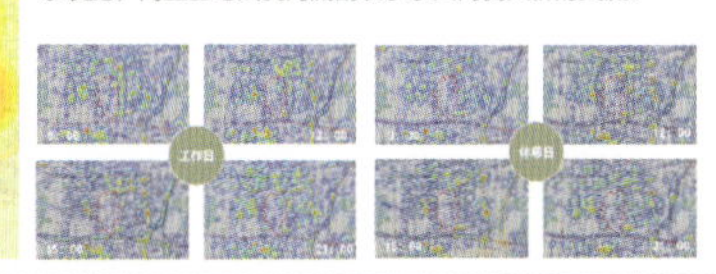

建筑现状分析

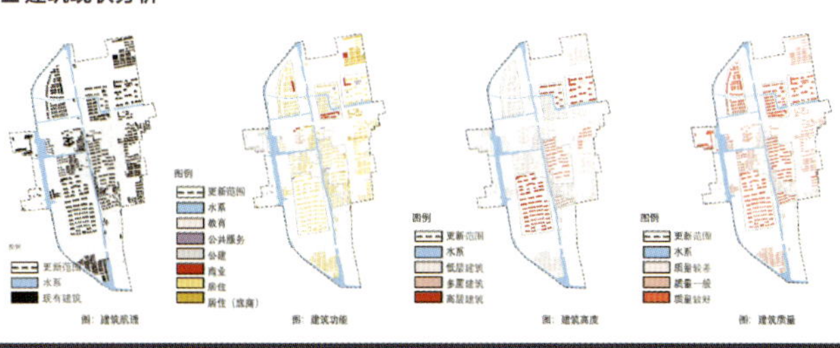

小组成员：安正　宋云轩
指导老师：陈朋　张小平
参加院校：苏州大学、南京工业大学、郑州大学、山东建筑大学、合肥工业大学　承办单位：苏州大学

水陆相生 苏州陆慕老街片区城市更新设计

江南碧水映新色 陆慕书香透九霄

现状问题总结

区域层面

1. 基地相对于苏州市、相城区等各个层面的功能定位不明确，无法为更大范围内区域的发展提供支撑。
2. 与周边用地的功能没有衔接，尤其是基地靠近商务中心，缺乏相应的配套服务设施。

产业发展层面

1. 基地内部业态相对单一，且规模较小，无法形成差异化的集聚效应，难以吸引人群。
2. 基地内部没有能够带动片区发展的特色产业。

文化层面

1. 基地位于苏州市文化产业轴线上，却没有延续苏州老城区形成文化上的对话与传承，基地内部的苏州御窑金砖博物馆也与文化轴线断开了连接。
2. 基地内部的文化资源丰富，但就现状来看，基地并没有充分利用这些优越的资源来形成自身的优势。

生态层面

1. 基地内部生态景观资源丰富，但从现状分析可以看出，新开河、元和塘两条水系反而割裂了基地与西侧片区人群的交流和联系。
2. 基地内部绿地面积较少，没有与水系配合形成独具特色的滨水景观空间。

上位规划解读

苏州市国土空间总体规划（2021—2035年）

以昆山、太仓、苏州工业园区、相城区为主体，共同构建“中央商务协作区、国际贸易协同发展区、综合交通枢纽功能拓展区”的功能体系。形成以淀山湖临空经济区、相城高铁新城、苏州工业园区环金鸡湖中央商务区、太仓高新区等为主的功能承载区。

规划启示：本规划区在沪、苏同城化发展中依托于相城高铁新城，并处于国际商务贸易廊中，有良好的国际商务贸易发展前景。

本规划区位于沪宁现代产业发展带和通苏嘉现代产业发展带的交汇处，但与周边的重点开发区，如苏州工业园区、高铁新城产业创新服务中心等距离较远。

现代产业体系是发展经济学概念，是以智慧经济（含数字经济）为主导、以大健康产业为核心、以现代农业为基础，通过五大产业（农业、工业、服务业、信息业、知识业）的融合实现产业升级、经济高质量发展的产业形态。

规划启示：有良好的产业发展规划条件，但未被列为产业发展中心，不宜发展集群产业。

在文化保护方面，相城区位于"两城、三带、六廊、四区"的元和塘水文化生态廊上，并位于苏州历史文化名城保护区文化核心的北侧边缘区。

在生态保护方面，相城区位于苏州城镇空间格局"一核双轴"的通苏嘉发展轴带上；处于生态保护格局"三核、四轴、四片、多廊多源地"的环阳澄湖地区，将重点治理阳澄湖水环境和系统修复环湖岸线。

规划启示：本规划要更加注重对规划区内元和塘生态的保护和修复，并对规划区内部进行城市更新，从而为苏州古城的复兴助力。

《相城区控制性详细规划》形成“一核、双十字轴、多区”的布局结构。

“一核”：位于规划区中部的综合服务中心区。

“双十字轴”：利用元和塘及两侧较宽绿带规划相城区南北向绿色开敞空间轴。

本规划区位于相城区的元和塘科技文化创意产业带上，并依托元和塘及两侧较宽绿带规划相城区南北向绿色开敞空间轴和东西向绿色开敞空间轴；沿相城大道、人民路形成南北向公共服务设施发展轴。

本次规划技术路线，首先要充分理解基地项目，从而得出需要重点关注的核心内容，确定地区发展的基本模式。在此基础上，结合相关规划要求、基地规划目标需求及基地周边概况，提出本次规划的愿景目标和实现目标所采取的发展策略。

功能定位

技术路线

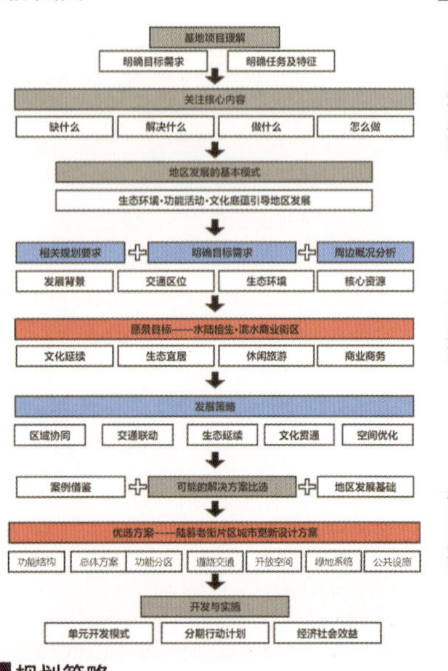

发展目标

区域层面 延续南北古城文化轴线，为周边从事商务活动、休闲旅游活动的人群补充配套服务功能，打造充满活力的滨水商业街区。

片区层面 挖掘元和塘、新开河等滨水资源，通过功能活动的积极植入，使之成为联系水系两侧人群交流活动的片区级枢纽。

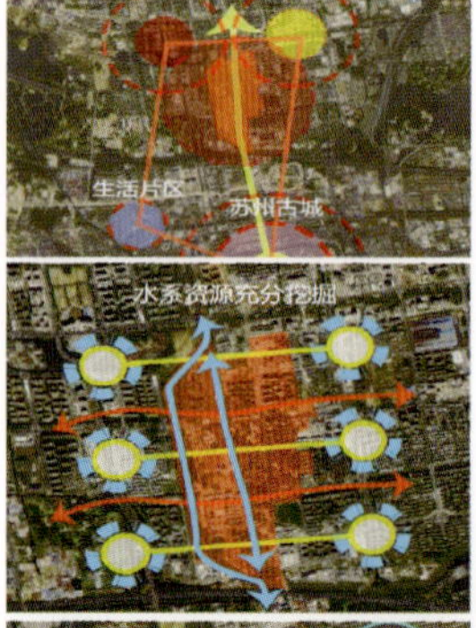

街区层面 灵活组织基地内部的交通流线，充分利用现状用地，通过有机更新、微更新等方法更新街区建筑，形成循环畅通的有机新兴社区。

整体定位

形象定位

规划策略

区域协同

规划区在沪、苏同城化发展中依托于相城高铁新城，并处于国际商务贸易廊中，有良好的国际商务贸易发展前景，与周边的生活片区、商务办公中心形成功能上的互补。

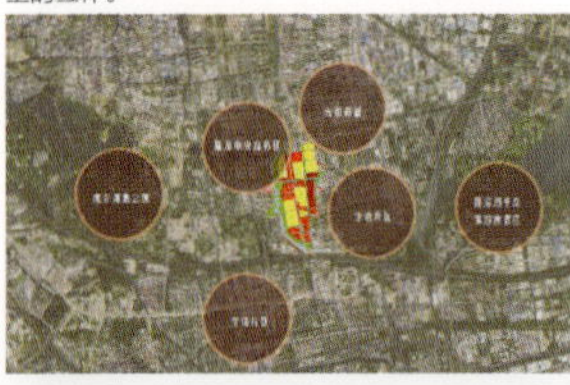

交通联动

将干路和支路引入基地，打通滨水休闲通道，打破东西两侧的割裂状态。规划基地内部共有4条城市次干路穿过，为基地内部层次的主干路，承担相城区区域范围内的交通流，加强了城市南北之间的联系。

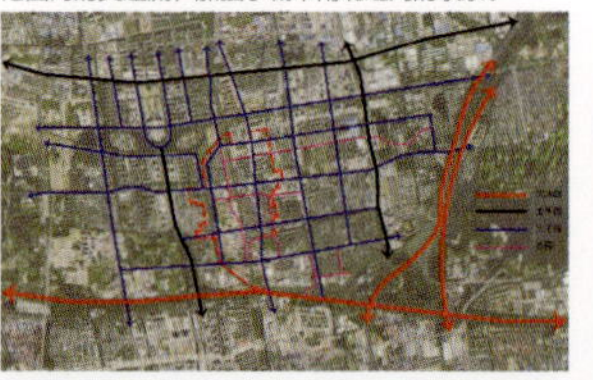

生态修复

确定重要的生态廊道，将新开河沿岸绿地与周边的生态资源连接，嵌入整体城市生态格局；借力基地水网体系，形成基地水网交织的脉络结构。

文化延续

提升区域文化亮点，打造南北贯通游线，延续基地的文化功能，南接苏州古城，北达花卉植物园。延续南北古城文化轴线，为周边从事商务活动、休闲旅游活动的人群补充配套服务功能，打造充满活力的滨水商业街区。

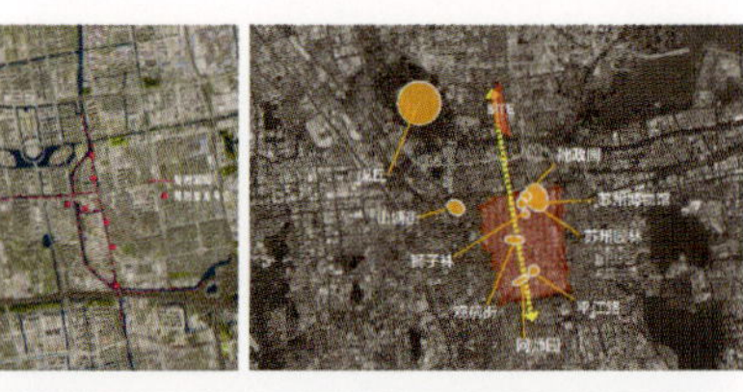

2022年全国城乡规划专业五校联合毕业设计
The Rebirth of Old Street - Urban Renewal Design of Lumu Old Street Area in Suzhou City
参加院校：苏州大学、南京工业大学、郑州大学、山东建筑大学、合肥工业大学　承办单位：苏州大学
小组成员：安正　宋云轩
指导老师：陈朋　张小平

水陆相生 苏州陆慕老街片区城市更新设计

江南碧水映新色 陆慕书香透九霄

规划方案总体设计

总平面图 MASTER PLAN

规划结构和规划用地

一心： 文化休闲商业核心

一环： 商业综合体验环

两轴： 现代休闲商业轴、元和塘文化商业轴

三区： 居住服务生活区、休闲商业综合区、文化旅游服务区

一带： 滨河风景游憩带

本方案规划用地以二类居住用地、商业用地和公园绿地为主。用地面积比例符合方案滨水商业街区的整体定位。

其中：居住用地多为现状保留居住；商业用地集中在元和塘水系两侧，以及阳澄湖中路和润元路沿线；公园绿地大多分布于新开河两侧；商务用地分布于齐门北大街东侧。在较为开敞的景观空间当中，主要运用核心树木来支撑场所的结构，从而组织人群的活动，这种场所能够包容多种活动；在较为狭小的步行道空间中，通过多种灌木围合出人行步道，引导人群的流动，使人们在步行的同时能够产生移步换景的休闲体验，满足其观赏需求。

容积率控制

基地整体用地容积率规划呈现西侧容积率低、东侧容积率高的态势，迎合城市现状特征，同时营造新开河滨河风景游憩带，最大限度利用基地自然景观资源，以达到吸引人群、提升基地整体活力的目的。局部在元和塘沿岸设置较低的容积率，希望营造以传统建筑形态为主的商业街。齐门北大街东侧容积率较高，在符合城市现状特征的同时利用城市次干道齐门北大街营造城市形象，同时也可提高基地开发的可行性和经济效益。

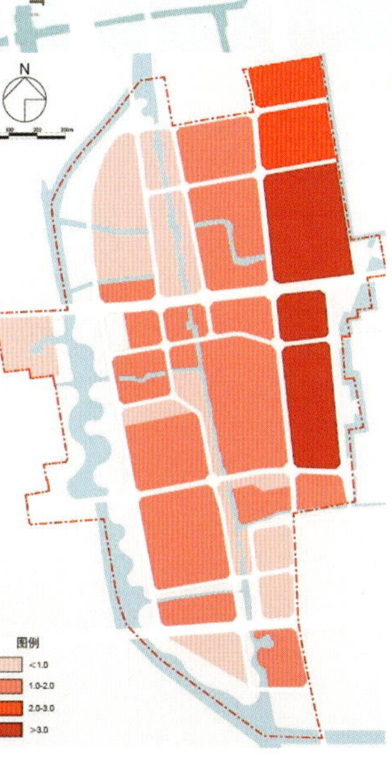

建筑密度控制

基地整体用地建筑密度规划：结合城市用地功能，在商业用地（特别是基地核心区域）采取较高的建筑密度，以营造良好的商业氛围、获取较高的开发效益；在居住区追求较低的建筑密度，整合地面空间形成居住区级别的活动场地，营造高品质住区；在商务用地，本方案希望打造低建筑密度的商务办公用地，将公共空间引入地块内部，实现共享化的办公模式，以丰富基地的空间体验，提供新的办公组团组织模式的探索。

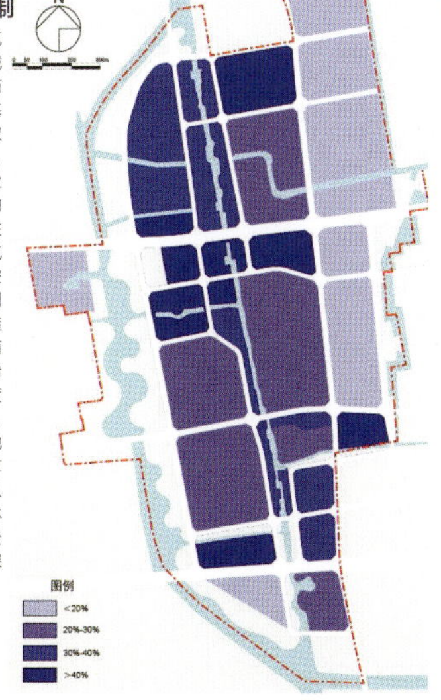

建筑高度控制

基地整体用地建筑限高规划，结合城市现状特征，在基地整体高度把控上遵循西侧低、东侧高的原则。与城市现状有机结合，形成良好的城市天际线。

在新开河和元和塘两条水系沿岸，严格控制建筑的高度，使人接空间与自然景观之间取得良好的衔接与融合。

结合现状在齐门北大街东侧适当放宽对建筑高度的控制，结合城市道路打造良好的城市形象，体现苏州风景秀丽、历史文化悠久和现代化等多重属性。

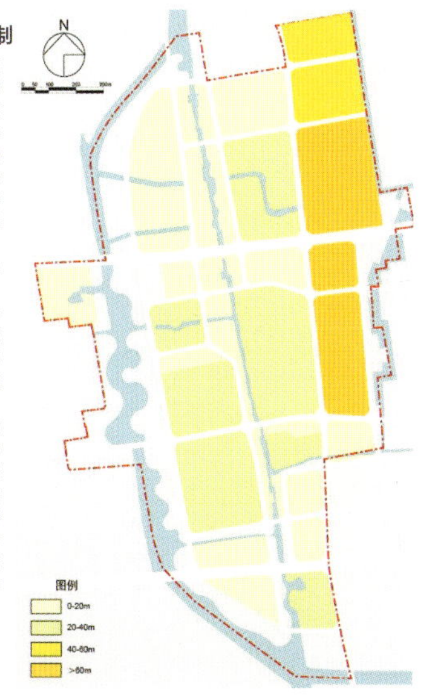

小组成员：安正 宋云轩
指导老师：陈朋 张小平

水陆相生 苏州陆慕老街片区城市更新设计

江南碧水映新色 陆慕书香透九霄

规划方案支撑系统

规划道路系统

规划基地内部共有4条城市次干路穿过，其中南北向次干路为交通性道路，为基地内部层次的主干路，主要承担相城区区域范围内的交通流，加强城市南北之间的联系。

基地西侧的南北向次干路为生活性道路，结合滨水空间打造休闲生态景观带，丰富居民生活。

基地内部的两条东西向道路为生活性道路，主要承担基地范围内人群的休闲活动。

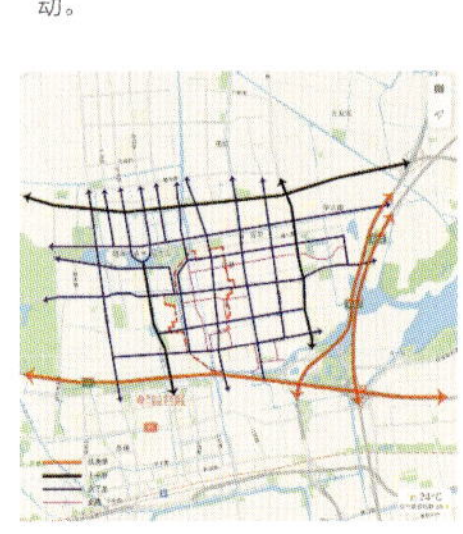

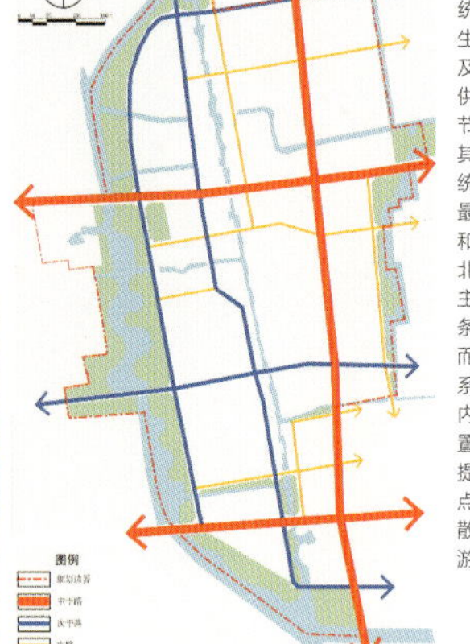

规划慢行系统

本方案将慢行系统分为商业步行系统、休闲步行系统、生活步行系统，以及串联各系统和提供换乘服务的人行节点。

其中，商业步行系统在基地核心位置最为密集，并沿元和塘贯穿基地南北；休闲步行系统主要依托基地内各条水系及带状绿地而形成；生活步行系统主要结合基地内各个住区进行设置，为基地内居民提供便利；人行节点则为行人提供集散、换乘、休闲、游憩等功能。

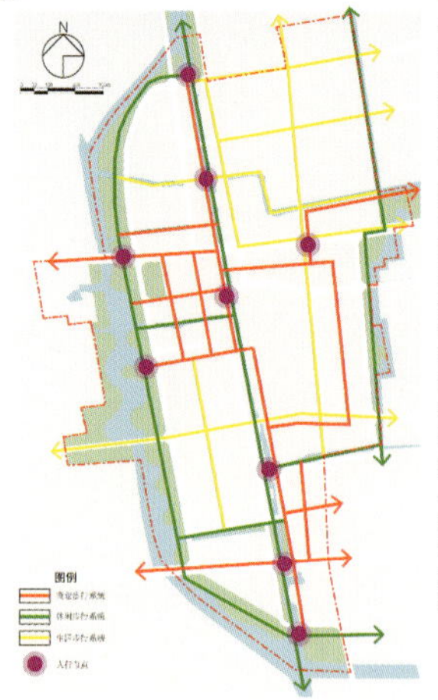

规划景观系统

本方案的景观系统主要围绕新开河和元和塘两条水系展开，基地西侧的滨河景观游憩带是整个方案当中的景观主轴，自西而东向基地内部逐渐渗透，并串联各个景观节点。

苏州御窑金砖博物馆与方案核心区域隔河呼应，形成了良好的景观效果。

现代商业景观轴与元和塘文化景观轴纵横交错，引导行人流向；商业综合景观体验环是方案主体功能的投影，为人们提供丰富的景观体验。

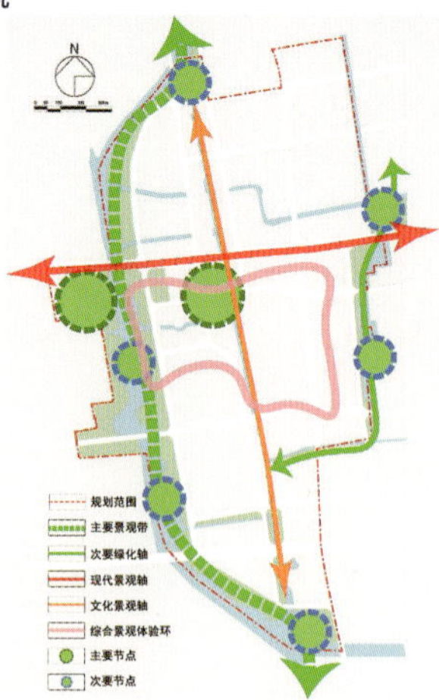

规划方案细节设计

节点平面图

本区域为整个城市更新设计方案的核心部分，是集休闲、商务、购物、游憩于一体的文化商业体验中心。

在较为开敞的景观空间当中，主要是运用核心树木来支撑场所的结构，从而组织人群的活动，这种场所能够包容多种活动。

在较为狭小的步行道空间中，通过多种灌木围合出人行步道，引导人群的流动，使人们在步行的同时能够产生移步换景的休闲体验，主要为观赏功能。

透视图

鸟瞰效果图

2022年全国城乡规划专业五校联合毕业设计
The Rebirth of Old Street - Urban Renewal Design of Lumu Old Street Area in Suzhou City

小组成员：安正　宋云轩
指导老师：陈朋　张小平

参加院校：苏州大学、南京工业大学、郑州大学、山东建筑大学、合肥工业大学　承办单位：苏州大学

终期答辩成果

合肥工业大学 Hefei University of Technology

指导老师 宣蔚 白艳

千年漕运 苏韵流芳

小组成员 田璟 马毅扬 杨谊康

老街新生

小组成员 张瑞彭 霍俊伟 苏昌权

合纵陆慕 连横古今

小组成员 娄莺 林娟玲 刘思盈

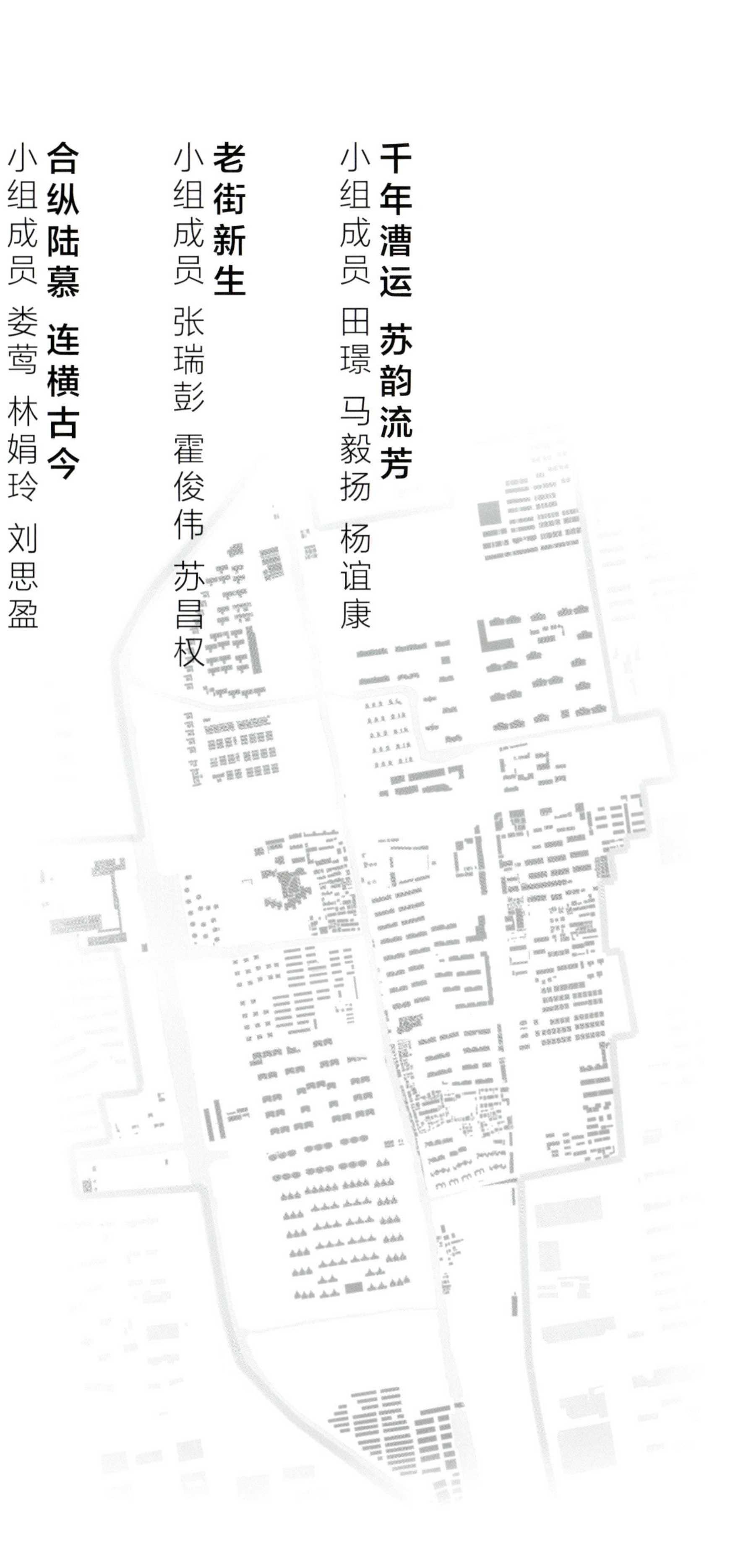

千年漕运　苏韵流芳

合肥工业大学
Hefei University of Technology

小组成员：田璟　马毅扬　杨谊康
指导老师：宣蔚　白艳

第一阶段　构思图

第二阶段　草图

第三阶段　定稿图

设计说明

苏州市陆慕老街属苏州市中心城区范围，既是苏州历史文化遗产保护体系的重要内容，也是市域“山水相伴、人水相依”特色格局的重点要素，还是总规中重点打造的市级文化中心。总规以改善人居环境、完善城市功能、集约节约用地、传承城市文脉、引导产业升级、提升城市形象为总体目标，鼓励以改善民生、解决民需、完善城市功能为核心，采用生长性、实施性、政策性等差异化策略，对旧住区、旧厂区、旧院区等更新对象，综合运用整体改造、功能提升、综合整治等更新方式，因地制宜实施旧城更新。

本次规划主要针对陆慕老街片区地块在发展中存在的问题进行研究，通过研究学习国内外历史文化名城更新设计案例等相关文献资料，对比分析相似案例，探索基地整治、优化、设计、更新工作的有效途径，确立地块的城市功能定位，提炼地段的发展特色条件，利用历史文化古城区的基本原理和特色片区规划与景观要素设计的基本方法，通过土地利用、空间形态设计、交通梳理和特色风貌塑造，结合地段内的特征要素对其进行更新设计。

方案在将“城市缝合理论”和城市更新单元规划相结合的基础上，提出了规划策略和手段，将基地西侧的新开河公园、中部的陆慕老街和西部的文创产业区，通过横向水系和道路巧妙地衔接，并利用水系的生态渗透为住区居民塑造优美的人居环境，打造融合多层次的文化创意、娱乐体验、商业商务、社区服务等的“苏韵流芳”城市街区。

在城市空间发展方面，方案做了承接措施，将基地西部的苏州御窑金砖博物馆，中部的社区服务中心、陆慕老街，东部的创意产业园区，巧妙地启、承、转、接，塑造出富有活力和特色的江南滨水街区。方案重塑陆慕老街肌理，并与现代商业肌理巧妙融合，将创意产业与传统商业业态有机结合，依托贯通的水系与绿化网络，实现了生态、文化、商业的高度统一。地块正中间“元和塘文旅体验”核心轴线的设计是本方案的主要特色之一。方案整体规划思路清晰，规划结构明确，交通流线合理，空间组织丰富，景观系统完善。

陆慕历史街区的空间再造，要注重特色文化的挖掘，将被挖掘的文化提炼成文化符号与街区空间载体相结合，在保护的前提下突出街区特色。地块有着丰富的民俗文化，所以我们可以打造集传统民俗展示、体验、文化节于一体的特色民俗体验馆。民俗体验馆的理念应贴合普通市民的实际旅游参观需求，注重文化体验。

设计感悟

苏州的各个历史街区历史文化资源丰富多样，具有极高的开发潜力。但是实际工作需要多级部门的批准审核，各部门职能不同，对街区的管辖存在权责难以分清的问题，所以需要整合历史街区的文化资源。所谓历史街区的文化资源整合就是将历史街区视为一个系统，将系统内的所有文化要素进行分解重组，达到协调优化的效果，最终使历史街区的价值最大化。历史街区的文化资源整合适用类型整合模式，它是将具有相同或相近文化特征、文化渊源或历史文脉的不同类型的历史文化资源整合起来的一种模式。

历史街区自身拥有丰富的历史文化资源，基于这些资源间的先天关联对它们进行整体规划，不仅可以使街区的文化价值得到充分开发，在减少内在消耗的同时进行进一步营销宣传，还可以催生更好的特色文化产品。历史文化资源种类繁多，但具体的开发状态和先决条件并不相同，内部类型整合模式要求我们把历史街区整体竞争力的提高作为第一目的，所有的工作都要考虑历史街区的整体情况，只有这样才能真正将其内部资源进行优化组合，产生集聚效应和规模效益。还可以利用城市交通道路将距离较远的街区整合在一起，形成文化观光带。至于历史街区的外部资源整合，则可以将周围街区分散的碎片式历史文化资源整合成一个整体，配合城市交通、旅游服务设施、商业市场等实现。

以往的历史街区再造大多采用“传统街区 + 现代商业”的生硬拼凑模式，忽略了游客的精神需求。现代模式的历史街区再造应该从以人为本的原则出发，提升旅游品质，为消费者提供个性化的定制服务，结合现代化、智能化的旅游基础设施，创造充满活力的文化空间，引领“体验旅游时代”历史街区消费新趋势。

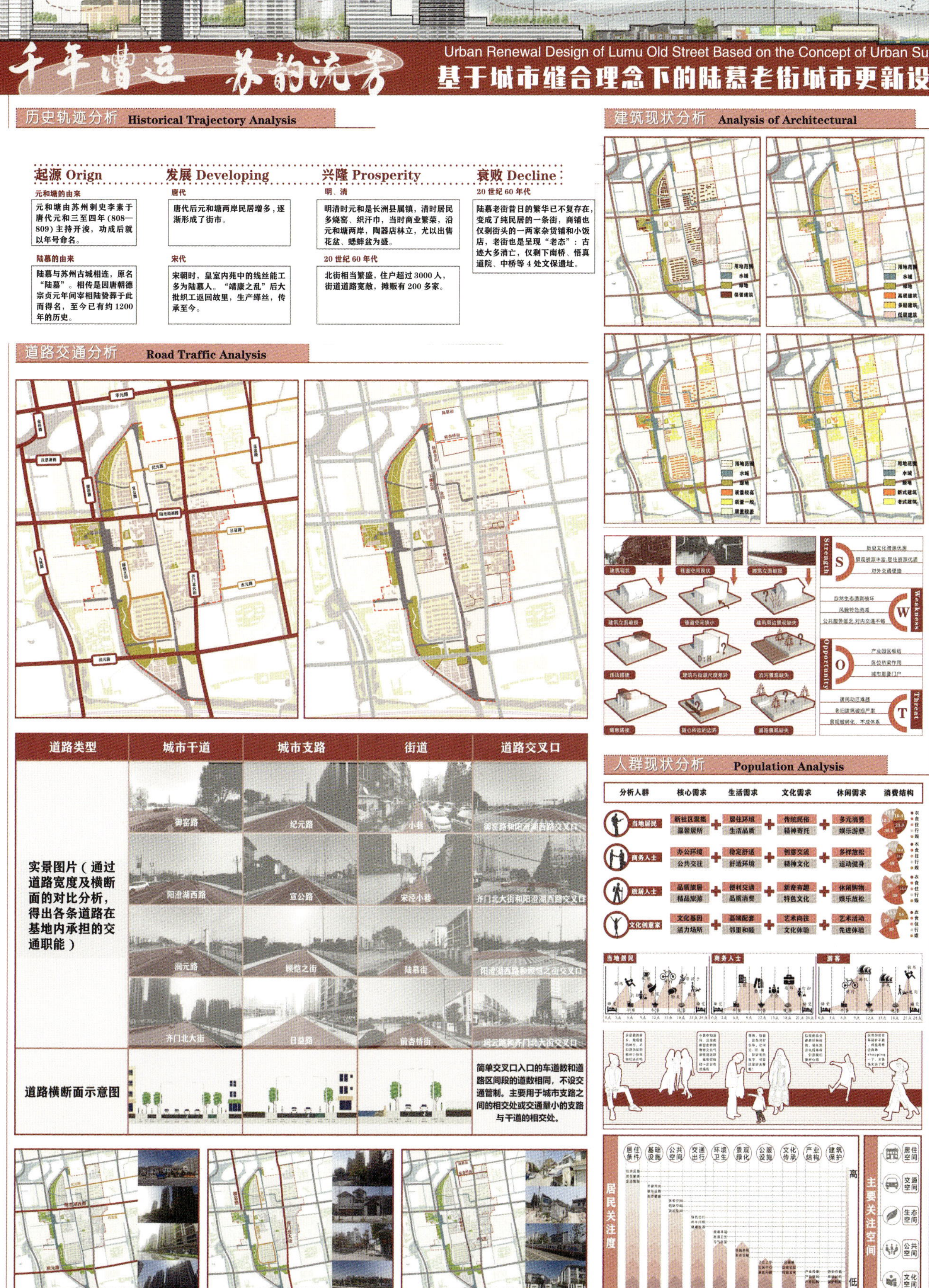

小组成员：田璟　马毅扬　杨道康
指导老师：宣蔚　白艳

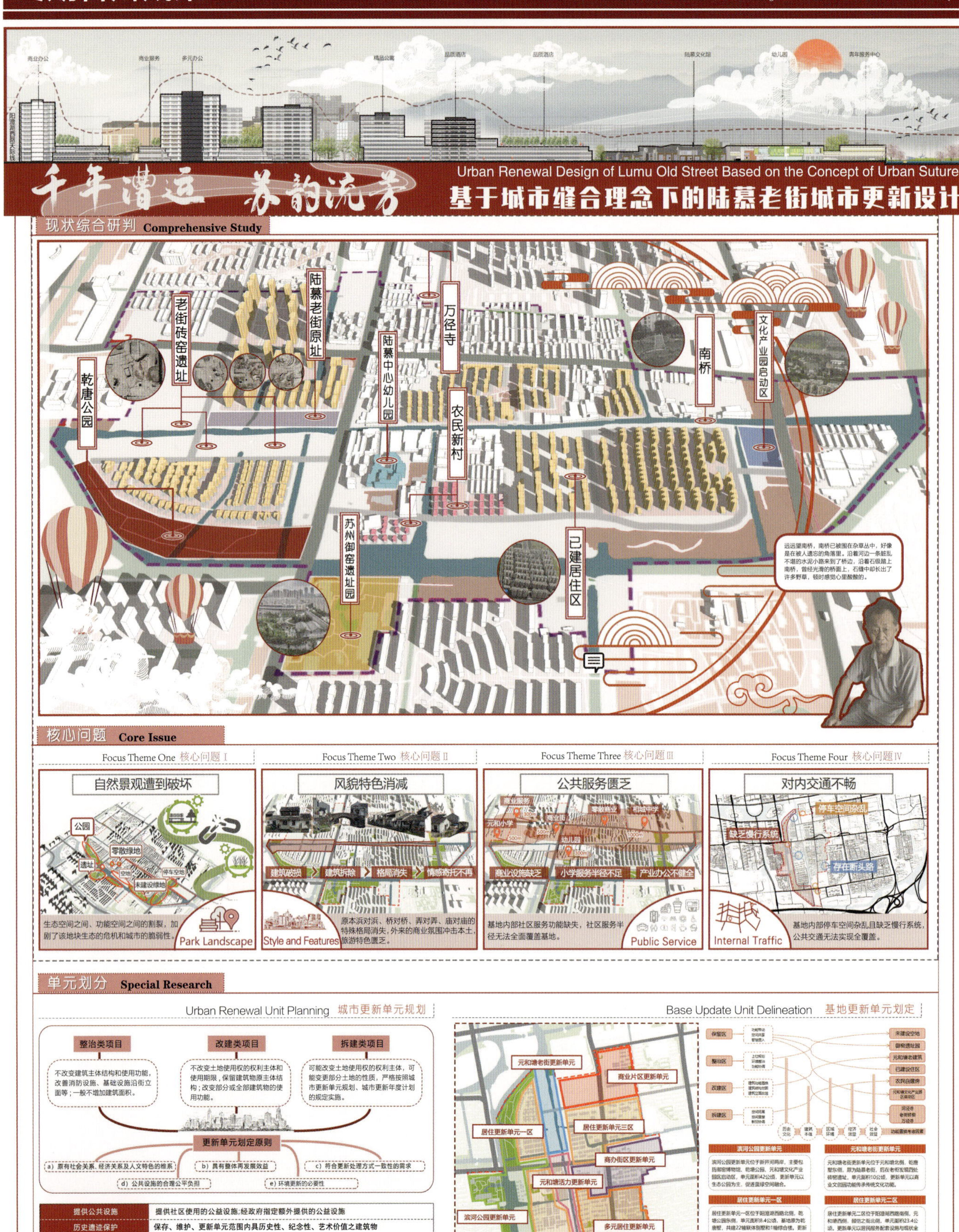

提供公共设施	提供社区使用的公益设施;经政府指定额外提供的公益设施
历史遗迹保护	保存、维护、更新单元范围内具历史性、纪念性、艺术价值之建筑物
更新单元整体规划设计	对于城市环境品质、景观、防灾、生态、无障碍环境等具有正面贡献
配合城市发展特殊需要，留设大面积开放空间、人行步道及骑楼	设置立体绿化、公共停车场、夜间照明、消防救灾等设施，留设供公共通行之通道
更新单元规模奖励	自发组织、自行划定更新单元或更新单元面积达到一定空间规模者
其他	创意建筑，判定的危险建筑须立即拆除重建，捐赠社会福利设备等
容积率奖励限制	给予奖励后的建筑容积不得超过该建筑基地 1.5 倍之法定容积或该建筑基地 0.3 倍之法定容积再加其原建筑容积

	指标控制	空间控制	道路控制
刚性要素	单元主导功能 主导功能下限 居住类功能上限 公配设施总规模与设施类型	公共空间规模 建筑退线 建筑贴线 容积率	道路断面 道路宽度 道路拓宽方式 外围交叉口位置
弹性要素	各单元总开发规模 增配公共设施的类型	地面步行通道位置 公共空间位置 步行空间D/H 外围交叉口位置	道路线性 地下环路线位

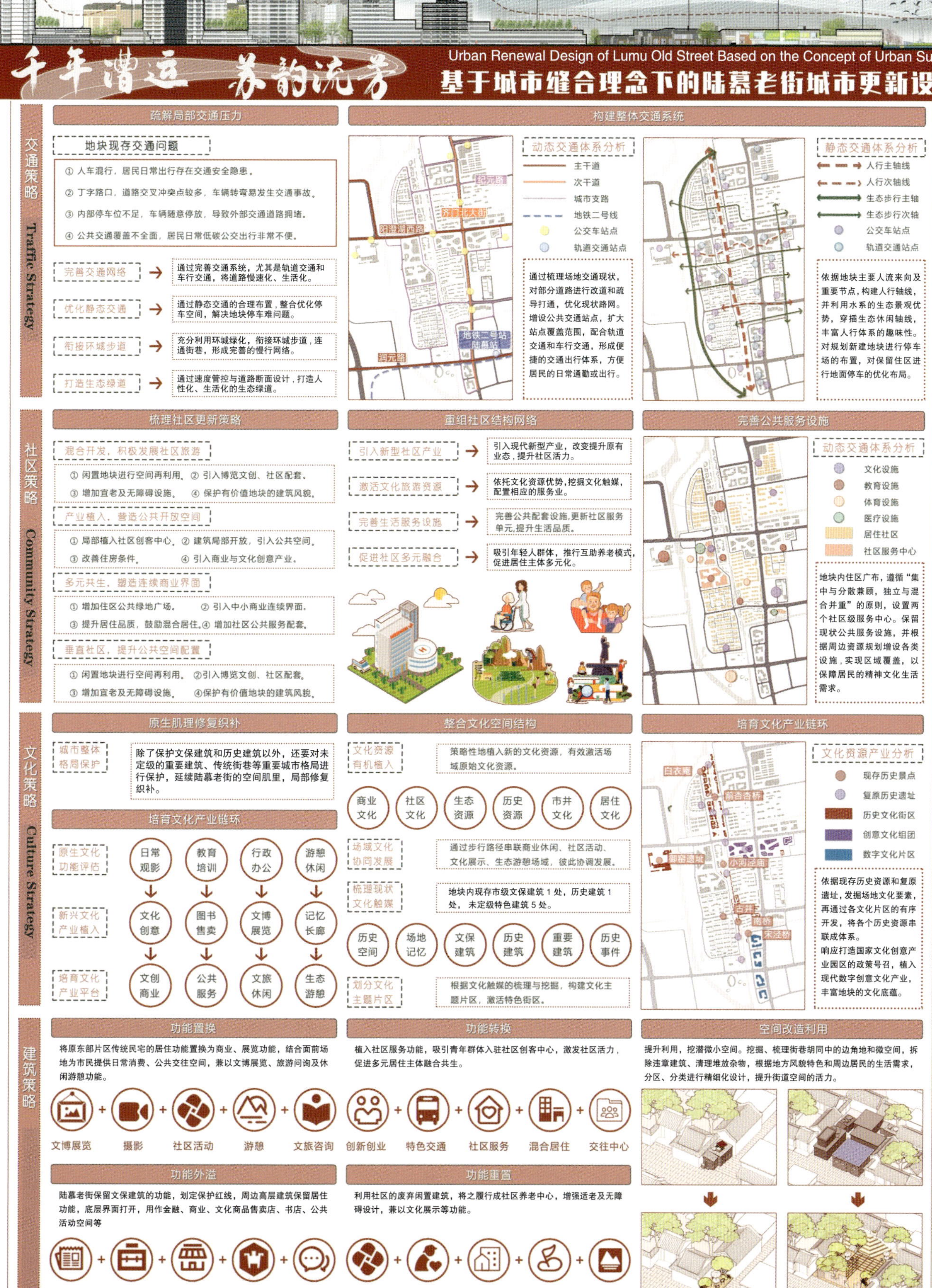

小组成员：田璟　马毅扬　杨谊康
指导老师：宣蔚　白艳

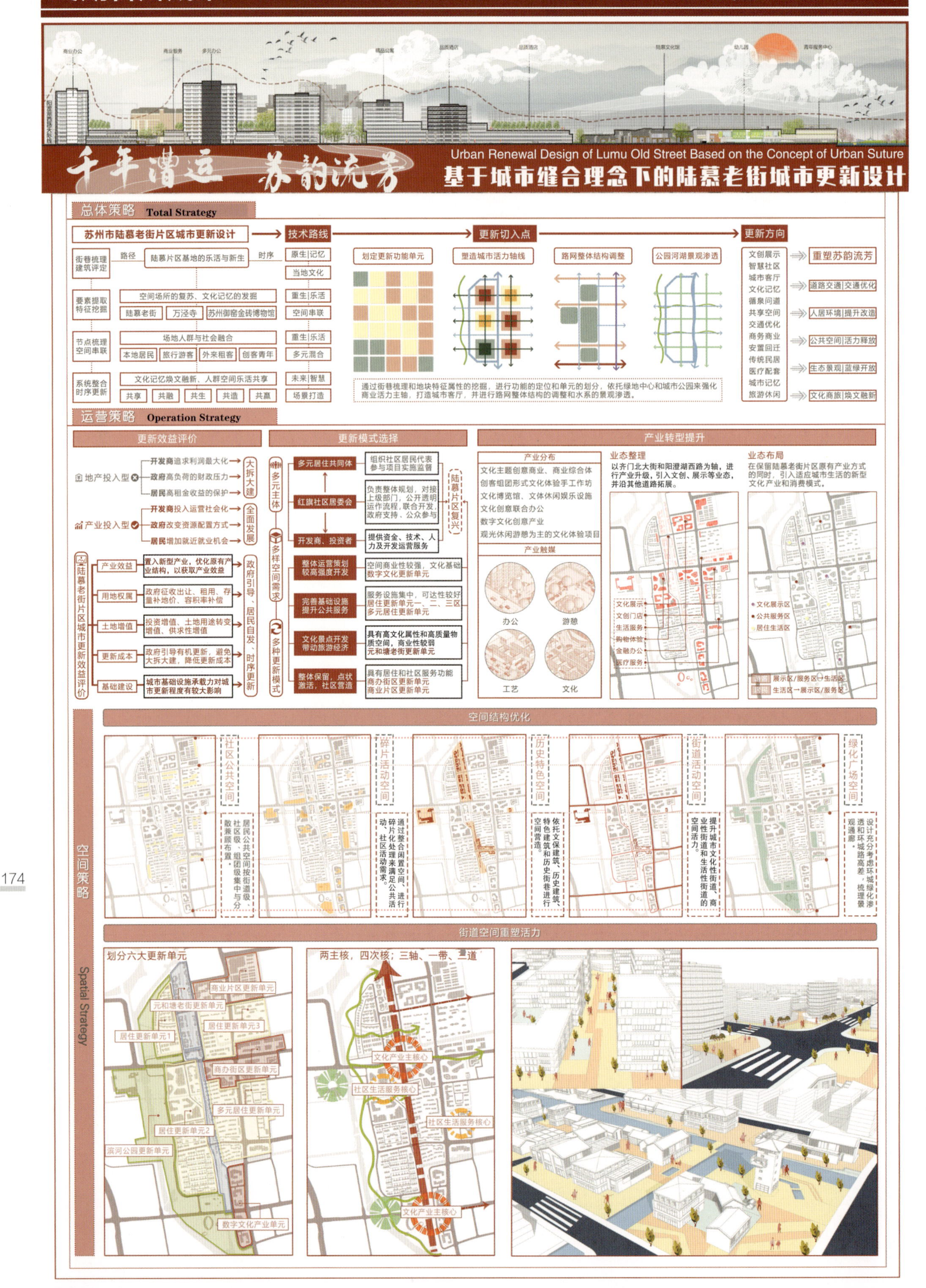

千年漕运 苏韵流芳
Urban Renewal Design of Lumu Old Street Based on the Concept of Urban Suture
基于城市缝合理念下的陆慕老街城市更新设计
总体策略 Total Strategy
苏州市陆慕老街片区城市更新设计
技术路线
更新切入点
更新方向
街巷梳理 建筑评定
路径
陆慕片区基地的乐活与新生
时序
原生|记忆
当地文化
要素提取 特征挖掘
空间场所的复苏、文化记忆的发掘
陆慕老街
万泾寺
苏州御窑金砖博物馆
重生|乐活
空间串联
节点梳理 空间串联
场地人群与社会融合
本地居民
旅行游客
外来租客
创客青年
多元混合
系统整合 时序更新
文化记忆焕文融新、人群空间乐活共享
共享
共融
共生
共造
共赢
未来|智慧
场景打造
划定更新功能单元
塑造城市活力轴线
路网整体结构调整
公园河潮景观渗透
通过街巷梳理和地块特征属性的挖掘，进行功能的定位和单元的划分，依托绿地中心和城市公园来强化商业活力主轴，打造城市客厅，并进行路网整体结构的调整和水系的景观渗透。
文创展示
智慧社区
城市客厅
文化记忆
循泉问道
共享空间
交通优化
商务商业
安置回迁
传统民居
医疗配套
城市记忆
旅游休闲
重塑苏韵流芳
道路交通|交通优化
人居环境|提升改造
公共空间|活力释放
生态景观|蓝绿开放
文化商旅|焕文融新
运营策略 Operation Strategy
更新效益评价
地产投入型
开发商追求利润最大化
政府高负荷的财政压力
居民高租金收益的保护
大拆大建
产业投入型
开发商投入运营社会化
政府改变资源配置方式
居民增加就近就业机会
全面发展
陆慕老街片区城市更新效益评价
产业效益
置入新型产业，优化原有产业结构，以获取产业效益
用地权属
政府征收出让、租用、存量补地价、容积率补偿
土地增值
投资增值、土地用途转变增值、供求性增值
更新成本
政府引导有机更新，避免大拆大建，降低更新成本
基础建设
城市基础设施承载力对城市更新程度有较大影响
政府引导、居民自发、时序更新
更新模式选择
多元主体
多元居住共同体
组织社区居民代表参与项目实施监督
红旗社区居委会
负责整体规划，对接上级部门，公开透明运作流程，联合开发，政府支持，公众参与
开发商、投资者
提供资金、技术、人力及开发运营服务
陆慕片区复兴
多样空间需求
整体运营策划 较高强度开发
空间商业性较强，文化基础数字文化更新单元
完善基础设施 提升公共服务
服务设施集中，可达性较好居住更新单元一、二、三区多元居住更新单元
文化景点开发 带动旅游经济
具有高文化属性和高质量物质空间，商业性较弱元和塘老街更新单元
整体保留，点状激活，社区营造
具有居住和社区服务功能商办街区更新单元商业片区更新单元
多种更新模式
产业转型提升
产业分布
文化主题创意商业、商业综合体
创客组团形式文化体验手工作坊
文化博览馆、文体休闲娱乐设施
文化创意联合办公
数字文化创意产业
观光休闲游憩为主的文化体验项目
产业触媒
办公
游憩
工艺
文化
业态整理
以齐门北大街和阳澄湖西路为轴，进行产业升级，引入文创、展示等业态，并沿其他道路拓展。
文化展示
文创门店
生活服务
购物体验
金融办公
医疗服务
业态布局
在保留陆慕老街片区原有产业方式的同时，引入适应城市生活的新型文化产业和消费模式。
文化展示区
公共服务区
居住生活区
展示区/服务区→生活区
生活区→展示区/服务区
空间策略 Spatial Strategy
空间结构优化
社区公共空间
居民公共空间按街道级、社区级、组团级集中与分散兼顾布置。
碎片活动空间
通过整合闲置空间、碎片化处理来满足公共活动、社区活动需求。
历史特色空间
依托文保建筑、历史建筑、特色建筑和历史街巷进行空间营造。
街道活动空间
提升城市文化性街道、商业性街道和生活性街道的空间活力。
绿化广场空间
设计充分考虑环城绿化渗透和城市高差，梳理景观通廊。
街道空间重塑活力
划分六大更新单元
商业片区更新单元
元和塘老街更新单元
居住更新单元3
居住更新单元1
商办街区更新单元
多元居住更新单元
居住更新单元2
滨河公园更新单元
数字文化产业单元
两主核，四次核；三轴、一带、一道
文化产业主核心
社区生活服务核心
社区生活服务核心
文化产业主核心

用地类型	面积（ha）	占比
居住用地	41.7ha	23.7%
公共管理与公共服务用地	18.1ha	10.3%
商业服务业设施用地	39ha	22.2%
道路与交通设施用地	17ha	9.7%
绿地与广场用地	58ha	32.9%
公用设施用地	1.3ha	0.7%

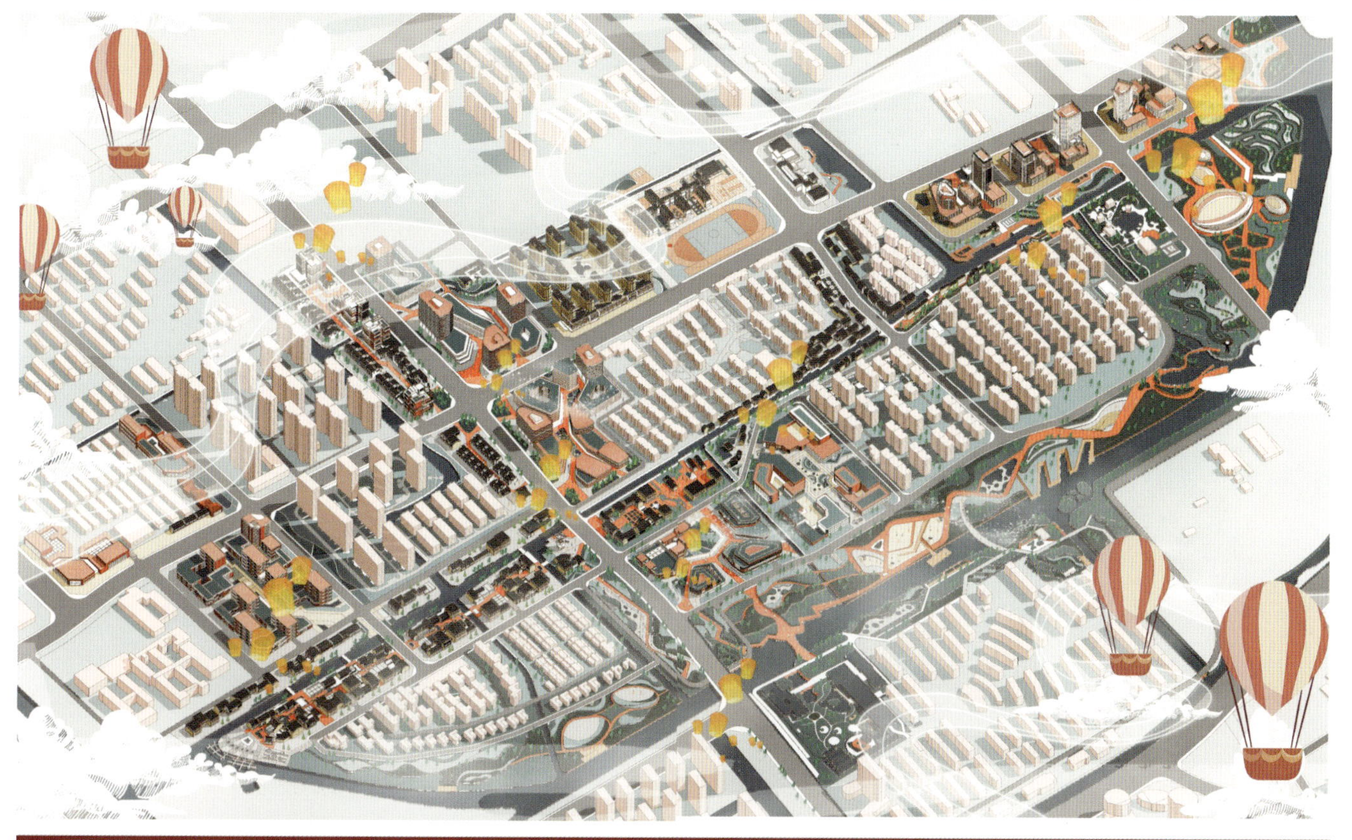

2022 年全国城乡规划专业五校联合毕业设计
The Rebirth of Old Street - Urban Renewal Design of Lumu Old Street Area in Suzhou City

小组成员：田璟　马毅扬　杨谊康
指导老师：宣蔚　白艳

参加院校：苏州大学、南京工业大学、郑州大学、山东建筑大学、合肥工业大学　　承办单位：苏州大学

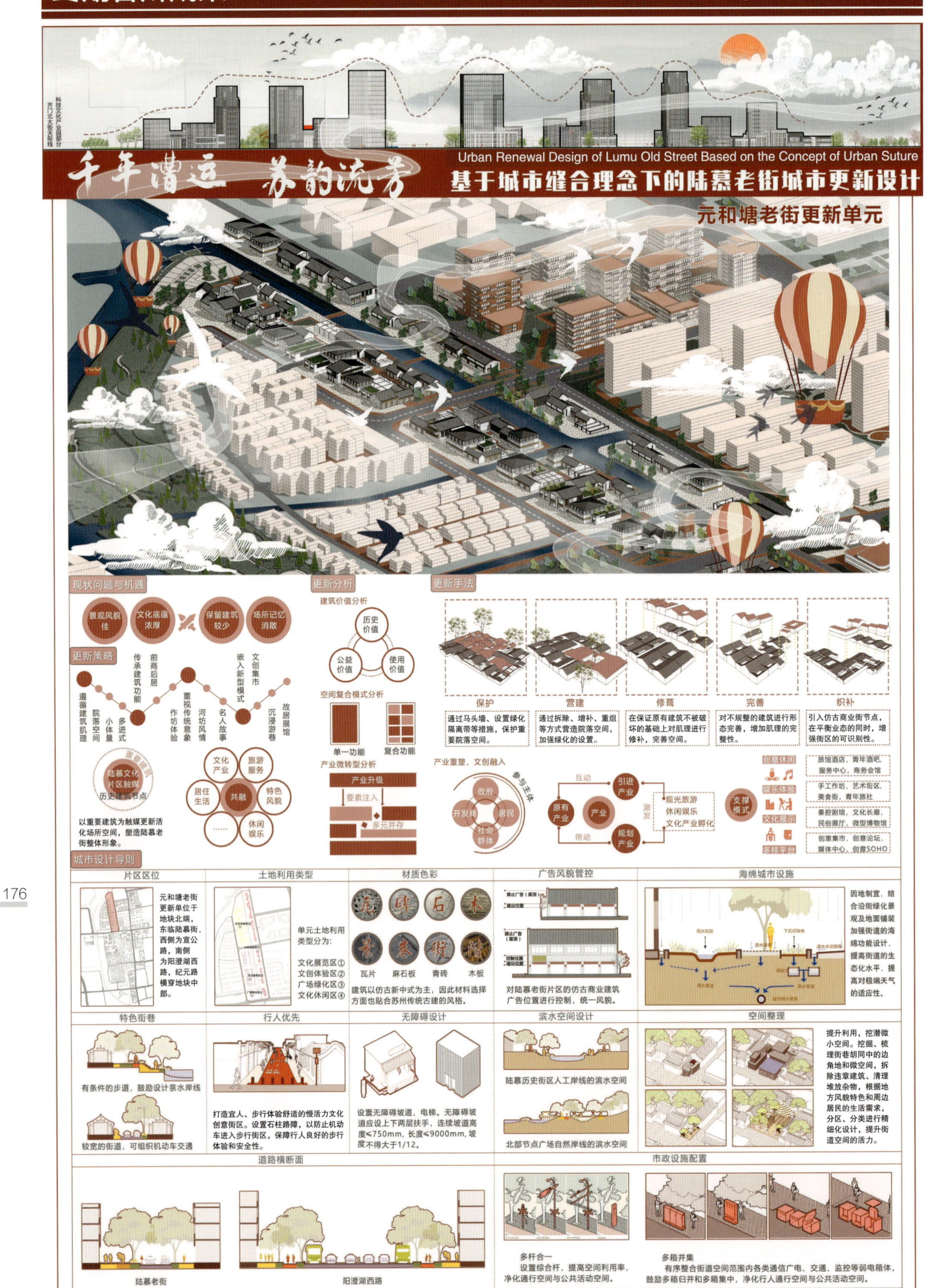

小组成员：田璟　马毅扬　杨谊康
指导老师：宣蔚　白艳

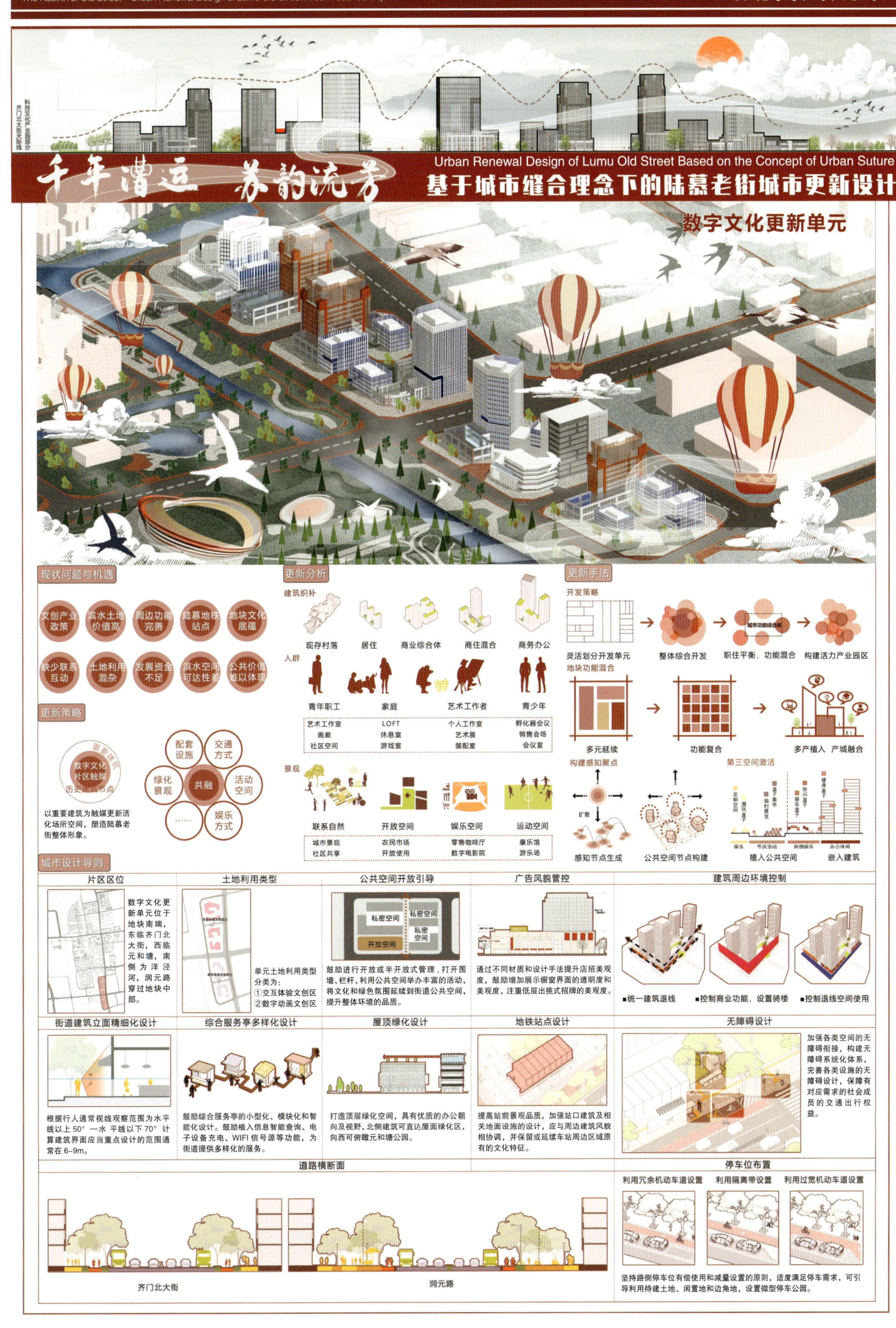

老街新生：苏州陆慕老街片区城市更新
The Rebirth of Old Street - Urban Renewal Design of Lumu Old Street Area in Suzhou City
终期答辩成果
科技文化产业园部分齐门北大街天际线
千年漕运 苏韵流芳
Urban Renewal Design of Lumu Old Street Based on the Concept of Urban Suture
基于城市缝合理念下的陆慕老街城市更新设计
数字文化更新单元
现状问题与机遇
文创产业政策
滨水土地价值高
周边功能完善
陆慕地铁站点
地块文化底蕴
缺少联系互动
土地利用混杂
发展资金不足
滨水空间可达性差
公共价值难以体现
更新策略
数字文化片区触媒
历史城市节点
配套设施
交通方式
绿化景观
共融
活动空间
……
娱乐方式
以重要建筑为触媒更新活化场所空间，塑造陆慕老街整体形象。
更新分析
建筑织补
现存村落
居住
商业综合体
商住混合
商务办公
人群
青年职工
家庭
艺术工作者
青少年
艺术工作室
画廊
社区空间
LOFT
休息室
游戏室
个人工作室
艺术展
装配室
孵化器会议
销售会场
会议室
景观
联系自然
开放空间
娱乐空间
运动空间
城市景观
社区共享
农民市场
开放使用
零售咖啡厅
数字电影院
康乐馆
游乐场
更新手法
开发策略
灵活划分开发单元
整体综合开发
职住平衡、功能混合
构建活力产业园区
地块功能混合
多元延续
功能复合
多产植入 产城融合
构建感知聚点
第三空间激活
感知节点生成
公共空间节点构建
植入公共空间
嵌入建筑
城市设计导则
片区区位
数字文化更新单元位于地块南端，东临齐门北大街，西临元和塘，南侧为洋泾河，润元路穿过地块中部。
土地利用类型
单元土地利用类型分类为：
①交互体验文创区
②数字动画文创区
公共空间开放引导
私密空间
私密空间
私密空间
开放空间
鼓励进行开放或半开放式管理，打开围墙、栏杆，利用公共空间举办丰富的活动，将文化和绿色氛围延续到街道公共空间，提升整体环境的品质。
广告风貌管控
通过不同材质和设计手法提升店招美观度，鼓励增加展示橱窗界面的透明度和美观度，注重低层出挑式招牌的美观度。
建筑周边环境控制
■统一建筑退线
■控制商业功能，设置骑楼
■控制退线空间使用
街道建筑立面精细化设计
根据行人通常视线观察范围为水平线以上50° 一水平线以下70° 计算建筑界面应当重点设计的范围通常在6~9m。
综合服务亭多样化设计
鼓励综合服务亭的小型化、模块化和智能化设计。鼓励植入信息智能查询、电子设备充电、WIFI信号源等功能，为街道提供多样化的服务。
屋顶绿化设计
打造顶层绿化空间，具有优质的办公朝向及视野，北侧建筑可直达屋面绿化区，向西可俯瞰元和塘公园。
地铁站点设计
提高站前景观品质，加强站口建筑及相关地面设施的设计，应与周边建筑风貌相协调，并保留或延续车站周边区域原有的文化特征。
无障碍设计
加强各类空间的无障碍衔接，构建无障碍系统化体系，完善各类设施的无障碍设计，保障有对应需求的社会成员的交通出行权益。
道路横断面
齐门北大街
润元路
停车位布置
利用冗余机动车道设置
利用隔离带设置
利用过宽机动车道设置
坚持路侧停车位有偿使用和减量设置的原则，适度满足停车需求，可引导利用待建土地、闲置地和边角地，设置微型停车公园。
2022 年全国城乡规划专业五校联合毕业设计
The Rebirth of Old Street - Urban Renewal Design of Lumu Old Street Area in Suzhou City
小组成员：田璟 马毅扬 杨谊康
指导老师：宣蔚 白艳
参加院校：苏州大学、南京工业大学、郑州大学、山东建筑大学、合肥工业大学
承办单位：苏州大学

终期答辩成果

老街新生：苏州陆慕老街片区城市更新
The Rebirth of Old Street - Urban Renewal Design of Lumu Old Street Area in Suzhou City

千年漕运 苏韵流芳

Urban Renewal Design of Lumu Old Street Based on the Concept of Urban Suture

基于城市缝合理念下的陆慕老街城市更新设计

滨河公园更新单元 Riverside Park Renewal Unit

Aerial View Of the Park 公园鸟瞰

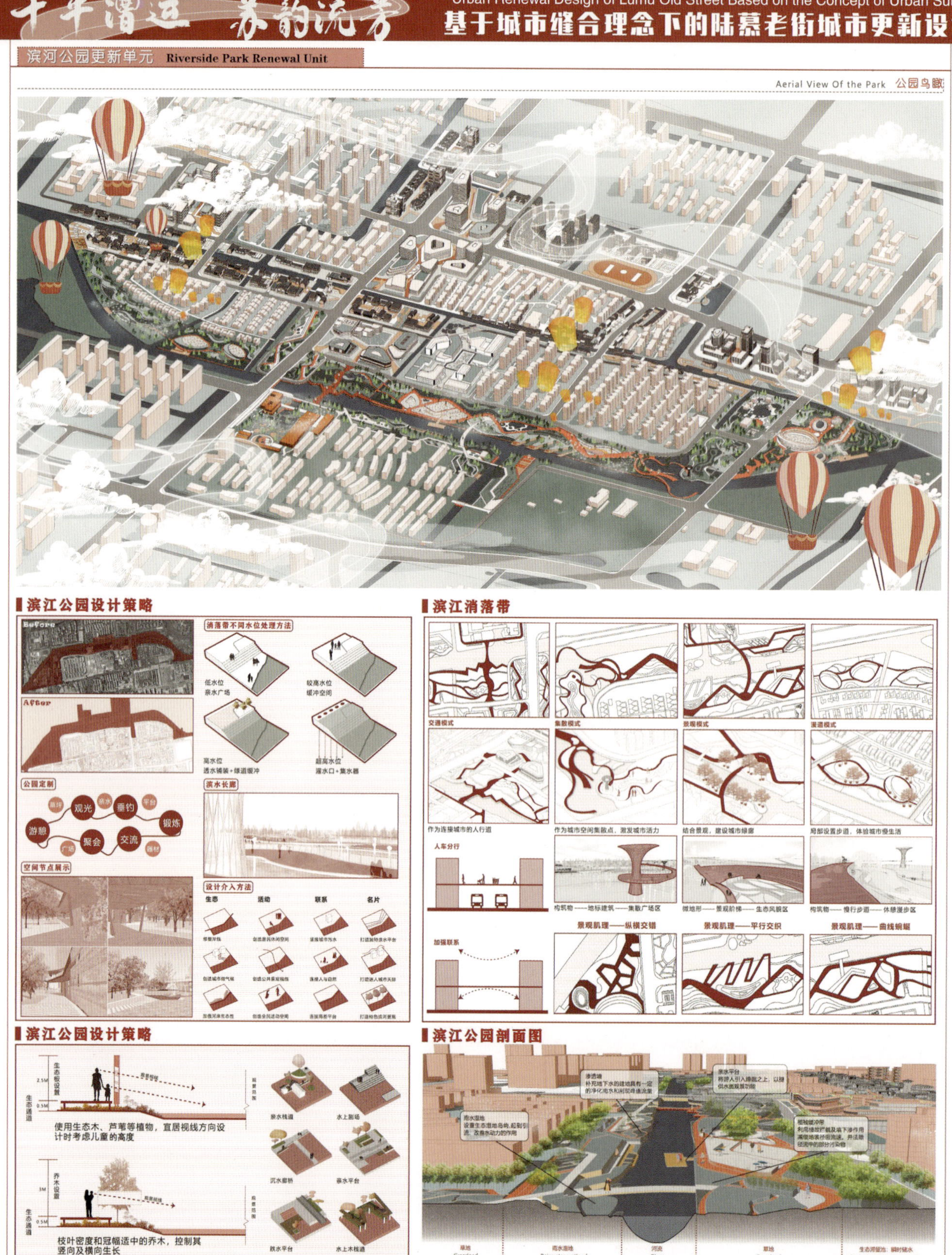

2022 年全国城乡规划专业五校联合毕业设计
The Rebirth of Old Street - Urban Renewal Design of Lumu Old Street Area in Suzhou City

小组成员：田璟 马毅扬 杨谊康
指导老师：宣蔚 白艳

参加院校：苏州大学、南京工业大学、郑州大学、山东建筑大学、合肥工业大学 承办单位：苏州大学

老街新生

合肥工业大学
Hefei University of Technology

小组成员：张瑞彭　霍俊伟　苏昌权
指导老师：白艳　宣蔚

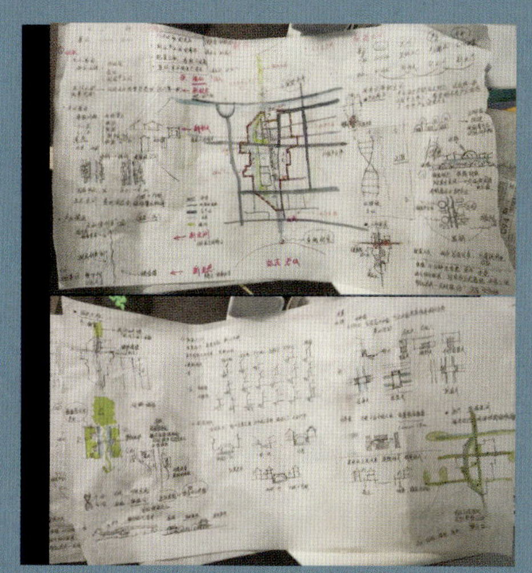

第一阶段 构思图

第二阶段 草图

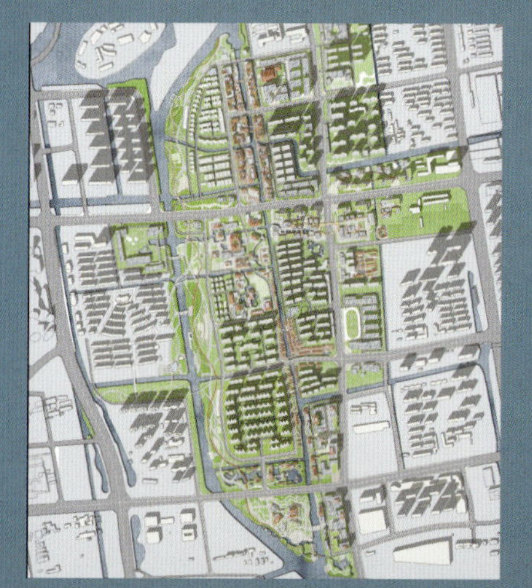

第三阶段 定稿图

设计说明

本次设计的陆慕老街片区位于苏州相城区。目前相城区已领衔打造天虹文教科技研发社区、活力健康研发社区、蠡口智慧家居社区、元和塘科技文化创意社区等一批产业载体，进一步推动区域产城融合战略。陆慕老街片区地处苏州元和塘文化产业园区，位于苏州文化产业黄金三角区的核心位置，该区域正在创建国家级文化产业示范园区。更新片区距离苏州站仅5公里车程，距离苏州北站枢纽约8公里车程，是新一轮城市发展重点进行更新升级的商业区域。本次片区城市更新范围包括陆慕老街、元和塘及周边城市区域地块，规划面积约为180公顷，其中：初步确定的拟保留建成区用地面积约为50公顷，各类河塘水面面积约为30公顷；拟更新设计用地约为70公顷，规划绿地约为30公顷。

设计以“老街新生”为整体设定，统筹制定更新思路、发展框架和实施路径，充分兼顾产业更新、商业消费、智慧社区这三大支撑，优化提升周边街区、水岸公共区域的功能业态，打造相城区最具创新活力的城市片区，实现历史活力的当代再生。方案从人的需求、服务品质、业态构成、体验模式等角度，综合考虑更新片区中的商业、产业、消费、文化等，合理分析不同人群的需求，强调与苏州其他老街的差异化，打造“陆慕老街”的独特形象和文化IP，激发适应新时代发展环境的片区活力；参考相城中心城区控制性详细规划，在都市风貌层面进行明确的城市设计和引导，保障高品质的空间规划和建筑形态，营造具有独特地域性的景观场景，并提出深化、优化控制性详细规划的可能方向。

设计基于城市基因活化的视角，发现基地在人文、历史、空间形态、产业等多个层面均有自己独特的“基因序列”。但由于基地开发程度尚浅，多数“基因”尚处于沉默状态，未能进行较好的表达，所以存在空间缺少活力的问题，在挖掘和延续历史文脉的同时亟需注入多元化的功能。而且，不能简单统一地引入“基因”这一概念，单纯地复制传递“基因序列”，因为这样无法提升场地活力，故依然需要对其“基因”进行探寻。根据生物学中的“基因活化学说”，本组提出了“城市基因活化”这一升级概念，即通过“增”“改”“转”对不同空间的“基因序列”进行定向激活，使空间“基因”得到活化，表现为不同的功能，以提供更优质的人居环境。“城市基因”是新理论，而“城市基因活化”是我们将新理论付诸实施的手法。

设计感悟

在国家大力推进城市更新工作的背景下，苏州作为首批试点城市，具有极大的发展潜力。从国家到省、市，各级政府及相关部门均积极出台了相关政策，对于苏州的城市更新工作具有极大的指导意义。通过研读住建部最新发布的文件，我们可以发现，为避免城市更新工作中的大拆大建，国家从原来的建议和引导转变为落实到具体的数据指标，这是更为严格的具体要求。对于我们设计而言，一方面要结合上位规划的要求；另一方面也要注意“有机更新”的愿景，避免简单的拆建规划。

本方案从城市基因活化的视角，对苏州市相城区陆慕老街片区进行城市更新设计，以求总结出一套城市更新的新范式，为各地的城市更新工作提供可借鉴的思路。项目组首先根据各级政府最新的城市更新政策和相关规划分析了场地的发展潜力，然后从文化基因、空间基因、产业基因、市井基因等四个方面梳理出场地的城市基因，进而从整体策略和具体策略这两个层面探讨如何对城市基因进行活化，最终将策略落实在具体规划的空间设计上。

陆慕片区的城市更新工作不仅涉及空间设计的内容，如何实施、如何推进也很重要。城市更新涉及多方利益体，政府、原住民、开发商之间的利益如何平衡？运用什么样的政策引导？受时间限制，小组未能对上述问题展开更为详细的研究，而规划方案如何实施是后续需要进一步进行研究的。

老街新生
——苏州陆慕老街片区城市更新设计

【现状分析】

口场地现状分析 I Site Status Analysis

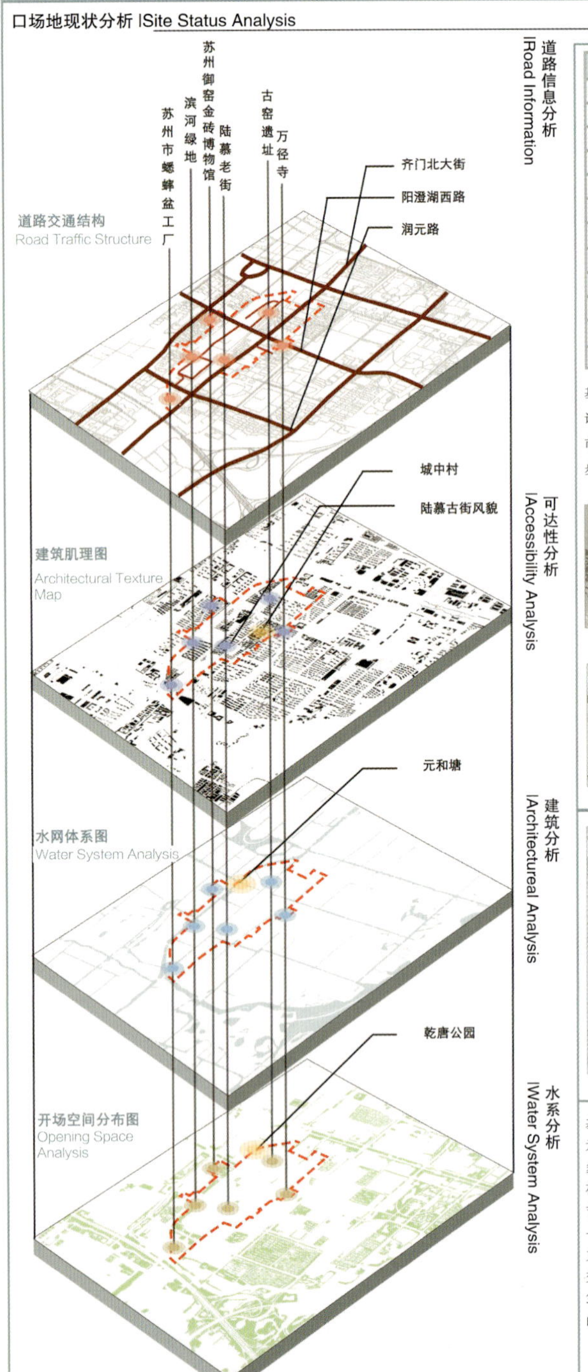

道路信息分析 I Road Information

基地道路一览表					
道路名称	道路等级	道路宽度	横断面形式	车道	路边停车
华元路	主干道	50m	四块板	双向8车道	无
齐门北大街	主干道	38m	三块板	双向4车道	有
润元路	主干道	30m	一块板	双向4车道	无
花南路	支路	22m	一块板	双向4车道	无
阳澄湖西路	主干道	38m	三块板	双向4车道	无
御窑路	主干路	36m	四块板	双向4车道	无
纪元路	支路	18m	一块板	双向4车道	无
陆慕街	支路	12m	一块板	双向2车道	无
顾恺之街	支路	18m	一块板	双向2车道	有
古元路	支路	21m	一块板	双向2车道	有
嘉元路	主干道	42m	四块板	双向4车道	无

基地内道路系统基本完善，有一部分断头路，在规划设计中需要进行一定的道路系统梳理。基地内穿过多条城市主要道路，地区通达性好，但是主要道路多使居民的步行趣味降低。基地内现状道路质量均较好。

可达性分析 I Accessibility Analysis

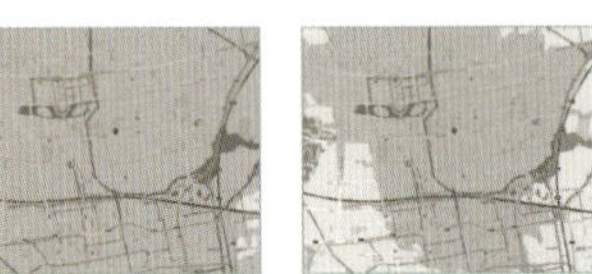

15分钟等时圈（车行） 10分钟等时圈（车行） 5分钟等时圈（车行）

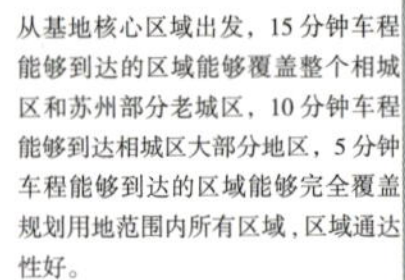

从基地核心区域出发，15分钟车程能够到达的区域能够覆盖整个相城区和苏州部分老城区，10分钟车程能够到达相城区大部分地区，5分钟车程能够到达的区域能够完全覆盖规划用地范围内所有区域，区域通达性好。

15分钟等时圈（步行） 10分钟等时圈（步行） 5分钟等时圈（步行）

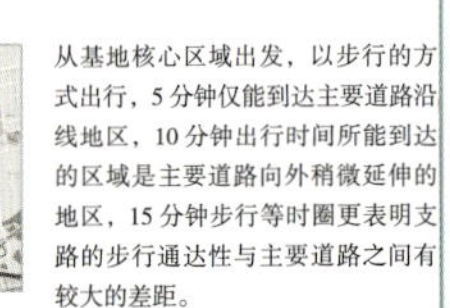

从基地核心区域出发，以步行的方式出行，5分钟仅能到达主要道路沿线地区，10分钟出行时间所能到达的区域是主要道路向外稍微延伸的地区，15分钟步行等时圈更表明支路的步行通达性与主要道路之间有较大的差距。

建筑分析 I Architectureal Analysis

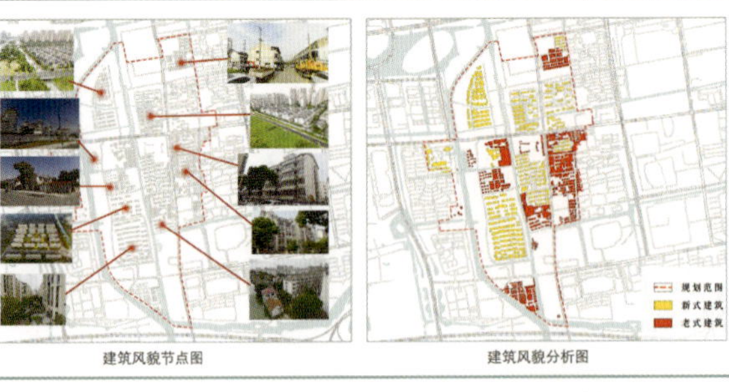

建筑风貌节点图　　建筑风貌分析图

基地内新老建筑交错，但旧建筑被大量拆除，目前以新式建筑为主，老式建筑的数量较少，质量较低。

居住小区多为新建建筑，新式建筑居多；陆慕老街内以老旧民居为主，包括历史悠久的历史建筑、未拆除的城中村建筑，形式上以老式建筑为主。

水系分析 I Water System Analysis

基地内水系交错，以元和塘为主要河道，多条支流穿插流过，存在着不连通的水系节点，陆慕老街傍着一条贯穿基地南北的支流。由于多条水系交汇，基地内形成了3个各具特色的开敞的水上节点空间。

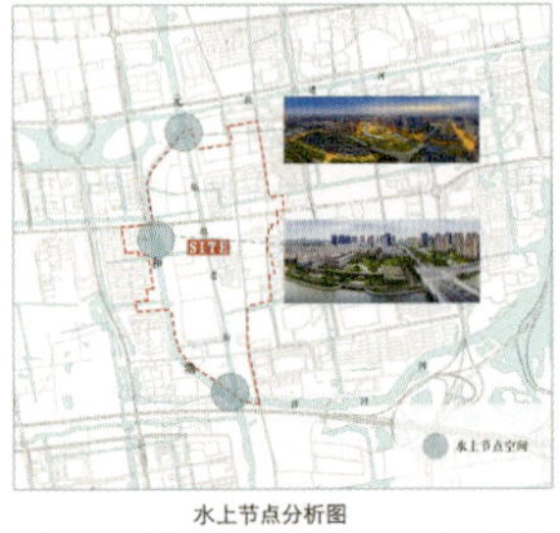

水上节点分析图

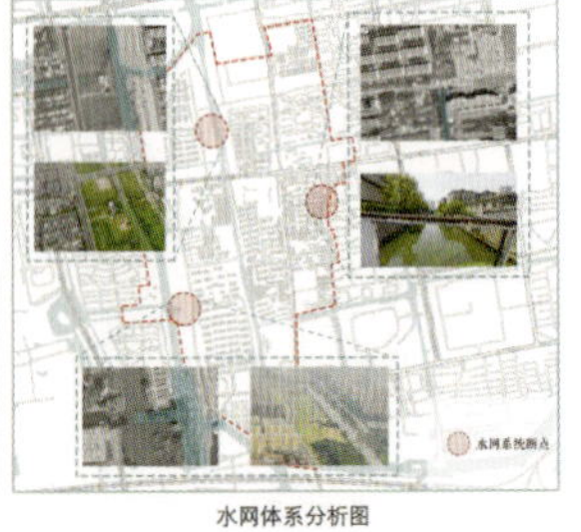

水网体系分析图

口人群分析 I Population Analysis

社交 散步 垂钓 健身 办公 画展 舞台 展示 酒吧 居住 购物 游玩 休闲 娱乐 摄影 泛舟 打卡 手工 非遗

儿童 居民 青年 艺术家 游客 手工技艺者

小组成员：张瑞彭　霍俊伟　苏昌权
指导老师：白艳　宣蔚

老街新生
——苏州陆慕老街片区城市更新设计

【设计思路】

设计思路 I Ideas of Design

苏州陆慕老街片区城市更新 → 城市基因梳理 → 核心问题及需求 → 解决思路 → 陆慕老街新生

自然条件分析：地势平坦、水系丰富、四季分明、气候温和、雨量充沛

历史文化资源：陆慕因水而兴，文化底蕴深厚，如今辉煌不再，文脉亟待修复，节点记忆有待激活

人群分析：场地内人群活力较低，公众意愿突出

建设用地现状：用地以居住和绿地为主，水系贯穿其中

建成建筑现状：旧建成区以坡顶低层建筑为主，新建成区风格偏新中式

场地交通现状：周边交通通达性良好，基地内较多断头路

周边资源现状：场地周边资源较为丰富，基地内部公服配套待补充

城市基因：文化基因、市井基因、空间基因、产业基因

核心问题及需求		解决思路
如何复苏丢失的历史文脉？	增	有底蕴 · 缺输出——新技术 遗产数字保护新技术，文化新输出
如何满足产业园区的需求？	改	有园区 · 缺展示——新空间 不再塑造产业园区，展示空间引流
如何提升蓝绿空间的活力？	转	有空间 · 缺活力——新形式 蓝绿空间的亲水化处理，提升活力
如何完善公服、交通的不足？		有基底 · 缺完善——新业态 新的发展时代置入公众需要的新业态

城市基因梳理 I DNA of City

文化基因梳理

显性文化基因

陆慕老街地块内有遗址遗迹、井亭街巷、古宅园林、河湖塘桥、名人墓葬、寺院庵堂、工业遗存等显性文化要素，见证了明清和近现代两个历史时期。

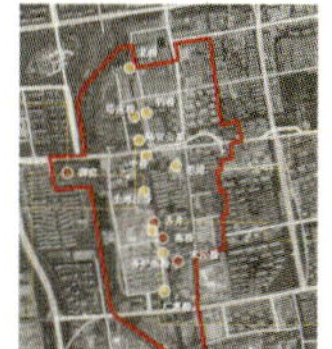
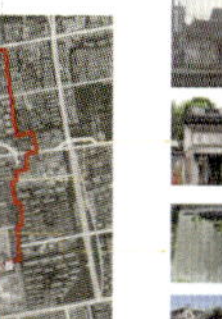

隐性文化基因

御窑金砖和蟋蟀两项非遗等隐性文化要素

御窑金砖是我国窑砖烧制业中的一朵奇葩，明清以来受到帝王的青睐，成为皇宫建筑的专用产品。明代，陆慕砖窑被工部看中，赢得了永乐皇帝的称赞，窑场被赐名为"御窑"。

有严谨的匠人文化：陆慕手工艺有四宝——金砖、紺丝、蟋蟀盆和虾蟆笼，陆慕孕育出了众多优秀的匠人。

砖窑　绀丝　砖雕　蟋蟀盆

空间基因梳理

现存重要的历史空间节点

陆慕老街：南起宋泾桥，北至北桥，是古陆慕最繁华的街巷，全长近 2000 米，街宽 2~3 米不等，碎石铺就。它以元和塘为中轴线，临河而建，河街并行，傍水筑宅，面街枕河，具有桥对桥、桥挑桥、弄对弄、庙对庙的特殊景观格局。如今在片区南部仍有部分建筑遗存。

陆慕砖窑遗址：2020 年，考古勘探队伍发现陆慕老街北段存在多处金砖烧窑、灰坑、墙址、井、沟等遗址，并出土明清金砖等文物 50 余件。

苏州水乡街巷空间组织形式

苏州传统院落空间组织形式：传统的苏州院落空间一般是由建筑实体围合起来形成的，具有明显的封闭性。苏州城内的民居院落大多是多进穿堂式布局。

苏州街巷空间组织形式：（1）一河一街型。两侧房屋夹着一条河道和一条街道，其中有一侧的建筑为临水建筑。（2）有河无街型。两侧房屋中间没有街道，只有河道，两侧房屋均为临水建筑。（3）一河两街型。两侧房屋中间夹着一条河道和两条街道，河道在中心位置，外面依次是街道和建筑。（4）有街无河型。两侧房屋中间只夹着街道，没有河道。

缺失活力的蓝绿空间

陆慕是苏州古代漕运第一站，元和塘正好位于相城区的中轴线上。现基地内主要有元和塘、新开河两条纵向水系，横向有多条小水道相连，形成水网，沿水网有绿地分布，形成方格网状蓝绿空间。沿新开河河岸有大面积的带状生态绿地，但北部大面积为待开发荒草地，活力较差。

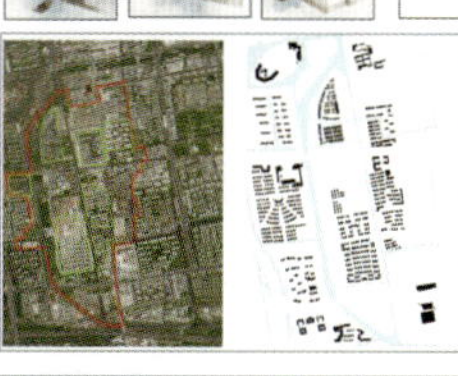
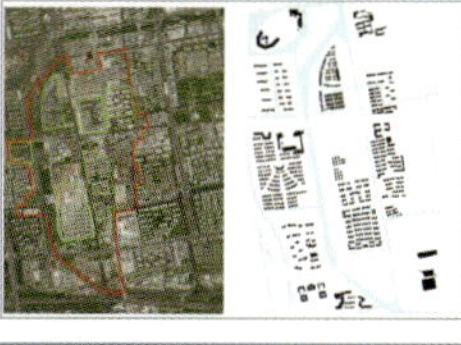

产业基因梳理

陆慕自古便有着自己的核心产业：御窑金砖制造。如今的陆慕，虽不再有曾经为皇家服务的制造产业，但取而代之的是更为丰富、更有创新、更为现代化的新型产业。在场地周边，苏州市规划有 10 个新型产业园，它的总称为"十园"。

市井基因梳理

陆慕作为古代商贾往来的繁华地带，各类业态都在此处汇集，市井间充满烟火气。而如今的陆慕早已落寞，场地内部商业匮乏、交通存在不便，相关公服配套有欠缺。场地活力较差，有待进一步开发。

对于更新公众的意愿？

- 复建老街历史形态，充分还原其历史风貌和空间形式
- 以全新的、现代的、富有活力的商业空间进行开发和建设
- 在历史和未来之间，探索空间形式上的平衡和可能性

当地居民希望保留传统古桥等记忆要素，但不要改造为国内千篇一律的仿古历史街区，苏州同质化古街太多了，要在保护苏州历史街巷底蕴的基础上大胆创新，吸引多元业态入驻。

概念阐述 I Interpretation of Concept

概念引入 —— 空间基因

什么是空间基因？

2019 年，东南大学建筑学院段进院士发现了城市空间在互动与发展中存在的"空间基因"现象。他认为，空间基因是指城市空间在与自然环境、历史文化的互动中形成的一些独特的、相对稳定的空间组合模式，它既是城市空间与自然环境、历史文化长期互动、契合与演化的产物，承载着不同地域特有的信息，形成了具有城市特色的标识，又起着维护三者和谐关系的作用。

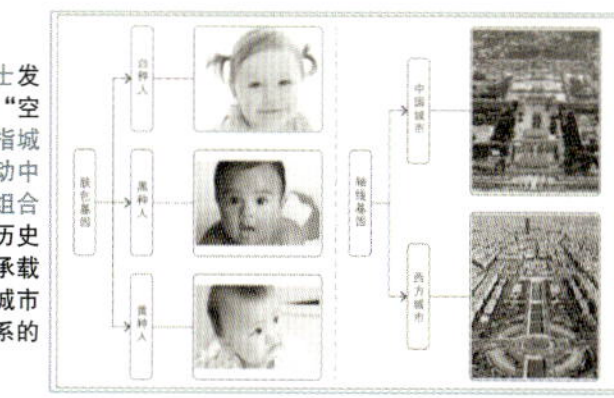

空间基因的传承机制

生命科学研究表明，生物基因的遗传包括三个主要过程：（1）编码，储存生物信息；（2）复制，遗传生物信息；（3）表达，形成生物性状。本设计借生物基因遗传原理对空间基因的传承机制进行解读。

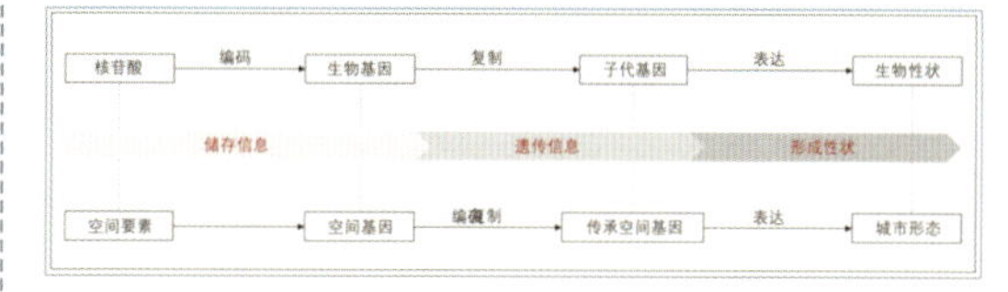

① 编码：从空间要素到空间基因

空间基因是由空间要素按照一定的规则编码而成，承载某种稳定空间组合模式的信息，涉及空间要素间的比例关系、序列结构、拓扑构形等。例如，中国传统民居院落可视为基于相同空间要素在不同比例关系下编码形成的集合体——不同地区房屋与院子（天井）比例关系的不同，编码出了不同的院落基因。

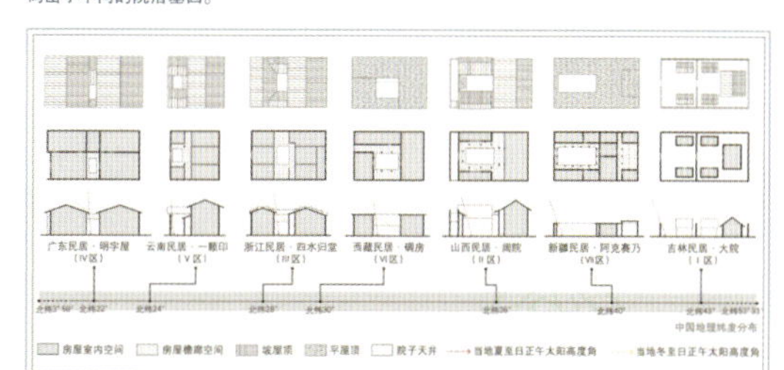

② 复制：从空间基因到传承空间基因

城市营建的各类信息往往以空间基因为媒介，通过共时性和历时性两个维度的传播进行复制，形成传承的空间基因。空间基因的共时性复制是指在同一时期内按照相同的空间基因进行建造活动，表现为空间基因的地域性扩散。

③ 表达：从空间基因到空间形态

空间基因通过直接途径控制空间要素组合的结构，由此控制城市的形态（性状），并且是多基因控制形态的方式。此外，空间基因在与新的城市空间、自然环境、社会人文的相互作用中，影响城市形态的细节。

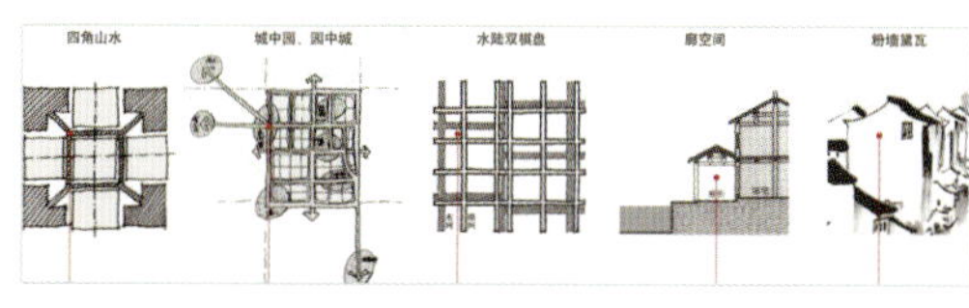

概念深化 —— 城市基因活化

基地开发程度尚浅，且多数基因尚在沉默状态，未能进行较好的表达。所以存在空间缺少活力的问题，在挖掘延续历史文脉的同时亟需注入多元化的功能。

将空间基因延伸为更全面的城市基因，提出"城市基因活化"这一深化概念。通过"增""改""转"对不同空间基因序列进行定向激活，使城市基因得到活化，表现为不同的功能，以提供更优质的人居环境。"空间基因"是新理论，而"城市基因活化"是我们将新理论落地的手法。

2022 年全国城乡规划专业五校联合毕业设计
The Rebirth of Old Street - Urban Renewal Design of Lumu Old Street Area in Suzhou City
小组成员：张瑞彭　霍俊伟　苏昌权
指导老师：白艳　宣蔚
参加院校：苏州大学、南京工业大学、郑州大学、山东建筑大学、合肥工业大学　　承办单位：苏州大学

总体策略 I General Strategy

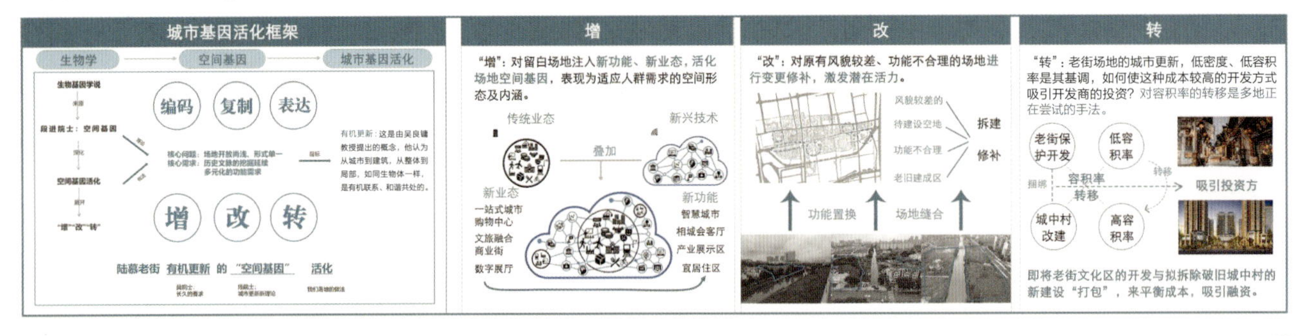

城市基因活化策略 I Urban Gene Activation Strategy

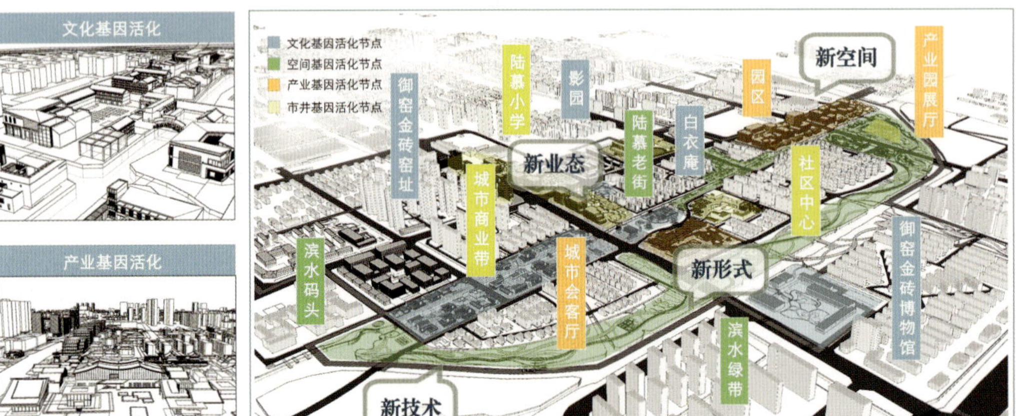

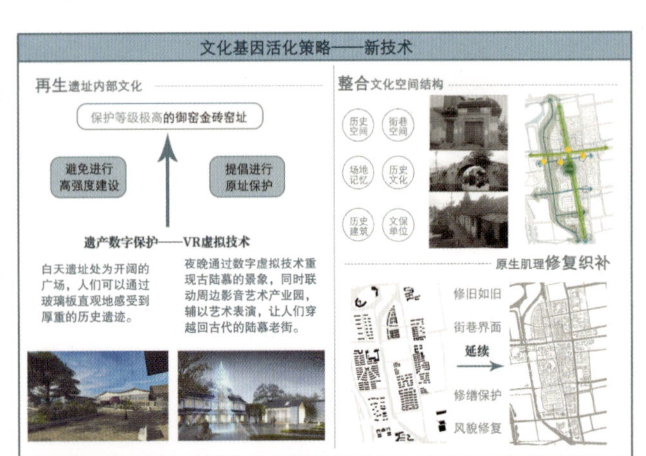

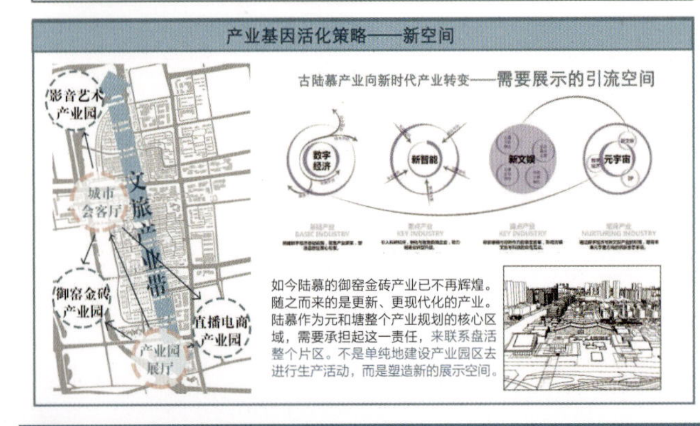

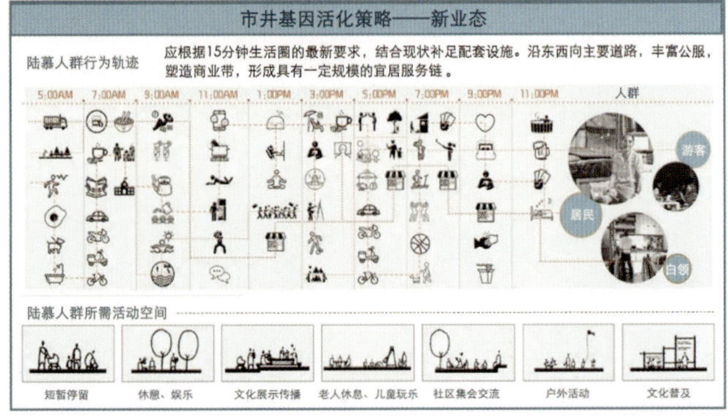

小组成员：张瑞彭　霍俊伟　苏昌权
指导老师：白艳　宣蔚

老街新生
——苏州陆慕老街片区城市更新设计

【设计策略】

□ 设计策略 | Design Strategy

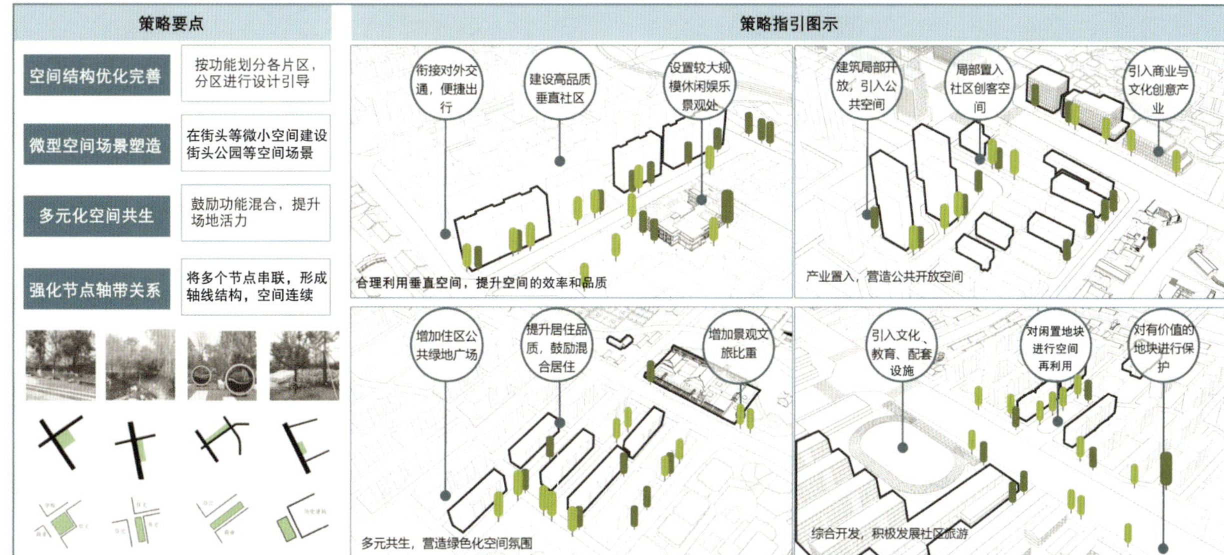

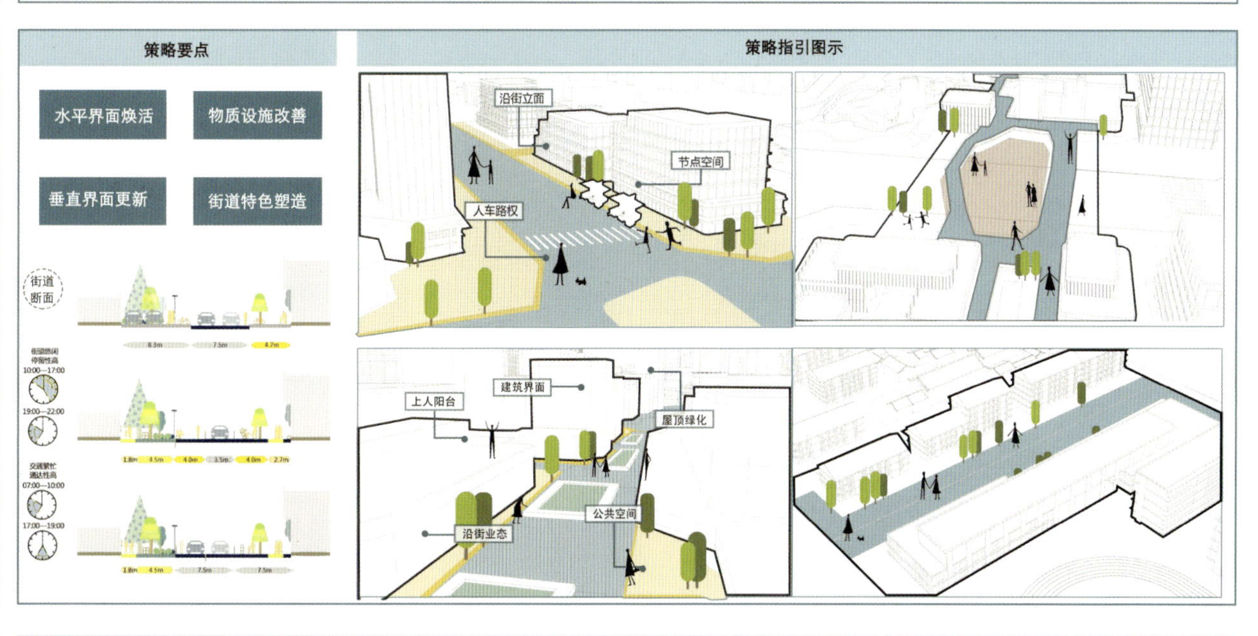

景观设计策略 Lndscape Design

策略要点

绿色基调　城市联结

亲近水岸　隔岸呼应

城市水岸：亲水平台、公共广场

活力体验：码头驿站、艺术水街

公园水岸：景观步道、生态海绵

策略指引图示

步行廊道　开敞空间　绿化空间　以绿色为基调，创造特色水岸空间　亲水平台　元和塘

步行廊道　开敞空间　绿化延伸城市道路　绿化空间　元和塘　步行入口　滨江入口亲近水岸

文创博览馆　引入生态小岛，活化滨水岸线，打造活力滨水景观　滨水广场

游客服务中心　节点建筑空间，景观互相渗透　苏州御窑金砖博物馆

小组成员：张瑞彭　霍俊伟　苏昌权
指导老师：白艳　宣蔚

□方案平面图

技术经济指标	
建设总用地面积	180 公顷
地上总建筑面积	234 公顷
容积率	1.3
建筑密度	31%
绿化率	38%
停车位	2400

□方案鸟瞰图

小组成员：张瑞彭　霍俊伟　苏昌权
指导老师：白艳　宣蔚

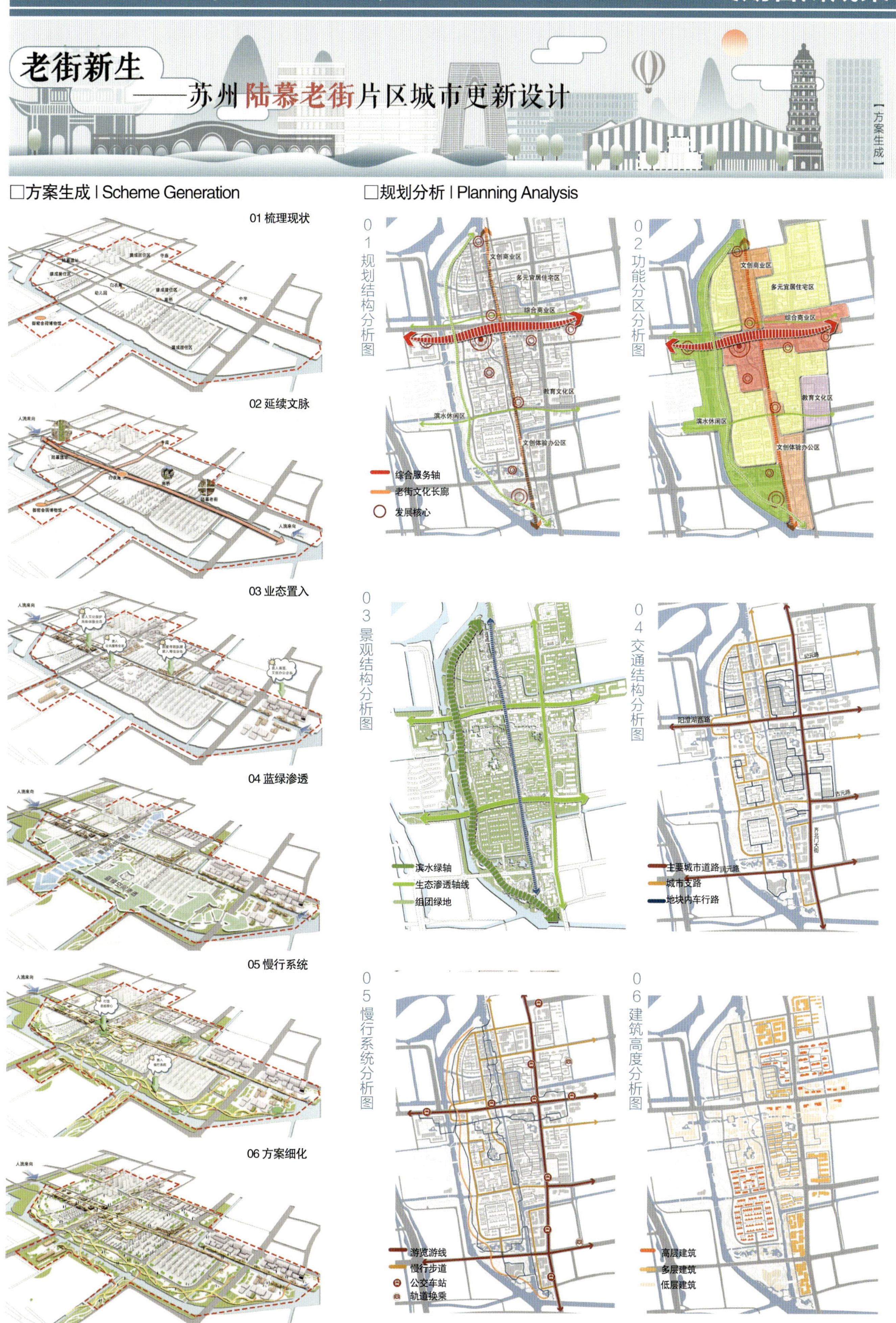

小组成员：张瑞彭　霍俊伟　苏昌权
指导老师：白艳　宣蔚

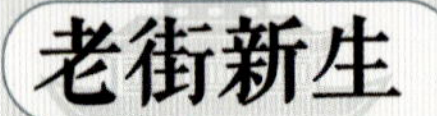

老街新生——苏州陆慕老街片区城市更新设计

【分区设计】

□现状问题总结 | Summary of Current Situation

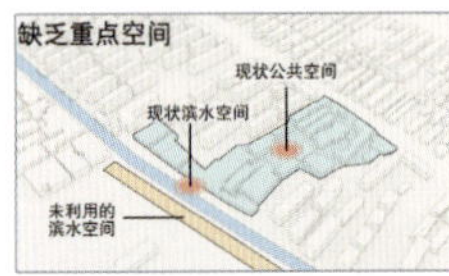
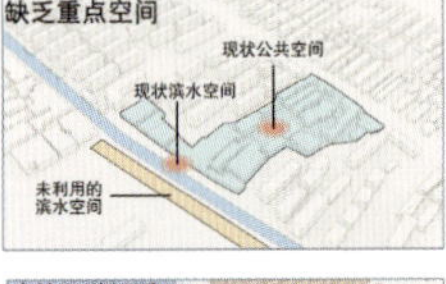

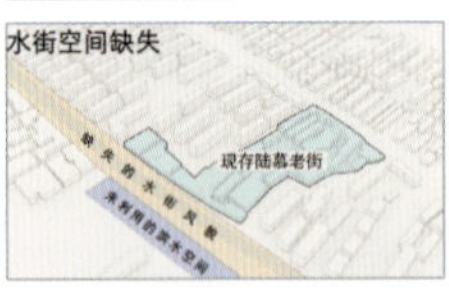

传统空间缺失

苏州传统空间格局	
陆巷空间	宽度在3~5米
	道路两侧界面沿住宅周边
	网络状分布
	"带状广场"式商业空间
水街空间	建筑、街道、水体互相联系
	充满生活烟火气

三种建筑、街道、水体形式

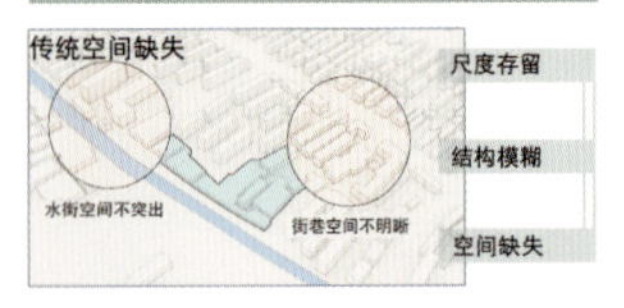

□更新策略 | Update Strategy

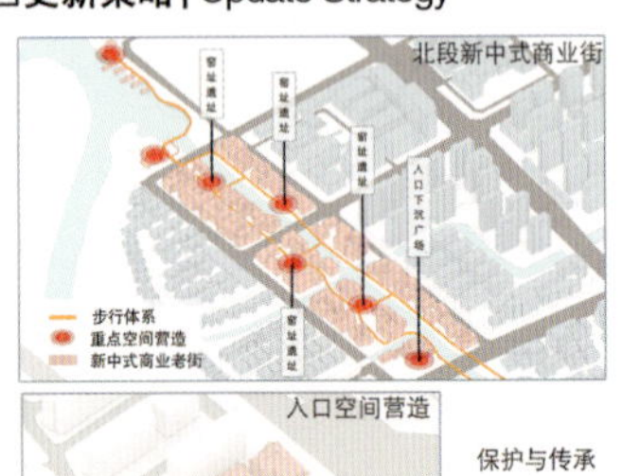

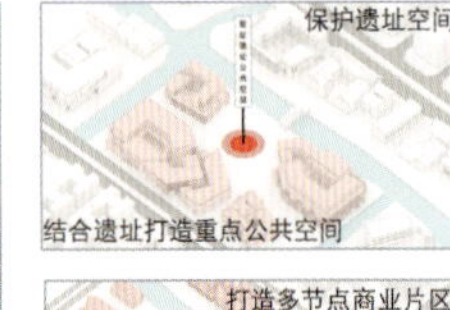

保护与传承

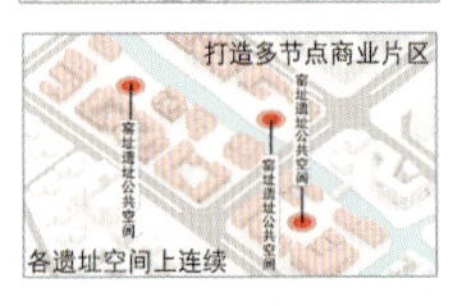

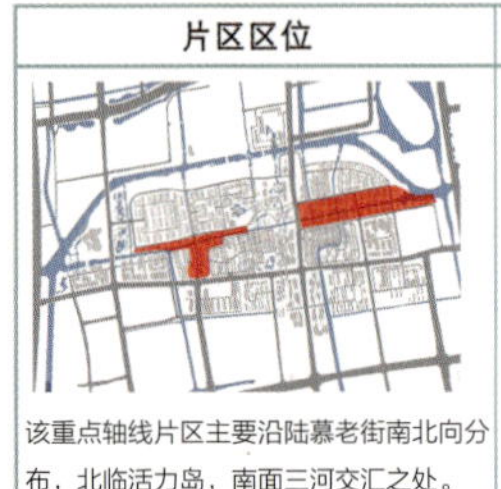

□城市设计导则 | Urban Design Guidelines

片区区位	土地利用类型
该重点轴线片区主要沿陆慕老街南北向分布，北临活力岛，南面三河交汇之处。	北部的陆慕老街以现代商业为主，在地块端部混入部分具有展示功能的建筑；南部是以陆慕老街风貌为特色的传统商业街，以休闲、旅游商业为主要功能。

建筑形式	空间形态
该片区北部老街部分以新中式建筑为主，主要以坡屋顶、白墙灰瓦等要素来体现老街风貌，结合玻璃等现代材料打造混合风格的街区；南部老街以保留的建筑为基础，通过梳理传统空间肌理，打造最能够体现原始陆慕老街风貌的特色商业街区。	现代商业街区：该部分重点打造遗址所在公共空间的特色——现代商业空间。 特色历史街区：该部分重点营造传统老街肌理的街巷特征——传统水街与院落。

如今陆慕的御窑金砖产业已不再辉煌。随之而来的是更新、更现代化的产业。陆慕作为元和塘整个产业规划的核心区域，需要承担起这一责任，来联系盘活整个片区。不是单纯地建设产业园区去进行生产活动，而是塑造新的展示空间。

□更新策略 | Skyline

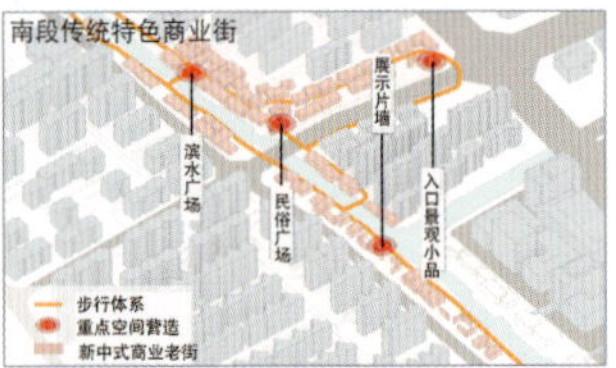

小组成员：张瑞彭 霍俊伟 苏昌权
指导老师：白艳 宣蔚

小组成员：张瑞彭　霍俊伟　苏昌权
指导老师：白艳　宣蔚
参加院校：苏州大学、南京工业大学、郑州大学、山东建筑大学、合肥工业大学　承办单位：苏州大学

合纵陆慕，连横古今

合肥工业大学
Hefei University of Technology

小组成员：娄莺　林娟玲　刘思盈
指导老师：宣蔚　白艳

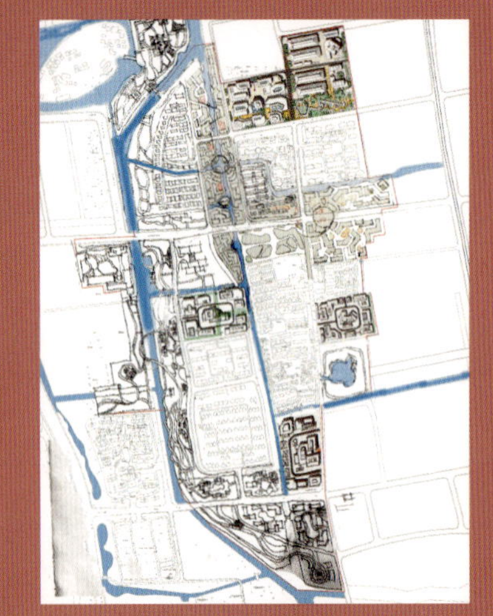

第一阶段 构思图

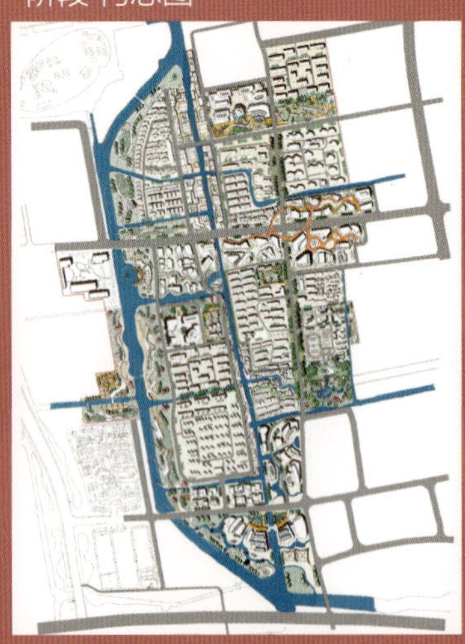

第二阶段 草图

第三阶段 定稿图

设计说明

目前的城市更新不仅强调物质空间的优化升级，更强调非物质空间的提升营造。设计组通过梳理中国城市更新的发展历程，对苏州城市空间的格局演变及驱动力进行了探究分析，结果表明，苏州城市形态演变的驱动力主要涵盖自然、经济、交通和政策等方面。设计地块位于苏州市相城区中心区，是苏州市的重点城市更新片区。针对该片区产业、生态、空间、社会的现状，方案将此片区建设为“历史文化价值延续、城水人居有机共生、经济社会和谐演进”的元和塘创新生态示范区、陆慕智慧文旅生活街区。

规划以陆慕文化为契机，以城市生态景观和古运河地区风貌再造为特征，以“合纵陆慕，连横古今”为理念，充分结合地区禀赋条件，汲取历史文化要素，提炼发展创新要素，力求达到连接、整合、激活的目标。方案基于生态都市主义理论，重点研判基地的城水关系，基于人本主义理念，从自然、社会、经济等角度寻找生态平衡，重新规划和构建陆慕老街片区的生态系统。

陆慕片区的规划结构为“三廊、一带，一心、四核、九片区”。其中，“三廊”指沿着元和塘水系南北向的元和塘创意文化走廊、沿着阳澄湖中路东西向的城市活力走廊、沿着新开河南北向的新开河生态绿廊。“一带”指贯穿现代居住和传统建筑的东西向水文化体验带，沿此带可以体验陆慕老街片区的多重生活场景。“一心”指的是位于基地中部偏北阳澄湖中路和元和塘交接处的综合服务核，主要涵盖商业商贸、文化创意、集散码头等功能，此核心是整个片区商业、文化、生态的活力交汇点。“四核”分别是位于北部的陆慕窑址文化核、位于西侧的文化创意研发核、位于东侧的以公共交通为导向的商业活力核和位于南侧的城市绿心生态核。“九片区”从北到南、自西向东依次为生态住区组团、元和塘历史商业街区、北桥智慧科创片区、创想住区组团、以公共交通为导向的活力片区、文旅住宅组团、综合住区组团、南桥智慧生态片区和陆慕门户展示区。

规划采取产业调整、物质空间更新、社会重构、文脉再生四位一体的改造总体策略。其中，产业调整作为陆慕片区的复兴动力；物质空间中的用地、基础设施、建筑与环境作为陆慕片区的产业复兴和人群需求支持载体；社会重构则是人口与街区发展的协调，在提升人口质量的同时作为片区产业调整的基石；文脉再生是陆慕片区发展的核心竞争力，通过历史的传承，实现对陆慕IP的打造。对产业、空间、环境、建筑、交通、历史保护及社会等各项发展策略建议的实施，以及具体空间上的落实，可以作为更新改造方案调整的基准，确保方案合理、可行。

设计感悟

陆慕老街作为相城区未来城市发展和城市更新试点的重要片区，其重塑不仅寄托着苏州相城人民的文化乡愁，也承担着弥补周边区域功能缺失、激活土地价值、塑造城市品牌的重要使命。如何激活片区历史，打造具有鲜明特色的文化IP？如何回应文化多元的新时代，转换与融合陆慕老街的前世今生？如何异质化发展，在古韵浓厚的苏州地区寻找适合自己的定位？如何建构空间格局，整合空间资源，在复原原有街巷体系的同时满足现代生活方式，并为未来发展留下弹性空间？如何引入业态，才能在老街寻回传统记忆、集聚人气？如何制定更新思路，兼顾片区产业更新、商业消费和智慧社区？如何考虑人群需求，优化公共区域功能业态和环境场所感？如何统筹发展，实现政府、企业、市场的良好合作？这些都是我们在设计中必须考虑的问题。

本次规划的地块陆慕老街片区范围约为180公顷，是以往课程设计规划地块的几倍，这更要求我们必须从多个维度、多个层面对地块进行综合考虑，充分挖掘其发展潜力，厘清发展困境并归纳核心问题。

前期我们针对陆慕老街片区需要发展什么样的业态、需要构建什么样的空间、需要什么样的社会人文关系发出了提问，目的是寻找陆慕老街片区现有的发展瓶颈和潜在的发展动力，在此基础上提出建设“历史文化价值延续、城水人居有机共生、经济社会和谐演进”的陆慕老街片区的美好愿景。

在规划阶段，我们不断加深对地块的认知，结合生态都市主义理念，将其应用于陆慕老街片区的规划设计。同时由于本次规划范围大、用地类型多样、周边环境丰富、陆慕文化深厚等，我们不断打磨总平面图，对各个地块进行综合考虑，以更好地延续陆慕历史文化，实现城水、人居的有机共生，以及经济社会的和谐演进。

在中期汇报和终期汇报的过程中，其他各组的精彩汇报使我们从新的角度再次认识陆慕老街片区，各位老师的精辟点评也使我们受益颇丰。

在此，非常感谢五校联合毕业设计这个平台，以及本次活动主办方苏州大学金螳螂建筑学院给予我们与各校优秀的同学和老师学术交流的机会，我们的规划能力与素养因此得到了很大的提高，这对我们未来的学习和生活具有重要作用。

都市生态主义视角下的苏州陆慕老街片区城市更新设计

周边条件 陆慕片区的区位设施条件 /Location and Facilities of Lumu District

片区潜力 靠近苏州古城区，区域交通便利，文化资源丰富，景观条件优越，医疗资源充足，大型商业较少

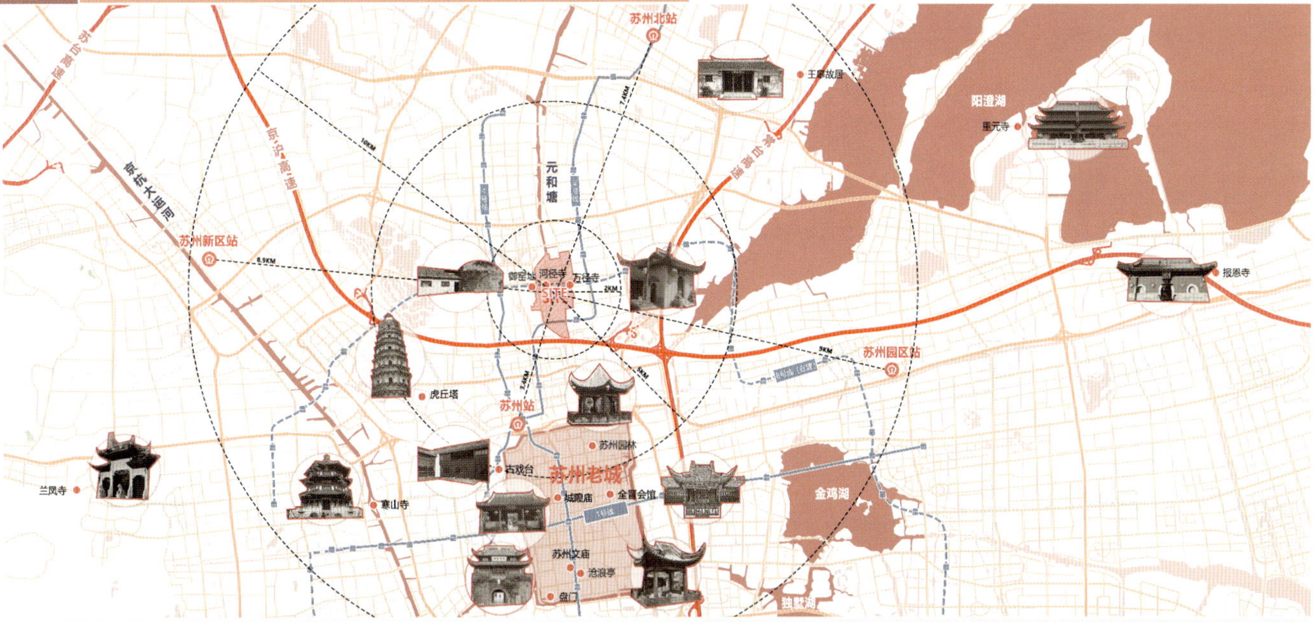

公服分析 项目周边公服配套条件较好，公园绿地全覆盖，文化设施布点无法满足基地的定位要求，老年服务设施和社区中心较为匮乏

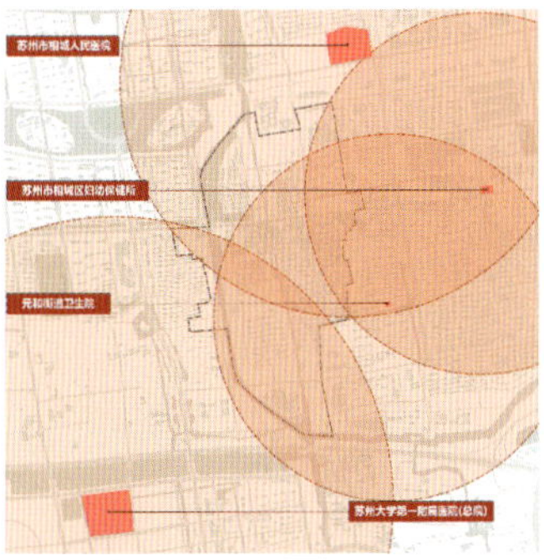

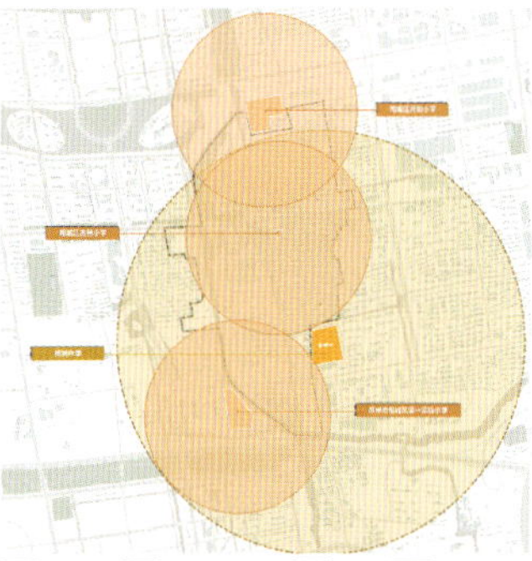

小组成员：娄莺 林娟玲 刘思盈
指导老师：宣蔚 白艳

参加院校：苏州大学、南京工业大学、郑州大学、山东建筑大学、合肥工业大学　　承办单位：苏州大学

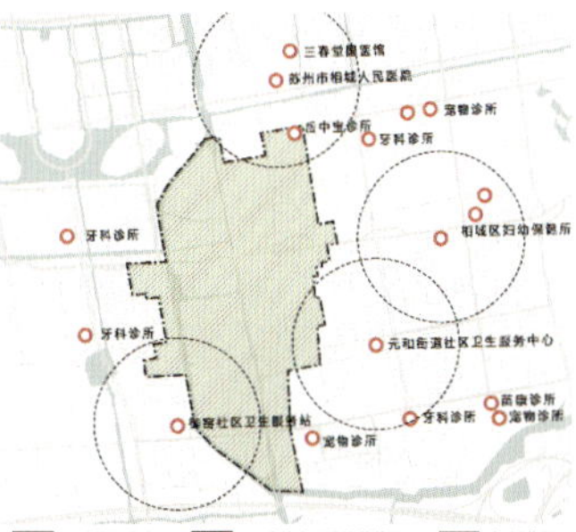

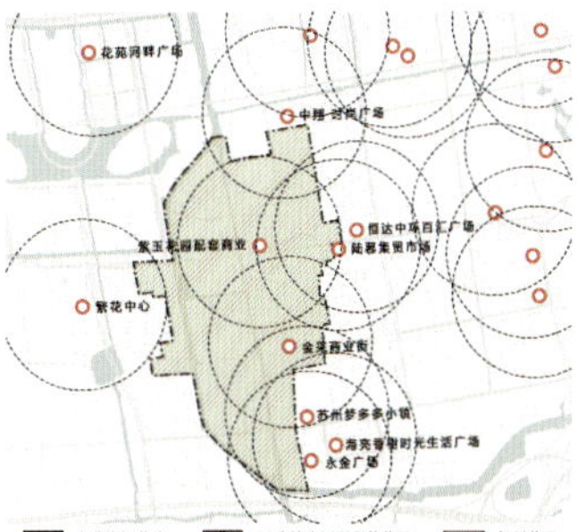

都市生态主义视角下的苏州陆慕老街片区城市更新设计

现状分析 陆慕片区空间格局和发展情况 /Spatial Pattern and Development of Lumu District

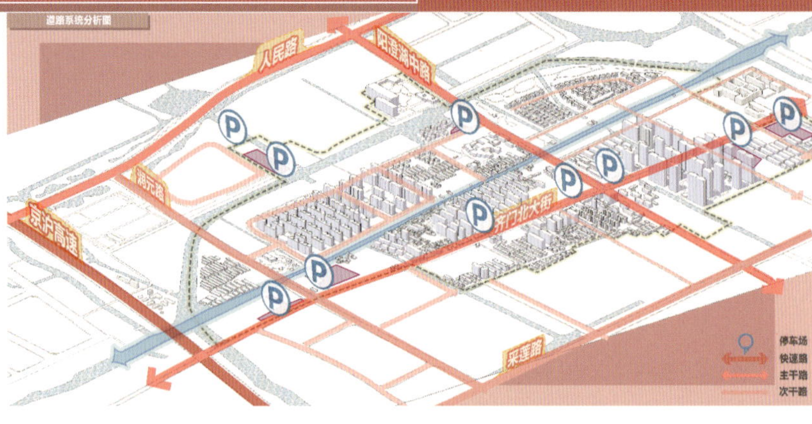

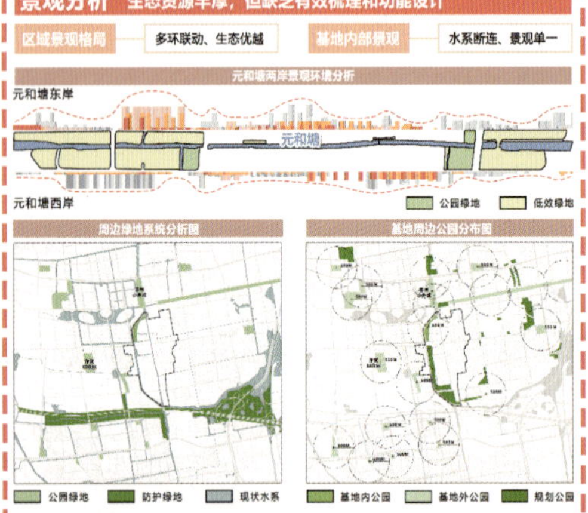

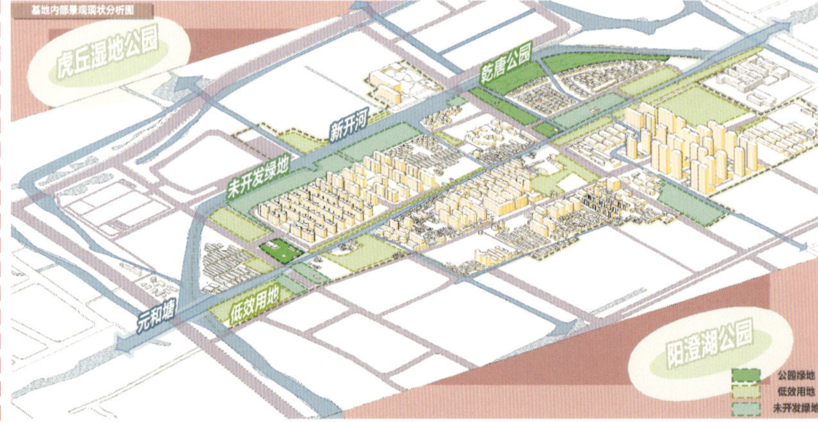

用地类型	面积 / 公顷	占比 / %
居住用地	53.2	29.56
绿地	47.77	26.54
水域	23.23	12.90
城市道路用地	17.65	9.81
商住混合用地	14.43	8.02
村庄建设用地	9.97	5.54
其它非建设用地	8.11	4.50
文化设施用地	4.28	2.38
幼托用地	1.13	0.63
商业用地	0.23	0.13

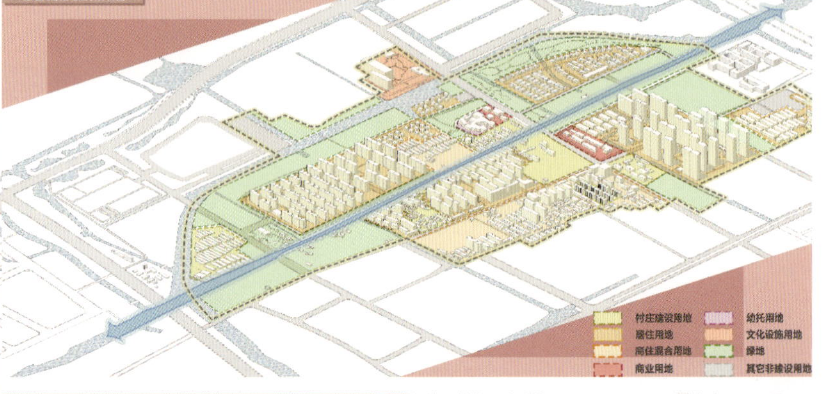

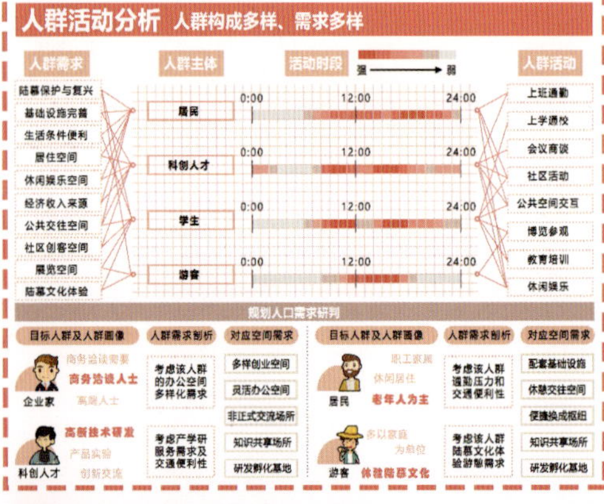

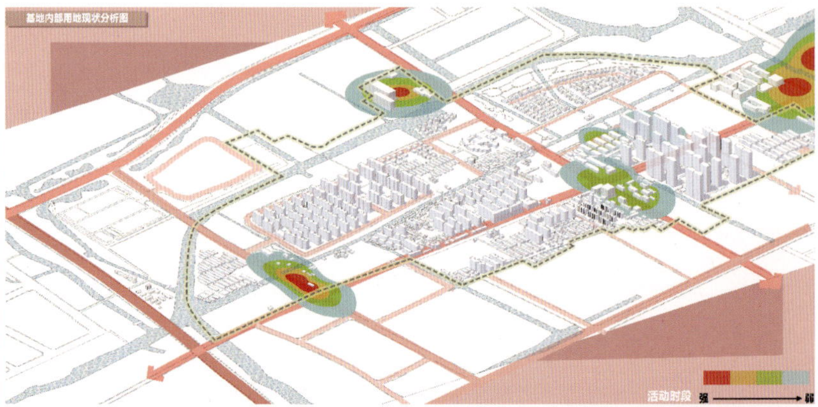

2022 年全国城乡规划专业五校联合毕业设计
The Rebirth of Old Street - Urban Renewal Design of Lumu Old Street Area in Suzhou City

小组成员：娄莺 林娟玲 刘思盈
指导老师：宣蔚 白艳

参加院校：苏州大学、南京工业大学、郑州大学、山东建筑大学、合肥工业大学 承办单位：苏州大学

小组成员：娄莺 林娟玲 刘思盈
指导老师：宣蔚 白艳

合纵陆慕，连横古今

城乡规划2022五校联合毕业设计

都市生态主义视角下的苏州陆慕老街片区城市更新设计

小组成员：娄莺　林娟玲　刘思盈
指导老师：宣蔚　白艳

合纵陆慕，连横古今

城乡规划2022 五校联合毕业设计

都市生态主义视角下的苏州陆慕老街片区城市更新设计

01 住区专题 陆慕需要怎样的住区？

STEP1 人口及空间分析

□ 社区人口构成分析

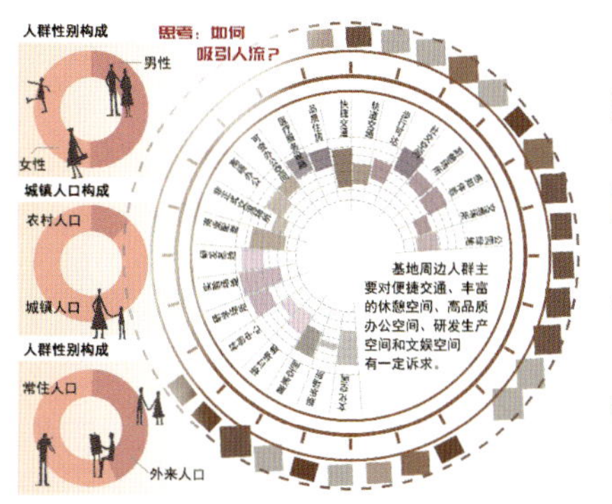

□ 人群活动空间分析

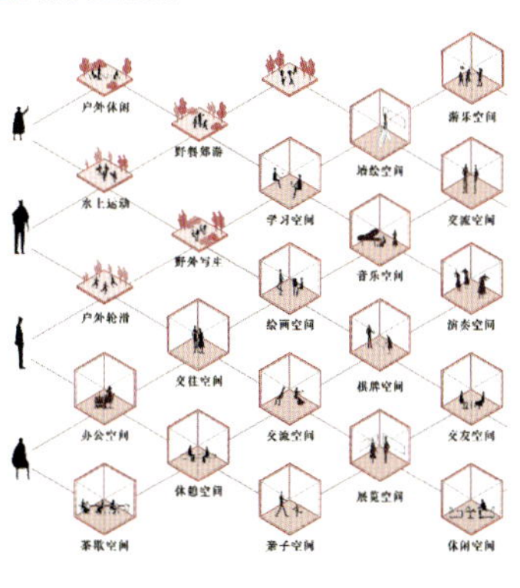

STEP2 重构社区网络

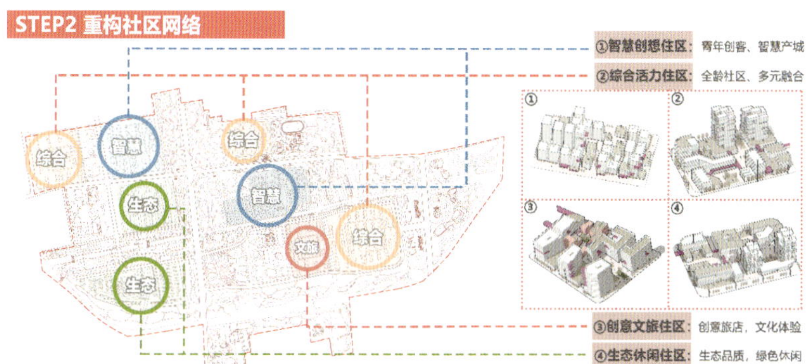

根据不同住区的规模、人口数据、周边环境，判断其性质并进行发展定位。将八大社区划分为四类——智慧创新住区、综合活力住区、创意文旅住区和生态休闲住区，对应的对象分别为青年创客、全龄段、旅客及追求高品质环境的住民，最终实现功能的合理融合、空间布局的多样化和智慧融合、智能发展。

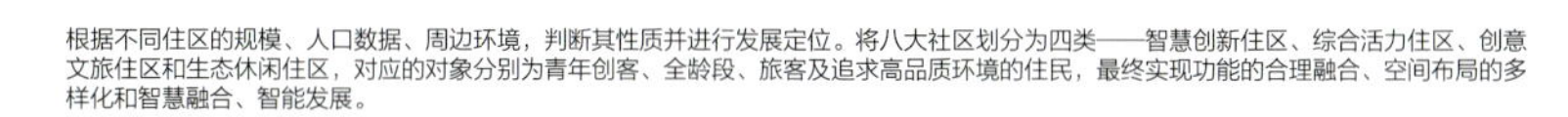

STEP3 完善公共服务设施

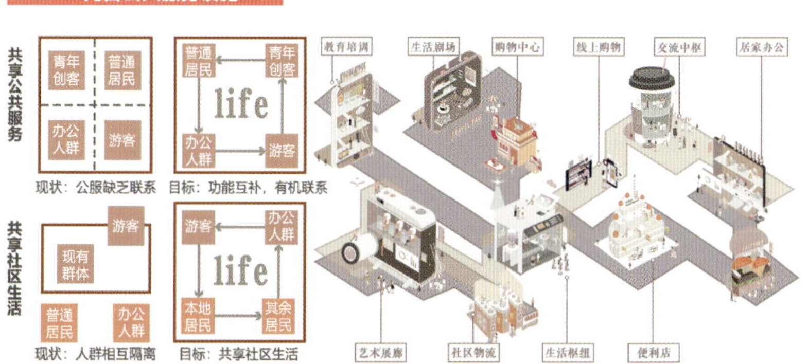

02 景观专题 陆慕需要怎样的景观环境？

STEP1 景观整体设计

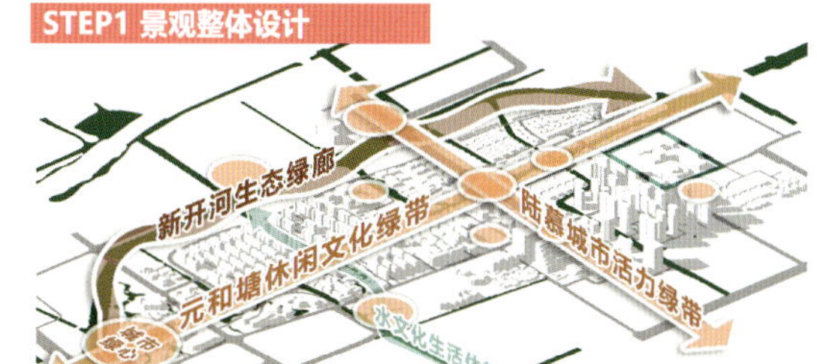

根据现有水系、绿地及规划用地性质进行景观整体设计，形成"一廊、三带、多点"的景观格局，并根据绿地的性质、周边环境进行因地制宜的主题定位和综合设计。

STEP2 景观空间设计

□ 细部空间打造

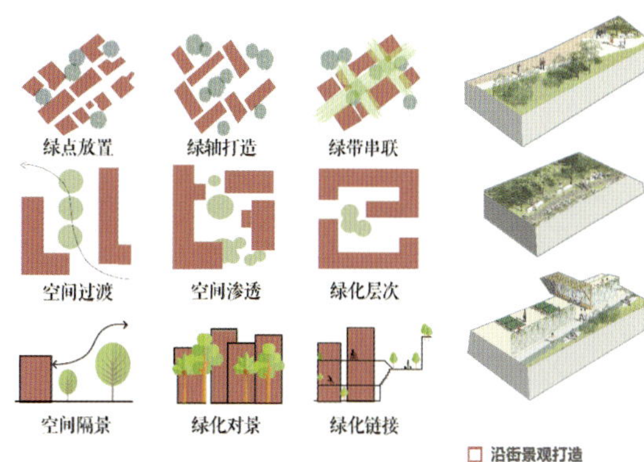

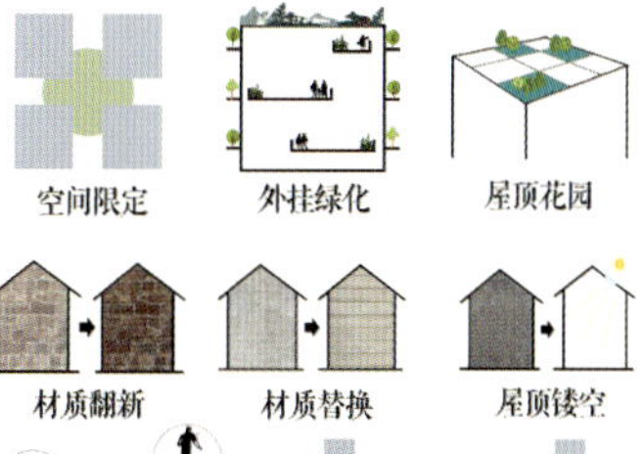

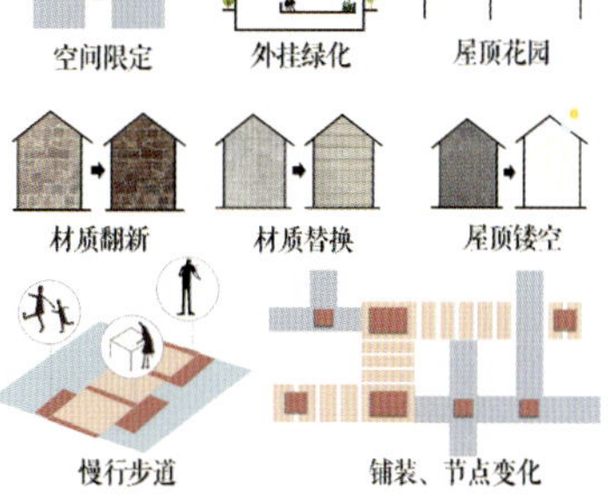

□ 漫步绿道打造

□ 沿街景观打造

STEP3 海绵城市策略

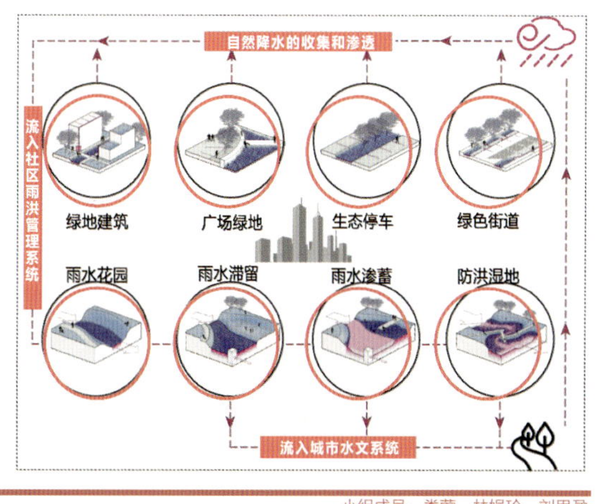

2022年全国城乡规划专业五校联合毕业设计
The Rebirth of Old Street - Urban Renewal Design of Lumu Old Street Area in Suzhou City
参加院校：苏州大学、南京工业大学、郑州大学、山东建筑大学、合肥工业大学 承办单位：苏州大学

小组成员：娄莺 林娟玲 刘思盈
指导老师：宣蔚 白艳

终期答辩成果

老街新生：苏州陆慕老街片区城市更新

The Rebirth of Old Street - Urban Renewal Design of Lumu Old Street Area in Suzhou City

03 空间专题 陆慕需要怎样的空间设计？

STEP1 总体空间策略

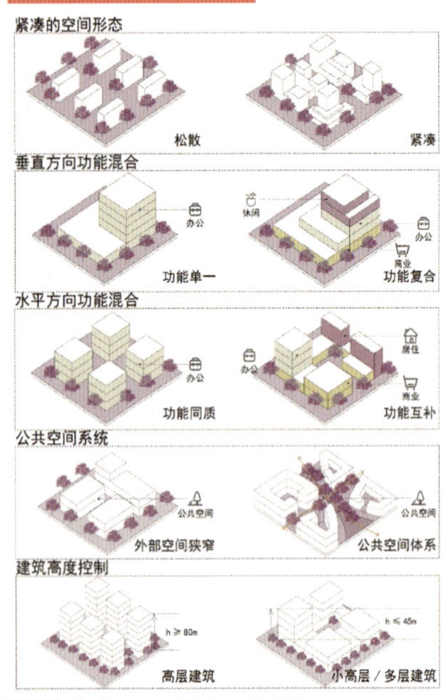

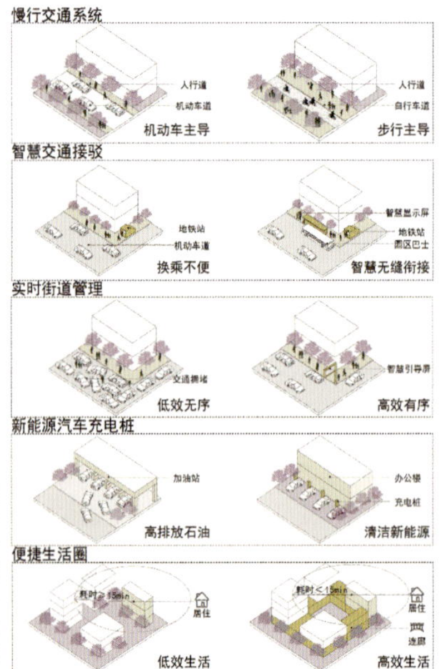

STEP2 街巷空间策略

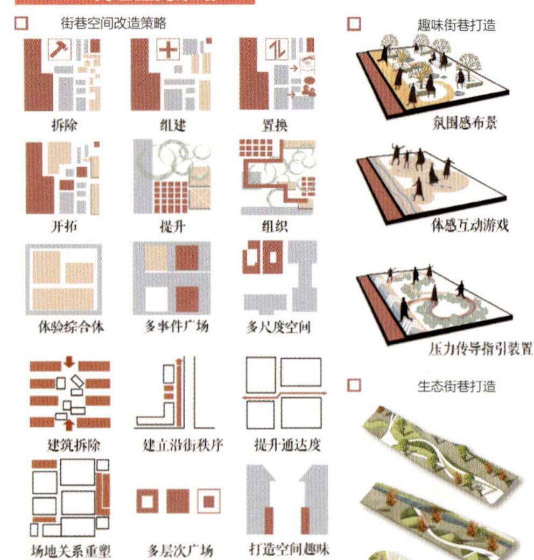

04 交通及步行专题 陆慕需要怎样的交通系统？

STEP1 步行空间策略

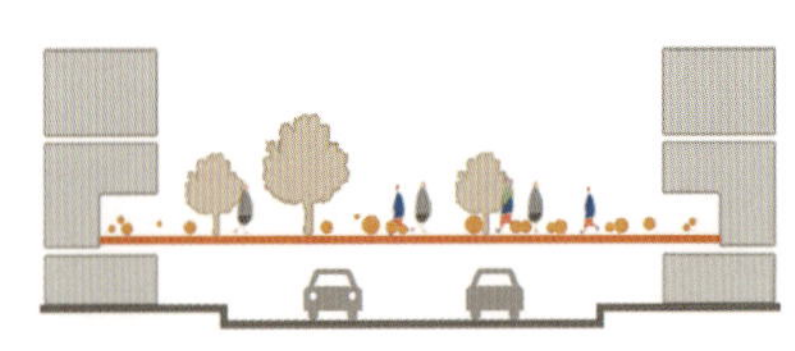

Platform 平台 平台的搭建促进了被道路分隔的具有交流需求的建筑功能和人流的交互，人车分流，安全性提高。

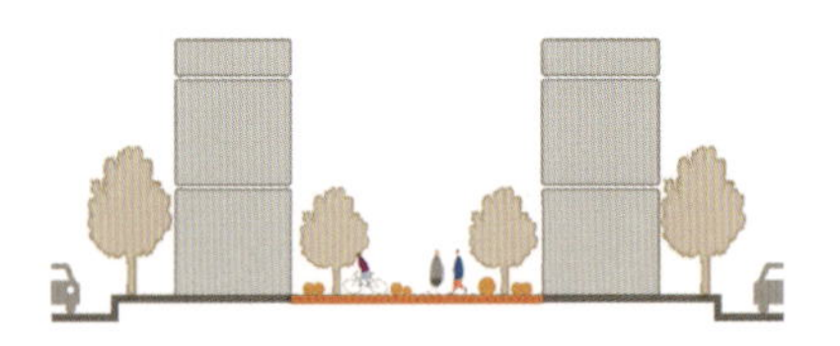

Openblock 开放街区 以开放街区的形式，外部以机动车为主，内部以慢行交通为主，安全高效。

Step 梯级 梯级方式适应地块丙地形的设计，拓宽了人们的视野范围，人行流线更加丰富。

Underneath 下穿 下穿方式解决了人行与非机动车过街的矛盾，实现了人车分流，提高了安全性。

Plank 廊道 与建筑直接相连的廊道形成分层人流交通，地块内慢行交通的流线更加完整、系统。

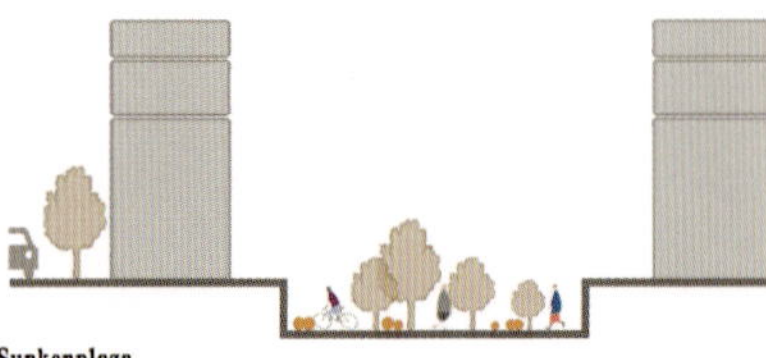

Sunkenplaza 下沉广场 下沉广场的设计丰富了空间的层次，人群活动具有一定包围感，心理上更具有社区认同感和归属感。

Hangover 上跨 上跨方式解决了人行与非机动车过街的矛盾，实现了人车分流，提高了安全性。

Setback 退界 退界设计增加了街道的空旷感，降低了高层建筑给人的压迫感和空间的逼仄感。

STEP2 动态交通策略

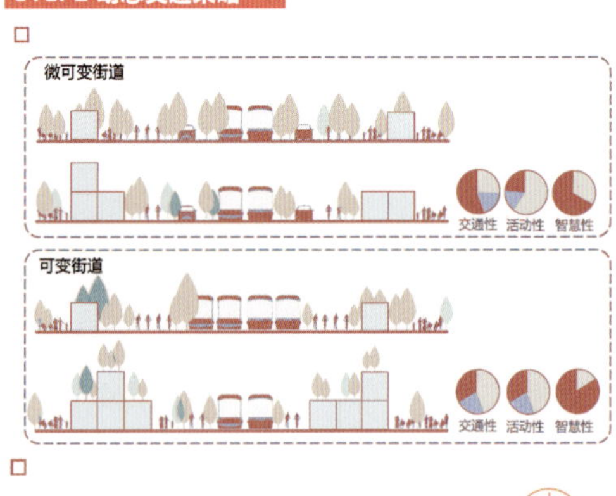

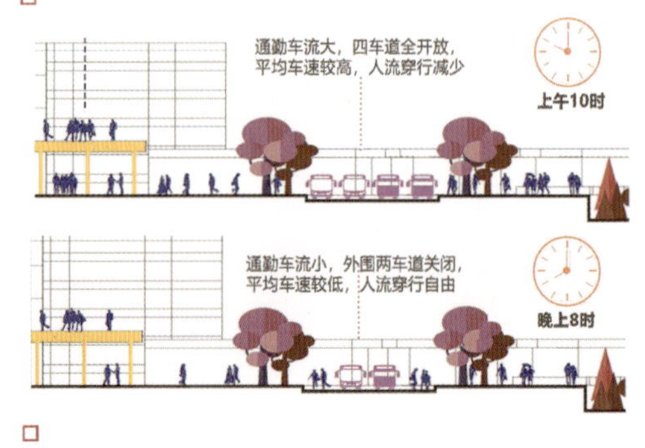

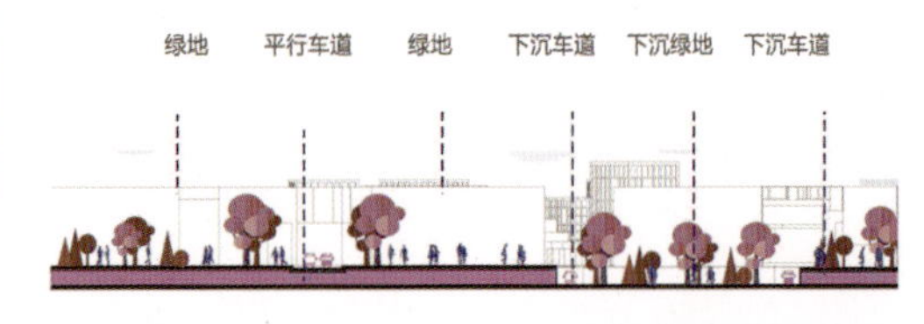

小组成员：娄莺 林娟玲 刘思盈
指导老师：宣蔚 白艳
参加院校：苏州大学、南京工业大学、郑州大学、山东建筑大学、合肥工业大学 承办单位：苏州大学

合纵陆慕，连横古今

城乡规划2022 五校联合毕业设计

都市生态主义视角下的苏州陆慕老街片区城市更新设计

分区规划 陆慕重点片区详细设计 /Detailed Design of Key Areas

元和塘历史商业街区

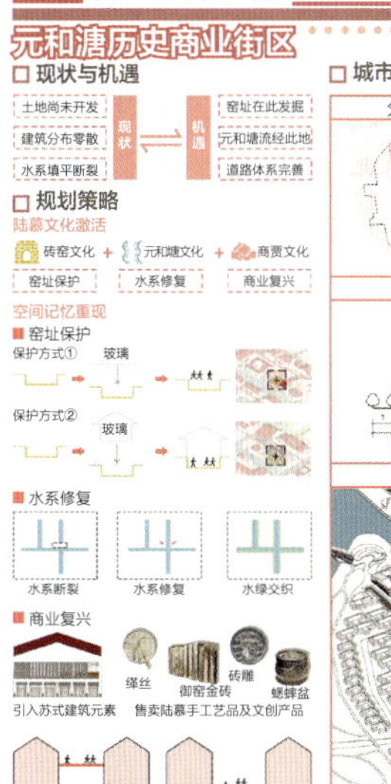

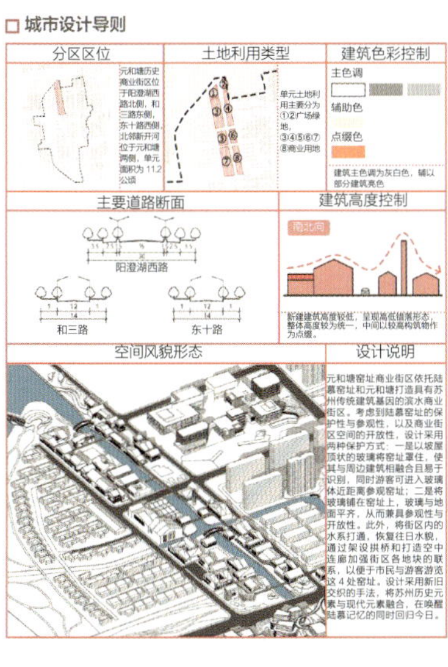

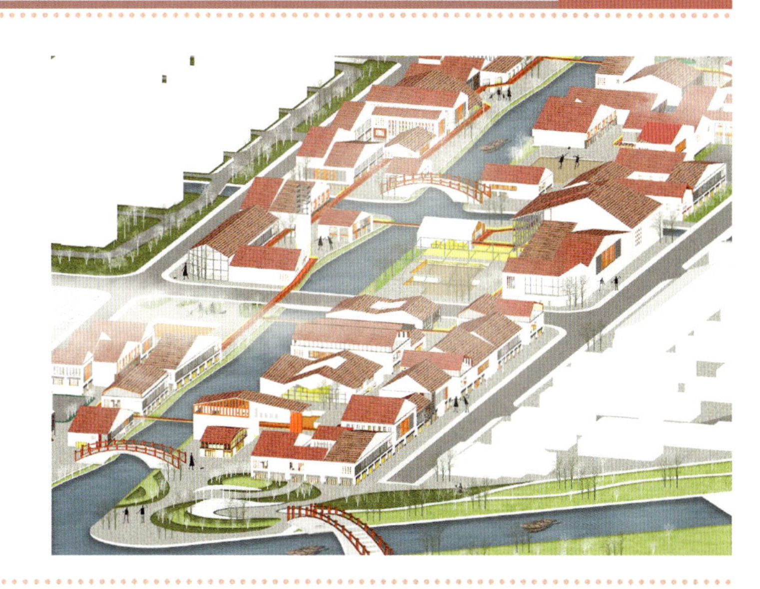

TOD活力片区

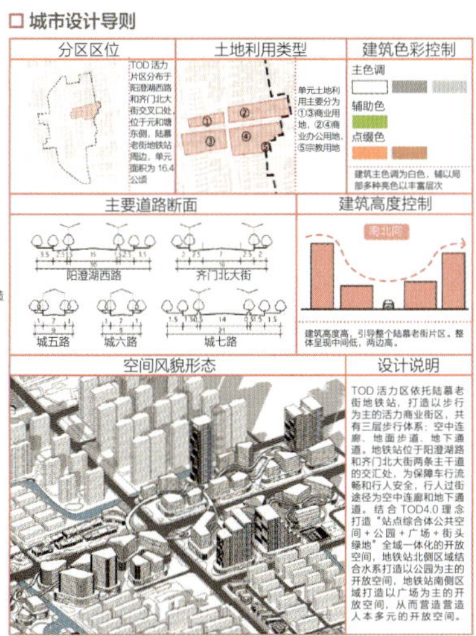

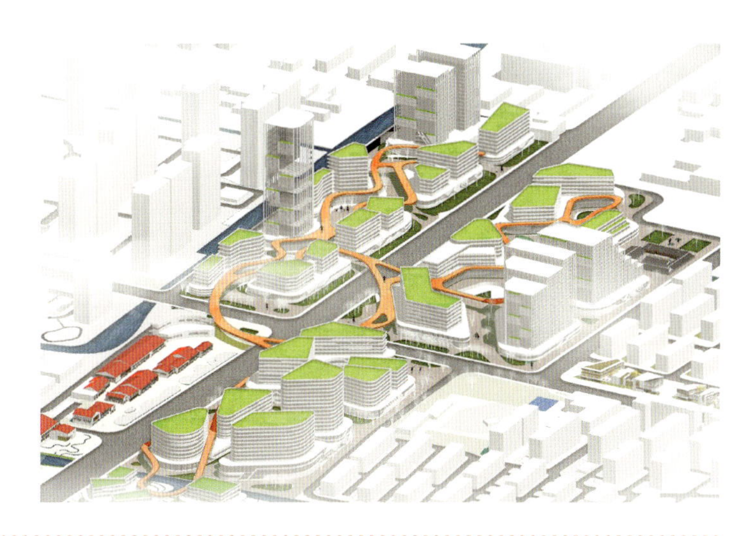

陆慕门户展示区

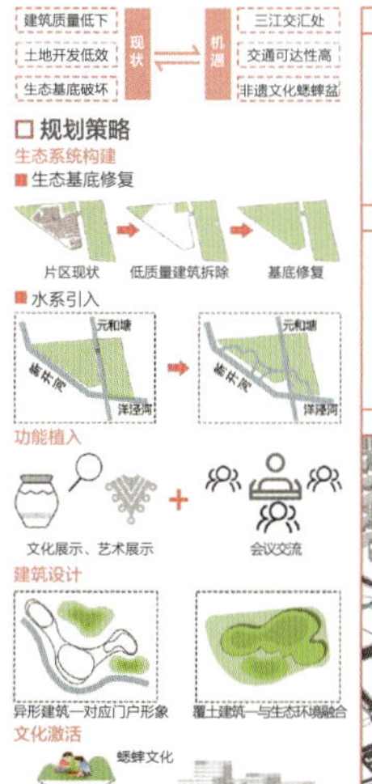

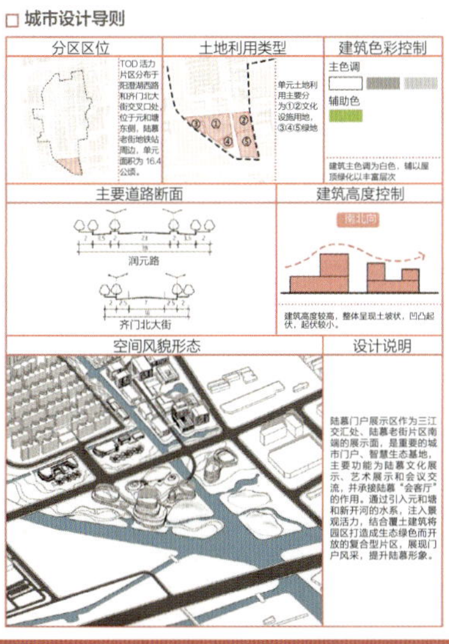

小组成员：娄莺　林娟玲　刘思盈
指导老师：宣蔚　白艳
参加院校：苏州大学、南京工业大学、郑州大学、山东建筑大学、合肥工业大学　承办单位：苏州大学

大事记

开题交流会 2022 年 2 月 27 日

线上工作会议

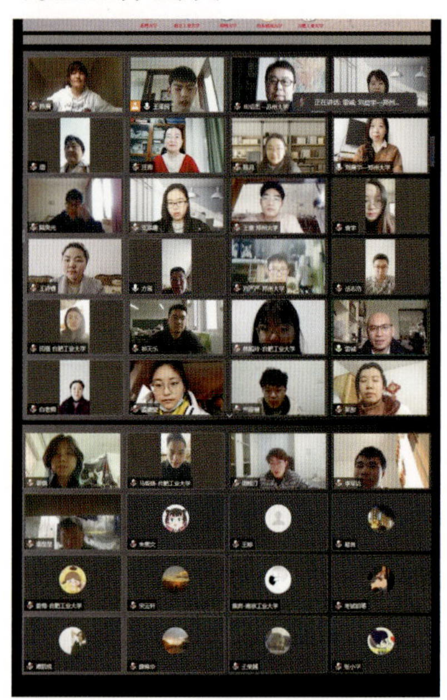

中期汇报 2022 年 4 月 16 日

	序号	学生	学校	答辩老师	腾讯会议室
第一组	1	周炫汀、吴彤	苏州大学	陈鹏（主持人）：山东建筑大学建筑城规学院副院长，教授 富颖：合肥工业大学建筑与艺术学院副院长，副教授 毛媛媛：苏州大学建筑学院系主任，副教授 陈月：苏州大学建筑学院讲师	联合毕业设计会议室一 175-618-483
	2	王荣越、薛锦华	山东建筑大学		
	3	祁天乐、冀琳翔	南京工业大学		
	4	朱熙文、袁宇	苏州大学		
	5	娄雪、林娟玲、刘思盈	合肥工业大学		
	6	柴博涵、邹一卉	郑州大学		
	7	王欣雨、孟德莹	山东建筑大学		
	8	陈秀秀、吴帅利	苏州大学		
第二组	1	支添鑫、周星星	南京工业大学	雷诚（主持人）：苏州大学建筑学院教授 方遥：南京工业大学建筑学院副院长，副教授 汪霞：郑州大学建筑学院教授 张小平：山东建筑大学建筑城规学院副教授	联合毕业设计会议室二 839-276-467
	2	郭曼、段梦瑶	郑州大学		
	3	易茵、王诗睿	苏州大学		
	4	宋逸群、谭凯悦	山东建筑大学		
	5	马毅扬、田璟、杨谊康	合肥工业大学		
	6	李宾豪、邱迎晨	南京工业大学		
	7	刘菲、徐凤哲	郑州大学		
	8	王泽民、陈晨	苏州大学		
	9	谢琪、崔桐硕	山东建筑大学		
第三组	1	季军达、陆奕光	苏州大学	周国艳（主持人）：苏州大学建筑学院教授 刘晨宇：郑州大学建筑学院副院长，教授 魏羽力：南京工业大学建筑学院城市规划系主任，副教授 白艳：合肥工业大学建筑与艺术学院副教授	联合毕业设计会议室三 649-380-771
	2	刘严严、王璽	郑州大学		
	3	邢晓红、焦奔	南京工业大学		
	4	宋云轩、安正	山东建筑大学		
	5	岳志浩、王婷	苏州大学		
	6	唐旭东 秦定忍	郑州大学		
	7	张瑞彭、霍俊伟、苏晶权	合肥工业大学		
	8	李明皙、李昱璐	苏州大学		

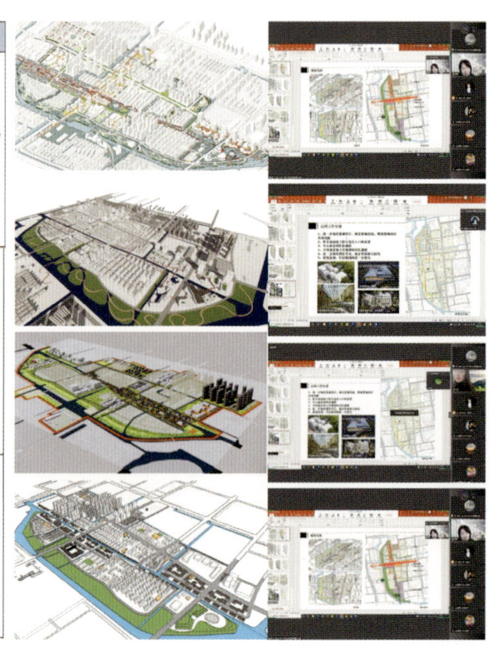

终期汇报 2022 年 5 月 20 日

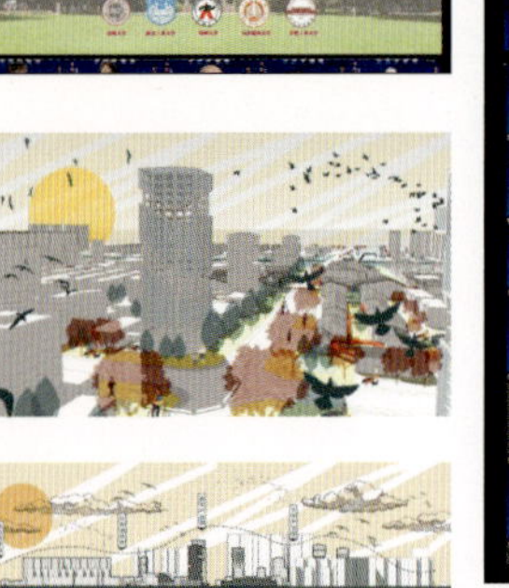

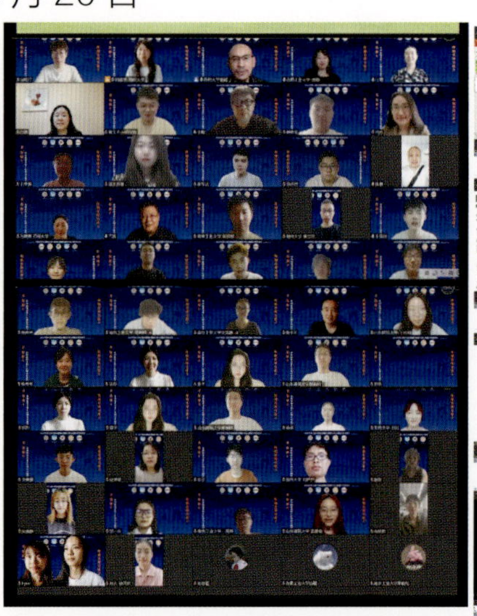

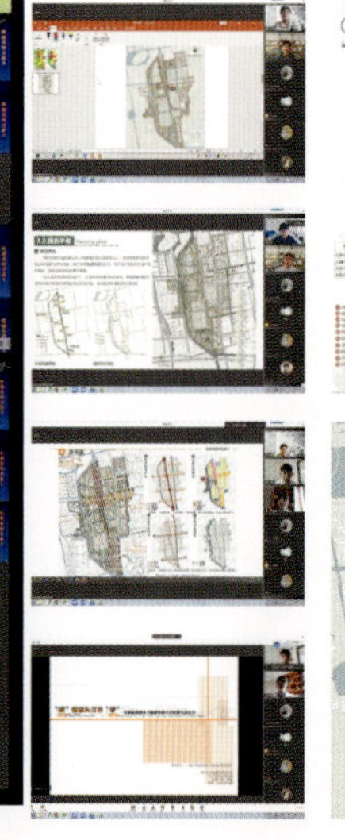

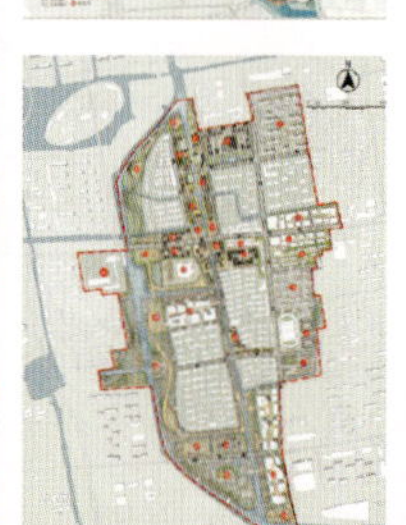

指导老师感言

苏州大学

周国艳

城乡规划专业联合毕业设计是一种非常有意义的毕业设计教学模式。在苏州大学金螳螂建筑学院雷诚教授的积极推动、组织和参与下，已经成功地开展了六届这样的教学实践。多校联合毕业设计这一教学模式涵盖了学生与老师的全过程交流、点评讲解和最终联合评比，不仅增进了各校师生之间的了解，加深了友谊，更对提升各校学生的毕业设计水平发挥了重要作用。我本人也在此联合毕业设计指导过程中受益匪浅。

陈　月

本次陆慕老街片区的城市更新设计课程，广泛涉及生态修复、城市修补、历史文化保护等多项议题。这些复杂的议题，要求同学们更加系统地理解更新设计理论，并灵活运用社会调查、定量评估、空间设计等方面的新技术与新手段。基于五校联合毕业设计的交流平台，同学们得以从兄弟院校的作品中汲取宝贵经验，并开展深度的设计思想交流与专题研究训练。与单一院校的设计课程相比，参与联合毕业设计的同学的团队协作能力、口头表达能力和综合规划能力都得到了进一步提升，也结识了更多的朋友。希望在即将到来的升学进修或职业生涯中，同学们能保持定期学术交流与切磋的习惯，带着对设计的热情，走向内涵式发展的规划新时代。

南京工业大学

方　遥

规划设计是一门技术活，更是一门讲究专业合作的技术活。一来该专业涉及的知识面广，二来设计成果的工作量大，所以小组合作是规划专业设计课程常用的作业形式。通过合作，大家既能集思广益，明晰设计的方向和主线，又能发挥每位同学的特长，优势互补，提高作业的质量。5 年下来，班里的同学基本彼此合作了个遍，对相互的个性、喜好有了深入的了解，专业素养和集体凝聚力都得到了很好的加强。

如今，专业合作拓展到了兄弟院校之间。郑州、苏州、济南、合肥、南京 5 个历史悠久的城市，郑州大学、苏州大学、山东建筑大学、合肥工业大学、南京工业大学这 5 所不同渊源学校的五十余名师生，一个共性的课题，四个多月的紧张工作，结出了丰硕的果实。同学们通过各阶段的辛勤工作，丰富了专业阅历，锻炼了实践能力。同时，差异化的设计理念、关注视角、技术路线、表达方法在过程中碰撞、交集，沟通和交流让每个老师和学生都收益匪浅，更收获了深厚的友谊。

虽然本次联合毕业设计受到了疫情的影响，我们无法前往苏州陆慕进行调研，但通过各方努力仍取得了丰硕的成果。在此，非常感谢各位老师的精心组织，感谢各位同学的全心投入。正是因为各位的认真和执着，我们又一次的跨校联合毕业设计才如此圆满成功。不忘初心，方得始终。祝愿我们的合作一年一年地持续下去，让更多的老师和同学都参与进来。期待今后涌现更多更好的作品。

郑州大学

刘晨宇

冬逐更筹尽，春随斗柄回。今年是五校联合毕业设计的第六个年头，本次以苏州大学为主，联合南京工业大学、郑州大学、山东建筑大学、合肥工业大学等四所院校城乡规划专业的师生，齐聚网络会议室，围绕“老街新生：苏州陆慕老街片区城市更新”主题，经历了 16 周难忘的相互学习、相互切磋的美好时光。一路走来，感动于苏州大学克服教学资源困难对各个教学环节与组织的贴心安排；感动于联合高校不畏困难的坚持精神；感动于师生共进共取收获诸多教学成果的创新精神。

联合毕业设计有助于学生实现对知识的集成和对自身的提升。线上联合毕业设计也将成为历届联合毕业设计中最为特殊和最具有纪念意义的形式，并为城乡规划专业毕业设计开辟跨地区、跨学校的在线联合教学提供新思路。我们将秉承求是担当的精神，致力于联合毕业设计工作，通过高校教学联盟，开放办学，加强专业间交流，进一步提升毕业生执业能力和综合竞争力。

汪　霞

2022 年第七届全国城乡规划专业五校联合毕业设计，围绕主题“老街新生：苏州陆慕老街片区城市更新”开展。受疫情的影响，本次联合毕业设计的开题、中期汇报和答辩都只能在线上进行。各校的带队老师和参与的学生齐心协力、共克时艰，采用多种方法保证了毕业设计的进度和设计质量，每个设计团队都展现出了各自的特色和专业水准。2023 年第八届全国城乡规划专业五校联合毕业设计将由我们郑州大学承办，这对我校城乡规划专业的教育具有重要意义。“豫”约郑州，期待明年各校师生能够在郑州大学相聚。愿我们的全国城乡规划专业五校联合毕业设计在促进各校城乡规划专业教学水平不断提升的同时，也给每位参与的同学留下美好的回忆。

山东建筑大学

陈发朋

存量时代，城市更新类的规划与设计成为专业行业领域关注的热点之一。本次联合毕业设计选题定在苏州市陆慕老街片区，意在针对历史文化保护约束背景下的城市更新发展进行相应的城市设计训练。山东建筑大学教学组领会主办单位意图，利用网络平台积极参与现状调研与资料梳理；以传承历史文脉、提升居民获得感、焕发地段活力为目标，建立规划思路、落实设计方案，较好地完成了联合毕业设计的任务要求。同时，与兄弟院校的交流讨论也深化了对该类型设计教学的理解，丰富了基于虚拟现实技术的空间规划手段，为本科阶段的相关理论与设计教学积累了经验。感谢主办单位的精心组织，感谢联合毕业设计院校的支持和指导，期待五校联合毕业设计越办越好。

张小平

城市更新是我国推动城市高质量发展的战略选择。苏州大学金螳螂建筑学院以“老街新生：苏州陆慕老街片区城市更新”为选题，充满了前瞻性、复杂性和挑战性，五校师生充分发挥各自优势，提出了高水平的规划方案，圆满地完成了联合毕业设计。首先，非常感谢苏州大学金螳螂建筑学院能够克服特殊时期的重重困难，组织推进联合毕业设计各个环节的工作。其次，对我而言，这是我 2021 年博士毕业参加工作以来，第一次以老师的身份参加五校联合毕业设计，这是一次非常珍贵的学习交流机会，进一步加深了我对城乡规划专业教育的理解。而对学生而言，在毕业之前有这样的一次经历，有助于更好地理解城乡规划这一学科，更好地适应学科未来发展的不确定性。最后，期待明年能够在线下与各位老师和同学进行面对面的交流。

合肥工业大学

宣　蔚

2022 年的五校联合毕业设计是难忘而独特的，苏州大学给出了极具特色和挑战性的选题——“老街新生：苏州陆慕老街片区城市更新”，共同探讨传统文化在现代城市中的传承与碰撞。在毕业设计创作过程中，学生从身边发问，以设计求解，每件作品都是学生专业情怀与设计担当的回响。

特别感谢苏州大学在疫情最困难的时期给我们提供了完善的基础资料，成功组织了全国城乡规划专业五校联合毕业设计各阶段的线上交流和答辩，让我们有很好的平台交流学习、开拓眼界，并取得了丰硕的成果。也衷心感谢 5 所院校每位老师和同学的辛勤付出。愿每位毕业生都能继续保持这份善良与纯真，秉持专业理想与使命担当，在专业路上初心不改、砥砺前行。期待再相聚！

白　艳

从初春到仲夏，历时数月的五校联合毕业设计取得了圆满成功。非常感谢苏州大学金螳螂建筑学院给出了极具挑战性的选题——“老街新生：苏州陆慕老街片区城市更新”。在苏州疫情最困难的时期，苏州大学金螳螂建筑学院还为我们提供了丰富的前期资料，成功地组织了全国城乡规划五校联合毕业设计各阶段的线上交流和答辩。

在五校联合毕业设计教学过程中，我深深感受到了各个学校各具特色的教学方法，从中受益匪浅。在这个开放的交流平台上，同学们有更多的机会相互交流，开拓了视野，思想进行了碰撞，最终成果丰硕。衷心感谢每位老师与同学的辛勤努力和付出，期待再次相聚！

第七届全国高校城乡规划专业五校联合毕业设计获奖名单

一等奖			题目	指导老师
1	支添趣、周星星	南京工业大学	水韵“开元”——苏州陆慕老街片区城市更新设计 历史人文	方遥
2	田璟、马毅扬、杨谊康	合肥工业大学	千年漕运，苏韵流芳——基于城市缝合理念下的陆慕老街城市更新设计	宣蔚、白艳
3	王泽民、陈晨	苏州大学	“病”树前头万木“春”——文脉延续视角下陆慕老街片区更新与自生长	雷诚

二等奖			题目	指导老师
1	张瑞彭、霍俊伟、苏昌权	合肥工业大学	老街新生——苏州陆慕老街片区城市更新设计	白艳、宣蔚
2	柴博涵、邹一卉	郑州大学	主客共生，焕活陆慕——苏州陆慕老街片区城市更新设计	汪霞
3	王欣雨、孟德莹	山东建筑大学	墨枝生十里，流水焕慢城——苏州陆慕老街片区城市更新设计	陈朋、张小平
4	周炫汀、吴彤	苏州大学	千年窑火，异世传承——实现场所记忆延续的陆慕老街片区城市更新设计	陈月
5	祁天乐、奚琳翔	南京工业大学	大隐匠心——苏州陆慕老街城市更新设计	方遥
6	谢琪、崔桐硕	山东建筑大学	生生不息——文创产业驱动下的苏州陆慕老街片区城市更新设计	陈朋、张小平
7	刘严严、王董	郑州大学	老街忆 · 译新生——苏州陆慕老街片区城市更新设计	汪霞

三等奖			题目	指导老师
1	李明哲、李旻璐	苏州大学	寻脉陆慕，智联元和——“老街新生”苏州陆慕老街城市更新设计	陈月
2	娄莺、林娟玲、刘思盈	合肥工业大学	合纵陆慕，连横古今——都市生态主义视角下的苏州陆慕老街片区城市更新设计	宣蔚、白艳
3	朱熙文、袁宇	苏州大学	“前日映今朝，水乡画意浓”——苏州陆慕老街片区城市更新设计	周国艳
4	王荣越、薛锦华	山东建筑大学	曲水留“商”，沉浸之旅——苏州陆慕老街片区城市更新设计	陈朋、张小平
5	李寅豪、邱迎晨	南京工业大学	元&塘——智慧城市理念下的陆慕老街片区新生	方遥
6	郭曼、段梦瑶	郑州大学	繁华依旧，古街犹新——苏州陆慕老街片区城市更新设计	汪霞
7	王诗睿、易苗	苏州大学	时空编织 · 锦瑟陆慕——苏州陆慕老街片区城市更新设计	周国艳
8	宋逸群、谭凯悦	山东建筑大学	碧水生两岸，绿野踏双塘——苏州陆慕老街片区城市更新设计	陈朋、张小平
9	刘菲、徐凤哲	郑州大学	老街 · 良所 · 匠心——苏州陆慕老街片区城市更新设计	刘晨宇
10	李军达、陆奕光	苏州大学	织水再游商——基于场景串联的苏州陆慕老街片区城市更新设计	雷诚
11	邢晓红、焦奔	南京工业大学	起承转合 · 智慧织补——苏州陆慕老街新生城市设计	方遥
12	安正、宋云轩	山东建筑大学	水陆相生——苏州陆慕老街片区城市更新设计	陈朋、张小平
13	岳志浩、王婷	苏州大学	老街新“生”，陆慕复“拟”——苏州陆慕老街片区城市更新设计	周国艳
14	唐旭东、秦定忍	郑州大学	翳然林水，古街品韵——基于苏州空间形态要素的陆慕老街片区城市更新设计	汪霞
15	陈秀秀、吴帅利	苏州大学	河坊“慧”古今，陆慕“焕”新生——苏州陆慕老街片区城市更新设计	雷诚

（五校联合教学指导委员会）